中国地质调查成果 CGS 2023-019
海南省海洋地质资源与环境重点实验室成果
海南省地质调查院成果
海南省重要矿产资源潜力评价成果系列丛书

海南省成矿地质背景研究

官　军　王　超　袁勤敏　李孙雄　林义华
云　平　莫位任　刘　兵　龚　丹　吕嫦艳
胡在龙　汪焰华　吴剑波　周进波　黄武轩　著
魏昌欣　谢群玲　曾雁玲　岑如南　路西坤
陕　宁　林世莉

地质出版社
·北　京·

内 容 简 介

本书是在全面收集和整理截至2008年底的海南岛地质资料，尤其是在区域地质和矿产地质资料的基础上，按照《成矿地质背景研究技术要求》，划分和总结了海南岛沉积建造组合及其特征，分析了其形成的大地构造环境，阐明了沉积建造组合与成矿的关系，分阶段划分和研究了构造古地理单元及其特征；划分了火山岩和侵入岩岩石构造组合，论述了岩石构造组合特征及其与成矿的关系，划分了构造岩浆带及构造岩浆旋回，研究了火山岩和侵入岩形成的构造环境；划分了海南岛的变质单元、变质相系，厘定变质岩岩石构造组合，论述了变质岩岩石构造组合特征及其与成矿的关系；划分和总结了海南岛大型变形构造及其主要特征，阐述了各条构造与成矿的关系；划分了海南岛大地构造（相）单元，论述了各单元特征及其与成矿的关系，梳理和总结了海南岛大地构造演化史。

本书可供地质、矿产相关人员参考阅读。

图书在版编目（CIP）数据

海南省成矿地质背景研究 / 官军等著. — 北京 ：地质出版社，2023. 10

ISBN 978-7-116-13835-3

Ⅰ. ①海… Ⅱ. ①官… Ⅲ. ①成矿地质-研究-海南 Ⅳ. ①P61

中国国家版本馆 CIP 数据核字（2023）第189696号

HAINAN SHENG CHENGKUANG DIZHI BEIJING YANJIU

责任编辑： 肖莹莹　费详惠　杨　军
责任校对： 张　冬
出版发行： 地质出版社
社址邮编： 北京市海淀区学院路31号，100083
电　　话：（010）66554528（邮购部）；（010）66554571（编辑室）
网　　址： https://www.gph.clmpg.com
传　　真：（010）66554629
印　　刷： 海南博威印刷有限公司
开　　本： 889mm×1194mm 1/16
印　　张： 14.25
字　　数： 418千字
版　　次： 2023年10月北京第1版
印　　次： 2023年10月海口第1次印刷
审 图 号： 琼S（2023）276号
定　　价： 128.00元
书　　号： ISBN 978-7-116-13835-3

海南省重要矿产资源潜力评价

充分利用截至2008年的

海南省地质、矿产、物探、化探、遥感、自然重砂等成果资料。

相关专业技术人员前后历时8年，

完成重要矿产单矿种、相关专业和总体评价系列成果。

值此成果系列丛书公开出版之际，

谨向为海南省地质勘查、地学研究等竭诚奉献的广大地质工作者，

致以崇高的敬意！

《海南省重要矿产资源潜力评价成果系列丛书》

编委会

序

海南省位于中国最南端，行政区域包括海南岛、西沙群岛、中沙群岛、南沙群岛的岛礁及其海域，全省陆地（主要包括海南岛和西沙、中沙、南沙群岛）总面积 $3.54\times10^4km^2$，海域面积约 $200\times10^4km^2$。

1949 年后，尤其是 1988 年海南建省办经济特区以来，海南经济社会发展取得重大成就，从一个边陲海岛发展成为我国改革开放的重要窗口，实现了翻天覆地的变化。随着海南自由贸易港“三区一中心”战略的全面推进，海南将成为引领我国新时代对外开放的鲜明旗帜和重要门户。

在古代，海南省就有矿业活动。据史料记载，唐朝时曾有砂金开采，清朝乾隆年间曾对石碌铜矿进行过开采，清末民初对那大锡矿断续开采多年。地质调查工作始于 20 世纪初叶，1949 年后才开始大规模地开展地质勘探工作。经过几代地质工作者的努力，先后发现了一批具工业价值的矿产，为工业发展提供了矿产资源和能源保障。

改革开放后，我国经济高速发展对矿产资源的需求迅猛增长，资源供需矛盾日显突出。为了贯彻落实《国务院关于加强地质工作的决定》，2006 年国土资源部部署了全国重要矿产资源潜力评价工作，旨在通过系统总结以往地质调查和矿产勘查工作成果，评价未查明矿产资源潜力，为资源勘查、摸清资源家底提供依据。

海南省矿产资源潜力评价是全国矿产资源潜力评价计划项目中的一项工作项目，是全国矿产资源潜力评价工作的组成部分，其总体目标是：根据全国重要矿产资源潜力预测评价技术要求，结合海南省实际，选择铁、锰、铜、铅、锌、铝、钨、钼、金、银、磷、萤石、重晶石、硫、稀土、煤、油页岩、锆英石砂、钛铁矿砂、石英砂、独居石砂共 21 个矿种开展资源潜力评价工作。在 21 个矿种中，油页岩、锆英石砂、钛铁矿砂、石英砂和独居石砂为海南省增选矿种，其他为全国要求评价的矿种。

海南省矿产资源潜力评价工作于 2007 年 6 月正式启动，2013 年 11 月结束，累计完成各类图件编制 1800 多张、图件数据库建设 1600 多个，编写图件说明书 1600 多份，编制各类报告 30 多份，全面完成了预期的目标任务，取得了丰硕成果。基本摸清了海南省重要矿产资源家底，为矿产资源保障能力和勘查部署决策提供了依据。

一是收集了海南省历年来地质、矿产、物探、化探、遥感、自然重砂工作资料。截至 2008 年底，编制了工作程度图，补充完善了基础数据库；总结了各专业课题组的预测评价技术方法。

二是首次以板块构造理论为基础，编制了海南省大地构造图，为区域成矿地质作用研究和矿产预测奠定了坚实的地质基础和依据，进一步提高了海南省区域地质研究程度。

三是首次系统地利用地质、矿产、物探、化探、遥感、自然重砂等多学科资料，针对铁、铝、铜、铅、锌、金、银、钼、钨、锰、稀土、磷、硫、萤石、重晶石、煤、锆英石砂、钛铁矿砂、石英砂、独居石砂、油页岩共21个矿种及不同矿床类型，系统地建立了全省41个典型矿床的成矿模式、找矿模型和39处预测工作区成矿模式及预测模型，丰富和发展了省内区域成矿理论，提升了综合信息矿产预测技术水平。

四是系统地利用地质、物探、化探、遥感、自然重砂等综合信息，全程应用GIS技术进行了全省重要矿产资源潜力评价与预测研究，圈定了评价矿种综合预测区。

五是首次系统建立了海南省完整的地学数据库，实现了矿产资源潜力预测研究全程信息化，为海南省矿产资源总体规划和专项规划及国土资源“一张图”工程打下了坚实的基础。

海南省矿产资源潜力评价在基础地质、矿床地质、典型矿床与成矿规律研究、多学科成果集成利用、预测方法、数据库建设中取得了一系列创新性成果。这些成果是制订海南省国民经济中长期发展规划、研究制订矿产资源战略、加强宏观调控的重要依据；是发展和推广利用成矿新理论、勘查新技术新方法，促进科研与调查密切结合的重要举措。

为了实现评价成果的广泛应用，为海南省经济社会发展、地学研究和提高自然资源调查研究程度发挥重要作用，海南省地质局部署安排海南省海洋地质资源与环境重点实验室联合海南省地质调查院共同编辑出版本丛书，以专题按分册（共计8册）出版，分别是成矿地质背景研究、成矿规律研究、磁测资料应用研究、化探资料应用研究、遥感资料应用研究、自然重砂资料应用研究、综合信息集成研究和总体评价成果集成。

在海南自由贸易港建设如火如荼之际，冀以此套丛书的出版，更好地为海南资源保障、环境保护和国土空间规划提供基础地学支撑，为建功自贸港增砖添瓦。

向为本套丛书出版作出贡献的地质科技工作者和各方朋友致敬、致谢！

海南省地质局党组书记、局长：

2021年4月13日

前　　言

为贯彻落实《国务院关于加强地质工作的决定》（国发〔2006〕4号）的要求和精神，国土资源部（现自然资源部）部署了全国矿产资源潜力评价的工作任务，该项工作由中国地质调查局负责具体实施，并于2006年6月正式启动“全国矿产资源潜力评价”计划项目，设立了“全国重要矿产资源潜力评价工作”领导小组、技术委员会、项目办公室和项目组。中国地质调查局六大地调中心成立了地区项目办，负责组织所辖省份开展潜力评价工作，其中海南省的矿产资源潜力评价工作由武汉地质调查中心中南项目办组织实施。海南省国土资源厅（现自然资源和规划厅）成立了省级项目办，负责“海南省重要矿产资源潜力评价工作”（工作项目）的实施。海南省地质调查院为该工作项目的承担单位，2007年6月设立了地质背景、成矿规律、重力、磁法、化探、自然重砂、遥感、找矿预测、数据库建设9个课题组，根据全国项目组的工作要求及海南省矿情，海南省地质调查院利用截至2008年底的前人积累了几十年的资料，开展了煤炭、铁、铜、铝、铅、锌、钨、钼、金、磷、锰、稀土、银、硫、萤石、重晶石、油页岩、锆英石砂矿、钛铁砂矿、石英砂矿、独居石砂矿共21个矿种的矿产资源潜力评价工作，其中后5个为海南省增选矿种，其余16个矿种为全国要求评价的矿种。海南省成矿地质背景课题组于2007年6月起，围绕上述21个矿种开展了大量的资料收集、编图和报告编制工作，圆满完成了各项目标任务。

海南省成矿地质背景研究课题组的工作大致分为四个阶段：2007年6月—12月为第一阶段，参加了全国项目办组织的多次技术培训，并着手收集、整理各类编图资料。2008年1月—2010年12月为第二阶段，编制了1∶25万实际材料图、1∶25万建造构造图，以及铁、金、稀土等10个矿种的地质构造专题底图。2011年1月—2012年7月为第三阶段，一是编制了钼、硫、萤石等6个矿种的地质构造专题底图，二是编制了海南省大地构造（相）图及其“五要素”图（沉积岩、变质岩、火山岩、侵入岩、大型变形构造专题图件）、各图的说明书，2012年7月大地构造（相）图及“五要素”图通过了全国项目办验收，被评为优秀级。2012年7月—2013年12月为第四阶段，主要工作为按照全国项目办确定的提纲，完成了地质背景专题研究报告的编写，并通过了全国项目办的验收，报告获评优秀，同时完成了锆英石砂矿、钛铁砂矿、石英砂矿等5个增选矿种的地质构造专题底图的编制工作。本书是海南省矿产资源潜力评价成矿地质背景研究课题组团队智慧和汗水的结晶，是对《海南省成矿地质背景研究报告》和各类图件编图成果的提炼和升华。

需要说明的是：海南省的行政区域包括海南岛、西沙群岛、中沙群岛、南沙群岛的岛礁及其海域，其中海南岛是最大的岛屿，面积约 $3.4\times10^4km^2$，占全省陆地面积的95.8%，根据相关工作安排，此次由海南省地质调查院承担的矿产资源潜力评价工作的研究范围只包括海南岛，因此本书的研究范围也仅限于海南岛。

本书的编撰工作分工如下：前言由官军编写；第一章概述由官军编写；第二章沉积岩建造组合与构造古地理由袁勤敏、官军、李孙雄、龚丹、吕嫦艳、汪焰华、朱耀河编写；第三章火山岩岩石构造组合由官军、林义华、莫位任、魏昌欣、黄武轩、谢群玲、陕宁编写；第四章侵入岩岩石构造组合由王超、官军、云平、莫位任、李孙雄、龚丹、吕嫦艳、魏昌欣、路西坤编写；第五章变质岩岩石构造组合由袁勤敏、官军、李孙雄、吴剑波、曾雁玲、江宏伟编写；第六章大型变形构造由王超、官军、李孙雄、胡在龙、周进波编写；第七章大地构造相与大地构造分区由官军、李孙雄、龚丹、岑如南、吕嫦艳、林世莉编写；第八章大地构造相与成矿由官军、刘兵、李孙雄、吴剑波、岑如南编写；第九章关键地质问题的讨论由官军编写；第十章结语由官军编写；参考文献由各章主编人提供，官军统一汇总；全书由官军负责统稿。限于编者水平，本书难免存在疏漏及不足之处，恳请读者批评指正。

编　者

2023 年 7 月

目　　录

第一章　概　　述

2007年6月，为开展“海南省重要矿产资源潜力预测评价工作”项目，海南省地质调查院成立了成矿地质背景、成矿规律、重力、磁法、化探、自然重砂、遥感、找矿预测、数据库建设9个课题组。成矿地质背景研究是矿产预测的基础，为保障项目的顺利推进，为其他各组的工作打下坚实基础，在项目落地之初，院属区域地质调查队约10余人组成的地质背景课题组随即开展了报告、图件、论文、专著等各类相关资料（资料截至2008年底）的收集、整理和研究工作。在此基础上，开展了图件及研究报告编制，经过7年艰辛的工作，编制了5幅1∶25万实际材料图及建造构造图、约40幅预测工作区地质构造专题底图、1∶50万海南省大地构造（相）图及其“五要素”图（沉积岩、变质岩、火山岩、侵入岩、大型变形构造5幅专题图件），并编制了《海南省地质背景研究报告》，顺利完成了课题组的各项目标任务。本书是在上述报告的基础上，经修改完善、精简、提炼后编纂而成。

第一节　研究的目的和任务

成矿地质背景研究是开展矿产资源潜力评价的基础性工作，也是实施矿产预测的关键技术环节。其工作的目的主要有两个方面：其一，开展区域成矿地质构造研究，为编制大地构造图提供专题底图；其二，开展预测工作区成矿地质作用研究，为成矿规律研究与矿产预测提供工作底图。

成矿地质背景研究工作的任务是全面收集整理区域地质调查与研究资料，深入分析控制区域成矿的建造和构造要素（地质构造预测要素），系统解析和深入研究沉积岩区、火山岩区、侵入岩区、变质岩区地质构造特征，以及大型变形构造和综合地质构造特征。通过编制专题图件，对模型区与预测区进行成矿地质背景的区域关联，为建立区域成矿预测模型，开展矿产预测提供基础地质资料依据和工作底图。成矿地质背景研究工作具体任务主要包括以下4个方面。

一是开展成矿地质背景研究。系统研究区域成矿的岩石建造和构造要素，分析成矿地质构造的空间组合、历史演化、物质成分及其相互关系，总结成矿地质构造形成演化规律。根据《成矿地质背景研究技术要求》，在具体工作过程中，细分为沉积岩区、火山岩区、侵入岩区、变质岩区地质构造特征，大型变形构造和综合地质构造特征6方面进行研究。各自的研究任务分别为：研究沉积建造/沉积作用、古生物特征、沉积相、沉积体系、构造岩相古地理、含矿性等特征；研究火山建造、火山作用及火山岩岩性岩相构造、火山构造特征、火山喷发旋回等特征；研究侵入岩浆序列、岩浆建造、岩浆作用及侵入岩浆构造、形成构造环境等特征；研究变质建造、原岩建造、变形作用、变质相、变质时代、变质作用、含矿性等特征；研究大型变形构造类型、物质组成、构造层次、运动方式、力学特征、组合形式、活动历史、构造环境、与矿产的关系等特征；在综合分析研究沉积、岩浆、变质、变形等建造与构造特征的基础上，划分大地构造单元，总结归纳各单元的地质特征、历史演化及其控矿作用。

二是编制成矿地质背景研究专题图件。在成矿地质背景综合研究基础上，编制两类专题图件，表达各项综合研究与专题研究成果。其一，开展区域成矿地质构造研究，分幅编制1∶25万实际材料图、1：25 万建造构造图及省级 1：50 万大地构造（相）图。其二，开展预测工作区成矿地质作用研究，编制煤炭、铁、铝、金、稀土、萤石等 21 个矿种的预测工作区地质构造专题底图。

三是建立成矿地质背景研究专题图件数据库。在成矿地质背景研究与专题图件编制基础上，应用 GIS 技术，按照“一图一库”原则，完成专题图件空间数据库建设，全面反映综合研究成果及其专题图件内容。

四是编制地质背景专题研究报告。按照全国地质背景课题组要求，总结自 2006 年项目启动以来海南省地质背景研究课题组的工作成果，编制成矿地质背景专题研究报告。

第二节　研究方法

成矿作用是地质作用的组成部分，各种矿产是产于一定地质背景的特殊地质体，受地质构造环境制约和各种地质作用与地质因素的控制。按照全国矿产资源潜力评价总体技术思路，成矿地质背景研究就是要分析控制矿产形成与分布的地质构造环境，研究控矿地质因素及其成矿的岩石建造与构造的形成和分布特征，实施地质类比预测。

研究工作的理论基础。成矿地质背景研究的理论基础既不是“槽台学说”，也不是“地洼学说”等各种其他理论学说，而是板块构造学说。

基本研究方法。以大地构造相分析为基本研究方法，突出地球动力学研究主线，将大地构造相分析贯穿地质构造研究工作，从地质建造与构造实体出发，剖析地质作用的时间、空间、物质组成及其动力学环境，研究其与成矿关系。

核心研究内容。根据矿产预测需要提出的成矿地质构造预测要素综合分类方案，划分为沉积建造/沉积作用、岩相古地理/构造古地理/建造古构造、第四纪河湖、第四纪沉积类型与地貌、火山建造/火山作用、火山岩相构造/火山构造、岩浆建造/岩浆作用、侵入岩浆构造、变质建造/变质作用、变质变形构造、大型变形构造、大地构造位置、大地构造演化阶段等 13 个一级预测要素及其分解后的大量二级预测要素，构成了成矿地质背景研究以成矿地质构造预测要素为核心的研究内容。

主要技术途径。以编制专题图件为主要的技术途径。一是开展区域成矿地质构造研究，编制建造构造图及大地构造（相）图等图件，分析成矿的区域大地构造环境与演化过程，为成矿规律与矿产预测确定的具体矿产预测类型提供成矿地质构造格架、环境与构造演化阶段等背景资料以及矿产预测类型的宏观前提条件。二是开展预测工作区成矿地质作用研究，编制矿产预测地质构造专题底图。在成矿地质作用范围内，分析具体矿产预测类型的成矿地质条件和控矿地质构造因素（即地质构造预测要素），研究地质作用与成矿的关系，为矿产预测提供地质构造专题工作底图。

第三节　以往研究程度

海南岛成矿地质背景研究的工作基础主要包括区域地质调查工作和区域地质科研工作，简述如下。

截至 2008 年，海南岛区域地质调查包括 1：100 万、1：20 万、1：5 万、1：25 万等系列不同比例尺，其中后二者的资料较新，在地质背景课题组各种图件编制过程中广泛引用（图 1-3-1）。1929 年李承三等人完成了 1：100 万的全岛区域地质调查工作，编制了 1：100 万地质图。20 世纪

50年代末到60年代初，广东地矿局区测大队开展海南岛1：20万区域地质调查，对海南岛地层、岩浆岩、构造进行了相对系统的研究，但由于各种原因，未正式提交报告和地质图，在1984年，海南地质大队在收集整理其资料的基础上，编制了1：20万海南岛地质图。1981—2000年，也即在“六五”至“九五”期间岛内外地质调查队伍完成了志仲幅、海口市幅、千家幅等38幅1：5万图幅的区域地质调查工作，总面积14264 km^2，占海南岛总面积的42%，这些图幅主要分布在琼西和琼中地区。在这期间，海南地质大队还对长流市、海口市、白莲市、灵山市4个1：5万区调图幅并进行了片区总结。2006年以来，又先后相继完成了数个图幅的1：5万区调（约3000 km^2）。截至2008年，共完成1：5万图幅46幅，总面积约17000km^2，约占海南岛面积的50%。2000—2008年期间，在海南岛开展了1：25万区域地质调查工作，截至2008年底，已实现海南岛1：25万区调工作全覆盖，1：25万区调应用新理论、新方法和新技术，取得了一大批区域地质研究成果，在个别区域还取得突破性进展，为本次研究工作提供了重要技术支撑。2006—2011年，海南省地质调查院在详细收集、总结和评估前人研究成果的基础上，有针对性地补充了部分研究工作，编写了《中国区域地质志·海南志》，并按专题编制了系列图件，代表了此时海南省地质研究的最新成果，对本研究具有重要的参考价值。

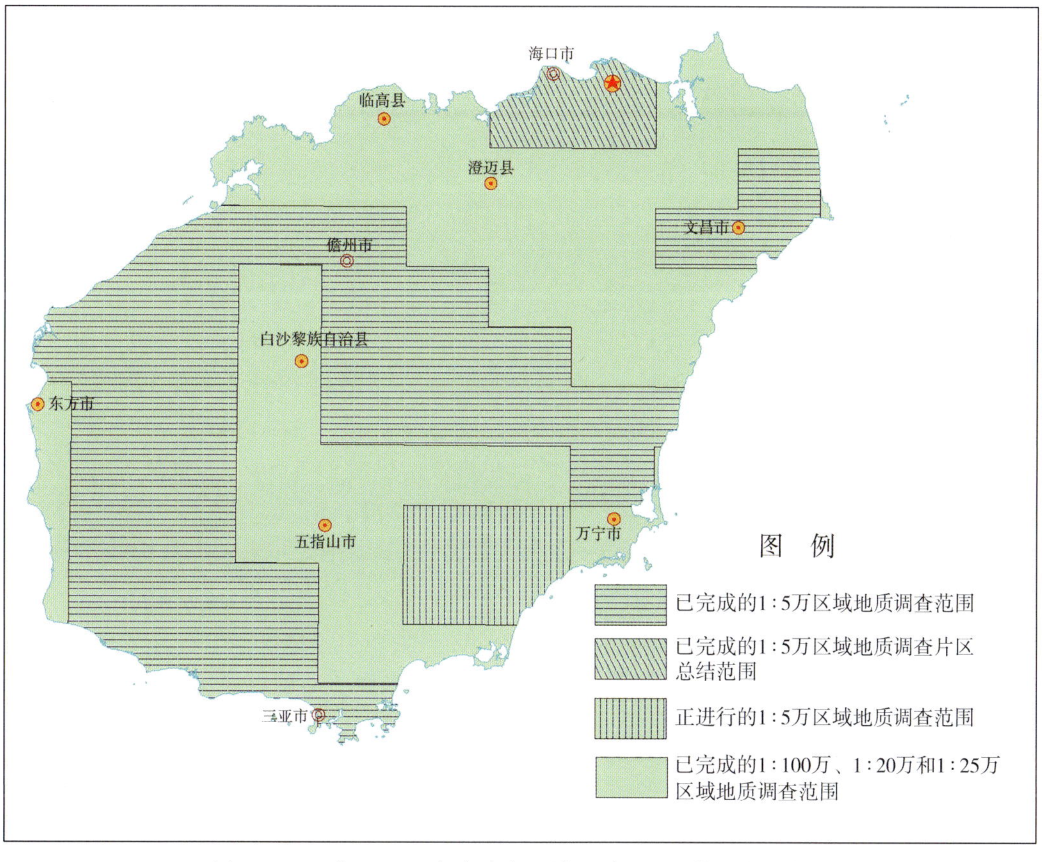

图1-3-1　截至2008年海南岛区域地质调查工作程度示意图

涉及海南岛基础地质方面的科研专著主要有：《广东省区域地质志》、《海南岛地质与石碌铁矿地球化学》、《海南岛北部火山岩宝石及其伴生矿物标型特征》、《海南岛前寒武纪地质》、《海南岛若干重要基础地质问题的研究》（一）地层古生物、《海南岛若干重要基础地质问题的研究》（二）岩浆岩、《海南岛若干重要基础地质问题的研究》（三）构造地质、《雷琼第四纪火山》、《海南岛结晶基底—抱板群层序与时代》、《海南省岩石地层》、《海南岛暨五指山地区中生代火山地质与成矿关系》。陈柏林、陈国达、陈海泓、陈新跃、陈哲培、丁式江、付建明、冯连顺、葛小月、李孙雄、龙文国、梁新权、李献华、雷裕红、李志宏、马大铨、丘元禧、丘志力、谭忠福、王赐银、夏邦栋、谢才富、徐德明、许德如、徐义刚、姚华舟、袁奎荣、云平、杨树锋、俞受鋆、朱炳泉、曾广策、邹和平、曾庆銮、张仁杰、张业明、张仲英等一大批学者，在海南岛开展基础地质研究，发表了一大批有重要学术价值的科研论文。上述研究成果是海南岛区域地质研究方面重要而珍贵的学术资料，虽然有些成果已有20~30年的历史，但在大浪淘沙后，至今仍闪烁着智慧的光芒，其观点反复被后人所证实。但不能否认的是，对一些重大基础地质问题的看法，不同学者的观点迥异，对这类问题课题组不得不有所取舍，我们的做法是在最新的调查研究成果基础上，对其开展综合评估，并与全国项目组的专家进行了交流、讨论与请教，最终采纳被认为相对合理的观点。限于当时的研究条件等原因，也有部分成果被后人的调查研究工作所证伪，这部分成果，未被此次研究所采纳。

第四节　自然地理概况

海南省是我国最南端的省份，与祖国大陆隔琼州海峡相望。海南省行政区域包括海南岛、南沙群岛、中沙群岛、西沙群岛的岛礁及其海域，陆地总面积 $3.54\times10^4km^2$，海域面积约 $200\times10^4km^2$。海南岛是海南省最大的岛屿，面积约 $3.4\times10^4km^2$，是全省政治、经济、文化中心，也是本书的研究区域。岛内交通便利，陆路交通方面有海榆东、中、西线三条国道、环岛高速公路、中线高速、西环高铁等，还有众多的省道、县道、乡道和农村路网，全省公路网的密度高于全国平均水平，但要乘车前往大陆，车辆仍需轮渡才能通过琼州海峡；在航空方面，有海口美兰国际机场和三亚凤凰国际机场，其空中航线四通八达，可直达全国各直辖市、省会城市、部分国内三四线城市和国际大都市；海上交通线也较发达，有海口、八所、三亚、洋浦四大港口和马村港以及数十个小港口。海南岛具中部高而四周低的地形地貌特征，全岛最高海拔为五指山（1867.1m），以此为核心向外围逐级下降，形成山地、丘陵、台地、阶地和平原等构成的环形层状地貌，梯级结构明显。主要河流有南渡江、昌化江、万泉河等。海南岛地处热带、亚热带，热带季风海洋性气候，高温多雨为其主要气候特征。全岛多年平均气温23.8℃，总体上西部高于东部，南部三亚、乐东沿海地区年平均气温大于25℃，琼北地区小于24℃。1月份最冷，平均气温18.0℃左右；7月份最热，平均气温28.2℃。年平均降雨量为1639mm（变化于1000~1800mm），总体呈东部、中部降雨较多，西部降雨较少的降水格局，全岛的降雨中心在琼中县地区，每年的5~10月是多雨季，占全年总降雨量的70%~90%，每年11月至翌年4月为少雨季，干旱常发生于海南岛西部部分市县。海南岛植被茂密，森林覆盖率达62.1%，中部的山区市县的森林覆盖率明显高于沿海市县。

第五节　取得的主要研究成果

一、主要研究成果

1）系统梳理和厘定了海南岛的沉积建造组合，分阶段划分了四级构造古地理单元，研究了各岩石地层单位的沉积相、沉积体系，并总结每个建造组合形成的大地构造环境及其对成矿的制约作用。

2）深入研究了海南岛不同时代火山岩岩石组合，进而上升为岩石构造组合，在此基础上对海南岛火山岩的构造岩浆带及构造岩浆旋回进行了 1~4 级划分；提出海南岛在晚三叠世前火山岩浆活动与特提斯多岛洋的演化相关，此后与太平洋板块向东亚大陆的俯冲以及俯冲带向洋迁移相关，在白垩纪和新生代火山岩分别形成陆缘弧和陆缘裂谷火山岩组合，论述了火山岩与成矿作用的关系。

3）在侵入岩研究方面，取得了开创性的进展。在海南岛首次厘定出早二叠世的 TTG 组合，琼东一带白垩纪的 G_1G_2 组合和琼西一带的 G 组合，从而确定了海南岛华力西-印支期（P-T）、燕山期（J-K）侵入岩的组成极性。在基础上，结合其他专题研究成果，确定了以上两期构造活动过程中大洋俯冲的方向，即 P-T 时洋壳由北西往南东方向俯冲，而 J-K 时洋壳由南东往北西方向俯冲。

4）运用构造解析方法，确定海南岛前中生代经历了两期最重要的区域性变质变形事件：第一期为距今 14 亿年左右的角闪岩相变质和深层次的透入性变形，形成了海南岛结晶基底（抱板群）。第二期为约 290~270Ma 的绿片岩相区域变质和中深层次的透入性变形。

5）对全岛大型构造变形进行了分析研究，划分出 4 条大型变形构造，即昌江-儋州逆冲-走滑构造、王五-文教大型正滑构造、九所-陵水右行斜冲构造、儋州-万宁左行斜滑构造，研究及讨论了它们的规模、组合样式、物质组成、运动方式、力学性质、形成时代、变形期次和含矿性等特征。

6）以板块构造理论为指导思想，在全面分析海南岛沉积岩、火山岩、侵入岩、变质岩、大型变形构造 5 方面内容的基础上，首次运用大地构造相的分析方法，编制了新一代的 1∶50 万海南岛大地构造（相）图，在海南岛范围内划分出 1 个一级构造单元、3 个二级构造单元、8 个三级构造单元和 9 个四级构造单元。阐明了大地构造演化史，建立了大地构造演化模式，论述了大地构造（相）单元的特征及其与成矿的关系，并重点指出琼西一带造山型金矿具有较广阔的找矿前景。

7）首次提出琼西存在二叠纪的俯冲增生杂岩，为海南岛构造格局的厘定提供了可靠的地质依据。

二、主要亮点

海南省地质背景研究成果主要有三大亮点：一是在海南岛厘定出早二叠世的 TTG 组合和 G_1G_2 组合、白垩纪的 G_1G_2 组合和 G 组合及其空间分布特征，为上两个时期板块的俯冲极性提供了充分的依据；二是首次确定琼西存在二叠纪的增生杂岩；三是率先运用大地构造相理论和方法编制了新一代 1∶50 万海南省大地构造图，创新性地提出了海南岛的大地构造单元划分方案，并梳理了大地构造演化史。上述三点在海南乃至全国成矿地质背景研究方面都具有开创性意义。

第二章　沉积岩建造组合与构造古地理

第一节　构造-地层分区和岩石地层格架

海南岛内地层自中元古界长城系至第四系发育较全，仅缺失南华系、蓟县系、泥盆系及侏罗系。依据《海南省岩石地层》（1997）一书的地层分区方案，以海南岛古生代地质演化为主线而进行，采用单一阶段的地层区划方法。综合地层分区以东西向九所-陵水构造带为界，北面属华南地层大区-东南地层区，南面为南海地层大区-三亚地层区。东南地层区又以东西向王五-文教构造带为界，进一步划分为北面的雷琼地层分区-海口地层小区和南面的五指山地层分区。构造-地层分区及地层单位序列如表2-1-1。

表2-1-1　海南岛构造-地层分区及地层单位序列表

地质年代				岩石地层		
代	纪	世		南海地层大区	华南地层大区	
				三亚地层区	东南地层区	
					五指山地层分区	雷琼地层分区 / 海口地层小区
新生代	第四纪	全新世		烟墩组	烟墩组	烟墩组
新生代	第四纪	全新世		琼山组	琼山组	琼山组
新生代	第四纪	全新世		万宁组	万宁组	石山组
新生代	第四纪	更新世	晚	八所组	八所组	道堂组
新生代	第四纪	更新世	中	北海组	北海组	多文组
新生代	第四纪	更新世	早	秀英组	秀英组	
新生代	新近纪	上新世		望楼港组	石门沟村组	海口组
新生代	新近纪	中新世	晚	佛罗组	石马村组	灯楼角组
新生代	新近纪	中新世	中			长坡组；角尾组
新生代	新近纪	中新世	早			长坡组；下洋组
新生代	古近纪	渐新世				涠洲组
新生代	古近纪	始新世			瓦窑组	流沙港组
新生代	古近纪	始新世			长昌组	流沙港组
新生代	古近纪	古新世			昌头组	长流组
中生代	白垩纪	晚白垩世			报万组	报万组
中生代	白垩纪	早白垩世		鹿母湾组	岭壳村组	鹿母湾组
中生代	白垩纪	早白垩世		鹿母湾组	汤他大岭组	鹿母湾组
中生代	白垩纪	早白垩世		鹿母湾组	六罗村组	鹿母湾组
中生代	侏罗纪					
中生代	三叠纪	中-晚三叠世				
中生代	三叠纪	早三叠世			岭文组	

地质年代			岩石地层		
			南海地层大区	华南地层大区	
代	纪	世	三亚地层区	东南地层区	
				五指山地层分区	雷琼地层分区 海口地层小区
晚古生代	二叠纪	晚二叠世		南龙组	
		中二叠世		南龙组 鹅顶组	
		早二叠世		峨查组	
	石炭纪	晚石炭世		青天峡组	
		早石炭世		南好组	
	泥盆纪				
早古生代	志留纪	中-末志留世			
		早志留世		足赛岭组 靠亲山组 大干村组 空列村组 陀烈组	
	奥陶纪	晚奥陶世	干沟村组 尖岭组 榆红组 沙塘组	南碧沟组	
		中奥陶世	沙塘组 牙花组	南碧沟组	
		早奥陶世	大葵组	南碧沟组	
	寒武纪	末寒武世		美子林组	
		晚寒武世		美子林组	
		中寒武世	大茅组	美子林组	
		早寒武世	孟月岭组	美子林组	
新元古代	震旦纪			石灰顶组	
	南华纪				
	青白口纪			石碌群	
中元古代	蓟县纪				
	长城纪		? 戈枕村组?	峨文岭组 戈枕村组	峨文岭组 戈枕村组

第二节　沉积岩建造组合划分及其特征

沉积岩建造组合类型是指同一时代同一沉积相或沉积体系内几类沉积岩建造的自然组合，其划分有明确的沉积相和沉积体系归属。结合海南岛实际地质情况，按照大地构造（相）图编图技术要求，海南岛沉积建造组合划分见表 2-2-1。本书源于《海南省成矿地质背景研究报告》，按照《成矿地质背景编图技术要求》，变质程度较深地层（尤其是沉积层理已被后期变质面理置换或破坏的地层）放到变质岩专题图件中表达，而沉积岩图件中则不予表达，也不划分沉积建造组合（图 2-2-1），因此，本章节主要描述未变质或极浅变质的地层。

表 2-2-1　海南岛沉积岩岩石建造组合划分

区	分区	小区	纪	世	组	段	建造花纹	建造组合	备注
东南地层区	雷琼地层分区	海口地层小区	第四纪	全新世	Qh			冲积扇砂砾-黏土组合	
					烟墩组(Qh^3y)			潟湖-滨海砂-砾-黏土组合	
					琼山组(Qh^2q)			滨海-潟湖黏土-砾组合	
					万宁组(Qh^1w)			海陆交互砂-黏土-砾组合	隐伏
				更新世	八所组(Qp^3bs)			滨海细砂-中砂-粗砂组合	
					北海组(Qp^2b)			冲积扇砂砾石组合	
					秀英组(Qp^1x)			潮坪黏土夹砂、砾组合	
			新近纪	上新世	海口组(N_2h)			滨海黏土-砂岩-砾岩夹火山岩组合	
				中新世	灯楼角组(N_1d)			潟湖砂岩-粉砂岩-泥岩-砾岩夹火山岩组合	隐伏
					长坡组($N_1\hat{c}$) 角尾组(N_1j)			湖相含煤-油页岩碎屑岩组合 潟湖砂岩-粉砂岩-泥岩-砾岩组合	
					长坡组($N_1\hat{c}$) 下洋组(N_1x)			湖相含煤-油页岩碎屑岩组合 滨海砂岩-砾岩-泥岩组合	
			古近纪	渐新世	涠洲组(E_3w)			湖泊泥岩-砂岩-砾岩夹火山岩组合	
				始新世	流沙港组(E_2l)			湖泊泥岩-砂岩夹火山岩组合	
				古新世	长流组($E_1\hat{c}$)			洪冲积扇砾岩-砂岩-泥岩组合（？）	
			白垩纪	晚世	报万组(K_2b)			冲积扇-河-湖砾岩-砂岩-泥岩组合	
				早世	鹿母湾组(K_1l)			冲积扇-河-湖砾岩-粉砂岩-泥岩夹火山岩组合	
			侏罗纪-蓟县纪						
			长城纪				已变质		隐伏
	五指山地层分区		第四纪	全新世	Qh			冲积扇砂砾-黏土组合	
					烟墩组(Qh^3y)			潟湖-滨海砂-砾-黏土组合	
					琼山组(Qh^2q)			潟湖-滨海黏土-砾组合	隐伏
					万宁组(Qh^1w)			海陆交互砂-黏土-砾组合	
				更新世	八所组(Qp^3bs)			后滨细砂-中砂-粗砂组合	
					北海组(Qp^2b)			冲积扇砂砾石组合	
					秀英组(Qp^1x)			滨海相黏土夹砂、砾组合	
			新近纪	上新世	望楼港组(N_2w)			滨海黏土-粉砂-细砂组合	隐伏
				中新世	佛罗组(N_1f)			滨海砂岩-泥岩-砾岩组合	
					长坡组($N_1\hat{c}$)			砂砾岩组合	
			古近纪	渐新世			地层缺失		
				始新世	瓦窑组(E_2w)			砂岩+泥岩+砾岩组合	
					长昌组($E_2\hat{c}$)			湖泊页岩-油页岩-砂岩-砾岩-粉砂岩含煤碎屑组合	
				古新世	昌头组($E_1\hat{c}t$)	上段		湖泊泥岩+粉砂岩+油页岩+砾岩组合	
						下段			隐伏

续表

区	分区	小区	纪	世	组	段	建造花纹	建造组合	备注
东南地层区	五指山地层分区		白垩纪	晚世	报万组(K_2b)			冲积扇-河-湖砾岩-砂岩-泥岩组合	
				早世	鹿母湾组(K_1l)			冲积扇-河-湖砾岩-粉砂岩-泥岩夹火山岩组合	
			侏罗纪-中三叠世				地层缺失		
			三叠纪	早世	岭文组(T_1l)	上段		湖泊泥岩-粉砂岩组合	
						下段		湖泊三角洲砂砾岩组合	
			二叠纪	晚世			地层缺失		
				中世	南龙组($P_{2-3}n$)			陆棚碎屑岩盆地泥岩-粉砂岩-砂岩	
					鹅顶组(P_2ed)			碳酸盐台地灰岩组合	
				早世	峨查组(P_1e)			滨浅海砂岩+粉砂岩+泥岩 / 深海浊积扇砂板岩组合	
			石炭纪	晚世	青天峡组(C_2q)			滨浅海砂岩+粉砂岩+泥岩组合	
				早世	南好组(C_1n)			滨浅海砂岩+粉砂岩+泥岩组合	
			泥盆纪-中志留世				地层缺失		
			早志留世-寒武纪				已变质		
			震旦纪		石灰顶组($Z\check{s}$)			陆表海砂泥岩组合	
			南华纪-蓟县纪				地层缺失		
			长城纪				已变质		
三亚地层区			第四纪	全新世	Qh			冲积扇砂砾-黏土组合	
					烟墩组(Qh^3y)			潟湖-滨海砂-砾-黏土组合	
					琼山组(Qh^2q)			潟湖-后滨黏土-含砾粗砂组合	隐伏
					万宁组(Qh^1w)			三角洲-后滨黏土中粗砂-含砾细砂组合	
				更新世	八所组(Qp^3bs)			后滨细砂-中砂-粗砂组合	
					北海组(Qp^2b)			冲积扇砂砾石组合(?)	
					秀英组(Qp^1x)			滨海相黏土夹砂、砾组合	隐伏
			新近纪	上新世	望楼港组(N_2w)			滨海黏土-粉砂-细砂组合	
				中新世	佛罗组(N_1f)			滨海砂岩-泥岩-砾岩组合	
			古近纪-晚白垩世				地层缺失		
			白垩纪	早世	鹿母湾组(K_1l)			冲积扇-河-湖砾岩-粉砂岩-泥岩夹火山岩组合	
			侏罗纪-志留纪				地层缺失		
			奥陶纪	晚世	干沟村组(O_3g)			海岸砂丘-后滨砂岩组合	
					尖岭组(O_3j)			远滨泥岩粉砂岩组合	
					榆红组(O_3yh)			海陆交互砂泥岩夹砾岩组合	
					沙塘组($O_{2-3}s$)			台地(笔石)页岩-灰岩组合	
				中世	牙花组(O_2y)			台地陆源碎屑-磷块岩-碳酸盐岩组合	
				早世	大葵组(O_1d)			台地源碎屑岩-碳酸盐岩组合	隐伏
			寒武纪	末世			地层缺失		
				晚世					
				中世	大茅组($\text{Є}_{1-2}d$)			陆源碎屑岩-磷块质岩-碳酸盐岩组合	
				早世	孟月岭组(Є_1m)			远滨泥岩+粉砂岩+砂岩组合	

一、三亚地层区沉积建造组合特征

孟月岭组（Є_1m）：在三亚市晴坡岭向斜两翼外侧孟月岭、虎头岭、白石岭、藤桥、孟果村等

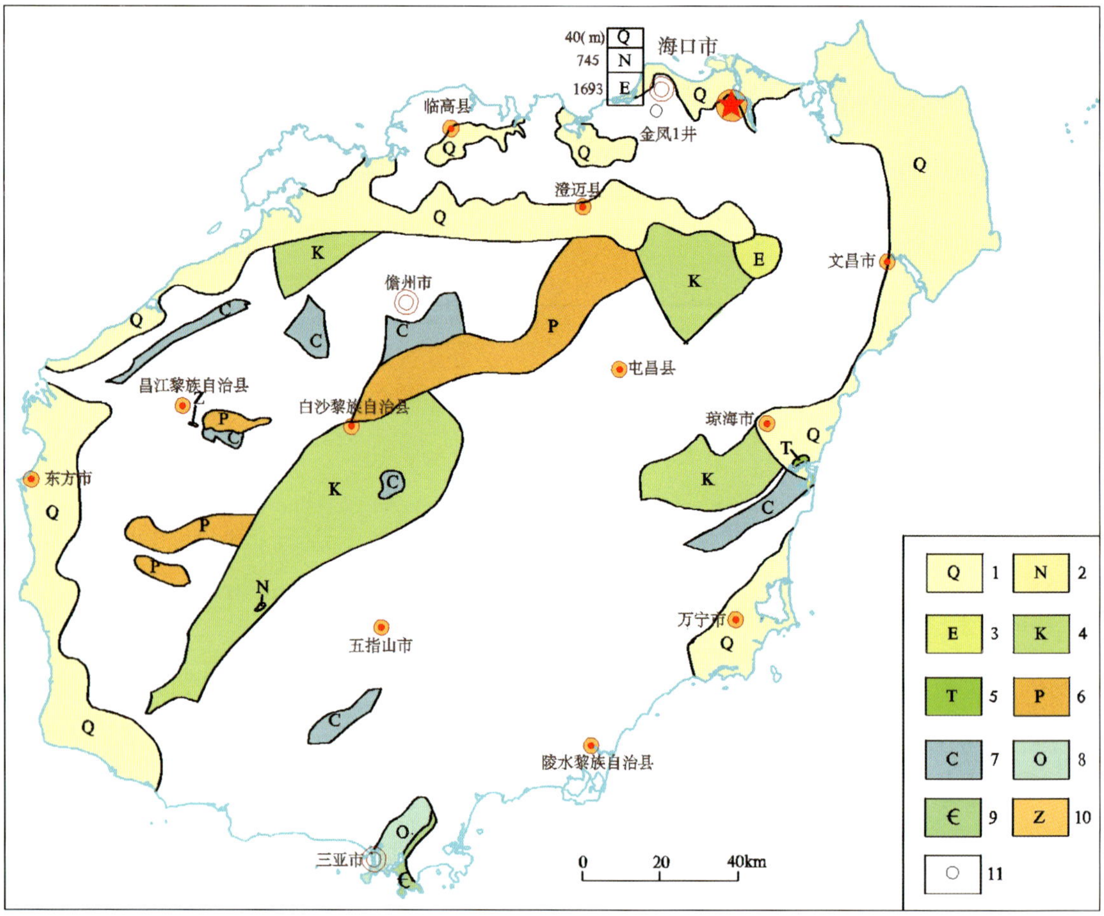

图 2-2-1　海南岛沉积岩分布示意图

1—第四系；2—新近系；3—古近系；4—白垩系；5—三叠系；6—二叠系；7—石炭系；8—奥陶系；9—寒武系；10—震旦系；11—钻孔

地分布，厚 719～2101.48m。沉积建造组合类型为远滨泥岩-粉砂岩-砂岩组合。下部为粉砂质黏土岩夹泥质粉砂岩或互层，岩石发育水平层理、小型沙纹层理（层系厚 1～2cm），含较多的有机质，且分布不均匀，宏观上呈斑杂状，镜下呈短柱状、斑块状富集，似为生物扰动所致；中部中细粒石英砂岩与泥质粉砂岩或粉砂质黏土岩不等厚互层，间夹白云岩及含磷硅质岩，石英砂岩从下至上颗粒有变粗趋势，上部石英砂岩中见有平行层理，镜下可见石英颗粒呈定向排列，下部过渡为具暗色水平层纹的细粒石英砂岩，岩石结构成熟度和成分成熟度中等，无生物扰动构造等；上部粉砂质黏土岩、泥质粉砂岩夹白云岩，岩石发育水平层理、小型沙纹层理；顶部为中细粒石英砂岩。

大茅组（$\epsilon_{1-2}d$）：在三亚市晴坡岭向斜两翼外侧孟月岭-保庄一带、安游-田独-大茅峒一带分布，沉积厚度呈现西厚东薄的趋势，大茅地区为 309m，红花地区为 752～794m。沉积建造组合类型为陆源碎屑岩-磷锰质岩-碳酸盐岩组合。下部为厚层状中细粒石英砂岩，间夹泥质粉砂岩，沉积粒度向上逐渐变粗，水平层理发育。岩石磨圆度好，矿物成熟度高。矿物成分几乎都为石英，未见到不稳定矿物组分。中部为石英砂岩、粉砂质页岩与白云岩或白云质灰岩不等厚互层。上部为厚层状灰岩、白云岩、硅质岩夹硅质页岩、磷块岩及锰矿层，顶部夹一层钙质石英砂岩。白云岩、硅质岩、硅质页岩中常见有粉砂级的石英颗粒。硅质岩以隐晶结构为主；磷块岩主要为碎屑结构，次为鲕状结构；白云岩类则为微晶结构。沉积韵律性明显，薄层硅质岩、含磷页岩、硅质岩与锰质层呈互层出现。在磷块岩顶、底板的硅质页岩中发现丰富的三叶虫、腕足类、软舌螺等浅海底栖生物化石，在纵向和横向上岩相变化显著，偶夹有碎屑岩层，横向上厚度极不稳定。

大葵组（O_1d）：呈隐伏状产出（被第四系掩盖），主要见于三亚市大茅峒一带钻孔中，分布范围小，厚度>214m。沉积建造组合类型为台地陆源碎屑岩-碳酸盐岩组合。中、上部为厚层状灰岩，下部为不等粒石英砂岩，含少量细砾。

牙花组（O_2y）：分布于三亚市大茅峒和落笔洞较小的范围内，区域变化不明显，厚280~330m。沉积建造组合类型为台地陆源碎屑岩-磷块岩-碳酸盐岩组合。中上部为炭质钙质页岩夹厚层状结晶灰岩，水平层理和小型沙纹层理发育；中部为含炭灰岩夹磷块岩和少许白云质灰岩；下部为细粒石英砂岩夹粉砂质页岩。

沙塘组（$O_{2-3}s$）：主要在三亚大茅硐、鹿回头、下洋田、抱坡岭等地分布，沉积厚度呈东北薄西南厚的趋势，大茅硐厚228m，鹿回头厚417m。沉积建造组合类型为台地（笔石）页岩-灰岩组合。下段为钙质砾灰岩、厚层状灰岩，间夹细砂岩；上段为含笔石页岩、粉砂质页岩（局部变质形成绢云母板岩）。岩石从下而上为钙质砾灰岩→泥晶灰岩、结晶灰岩→泥灰岩。

榆红组（O_3yh）：主要出露于鹿回头-狗岭-榆红村-大茅峒一带，自东北向西南沉积厚度明显增加，厚452~1831m。沉积建造组合类型为海陆交互砂泥岩夹砾岩组合，由复成分砾岩与中粗粒岩屑砂岩或中细粒石英砂岩互层产出，底部和顶部各夹一层黏土岩或粉砂质黏土岩。复成分砾岩层巨厚，砾石的砾径从下至上有明显变小的趋势。此外，自下而上，砾岩层（单层）变薄，砾岩-砂岩比率变小，且砾岩中杂基含量增高。砾岩砾石成分复杂，除稳定的砂岩、粉砂岩砾屑外，还有较多的不稳定组分砾屑，如水云母黏土岩砾屑、灰岩和白云岩砾屑及少量的硅质岩砾屑。砾石大小不一，磨圆中等-差，无规则排列。颗粒支撑为主，上部层位见杂基支撑。基质为砂级颗粒和水云母黏土。岩石含透闪石及少量角闪石、橄榄石等不稳定矿物。岩屑砂岩也为厚层-块状构造，砂级颗粒除石英及石英岩屑外（38%~62%），水云母黏土岩屑也占相当比例（9%~38%），硅质岩屑<8%。

尖岭组（O_3j）：主要在三亚晴坡岭向斜轴部死马岭-三公夹，三罗村-晴坡岭-干沟村一带分布。沉积厚度自西北向东南逐渐变薄，厚598~937.22m。沉积建造组合类型为远滨泥岩-粉砂岩组合。底部为复岩屑砾岩，下部为细粒岩屑砂岩，间夹含石英粉砂质水云母黏土岩，或二者呈不等厚互层，韵律层厚0.5~1m，韵律层内下部为细-中粒岩屑杂砂岩，上部主要为发育水平层理的薄层状水云母黏土岩，含少量双壳类和三叶虫化石。岩屑杂砂岩颗粒成分复杂，除石英和石英岩岩屑外，含较多的水云母黏土岩（24%~45%）和硅质岩（<4%）等不稳定组分岩屑，分选中等-差，磨圆度较差；胶结物为水云母黏土。岩屑杂砂岩粒度分析结果显示，以跳跃总体为主（75%~80%），悬浮总体含量大（20%~25%），无明显滚动总体，曲线斜率低；中、上部为含石英粉砂质水云母黏土岩，间夹含水云母石英粉砂岩，镜下可见清晰的小型韵律，韵律层内粉砂岩见波状水平层理和沙纹层理，粉砂级颗粒中含水云母黏土岩岩屑及硅质岩岩屑等不稳定组分，磨圆度差，水云母黏土岩与粉砂岩呈渐变过渡关系，见水平层理、微粒序层理及微波状层理；顶部为水云母岩屑粉砂岩。

干沟村组（O_3g）：出露于三亚市晴坡岭向斜轴部，小面积出露于晴坡岭北坡，厚64.08m。沉积建造组合类型为海岸沙丘-后滨砂岩组合。该组合下部为厚层状含细砾中粒岩屑砂岩、砂砾岩层；上部为细粒岩屑石英杂砂岩、水云母质岩屑石英粉砂岩、细粒岩屑杂砂岩，具粒序层理。岩屑形态以次圆状为主，少量次棱角状，分选性好。产腕足类、头足类、双壳类、三叶虫等化石。

白垩纪地层有鹿母湾组，仅在三亚市荔枝沟镇以南一带分布。新近系包括佛罗组、望楼港组，呈隐伏状态产出。第四系主要分布在琼南沿海地带，自下往上分别为：秀英组、北海组、八所组、万宁组、琼山组、烟墩组，万宁组、琼山组隐伏分布。以上地层沉积建造组合特征将在五指山地层分区沉积建造组合特征章节中具体阐述。

二、东南地层区（五指山地层分区）沉积建造组合特征

石灰顶组（$Z\hat{s}$）：出露局限，仅于昌江石碌一带分布，厚度>214m。沉积建造组合类型为陆表海砂泥岩组合。由含砾石英细砂岩、石英细砂岩、含砾石英细砂岩、铁质细砂岩或铁质岩与少量砂

质泥岩或铁质泥岩组成韵律层，构成加积型层序。底部为紫红色含砾泥岩或含角砾泥岩和泥岩。含砾或含角砾泥岩，无层理，分选差、圆度差，角砾为原地和微异地来源。

南好组（C_1n）：主要在南好、江边、石碌、和乐等地分布，厚度>355~404m。沉积建造组合类型为滨浅海砂岩+粉砂岩+泥岩组合。底部为石英质砾岩、含砾砂岩，砾岩较稳定，砾石成分成熟度高，磨圆好，分选性可达中等。中部（鸡心-鸡实村一带）为灰色中厚层状砾屑硅质岩和残余砂屑硅质岩频繁互层，砾屑硅质岩呈层状、透镜状，具底冲刷。最大砾屑达 25cm，大砾屑一般为灰岩，小砾屑均为硅质岩，砾屑次棱-半圆状，颗粒支撑。砂屑硅质岩中见有大型板状斜层理。上部为石英砂岩、砂岩与板岩、粉砂质板岩不等厚互层，夹深灰色薄-中层状粉砂岩和泥质粉砂岩，偶夹灰岩透镜体，砂岩成分主要为石英，成分成熟度高，磨圆好，多呈次圆状，石英砂岩中碎屑物一般分选性好，杂基少，发育沙纹层理、板状交错层理、平行层理。

青天峡组（C_2q）：主要出露于琼西青天峡、江边、王下、燕窝岭、坡兰沟、上番开村、兰洋、琼东九曲江、万宁等地，沉积厚度变化明显，江边为 101.55m、王下为 282m，燕窝岭为 337m。沉积建造组合类型为滨浅海砂岩+粉砂岩+泥岩组合。自下而上由细砂岩、板岩、条带状结晶灰岩，或砾岩（砂砾岩）、板岩；石英砂岩、板岩，或岩屑砂岩、泥岩等基本层序组成，上部总体为砂岩与板岩不等厚产出，可见水平层理。总体自下而上沉积粒度呈由粗至细的变化，砂岩成分成熟度也趋于增高。琼西地区青天峡组下部沉积了一套以灰-灰黑色含炭泥质岩为主夹钙质石英砂岩的沉积组合，水平层理发育，并见有泥质与粉砂质组成的小型脉状层理。上部由泥岩、粉砂质泥岩、泥质粉砂岩和细砂岩、粉砂岩组成，砂岩、粉砂岩特点是分选较好，不含或含少量泥质，偶见变余斜层理。琼东万宁地区青天峡组上部黑色泥岩、炭质泥岩大量出现，厚达 140 余米，其中不含砂岩，仅夹少量薄层状粉砂质泥岩、泥质粉砂岩。九曲江千秋岭-龙滚龙角岭一带青天峡组下部以厚层块状石英质砾岩为主，夹透镜状砂砾岩、含砾砂岩、粉砂质泥岩，上部为细砾岩、石英砂岩、泥岩，构成下粗上细的沉积韵律。

峨查组（P_1e）：主要在琼西江边、王下、南界河、河叉岭、南棍园等地分布。厚度以王下一带最大（1001m），往南北两侧变薄，江边为 56m、青天峡谷为 383m、南界河为 328m、石碌为 328~359 m。昌江-东方一带沉积建造组合类型为滨浅海砂岩+粉砂岩+泥岩组合，屯昌南棍园一带沉积建造组合类型为深海浊积扇砂板岩组合。前者下部以厚层块状石英质砾岩为主，夹透镜状细粒岩屑杂砂岩，中部沉积物主要由砂、泥质组成，呈叠复交替出现。上部以灰色中厚层状中-细粒长石岩屑砂岩、细粒岩屑砂岩、含砾生物屑钙质中-细粒长石岩屑砂岩为主，夹粉砂质泥岩、粉砂岩，局部为中-粗粒石英砂岩，含砾砂岩，厚度一般数十米。琼西南部沉积物以砂、泥质为主，底部为碳酸盐岩，含硅质条带、燧石团块。南棍园一带以千枚岩、板岩、细-粉砂岩为主，夹灰岩透镜体和变基性火山岩，普遍含碳。

鹅顶组（P_2ed）：主要在琼西燕窝岭-峨贤岭、王下、石碌及白沙邦溪地区出露，该组的厚度变化较大，燕窝岭南界河地带为 543.6m，王下地区为 408.5m，石碌-白沙邦溪地区厚度变化于 29.29~246.17m 之间。沉积建造组合类型为碳酸盐台地灰岩组合。由浅灰、灰白色厚层块状生屑微晶灰岩、颗粒灰岩、含内碎屑生屑灰岩、含燧石条带泥晶灰岩等，夹粉砂质泥岩、石英砂岩、生物颗粒灰岩组成。燧石含量较高，构成燧石条带、团块，多为中厚层至块状岩层，具条带状、纹层状构造，生物骨骼及岩石硅化现象普遍，颗粒组分常多于灰泥组分。

南龙组（$P_{2-3}n$）：主要出露于江边青天峡谷、娜姆河、石碌、大岭农场等地，厚>495.4m。沉积建造组合类型为陆棚碎屑岩盆地泥岩-粉砂岩-砂岩组合。在该组合中，上部为泥质岩与中粒长石石英砂岩互层夹少量杂砂岩，岩石结构和矿物成熟度中等，水平层理发育，局部可见双向交错层理，逆粒序层理；下部细砂岩、粉砂岩与泥岩互层夹杂砂岩，粉砂质条带状构造发育，水平层理常见，纹层状构造十分普遍，水下砂质岩脉也可见及。

岭文组（T_1l）：下段分布于定安翰林地区马革坡、山笈岭、黄竹岭北侧山脊、九曲江、琼海朝阳地区一带，厚度多在100~200m间。九曲江地区，厚度约114m。琼海朝阳地区，厚度约1080m。上段分布于翰林地区岭文肚-岭文村、琼海朝阳地区一带，厚度为136.6~339.0m。琼海九曲江、朝阳地区，厚度为420.1~472.2m。下段沉积建造组合类型为湖泊三角洲砂砾岩组合，以异地复成分砾岩、砂砾岩、石英碎屑为主，成分成熟度低、分选好，向上含较多的岩屑，自下而上岩屑含量增多，粒径变小，中、上部偶夹5~20cm厚的褐黄色凝灰质细砂岩，岩屑为绢云母板岩、硅质岩、粉砂质板岩、花岗岩等岩屑，次圆-圆状。砾岩、砂砾岩砾石成分较杂，有脉石英、石英、硅质岩、变质岩、花岗岩，多呈次棱-次圆状，粒径多在0.5~3cm间。发育缓倾角交错层理、平行层理、波状层理及沙纹层理，局部发育波痕。上段沉积建造组合类型为湖泊泥岩-粉砂岩组合，以灰-灰绿色粉砂质泥岩、泥岩、含钙质粉砂质泥岩为主，夹薄层粉砂岩及含钙质粉砂岩。发育水平层理、波状层理和小型沙纹层理和龟裂纹，产丰富的植物和孢粉化石。

鹿母湾组（K_1l）：在东方市乐安盆地，厚>1837.11m。在儋州市王五盆地，厚>3570.1m。在琼海市阳江盆地，厚2527.16m。在白沙县-乐东县一线的白沙盆地，厚>1523.72m。该地层还出露于文昌市清澜盆地（大部分隐伏）、定安县雷鸣盆地、三亚盆地。沉积建造组合类型为冲积扇-河-湖砾岩-粉砂岩-泥岩夹火山岩组合，划分为上、下两段。尽管不同盆地沉积岩石具有一定的差异，如火山岩层主要分布于白沙盆地、阳江盆地中，乐安盆地也有零星分布，目前在其余盆地则未发现。且白沙盆地火山岩出露于鹿母湾组上部，而阳江盆地则主要见于鹿母湾组下部。但各盆地早期沉积都以一套近缘碎屑沉积为特征，中期出现粒度相对较细的碎屑沉积，晚期盆地闭合，则以发育水平层理、交错层理的砾岩、砂砾岩为特征。白沙盆地北东段儋州鹿母湾-白沙县白水港剖面下段以砂砾岩、含砾长石石英粗砂岩、长石石英细砂岩为主，夹粉砂质泥岩、泥质粉砂岩；上段主体为泥质粉砂岩、粉砂质泥岩，偶夹细砂岩、石英粗砂岩，顶部岩石中还常见长石分布。白沙盆地南西段乐东县南美剖面下段主体为含砾岩屑砂岩，底部以复成分砾岩与南碧沟组角度不整合接触，顶部以中-厚层状泥岩与上段细砾质沉凝灰岩夹砂砾岩及凝灰岩整合接触。上段岩石主要为沉晶屑凝灰岩、火山角砾岩、晶屑凝灰岩、含砾晶屑岩屑凝灰岩、含凝灰质泥岩等，间夹泥岩。阳江盆地琼海市东泰农场剖面下段主要岩性为含砾（质）岩屑杂砂岩。上段主要为复成分砾岩与泥岩不等厚产出，夹晶屑玻屑凝灰岩、沉凝灰岩、凝灰质泥岩。火山物质成分有火山角砾、长石晶屑、玻屑。乐安盆地东方市乐安村剖面下段以含砾粗粒长石岩屑杂砂岩、长石岩屑杂砂岩为主，间夹砾岩、粉砂岩、细砂岩，上段以长石岩屑杂砂岩、砾岩为主，夹粉砂岩、细砂岩、粗砂岩。王五盆地儋州市王五平地岭剖面下段以粗粉砂岩为主，间夹岩屑杂砂岩、长石岩屑砂岩，底部以复成分砾岩不整合覆盖于陀烈组之上。上段为砂砾岩、砾岩，夹长石岩屑杂砂岩、粗粉砂岩。

报万组（K_2b）：出露于白沙盆地南西段、雷鸣盆地、阳江盆地中。厚度>1832m。沉积建造组合类型为冲积扇-河-湖砾岩-砂岩-泥岩组合。白沙盆地南西段山荣-南美剖面以细粒长石砂岩为主，夹钙质泥岩、长石粉砂岩、粉砂质细砂岩。白沙盆地南西段长茅剖面，下部主要岩性为含长石岩屑杂砂岩，夹粉砂岩，中部为粉砂质泥岩与泥质粗粉砂不等厚产出，上部为粗中-中细粒岩屑长石杂砂岩、含砾长石粗砂岩、复成分砾岩，夹薄层泥岩、粉砂岩。阳江盆地东太农场尖岭剖面下部为铁泥质粉砂岩、岩屑长石杂砂岩不等厚互层产出，上部为复成分砾岩、岩屑长石砂岩、长石石英砂岩、粉砂质泥岩。

昌头组（$E_1\hat{c}t$）：多呈隐伏状分布在海口市长昌盆地及树德盆地中，仅零星出露于盆地东部吴村至潭白村一带的溪沟、水渠和田坎边，下段厚115.1~124m，上段厚96~249m。沉积建造组合类型为湖泊泥岩-粉砂岩-油页岩-砾岩组合。下段为红色岩段，底部为棕红、灰白色砾岩、砂砾岩夹粉砂岩，往上棕红色泥岩与灰白、棕红色长石石英砂岩、钙质细砂岩互层，碎屑成分主要为石英，次为花岗岩和变质岩岩屑，分选性差，次棱角状-次圆状。上段为油页岩段，灰褐色油页岩与棕红色、灰色泥岩、页岩不等厚互层，夹数层灰白色细砂岩、灰绿色粉砂岩。该组含介形虫及孢粉化石。

长昌组（$E_2\hat{c}$）：主要分布在海口长昌盆地，厚190~230m。沉积建造组合类型为湖泊页岩-油页岩-砂岩-砾岩-粉砂岩含煤碎屑组合。下段为杂色岩段，其下部为灰白色砂砾岩与灰绿、灰色、紫红色砂岩不等厚互层，夹紫红杂灰绿色粉砂岩，上部灰白、灰绿、紫红色粉砂岩与灰白、灰绿杂紫红色不等厚互层，夹泥岩。沉积物颜色的多样性，显示下段沉积气候的多变性。上段为含煤岩段，总体为暗色湖沼相含煤建造沉积，下部为褐色油页岩、黑色炭质页岩、灰色页岩与灰绿、灰白色粉砂岩、砂岩不等厚互层，夹褐煤层；上部以砂岩为主，夹油页岩、炭质页岩及褐煤层。

瓦窑组（E_2w）：主要分布在长昌盆地，厚11~276m。沉积建造组合类型为湖泊砂岩-泥岩-砾岩组合。为陆相砂砾岩、粗砂岩、细砂岩、泥岩等碎屑岩沉积。下部为砂岩、含砾砂岩及砂砾岩夹青灰色泥岩、紫灰色油质泥岩及泥质菱铁矿层，泥岩中含较多的钙质结核；上部灰白色含砾粗砂岩、砂砾岩与灰、灰绿色中细砂岩、粉砂质泥岩互层，具二元结构，中粒砂岩中见板状交错层理，砂岩中含较多的长石，多为长石石英砂岩，风化后形成砂质高岭土矿。该组产植物和孢粉化石。

长坡组（$N_1\hat{c}$）：隐伏分布于儋州市长坡盆地以南一带，厚度约280m。沉积建造组合类型为砂砾岩组合。第一段由灰色、黄灰色石英质细砾岩、砂砾岩、砾岩与石英不等粒砂岩、粗砂岩不等厚互层，产植物化石。砾石成分多样，以白垩系砂岩及古生界变质岩为主，少量火成岩，胶结物为砂泥质，较松散。

佛罗组（N_1f）：隐伏于东方、乐东、三亚等沿海地带，厚60.31~84.75m。沉积建造组合类型为滨海砂岩-泥岩-砾岩组合。下部为淡黄绿色砂砾岩与乳白、浅黄色细-粗粒砂岩不等厚互层，上部以蓝灰色砂砾岩与灰白、浅黄绿色砂砾岩互层，间夹浅黄绿色中-粗粒砂岩为主。

望楼港组（N_2w）：隐伏于黄流、九所望楼港、三亚等地沿海地带，厚度为6.95~176.15m。沉积建造组合类型为滨海黏土-粉砂-细砂组合。由蓝灰、黄色薄层细砂与蓝灰色粉砂质黏土、黏土、粉砂不等厚互层，局部夹含砾砂岩、含砾泥质砂岩，含介形类、腹足类、双壳类化石。

秀英组（Qp^1x）：主要隐伏于琼北、琼东北，零星出露于海口秀英、澄迈花场、坡尾岭、临高南宝、儋州新盈等地，厚5~30m。沉积建造组合类型为潮坪-滨海相黏土夹砂、砾组合。下部为浅灰色砾石层、砂砾层和砂层；中上部以灰、青灰色页状黏土层或亚黏土层为主，夹浅灰色砂和砾石层，顶部往往有褐铁矿层，具古风化壳特征，偶夹一层基性火山岩，局部相变为沉凝灰岩。亚黏土具透镜状层理及水平层理。局部含双壳类、腹足类及孢粉化石。

北海组（Qp^2b）：广泛出露于琼东北、琼南和琼西等断陷区内及沿海地带，厚0~19m。沉积建造组合类型为冲积扇砂砾石组合。下部为黏质砂、砂砾、砾石层，常含玻璃陨石和铁质结核，偶见不明显的斜层理。砾石成分有石英、脉石英、变质岩、玄武岩（琼北地区）、花岗岩（多见于琼西和琼南）等，砾石磨圆度差，分选性不好；上部岩性为橘黄、棕红、褐红色亚黏土、亚砂土、含铁质结核。

八所组（Qp^3bs）：在琼东北、琼南和琼西等沿海地带分布，厚3~19m。沉积建造组合类型为后滨-滨海细砂-中砂-粗砂组合。该组合在琼东北岩性总体以中细为特征，砂粒分选性较好，成熟度高，普遍含有少—微量钛铁矿和锆英石。下部为灰白色中细砂，中部为褐黄、黄色中细砂，普遍含黏土或黏土团块，局部出现黏土夹层，上部褐灰、褐黑色中细砂，局部含有炭质及有机质等，层位较稳定，顶部为一层浅灰、灰白色中细砂。在琼西其岩性主要为棕黄及白色粉细砂、中砂及含细砾中粗砂层等。分选性较差，粗砂与细砾石含量约占1/2，砾石成分主要为脉石英和花岗岩，次为砂岩和硅化灰岩，上部普遍含有炭质、有机质夹层，含有少—微量钛铁矿。在琼南，其岩性主要为棕黄、褐红色粉细砂、中砂及含细砾中粗砂，偶含铁质结核。

万宁组（Qh^1w）：主要隐伏于琼北、琼西及琼南等沿海一带，厚度>24m。沉积建造组合类型为海陆交互砂-黏土-砾组合。在琼北，该地层下部以细砾石、砂层为主，上部为含粗砂、细砂黏土、黏土层等。在琼南，下部岩性为灰白色中粗粒砂层或含砾细砂，砾或砂成分以石英为主，上部为灰黄色砂质黏土，含少量中粗砂，下部基本层序由中粗粒砂或含砾细砂-砂质黏土组成。

琼山组（Qh^2q）：该组主要出露或隐伏于海南岛沿海地带，厚11.72～17.95m。沉积建造组合类型为潟湖-滨海黏土-砾组合。在琼北，出露于海口市海甸岛-灵山一带，由含细砾亚黏土、富含有机质黏土、亚黏土、亚黏土与黏土互层夹细砂层等三种基本层序组成，岩性中上部为灰、灰黄色亚黏土夹少量黏土及细砂层，下部为深灰色富含有机质黏土，底部为灰-深灰色含砾亚砂土。琼西主要出露于沿海一带，岩性为灰、深灰色、黏土、亚黏土夹少量细砂层，局部富含有机质。琼南主要隐伏分布于琼西南及三亚等地沿海地带，由含细砾亚黏土、富含有机质黏土；亚黏土与黏土互层夹细砂层等三种基本层序组成，下部岩性为灰白、棕黄色含砾粗砂层，砾石成分以石英为主，上部为深灰色砂质黏土，亚黏土，含贝壳碎屑。

烟墩组（Qh^3y）：主要出露于海南岛沿海地带，厚2～24.3m。沉积建造组合类型为潟湖-滨海砂-砾-黏土组合。主要为黄白色、灰黄粉细砂、细砂、含生物碎屑中粗砂、含砾中粗砂、海滩砂、灰黑色含有机质黏土、淤泥质砂，普遍见贝壳、珊瑚及海滩岩和细砂岩等，细砂岩具斜层理和交错层理。

三、东南地层区（雷琼地层分区）沉积建造组合特征

长流组（$E_1\hat{c}$）：主要隐伏于雷琼裂谷之福山盆地、南宝盆地、加来盆地及白莲盆地一带，厚217～570m。沉积建造组合类型为洪冲积扇砾岩-砂岩-泥岩组合，下部岩性为紫灰、蓝灰色砂岩与含钙质结核的紫红、砖红色泥岩、砂质泥岩及泥质粉砂岩不等厚互层，间夹数层砂砾岩；上部以砖红、紫灰色钙质泥岩和泥岩为主，夹灰绿、紫灰、灰白色含钙粉砂岩、砂岩及砂砾岩。福山盆地含数层泥灰岩，加来盆地含钙质结核。

流沙港组（E_2l）：主要隐伏分布于雷琼裂谷之福山盆地、南宝盆地、白莲盆地一带，厚32.5～1259m。沉积建造组合类型为湖泊泥岩-砂岩组合，下部为灰、深灰色泥岩与灰白色砂砾岩互层，局部夹黑色炭质泥岩，水平层理发育；中部为深灰黑、灰色泥岩，含菱铁岩，其间夹薄层玄武岩和灰白-灰黄色砂砾岩、含砾砂岩，含砾砂岩中微含油或具油斑；上部为褐灰、深灰、褐红色泥岩与灰白-黄灰色砂砾岩等厚互层，灰黄色砂质砾岩中普遍含油或具油斑。

涠洲组（E_3w）：主要隐伏于雷琼裂谷之福山盆地中，次为白莲盆地，厚48～1667m。沉积建造组合类型为湖泊泥岩-砂岩-砾岩组合，由一套杂色泥岩、粉砂岩与灰白色砂岩、含砾砂岩及砂砾岩不等厚互层。泥岩颜色多样，有棕黄、黄褐、紫灰、灰蓝、灰绿、棕红等颜色，但以棕红色为主。灰、绿色泥岩中常见棕红色斑块，棕红、紫红色泥岩中含零星灰绿、棕黄色斑块或砂团。砾岩和砂岩的碎屑成分以石英为主，含少量长石，局部含花岗岩和变质岩碎块，碎屑分选程度差-中等，次棱角-次圆状；胶结物以泥质为主，局部为石膏质、钙质或白云质。

长坡组（$N_1\hat{c}$）：隐伏分布于儋州市长坡盆地及临高县加来-南宝盆地一带，厚294～331m。沉积建造组合类型为湖相含煤-油页岩碎屑岩组合。第一段为灰色或杂色半胶结砾岩、砂砾岩夹少量黏土质砂。砾石成分复杂，以白垩系砂岩及古生界变质岩为主，少量火成岩，胶结物为砂泥质，较松散。第二段下粗上细，下部岩性变化大，为紫红、蓝灰杂色含砾黏土质中粗砂与杂色块状黏土、砂质黏土或黏土质粉细砂不等厚互层，或以黏土质砂为主夹黏土、砂砾岩及含砾黏土质中粗砂等；上部则以杂色块状黏土、砂质黏土为主，夹黏土质中细砂或含砾黏土质砂，偶夹含炭黏土及炭化木，见植物根茎化石。第三段为蓝灰色块状含钙黏土、粉砂质黏土夹泥砂质灰岩或钙质砂岩（单层厚度一般<1m），局部夹菱铁矿砂岩透镜体，该组边缘夹黏土质粉细砂。第四段中部主要由灰褐色含炭油页岩与含钙油页岩夹炭质油页岩及褐煤组成，向上部与下部逐渐过渡为褐灰色-灰色块状含炭黏土及蓝灰色块状黏土、粉细砂质黏土夹煤线。中部水平层理发育，局部有微波状、透镜状层理，产大量介形虫、鱼类、螺类和植物碎片、藻类等化石。第五段为浅灰、蓝灰色块状黏土、粉细砂质黏土夹黏土质中细-粉细砂，偶夹含砾黏土质中粗砂及紫红色块状黏土。

下洋组（N_1x）：主要隐伏分布于雷琼裂谷之福山盆地、白莲盆地一带，厚121～542m。沉积建

造组合类型为滨海砂岩-砾岩-泥岩组合，岩石基本为半成岩，局部见松散碎屑物。岩性以灰白、浅灰色砂砾层、砂层、粉砂层为主，夹灰黑色、灰绿色、灰色粉砂质泥岩和泥岩，局部呈互层状产出，顶部为灰绿杂棕黄色、棕红、灰黑色泥岩。碎屑成分以石英为主，含少量暗色矿物、长石及变质岩岩屑，分选中等，次圆状，胶结物主要为泥质，偶见石膏质。普遍含孢粉化石，植物化石碎片（树木枝干）。局部发育平行层理。

角尾组（N_1j）：主要隐伏分布于雷琼裂谷之福山盆地、白莲盆地中，厚 79～289m。沉积建造组合类型为潟湖砂岩-粉砂岩-泥岩-砾岩组合，上部为灰绿色、浅灰色中细砂岩、粉砂岩与浅灰、灰绿粉砂质泥岩互层；下部为灰绿色、浅灰中粗砂岩夹灰色粉砂质泥岩。该组夹数层玄武岩，底部为砾岩。

灯楼角组（N_1d）：主要隐伏分布于雷琼裂谷之福山盆地、海口长流地区，厚 109～337m。建造组合类型为潟湖砂岩-粉砂岩-泥岩-砾岩组合，以灰白、灰绿、灰、紫红、红褐色中-粗粒砂岩、含砾粗砂岩、砂砾岩为主夹粉砂岩和泥岩；下部夹少量砾岩、炭质泥岩及褐煤。

海口组（N_2h）：主要隐伏于儋州市白马井镇至海口市琼山区三江镇一带，局部出露地表，厚 13～297m。沉积建造组合类型为滨海黏土-砂岩-砾岩组合。海口组分为四段，第一段为灰色、黄褐色、灰绿色（含）贝壳砂砾岩与砾岩互层，偶夹灰、灰白色粉砂或粉砂质泥层，局部含海绿石及夹玄武质凝灰岩。岩性及厚度一般较为稳定，分布较广，富含化石，是重要的区域性标志层，又是重要的含水层，为琼北地区的第二承压含水层。第二段以灰、灰黑色黏土或泥层为主，普遍夹浅黄色贝壳碎屑岩、沉凝灰岩、凝灰岩、橄榄玄武岩等，富含化石。第三段为灰、深灰色贝壳砂岩、贝壳砾岩，局部相变为灰、灰黄色生物碎屑灰岩，局部顶部为砂层，底部为砾石层，上部偶夹玄武岩。该段岩性相对较稳定，富含化石，是区域性标志层，也是重要的地下水含水层，为琼北地区的第一承压含水层。第四段为浅灰、灰色粉砂质黏土、黏土，富含化石，含海绿石岩石呈硬塑状，具水平层理，上部偶夹灰黑色、灰色凝灰岩、玄武岩，下部偶夹贝壳砂砾岩。

白垩系鹿母湾组、报万组隐伏分布于儋州市长坡盆地一带。第四系主要在雷琼裂谷内及沿海地带分布，自下往上分别为：秀英组、北海组、八所组、万宁组、琼山组、烟墩组。上述地层沉积建造组合特征在五指山地层分区积建造组合特征章节中阐述，在此从略。

第三节　构造古地理单元划分及其特征

根据海南岛实际地质情况，将海南岛中部和北部变质程度较深的奥陶纪、志留纪地层放到大地构造（相）图之变质岩专题图件中表达，而在沉积岩专题图件中则不予表达。构造古地理单元划分以沉积岩专题图件为依据，因此，构造古地理单元划分也只针对基本没有发生区域变质的沉积岩。

海南岛构造古地理单元的划分依据《成矿地质背景研究技术要求》，其划分体系见表 2-3-1。在沉积岩建造组合类型划分的基础上，进行建造组合类型的原型盆地分析，从而确定了建造赋存的构造古地理单元。本书分阶段划分了构造古地理单元：即按寒武纪、奥陶纪、石炭纪-早二叠世、二叠纪、三叠纪-白垩纪、古近纪-第四纪 6 个阶段进行的构造古地理划分。第二阶段和第三阶段在时间上重叠了 P_1，原因是琼西江边乡-王下-石碌地区的石炭系和下二叠统为一套陆缘裂谷边缘的滨浅海沉积（下称“前者”），几乎相同地区的中上二叠统为残余海盆沉积，而南棍园-松涛一带的下二叠统主要为一套具浊积岩特征的半深海—深海的复理石建造，从表 2-3-2 可知，琼西江边乡-王下-石碌等地中-上二叠统和南棍园-松涛的下二叠统都属多岛洋（一级）-洋盆（二级）环境，而前者则为陆块（一级）-裂谷（二级）环境，二者的一至四级构造古地理单元均不相同，而且琼西残余洋盆环境的中上二叠统和分布于屯昌南棍园-松涛的这套洋盆环境地层在构造古地理乃至大地构造单元划分上意义十分重大，是海南岛存在古特提斯洋在沉积建造方面的重要证据，必须在图面上突出表达其所处的构造古地理单元，但又因俯冲增生混杂作用使陆块和多岛洋环境的地质体几乎就位于同一区域，因此为了图面表达的需要，两个阶段既要分开，又必须将 P_1 叠置。在 2012 年 7 月贵阳大地构造构造（相）图验收会议上，大地构造相图及各专题图件通过评审，之后我们针对专家意见进行了修改。修改后的构造古地理单元划分方案见表 2-3-2。

表 2-3-1　构造古地理单元划分表

构造古地理单元			
一级	二级	三级	四级
陆块 C	陆内盆地 IC	陆表海 ES	海陆交互障壁陆表海 tbe 海陆交互无障壁陆表海 toe
			陆源碎屑障壁陆表海 be 陆源碎屑无障壁陆表海 oe
			碳酸盐岩陆表海 ce 陆源碎屑-碳酸盐岩陆表海 fce
		压陷盆地 DB	压陷盆地陡坡带 dbs 压陷盆地中央带 dbc 压陷盆地缓坡带 dbsl
		坳陷盆地 SB	坳陷盆地陡坡带 sbs 坳陷盆地中央带 sbc 坳陷盆地缓坡带 sbsl
		无火山岩断陷盆地 NVB	无火山岩断陷盆地陡坡带 nvbs 无火山岩断陷盆地中央带 nvbc 无火山岩断陷盆地缓坡带 nvbsl
		火山-沉积断陷盆地 VB	火山-沉积断陷盆地陡坡带 vbs 火山-沉积断陷盆地中央带 vbc 火山-沉积断陷盆地缓坡带 vbsl
		拉分盆地 PB	拉分盆地陡坡带 pbs 拉分盆地中央带 pbc 拉分盆地缓坡带 pbsl
	被动陆缘 PM	陆棚碎屑岩盆地 SD	陆棚碎屑滨海 sdl 陆棚碎屑浅海 sdn
		陆棚碳酸盐岩台地 SP	碳酸盐岩台地 cp 陆源碎屑-碳酸盐岩台地 sd-cp
		陆坡-陆隆 CL-CR	半深海斜坡沟谷 sg 斜坡扇 sf
	裂谷 RF	陆内裂谷 IR	陆内裂谷边缘 irm 陆内裂谷中央 irc
		陆缘裂谷 MR	陆缘裂谷边缘 mrm 陆缘裂谷中央 mrc
		夭折裂谷 FR	夭折裂谷边缘 frm 夭折裂谷中央 frc

续表

构造古地理单元			
一级	二级	三级	四级
多岛洋 A	洋盆 OB	残余海盆 RS	碎屑滨海 rsl 碎屑浅海 rsn 碳酸盐岩台地 rsp 陆源碎屑-碳酸盐岩台地 rsdp 半深海斜坡沟谷 rsb 斜坡扇 rsf
		扩张洋脊 SR	
		海山 SM	海山玄武岩 smb 海山碳酸盐岩 smc
		深海平原 DP	深海平原硅泥质区 dps 海底扇浊积区 dpf
		洋内弧 OA	
	活动陆缘 AM	俯冲增生杂岩楔 SA	无蛇绿岩浊积扇 nof 含蛇绿岩浊积扇 of 洋岛海山 im
		弧前盆地 FAB	弧前盆地近弧带 nfa 弧前盆地远弧带 ffa 弧前陆坡 sfa 弧前构造高地 hfa
		火山岛弧 VA	
		弧背盆地 RAB	弧背盆地边缘带 rabm 弧背盆地中央带 rabc
		弧间盆地 IB	弧间盆地边缘带 ibm 弧间盆地中央带 ibc
		弧后盆地 BB	弧后盆地近弧带 na 弧后盆地远弧带 fa

表 2-3-2 海南岛构造古地理单元划分简表

寒武纪构造古地理单元划分			
一级	二级	三级	四级
华夏地块	三沙-三亚被动陆缘	三亚陆棚碎屑岩盆地	亚龙湾-英州陆棚碎屑浅海
			崖城-田独陆棚碎屑滨海
奥陶纪构造古地理单元划分			
一级	二级	三级	四级
华夏地块	三沙-三亚被动陆缘	田独陆棚碎屑岩盆地	
石炭纪—早二叠世构造古地理单元划分			
一级	二级	三级	四级
华南陆块	琼桂裂谷（?）	海南陆缘裂谷	保亭-儋州陆缘裂谷边缘

二叠纪构造古地理单元划分			
古特提斯多岛洋	琼西洋盆	松涛-晨星深海平原	南棍园海底扇浊积区
		石碌-江边残余海盆	石碌残余海盆碎屑岩滨海-浅海
			王下-七差残余海盆碳酸盐台地
			江边残余海盆碎屑岩滨海-浅海
三叠纪—白垩纪构造古地理单元划分			
一级	二级	三级	四级
中国东部活动陆缘	海南陆内盆地	白沙拉分盆地	
		雷鸣拉分盆地	
		阳江拉分盆地	
		王五拉分盆地	
		四更拉分盆地	
		中原-翰林压陷盆地	
古近纪—第四纪构造古地理单元划分			
中国东部活动陆缘	东南沿海活动陆缘	海南沿海陆棚碎屑岩盆地	
	中国东部陆缘裂谷	雷琼陆缘裂谷	
	海南陆内盆地	长昌断陷盆地	

一、寒武纪构造古地理单元划分及其特征

一级构造古地理单元属华夏地块，据任纪舜报道，位于南海陆块内的西沙群岛永兴岛钻孔中前寒武系变质岩花岗片麻岩 Rb-Sr 等时线年龄为 1465Ma，具有长城纪晚期的变质年龄，这和海南岛抱板群相同，与华夏地块变质基底可对比。二级构造古地理单元为三沙-三亚被动陆缘，分布于海南岛最南端的三亚市田独镇-安游镇一带。三级构造古地理单元为三亚陆棚碎屑岩盆地，沉积厚度较大（达数千米），主要为一套砂-粉砂-泥-碳酸盐岩建造，生物繁盛，至今未发现火山岩夹层，暗示其为一套稳定型的被动陆缘沉积。岩性组合特征显示其为一套浅海-滨海相沉积，但海平面也几经波动。四级构造古地理单元为亚龙湾-英州陆棚碎屑浅海和崖城-田独陆棚碎屑滨海，以下重点阐述。

（一）亚龙湾-英州陆棚碎屑浅海

该单元内主要沉积了孟月岭组，孟月岭早期水体较深，沉积了较厚（>883m）的粉砂质泥岩、水云母黏土岩。中期发生海退，沉积了一套巨厚层状-块状的石英砂岩（厚约 564m）。石英砂岩从下至上颗粒有变粗趋势，该时期陆源补给量丰富，沉积速率较大，盆地性质在该时期并非完全稳定，应为过渡类型。晚期，发生海侵，沉积了水云母黏土岩、白云岩，岩石沉积层序与早期沉积层序相似，说明盆地性质并无显著改变。结合该组夹有少量含磷硅质岩和白云岩等特征综合考虑，孟月岭组有可能形成于距隆起区不太远、沉降速度较快、碎屑物质来源充足的浅海环境。

（二）崖城-田独陆棚碎屑滨海

该单元内主要沉积了大茅组，大茅早期，发生海退，沉积了厚达 486.56m 的近滨相中细粒石英岩状砂岩或石英砂岩。中晚期，总体上表现为海侵旋回沉积，以其底部滨海相水云母黏土岩的形成为标志。继之，有几次短暂的海退-海进过程的转换，形成石英砂岩、粉砂岩与水云母黏土岩的

互层，盆地演化背景以下陷为主，且具短期动荡的性质。晚期是海侵的高潮，陆源补给量显著减少，形成含磷硅质岩、硅质岩和白云岩的混合沉积，沉积环境为较局限的滨海环境，沉积盆地离陆源较近，且具有短期动荡的特征。

二、奥陶纪构造古地理单元划分及其特征

一级构造古地理单元属华夏地块。二级构造古地理单元为三沙-三亚被动陆缘，分布于海南岛最南端的三亚市田独镇-安游镇一带。三级构造古地理单元为田独陆棚碎屑岩盆地，主要沉积了榆红组、尖岭组、干沟村组。按照技术要求，以主要岩相进行古地理单元的划分和命名，大葵组、牙花组、沙塘组构造古地理单元为陆棚碳酸盐岩台地，在此不详细论述。

榆红期沉积由一套复成分砾岩、岩屑砂岩的多次重复构成，间夹少量水云母黏土岩，厚>1500m。榆红组下部厚层-块状复成分砾岩的出现是沉积相向陆推进的高潮。之后，盆地朝着总体下陷变深的趋势发展，粗碎屑物质只受水流的短期搬运，快速堆积于低能的近滨海盆，沉积速率快，不利于生物生存，这是榆红组不产化石及有机质含量极低的原因。此外，沉积盆地处于良好的补偿环境，因而形成巨厚层由复成分砾岩和岩屑砂岩组成的滨岸冲积扇沉积。

随着海平面继续相对上升，至尖岭期，沉积环境已由滨岸过渡为浅海环境。沉积了一套韵律构造明显的岩屑砂岩，中、上部产丰富的正常浅海相化石。由于盆地演化的延续性，该时期盆地边缘较陡，泥、砂物质在陡峻的斜坡上频繁受到重力滑动的影响，形成具韵律构造的浊流沉积，底部为近端浊积沉积，下中部显示较典型的浊流沉积特征，中上部属于远端浊积岩。

从尖岭期至干沟村期，又转换为海退序列。干沟村组由下而上为退积型沉积序列，属滨海相沉积环境，沉积了干沟村组滨-浅海相岩屑砂岩或砂砾岩。之后，由于加里东运动后期的影响，盆地封闭、隆起，进入剥蚀阶段。

三、石炭纪-早二叠世构造古地理单元划分及其特征

一级构造古地理单元为华南陆块，是指位于北东向陆坡北缘断裂和南北向越东滨外断裂之间的广大南海地区。二级构造古地理单元为琼桂裂谷（?）。三级构造古地理单元为海南陆缘裂谷，石炭纪海南岛地壳发生裂解，重新接受海相沉积，主要为一套滨-浅海相的砂泥质沉积物建造组合。四级构造古地理单元为保亭-儋州陆缘裂谷边缘，以南好组、青天峡组和峨查组沉积为主，该单元位于乐东江边乡-王下乡、东方县旧村岭，昌江石碌水库、儋州八一农场和兰洋等地。

早石炭世早期（南好期），地壳进入缓慢的沉降期，海侵自西北向南东推进，南界河地区、昌江石碌-鸡实村-白沙金波、坡兰沟-军营-红岭一带的沉积物多以石英质细砾岩、不等粒石英砂、泥质为主，多交替出现。显示出海水浅、离岸近、坡度缓的滨岸地带，属无障壁型陆源碎屑近岸至远岸相带沉积环境。

琼西南的南界河地区见适应于软底的、并能经受住十分混浊海水的底栖类型窄盐度单带型四射珊瑚和广海底栖型网格长身贝、线纹长身贝、石燕类、双壳类和海百合茎等生物则较为繁盛。其中珊瑚、海百合茎经搬运后，呈断枝、碎屑状与砂泥质同时沉积。

琼西昌江石碌-鸡实村-白沙金波一带为一套碎屑岩夹多层灰岩，属碳酸盐陆棚环境或远滨相沉积。在白沙金波如翁村一带底部为一套灰-深灰色灰岩，上部夹深灰色薄-中层状粉砂岩和泥质粉砂岩，在粉砂岩中见有微波状层理，反映盆地水体能量较低，灰岩中含有炭质和黄铁矿，可能是碳酸盐陆棚环境或远滨相沉积。稍晚（鸡心剖面上）见夹多层（3层）矿物成熟度和结构成熟度很高的灰白色中厚层状石英岩或石英岩状砂岩，反映沉积水体变浅、出现高能环境，可能形成于近滨环境潮下高能带。底部和下部两层石英岩之间灰岩的Sr/Ba为23.08，明显为盐度正常的海相沉积，应为远滨相或滨外陆棚相，下部和中部两层石英岩之间所夹中-厚层状堇青石石英角岩的原岩

可能是局限潮下环境的产物。石碌一带的南好组下部主要为深灰色薄层细碎屑岩，应为碎屑陆棚环境。但下部之顶出现一层中厚层状细粒石英岩状砂岩，表明水体明显变浅、能量突然增高，暗示离石碌“陆岛”较近。南好组中部（昌江鸡心-鸡实村一带）为灰色中厚层状砾屑硅质岩和残余砂屑硅质岩频繁互层，砂屑硅质岩中见有大型板状斜层理，推测为台地边缘浅滩环境。南好组上部以深灰色含石英粉砂泥晶硅质岩为主，属低能环境沉积。考虑到红林农场16队相当层位仍为硅化残余砾屑含灰硅质岩，应为局限潮下环境，而红林农场16队一带为台地边缘浅滩环境。关于南好组顶部（最晚期沉积）沉积物，在三棱山底部砾岩中见扁平砾石呈叠瓦状排列，其中还见有赤铁矿砾石，具有滨岸砾岩特征，即属于石质海岸的前滨带（位于石碌“陆岛”周边的沉积产物），其上为灰-灰黑色薄层状粉砂岩、泥质粉砂岩、粉砂质泥岩夹具有大型交错层理的石英岩状粗砂岩，生物群具有海相动物和陆相植物同层混生现象，显示近滨环境沉积。据零星露头判断，虽然顶部有粒度变粗现象，但均属远滨环境沉积。

军营-红岭地区沉积物粒度整体偏粗，岩层产状及古流向分析表明物源应来自西侧，其西侧存在一定规模的“陆岛”。该地区沉积物主要为一套碎屑岩，岩石中的砂岩成分主要为石英，经受了波浪的冲洗、波选和磨圆，其沉积应在波浪带，即正常浪基面以上。南好组底部砾岩较稳定，为滨海相（近滨-远滨相）沉积产物。沉积物中所发现的生物化石以广海底栖型腕足（长身贝、戟贝类、石燕类）、双壳类、海百合茎和牙形石等生物较为繁盛。

晚石炭世（青天峡期），区域上海侵进一步扩大，海水普遍变深，原海中“陆岛”也没入海水之下。紧邻王下一带及以北地区，处于滨岸（远滨）-浅海沉积环境，以远岸带的泥质岩、细砂岩夹碳酸盐岩沉积最为发育。靠滨岸至近岸带一侧底栖类型的双壳类生物极为繁盛。自王下往北至燕窝岭地区逐步过渡到陆源碎屑注入较多的近岸至远岸沉积类型为主，生物不发育。自燕窝岭向北的广大地区，沉积了一套碎屑岩夹碳酸盐岩，其沉积环境应为浅海环境，浅海之中发育多个碳酸盐台地（石碌一带碳酸盐台地相发育）。东面九曲江千秋岭-龙滚龙角岭一带，水流作用较强，岸流作用明显，沿“琼中山地”北麓缓坡地带，普遍发育一套近岸带泥质与石英质砾石、石英砂交替的沉积旋回。之后，海平面频繁波动，产生滨海-浅海交替沉积，适应于软底及十分浑浊海水的底栖类型珊瑚，以及底栖型腕足、海百合茎等生物则较为繁盛。晚期因地壳伸展幅度加大，形成了一定规模的浅海-半深海环境，沉积了厚达140余米的暗色泥岩。

早二叠世早期（早峨查期），沿滨岸带广泛分布一套以陆源石英细砂、石英质砾石为主的沉积物。水动力波动较大，环境不稳定，不利于生物发育生长。峨贤岭至王下一带以北、燕窝岭地区以南之间地域、“石碌岛”以北及以东广大地区，仍处于远岸相带，沉积物厚度大，以砂泥质沉积类型为主，交替叠复产出。底部往往发育一层碳酸盐岩，分布较为稳定，呈近东西向展布，厚度2.9~7m。生物群落面貌较石炭纪发生了显著的变化，代表早二叠世早期的牙形石 *Sweetognathus whitei*-*Rabeignathus asymmetricus* 动物群（燕窝岭地区-江边青天峡地区）开始出现，长纺锤形的厚壳短筒状 *Parafusulina* 蜓属相继出现，大量繁盛，局部地带富集成层。腕足类 *Marctinia*, *Orthotetes*, *Punctospirifer*, *Dictyoclostus*, *Rhipidomella*, *Brachythyris*, *Sxhizophoria* 等更为常见，海百合茎、苔藓虫等碎屑也可见及。靠近岸相带附近发现科达类 *Cordaites* 植物化石。从青天峡谷往北到燕窝岭，再到石碌地区，逐步过渡到以粗粒的砂泥质为主的近岸相带沉积类型，生物单调而稀少，除海百合茎碎屑外，钻孔、穴居的无铰纲腕足类小型舌形贝（*Lingulella*）极为繁盛，呈原地理埋藏状态。晚期，局部地区水体变浅，水流作用加强，双向交错层理发育，并出现逆粒序韵律层，形成由石英质细砾岩、石英砂构成的沙滩沉积。

四、二叠纪构造古地理单元划分及其特征

海南岛二叠纪一级构造古地理单元为古特提斯多岛洋。二级构造古地理单元为琼西洋盆，位于海南岛西部儋州、昌江、白沙、东方、乐东一带，呈北东走向，东侧以北东向的白沙断裂带为界与琼东

弧盆系相接，北部以王五-文教断裂带为界与雷琼裂谷相邻。三级构造古地理单元包括松涛-晨星深海平原和石碌-江边残余洋盆。前者呈东西向分布于儋州松涛水库、屯昌晨星一带，接受了一套深水环境下细粒碎屑岩沉积，具深水复理石特征；后者为华力西-印支运动期间块体碰撞总体背景下，形成的残余盆地，盆地呈北东向分布于昌江县石碌镇、东方市江边一带，由于受南高北低的古地形的制约，形成了与之相适应的缓斜坡型古地理格局，陆源物质主要来源于早二叠世构造隆升的周边山地，而海水则由北西向南东入侵，由于海侵、海退周期性的变化，出现不同沉积相类交替叠置和相对并存的局面，总体表现为一个由海侵到海退的旋回。四级构造古地理单元划分为南棍园海底扇浊积区、江边残余海盆碎屑岩滨海-浅海、王下-七差残余海盆碳酸盐台地和石碌残余海盆碎屑岩滨海-浅海。

（一）南棍园海底扇浊积区

早二叠世（峨查期）沉积时，该地区沉陷加剧，海水变深，成为半深海-深海环境，接受了一套深水环境下细-粉粒碎屑岩、泥岩沉积，普遍含碳，具深水复理石特征。沉积物中普遍见平行层理、交错层理，发育不完整的鲍马序列，局部岩层沉积底面存在底模构造（槽模），沉积物中既未发现与波浪作用有关的沉积构造，也未发现与风暴作用相关的沉积构造，说明这些沉积构造是深水浊流的沉积作用标志。沉积物中未见生物扰动、潜穴、爬迹等生物活动痕迹，沉积环境应为一种缺氧不利于底栖生物栖息的环境。沉积物中局部有一定数量反映深水沉积环境的放射虫化石（中国地质大学冯庆来鉴定）存在。

（二）江边残余海盆碎屑岩滨海-浅海

随着华力西-印支运动导致块体碰撞，二叠纪琼东地区整体隆升为陆，缺失整个二叠纪沉积，琼西地区则演化为残余海盆。中二叠世茅口期（即南龙组下段沉积时期）该单元演化为浅海陆棚边缘相区，属近岸盆地沉积，沉积了南龙组。广大地区发育灰、深灰色含钙质粉砂质泥岩及灰质白云岩、岩屑质砂岩，水平层理和纹层发育，可见水下砂质岩脉。生物单调（江边地区见含寿昌菊石群 *Shouchangoceras-Altudoceras* 组合为主的动物群），显示这一时期的近岸盆地相沉积特征。海百合茎、蜓类等生物碎屑颗粒常见，但其硬体磨损、破碎等现象明显，分布杂乱，表明它们是搬运而来的异地组分。中二叠世茅口晚期-晚二叠世吴家坪期（即南龙组上段沉积时期），是最大的海退高潮时期，水体从南向北逐步变浅，沉积了长石石英砂岩和杂砂岩等（局部夹有煤线，暗示出现了海陆交互相环境），海域面积进一步缩小，地层厚度变化较大，岩性差异也较明显，反映沉积环境变化迅速。晚二叠世中晚期，发生了大规模的海退，到晚二叠世末期隆升为陆，从而结束了本区沉积历程。

（三）王下-七差残余海盆碳酸盐台地

中二叠世早期（大体相当于栖霞期），琼西昌江王下-七差一带为近东西向展布的由南向北缓倾斜的较开阔碳酸盐台地相浅海陆棚，并主要发育内外陆棚碳酸盐台地沉积，形成了鹅顶组灰岩。浅海外陆棚碳酸盐台地的主体形成于栖霞早期，分布于南部峨贤岭至王下一带。由于海水相对较深，海水循环受影响，碳酸盐沉积作用缓慢，不利于生物繁殖、发育，海百合茎为碎屑状，常与石英砂沉积于灰泥之中。栖霞中晚期，随着海侵范围逐步扩大，海域随之变得开阔。中、北部地区出现外陆棚碳酸盐台地沉积。南部燕窝岭地区则为浅海内陆棚碳酸盐台地，处于潮间下部至潮下带中低能量沉积环境。水体较浅，水质清洁，盐度正常，阳光充足，气候温暖，适应于厚壳体的短筒形、纺锤、椭锤形 *Parafusulina*，*Schubertella*，*Chalaroschwagerina*，*Laxifusulina*，*Misellina* 等蜓类大量的繁殖生长，海百合茎均被打碎，呈粗砾级碎屑状，与蜓类混杂堆积，沿斜坡形成楔状体生物层。除蜓类 *Parafusulina* 和海百合茎等生物较发育之外，还有间歇性强水流将陆源石英砂、粉砂、泥质带入以碳酸盐灰泥占主导的缓斜坡上，形成了砂泥岩与碳酸盐岩交替沉积。

（四）石碌残余海盆碎屑岩滨海-浅海

该单元分布于琼西昌江石碌一带，主要沉积了南龙组（$P_{2-3}n$），由中-细粒石英砂、岩屑、长石以及石英质砾石等构成滨岸沙滩相。沙滩边缘发育了底栖类型蜓类、海百合茎、苔藓虫、腕足类和陆生的植物茎、叶的混合沉积，代表潮间中等能量沙滩沉积。局部地段在靠陆一侧或沙滩后侧，因海水运动受到一定阻碍，形成水体宁静的低能区，发育一套粉砂质泥岩夹少量砂岩的沉积，水平层理和纹层发育。软底生活的软体动物繁盛，幼年期与成年期的腹足类、双壳类混杂堆积，保存完好，具原地埋藏特征。适应微咸水的海湾和潟湖环境的广盐性绿藻类蠕孔藻极为繁盛，反映了潟湖相沉积特点。晚二叠世中晚期，海盆逐渐关闭，隆升为陆。

五、三叠纪-白垩纪构造古地理单元划分及其特征

三叠纪-白垩纪海南岛位于一级构造古地理单元中国东部活动陆缘以内。二级构造古地理单元为海南陆内盆地，盆地总体呈北东向断续分布，其生成主要与太平洋板块俯冲作用有关。三级构造古地理单元为：中原-翰林压陷盆地、四更拉分盆地、王五拉分盆地、阳江拉分盆地、雷鸣拉分盆地和白沙拉分盆地。

（一）中原-翰林压陷盆地

该盆地位于琼东部琼海中原-定安翰林一带，为华力西-印支运动进入后碰撞阶段生成的磨拉石盆地，沉积了下三叠统岭文组。从北西翰林往南东，沉积厚度总体加大，沉积粒度变细。说明当时湖盆具有北西浅南东深、北西高南东低的地貌格局。翰林属于盆地西北边缘，而中原则处于盆地的沉积中心，沉积粒度相对细，沉积厚度大。岭文组初期沉积物经历过较强的水流簸选搬运，之后环境能量变弱。根据岩石类型、沉积构造及基本层序特征，并结合上部含大量植物化石，认为下部应形成于山前滨湖—浅湖环境。晚期沉积水动力较弱，应为浅湖—半深湖环境，产丰富的植物和孢粉化石，植物化石保存较差，没有完整的宽大的叶部化石和原地生长的根部化石，为异地埋藏植物群落，表明当时地表径流量较大，可能有一较大的河流注入湖区。植物群落、孢粉组合面貌及沉积物颜色反映早三叠世为半干旱气候环境。

（二）四更拉分盆地

盆地位于琼西东方市四更一带，发育的白垩系鹿母湾组为河流相碎屑岩沉积，具明显的二元结构特征，可进一步划分为河道沉积和泛滥平原沉积，河道沉积可进一步划分为河道洪积、边滩沙坝沉积。鹿母湾组河流相沉积二元结构特征，旋回性明显，是比较典型的河流相沉积层序。

（三）王五拉分盆地

盆地位于琼西北儋州王五一带，发育的白垩系鹿母湾组为陆相沉积，其沉积物以粗碎屑物和黏土为主，偶见少量化学沉积。主要为河流相沉积，局部出现湖泊相沉积。河流相沉积可见二元结构，具不完整的半韵律性旋回构造。旋回上下部常见平行层理、水平层理。河流沉积可进一步划分为边滩沉积、河道滞留沉积、洪泛平原沉积。边滩沉积物与洪泛平原沉积物构成了该盆地鹿母湾组河流沉积层的主要部分。局部出现的浅湖沉积，一般发育于洪泛平原沉积层位之上，可能为洪泛平原进一步下陷为浅湖环境的产物。

（四）阳江拉分盆地

该盆地位于琼东琼海阳江一带，盆地发育的白垩系鹿母湾组、报万组为冲积扇相、辫状河流

相、洪冲积平原相和湖相沉积。从下至上，冲积扇相从发育到不发育，河流相从不发育到发育。下部以冲积扇、河流相为主，次为洪冲积平原相，上部以河流相、洪冲积平原相为主，夹滨湖相、冲积扇相沉积和火山岩夹层，湖相仅局部发育。总的沉积环境为火山活动频繁、气候干燥的山间盆地冲积扇及河流相环境，局部为湖相环境。盆地东部冲积扇相发育，以砂砾岩为主；西部则河流相发育，为砂砾岩和砂泥岩交互沉积。这表明当时古地形除东南高、北西低的总趋势外，还有东高西低的特点。从早至晚，盆地沉降中心整体具从南东向北西迁移的趋势，盆地东部沉降中心具从东向西迁移趋势。

鹿母湾组中的孢粉化石反映当时植物群发育，其中占主导地位的是松科、掌鳞杉科和麻黄科植物的花粉，也见有水龙骨科、海金砂科等科类组成的蕨类植物孢子。这些植物主要产于热带、亚热带地区，因此，可以推测盆地处于热带亚热带气候环境。

（五）雷鸣拉分盆地

该盆地位于琼北定安雷鸣一带，盆地发育的白垩纪鹿母湾组、报万组为冲积扇相、辫状河流相、洪冲积平原相和湖相沉积。从下至上，冲积扇相从发育到不发育，河流相从不发育到发育。下部以冲积扇、河流相为主，次为洪冲积平原相，上部以河流相、洪冲积平原相为主，夹滨湖相、冲积扇相沉积，湖相仅局部发育。总的沉积环境为火山活动频繁、气候干燥的山间盆地冲积扇及河流相环境，局部为湖相环境。

（六）白沙拉分盆地

该盆地为海南岛最大的白垩纪盆地，呈北东向展布于儋州-白沙-乐东一带，沉积了下白垩统鹿母湾组和上白垩统报万组，其中，前者遍布整个盆地，后者主要分布于盆地西南的乐东一带。

白垩纪早期盆地底部形成厚数米的一层陆相复成分底砾岩，不整合在前白垩纪基底之上，向上变为河湖相沉积，随着时间推移，水体不断加深，变为湖相沉积。总体上，下部为河流边滩相粗砂岩沉积夹河漫滩相泥质沉积，上部演化为湖相粉砂质泥岩夹粉砂岩沉积。

早白垩世晚期，由于太平洋板块向北东的欧亚大陆下俯冲，在盆地内火山频繁喷发，地壳运动加剧，沉积盆地向东部迁移，气候继承早白垩世早期特征，持续炎热、多雨，湖盆水体丰富，动植物繁盛，这是该时期沉积环境和盆地演化的总特征。

晚白垩世早期，火山活动结束，盆地地壳运动继承性继续下降，由震荡下沉变为平稳下降，另一方面气候变得炎热、干燥，雨量不均匀，生物受到恶劣气候制约，较难生存，植被明显减少（孢粉化石稀少）。报万组下段是火山洼地上生成的湖盆底部湖河相沉积（湖成三角洲沉积），湖水由浅变深形成的一套湖相岩系，是地壳有规律震荡下降形成的湖相沉积物，含少量孢粉化石。总之，晚白垩世早期地壳运动由强烈运动到震荡运动，即由强变弱，逐渐趋于平稳下降过程。

晚白垩世晚期，由于地壳沉降的不均一性，盆地东部下降较快，继续保持沉降中心地位。此时，气候进一步恶化，植被相对减少，风化剥蚀作用增强，地表径流加大，常有山洪暴发，巨大的洪流夹带大量陆源碎屑、砾石、巨砾到盆地中沉积下来，由近而远形成洪流洪积扇砂砾岩、巨砾岩及冲积相粗砂、砂岩、细砾岩沉积，大致平行盆地北东部边缘呈带状分布，组成一个庞大的洪积扇裙，宽 2~3km。到晚白垩世晚期末，地壳运动下降速度减慢，冲洪积物把盆地填满。

六、古近纪—第四纪构造古地理单元划分及其特征

古近纪—第四纪，海南岛属于一级构造古地理单元中国东部活动陆缘。该单元进一步划分为海南陆内盆地、中国东部陆缘裂谷和东南沿海活动陆缘 3 个二级构造古地理单元。这时期的海南陆内盆地为断陷成因，可进一步划分为长昌断陷盆地，仅分布于琼北海口长昌一带；中国东部陆缘裂谷形成于太平洋板块俯冲引起的中国东部活动陆缘拉张环境，雷琼陆缘裂谷为其组成部分，位于南部

的王五-文教构造带和北部的遂溪断裂带之间，二者走向都呈近东西向，形成于新生代，是在中生代俯冲型岩浆岩弧（陆缘弧）的基础上发展起来的，经历了多期玄武岩喷发，并接受了古近纪—第四纪各个时代的沉积；东南沿海活动陆缘在海南进一步划分为海南沿海陆棚碎屑岩盆地，分布于海南沿海一带，主要分布第四纪松散堆积物。

（一）长昌断陷盆地

形成于始新世的长昌断陷盆地位于东西向的王五-文教断裂带的南侧、南北向的琼山-石合断裂和铺前-博鳌断裂之间。盆地明显受上述东西向和南北向两组断裂构造控制，呈东西向展布，两端向南拐，东西长 21km，南北宽 4~12km，面积 168km^2。盆地底部为一套古近纪陆相地层。

古新世昌头期，盆地早期接受了一套洪积相红色碎屑岩沉积（昌头组），其沉积厚度变化小，显示基底地势相对比较平坦。之后，进入浅湖环境，接受了含介形虫及孢粉的油页岩段沉积。沉积厚度变化大。盆地晚期具有南高北低的古地理格局，沉降中心和沉积中心基本吻合，大致位于谭白村一带。

始新世长昌期早期，相对昌头期晚期，盆地相对上升，水体变浅，沉积物变粗，以砂岩相为主。由东往西，岩相突变大，缺乏规律性，呈“杂乱状”堆积，沉积层序混乱，碎屑物质成分复杂，有时出现钙质和低价的铁（黄铁矿结核），并常见长石矿物分布，颗粒大小不均，属于近源快速堆积的产物，初步认为属于湖口沉积物。其沉积物颜色的多样性，显示沉积气候的多变性。古地磁资料研究显示，古近纪时，位于北纬 12°左右的低纬度区，属于干燥、湿热多雨的气候环境。

始新世长昌晚期，东面属于潟湖相或障壁岛后静水环境的沉积产物，具有滨湖—浅湖相沉积岩石组合特征；西面属于沼泽相沉积，也即含煤段沉积时期，由西至东，湖水具有加深的趋势。与长昌早期盆地格局基本一致。该时期气候潮湿温暖，适宜生物生长，高等植物繁茂，淡水鱼类和贝壳类动物繁盛，为后期成煤作用提供了重要的物质条件。

始新统瓦窑期，盆地内继续接受了一套陆相碎屑岩沉积（瓦窑组），直接叠覆于长昌组含煤岩系之上。之后，地壳差异性隆升，结束沉积。

（二）雷琼陆缘裂谷

雷琼陆缘裂谷分布于王五-文教断裂带与遂溪断裂带之间，在海南岛接受了一套厚达数千米的古近系—第四系沉积。

白垩纪末—古近纪初，南海北部陆缘由长期的北西-南东向挤压应力场转化为北西-南东向拉张，陆缘解体形成一系列盆地，雷琼一带主要由于受控于东西向断裂的活动，南北两侧分别呈阶梯状下降，形成近东西向的陆缘裂谷环境，雷琼陆缘裂谷以南为隆起剥蚀区。北面陆缘裂谷区向北延入北部湾海区，沉积厚度东薄西厚，沉积中心分布于福山-北部湾一带，钻孔揭示古近系陆相沉积厚度最大达四千余米，新近系滨浅海相沉积厚度最大达两千余米。中间的雷琼半岛、海峡和海南岛北部一般厚约 500~ 3000 m。

古新世盆地开始接受洪冲积相物源沉积，以紫红色、棕红泥岩与紫红色或灰色砂砾岩、砂岩不等厚互层为特征，盆地沉降中心大致位于海口-福山一带，在福山地区沉积厚度达 550 多米（福 3 井），而在南宝-加来地区沉积厚度较薄，只有 220 多米（ZK9 孔），当时气候潮湿炎热，多雨天气，河流发育。始新世，盆地进一步加深，形成湖泊相，盆地地势平坦，气候温暖湿润，湖水深浅交替，此时的动、植物化石大量繁殖，并接受一套以暗色（黑灰、灰、褐灰、深灰色）泥岩为主，夹灰白、灰黄色砂砾岩的碎屑物质沉积，是形成油气和储油的层位。

渐新世，由于地壳差异性升降运动明显，断陷作用加剧，盆地进一步拓宽和加深，至中新世时，波及西面长坡地区。

在福山及白莲盆地，渐新世时，盆地进一步拓宽，湖水加深，沉积物为一套杂色泥岩、粉砂岩与灰白色砂岩、含砾砂岩及砂砾岩不等厚互层，中上部局部含有海绿石。属于湖泊相沉积，局部夹海相沉积。中新世早-中期，盆地沉降作用加剧，海水完全侵入，湖盆消失，主要接受滨海相沉积，沉积物以碎屑岩建造为主。普遍含有孢粉化石、植物化石碎片（树木枝干），有孔虫、介形类、腹足类及双壳类等较繁盛，表明了当时气候温暖，阳光充足。

在长坡盆地，从中新世早期-中期，长坡组沉积物呈现出由粗至细的演化，沉积中心大致位于长坡镇-东成镇一带，厚度达300m以上。长坡组一段沉积时期，盆地地形高差显著，离蚀源区较近，大量陆内碎屑物质快速搬运至盆地，形成了灰色或杂色的砂砾岩、砾岩、泥质砂岩等一套碎屑物，此时气候干燥、炎热，不利于生物的生长和繁殖、保存。第二段至第三段沉积时，盆地进一步拓宽加深，进入滨湖-浅湖环境，水动力作用强烈，不利于植物及造油生物的大量繁殖与保存，沉积物以蓝灰色钙质黏土、含钙砂质黏土为主，并夹有泥灰岩、钙质砂岩。第四段时，盆地地势非常平坦，离蚀源区较远，气候温暖湿润，湖盆仍以相对下沉为主。地壳振荡较为频繁，在小幅度的上升中形成了富含植物（包括草本植物及藻类）、鱼类的泥炭沼泽相环境，动、植物化石大量繁殖，形成了褐煤、炭质油页岩及含炭油页岩。在小幅度的下降中则形成了富含鱼类、介形虫及少量藻类的沼泽相环境，沉积了含钙油页岩。第五段沉积时，沉积范围已明显缩小，接受了含砾黏土质中粗砂、含砂（质）黏土、黏土的沉积，岩石顶部发育水平层理，为滨湖相→浅湖相沉积。

而在加来-南宝盆地，长坡组在加来一带缺失第一段沉积，第二段沉积直接与古近系呈平行不整合接触，加来-南宝盆地中沉积中心位于加来镇及其东面一带，厚度达300m以上，缺失第五段的沉积。

中新世早期-中期，除长坡盆地、加来-南宝盆地以外的琼北地区，下部沉积了下洋组的一套后滨相砂砾岩、砂岩、砂质泥，胶结物中偶见石膏质，该组为琼北储油层位之一，并产有孔虫、植物化石碎片（树木枝干）、孢粉化石（蕨类孢子、裸子植物花粉、被子植物花粉），孢粉化石反映了泛热带地区的植物景观。上部沉积了角尾组一套潟湖相灰绿色-灰色泥岩、粉砂岩、中细砂岩为主的碎屑岩，局部水平层理发育，部分地区夹数层石膏，普遍含有孢粉化石（被子植物花粉为主，其次裸子植物花粉和蕨类孢子）、植物化石碎片（树木枝干），反映了植物较繁盛的湿热气候。

中新世晚期-上新世，由于海侵加剧，盆地沉降等作用，海口地层小区中的福山、加来-南宝及长坡等盆地开始连成一片，形成统一的盆地。晚中新世时期，盆地下部主要接受浅灰、紫红、灰绿色含砾砂岩、砂砾岩、砂岩夹灰绿色粉砂质泥岩，上部以灰、灰绿色砂岩与粉砂岩、粉砂质泥岩互层为特征，普遍含有海绿石。有孔虫、介形类、苔藓虫、腹足类、双壳类等生物较为繁盛。进入上新世，盆地继续沉降，海侵加深，其间发生过火山喷发。沉积物以灰绿色、灰色、灰白色砂砾岩、砂质黏土、黏土等为主，局部夹玄武质凝灰岩，具水平层理，有孔虫、介形类、双壳类、腹足类等大量繁殖生长，表明当时沉积环境水能量变化频繁。

早更新世，主要沉积了秀英组的一套滨海潮坪环境杂色黏土、亚黏土，并伴基性火山岩喷发，顶部往往有褐铁矿层，具古风化壳特征。中更新世，沉积了北海组一套橘红色-紫红色洪积相碎屑物，下部为砾石层，向上往往覆盖一层铁质结核层，上部为含砾亚黏土、亚砂土，并夹玄武岩，一般越靠近南部王五-文教断裂带，底部的砾石层越厚，砾石砾径越大，反映中更新世琼北断陷盆地与南部物源区仍有一定的高差，在山前形成广泛的洪冲积扇群。

（三）海南沿海陆棚碎屑岩盆地

分布于海南岛沿海一带，地表以第四系八所组（Qp^3bs）和烟墩组（Qh^3y）分布最为广泛。

八所组在地貌上常形成Ⅱ级或Ⅲ级海成阶地。在东方八所地层厚度大于5.6m，三亚林旺3.45~19m，九所8.67m，东方大新村9.57m。含有大量的孢粉化石，以草本植物花粉为主，含量达48%，多半是禾本科花粉；木本植物花粉含量为29%，蕨类孢子约占23%。张仲英等（1987）认为属于禾本科-蒿属-栎属-枫香属带，反映了温干气候特点。地层局部含有机质和炭质黏土层，颜色呈灰褐、褐黑色，层位稳定，反映其具有滞水环境沉积的特征，属于潟湖相沉积。八所组沉积环境应为海相沉积（潟湖-滨海沉积），期间并受到风成或河成的扰动。

烟墩组在地貌上构成滨海平原的上部，并形成沿海砂堤、砂堤封闭的潟湖以及海滩岩、连岛砂堤等。属滨海砂堤-潟湖系列沉积，该组在区域上地层厚度变化较大，文昌烟墩沿海一带 12.4~18.5m，三亚沿海地区 1.8~24.3m，乐东九所沿海地带大于 4.89m。烟墩组产软体动物和孢粉化石。软体动物化石，产腹足类：*Babylonia lutosa*，*B. areolata*，*Polynicespyriformis*，*Strombus canarium*，*Conus betulinus*，*C. textile*，*Bursa rano*，*Olivaispidula* sp.，*Trochus* sp.；双壳类：*Meretrix meretrix*，*Posimia japonica*，*Solen grandis*，*Sanguinoloria chinensis*，*Pophia gallus*，*Circe seripta*，*Tellina* sp.，*Gefrarium* sp.，*Cordium* sp. *Chama* sp. *Tecraclita squamosa vividis*，*Ostrea* sp. 等。上述分子分别生存于浅海、滨海及潮间带。孢粉化石称为 *Casuarina equisetifolia*- *Quercus*-*Polypodiac eaePteris*-*Castanopsis* 带，反映湿热气候。

第四节　构造古地理演化

根据《成矿地质背景研究技术要求》，本节只针对纳入了大地构造（相）图之沉积岩专题底图编图范围的地层（即主要为未经区域变质地层）讨论构造古地理演化。前寒武系分布于九所-陵水断裂带以北，但几乎都发生了区域变质作用，不在本节讨论范围之列。未发生区域变质的下古生界仅分布于琼南三亚地区，上古生界在九所-陵水断裂带以南缺失，只分布于断裂带以北，包括石炭系、二叠系、下三叠统。白垩系、新生界全岛皆有分布。根据沉积岩体系、沉积相及沉积建造等特征，构造古地理演化划分为寒武纪、奥陶纪、石炭纪-早二叠世、二叠纪、三叠纪-白垩纪、古近纪-第四纪 6 个阶段。

一、寒武纪

寒武纪时期，地壳发生裂解，九所-陵水断裂带南北两侧岩相古地理环境开始出现差异，北部五指山地区为陆缘裂谷盆地，沉积了寒武系美子林组（已发生低绿片岩相—绿片岩相变质），南部三亚地区为陆棚碎屑滨海、浅海环境，说明两地当时有一定的地理间隔。早寒武纪时，海南岛南面三亚地区沉积作用沉积了一套$€_1$-$€_2$ 的滨-浅海环境含磷锰砂泥质岩-碳酸盐岩建造，即孟月岭组和大茅组（未发生区域变质作用），之后加里东运动使琼南三亚地区地壳发生差异性隆升，缺失上寒统-顶寒武统沉积记录，导致下奥陶统大葵组（O_1d）与下-中寒武统呈平行不整合接触。

二、奥陶纪

奥陶纪时，南面三亚地区沉积了滨-浅海环境砂泥质岩-碳酸盐岩，后期演变为海陆交互相环境，形成了一套复成分砂砾岩、含砾砂岩、含铁黏土岩混杂沉积物，之后加里东运动导致琼南三亚地区隆升为陆，缺失志留系、晚古生界、三叠系、侏罗系。

三、石炭纪—早二叠世

经加里东运动后，海南岛地壳隆升为陆，至早石炭世地壳发生裂解，进入特提斯构造域的作用范围，并再次开启海相沉积历史，经前人研究，约 334±12Ma 琼西一带出现洋壳（李献华和周汉文，2000；唐红峰，1999）。石炭系南好组（C_1n）为一套陆缘裂谷环境下的滨浅海相碎屑岩，在华力西期-印支期构造运动作用下，产生低绿片岩相变质。底部具有底砾岩的特征，代表加里东运动后地壳再次下降，海侵序列的开始，上部为变质陆源细碎屑岩。青天峡组沉积时，沉积环境呈现出一定的差异性，北面石碌镇-澄迈石浮镇一线石炭系为海相碎屑岩相和碳酸盐台地相沉积，于华力西-印支运动期间发生浅变质作用，形成变质泥质砂岩、大理岩等组成，具有稳定型滨浅海相单陆屑式建造夹碳酸盐岩建造的特点。东南面万宁中原镇，该时期则为海相碎屑岩相，缺乏碳酸盐台地相沉积，从早至晚（南至北）海水逐渐加深，早期为滨、浅海相（局部达大陆斜坡相）碎屑岩沉积，中晚期为大陆斜坡相，出现浊流作用形成的杂砂岩；晚期地壳活动性逐渐加强，上部岩石常见酸性凝灰岩或沉凝灰岩夹层，沉积建造类型由稳定型往次稳定型过渡。早二叠世时，分布于东方、昌江一带的峨查组（P_1e）形成于陆缘裂谷环境，主要为一套含滨浅海生物化石的砂泥质沉积，在华力西-印支运动作用下，已变质成一套千枚岩、板岩、变质砂岩组合，目前还未在这一带的峨查组发现火山岩夹层。

四、二叠纪

早二叠世，随着板块的俯冲、碰撞，海南岛东南部已经隆升为陆，缺失二叠纪沉积。二叠纪沉积仅见于海南岛西北的昌江石碌镇-东方市江边一带和琼中部地区的屯昌晨星-儋州兰洋一带，屯昌一带的峨查组（P_1e）主要为形成于深海平原环境，常含碳的泥质、细-粉砂质沉积，已变质为千枚岩、板岩、变质粉细砂岩，从侵入岩方面分析，琼西一带在早二叠世中晚期地块已经开始碰撞，但中晚二叠世仍有沉积。因此，我们推测鹅顶组（P_2ed）和南龙组（$P_{2-3}n$）形成于残余盆地环境，其中前者主要为一套含生物碎屑的灰岩，部分地区塑性变形强烈；后者仅出露于岛西石碌镇-江边乡一带，主要为一套滨海相泥砂质沉积，局部具海陆交互相沉积特征，其中石碌地区出现砾屑硅质岩，江边地区见长石岩屑砂岩、长石石英砂岩、杂砂岩沉积等近源沉积。始于早二叠世的华力西-印支运动造山运动使地壳抬升，并在晚二叠世南龙期之后地壳全面隆起，结束海相沉积。

五、三叠纪—白垩纪

分布于琼东中原-翰林盆地的一带山前磨拉石建造为华力西-印支造山运动隆升的标志，这套磨拉石建造即下三叠统岭文组（T_1l），其沉积建造组合为湖泊砂砾岩-泥岩-粉砂岩，为山前湖相盆地沉积。但该套岩石分布十分局限，与典型造山带普遍发育磨拉石建造差别较大。

海南岛至今未发现侏罗系，此时全岛处于隆起剥蚀区。

白垩纪，受太平洋板块俯冲引起的弧后扩张带控制，海南岛断块活动强烈，此起彼伏，断陷成盆，断隆成山，形成一系列陆内上叠沉积盆地和火山盆地，包括白沙盆地、王五盆地、雷鸣盆地、阳江盆地、四更盆地等火山-沉积盆地，盆地内沉积了鹿母湾组（K_1l）和报万组（K_2b），前者岩性以湖-河相杂陆屑式建造为主，并夹中酸性火山岩建造，后者岩性以湖-河相杂陆屑式建造为主，未见火山岩夹层。

六、古近纪—第四纪

新生代以来，可能由于受两个方向俯冲作用影响（印度板块和太平洋板块分别从西南和东南两个方向往亚欧板块下俯冲），雷琼地区上地幔隆起，地壳拉张使原有的断裂继承性地活动，导致该时期地壳升降运动频繁，多个不同岩石地层单位间存在不整合接触关系，发育海积、河流阶地。近东西向断裂的强烈活动，造成整体地貌呈阶梯状向北下降，形成近东西向雷琼大陆裂谷，裂谷内部由于北西等方向断裂的切割，形成垒堑相间的条块构造。裂谷在古近纪为陆相沉积（湖泊相、洪冲积相、河流相），至新近纪逐渐演变为海相沉积，并于中更新世结束海相沉积，复归陆相沉积，古近纪裂谷内沉积了一套河湖相红色碎屑建造夹可燃性有机岩建造、膏岩建造夹玄武岩建造，新近系为一套滨浅海相碎屑建造和玄武岩建造，古近纪-新近纪沉积厚度东薄西厚，东部海域约

1000～2000m，西部海域2000～3000 m，局部区域有4000～6000m的局部圈闭（即沉积中心），沉积中心分布于福山-北部湾一带。新近纪末，盆地上升，发生海退，伴随有多次基性火山岩喷发。第四系为滨浅海相碎屑岩建造、河流相-三角洲相碎屑岩建造、洪冲积相建造，并伴有强烈的玄武岩喷发。

五指山地层分区由于寒武系、奥陶系、下志留统已经变质，并且沉积面理往往已被后期变质面理置换，其岩相古地理演化特征主要在第五章变质岩岩石组合中阐述，在此作一简要的介绍。寒武系美子林组下部原岩为砂岩、粉砂岩，局部夹凝灰质，中部主要为粉砂岩，上部为灰岩夹粉砂岩，为形成于陆缘裂谷边缘的一套沉积物。奥陶系南碧沟组其原岩主要为泥质粉砂岩、粉砂质泥岩，夹中基性—酸性火山岩、基性—超基性火山岩、沉凝灰岩、含炭泥岩，奥陶纪在寒武纪陆缘裂谷边缘的基础上，裂解加剧，早期由滨海过渡到滨浅海陆棚环境（陆缘裂谷边缘），晚期则演化为深海-半深海环境（陆缘裂谷中央），而且很可能已出现洋壳；早志留世陀烈期主要为一套泥质岩，粉砂质泥岩、石英细砂岩，夹有基性和酸性火山岩，中部普遍含碳，具有浊积岩特征，总体为一套半深海-深海的沉积物，为陆缘裂谷中央环境（可能已出现洋壳）。早志留世空列村期-足赛岭期主要沉积了一套灰岩、砂泥质建造，夹有酸性火山岩，形成于滨浅海环境，可见地壳相对于陀烈期已经抬升，盆地逐渐变浅，演变为陆缘裂谷边缘环境，早志留世末期（?），海水全部退出，早古生代海侵结束。直到早石炭世再次接受海相沉积（早石炭世以后的构造古地理演化在前文已述）。

第五节　沉积岩建造组合与成矿关系

海南岛的沉积矿产及与沉积岩相关的矿产比较丰富，主要有锆钛砂矿、石英砂矿、石油、天然气、褐煤、油页岩、磷锰矿、金矿、铀矿、水泥灰岩、白云岩、黏土矿、重晶石矿等。

全新统烟墩组（近代海滩、潟湖、砂堤松散沉积物）中赋存锆钛砂矿，烟墩组与成矿相关的沉积建造组合为潟湖-滨海砂-砾-黏土组合。已知的大型锆钛砂矿床主要分布在琼东文昌市及万宁市等沿海一带，三亚至昌江一带西部沿海仅零星分布有小型锆钛砂矿。主要矿产地有文昌铺前砂钛矿（大型）、鹿马岭-东坡锆英石砂矿（大型）、昌洒白岭锆英石砂矿（中型）、翁田-昌洒锆钛砂矿（小型）、万宁保定海锆钛砂矿（大型）、万宁长安锆钛砂矿（大型）、崖县马岭钛锆英石砂矿（中型）等。海南岛广泛分布的二叠纪、三叠纪、侏罗纪、白垩纪侵入岩为锆钛砂矿的主要成矿物质来源。

上更新统八所组海相松散沉积物中富集石英砂矿和锆钛砂矿，八所组与成矿相关的沉积建造组合为后滨-滨海细砂-中砂-粗砂组合，金属和非金属矿物经海浪冲刷、分选、富集成矿。主要矿产地有龙马石英砂矿（大型）、八所石英砂矿（大型）、东郊锆钛砂矿（小型）、昌洒锆英石砂矿（小型）等。成矿物质主要来自二叠纪、三叠纪、侏罗纪、白垩纪侵入岩。

下更新统秀英组产黏土矿，该组主要隐伏于琼北、琼东北等地，零星出露在海口秀英、澄迈花场、坡尾岭、临高南宝、儋州新盈等地。秀英组与成矿相关的沉积建造组合为潮坪-滨海相黏土夹砂、砾组合，主要矿产地有海口秀英、澄迈花场黏土矿等。

古近纪流沙港组（E_2l）、涠洲组（E_3w）、新近系下洋组（N_1x）是雷琼裂谷石油、天然气的生油（气）和储油（气）层位，在海南岛隐伏于王五-文教断裂带以北。流沙港组与成矿相关的沉积建造组合为湖泊泥岩-砂岩组合，涠洲组与成矿相关的沉积建造组合为湖泊泥岩-砂岩-砾岩组合，下洋组与成矿相关的沉积建造组合为滨海砂岩-砾岩-泥岩组合。矿产地包括海口市金风油气田（小型）、澄迈县花场油气田（中型）等。

古近系昌头组、长昌组和新近系长坡组中产褐煤、油页岩，属于湖盆相沉积成因。昌头组与成矿相关的沉积建造组合为湖泊泥岩-粉砂岩-油页岩-砾岩组合，长昌组与成矿相关的沉积建造组合为湖泊页岩-油页岩-砂岩-砾岩-粉砂岩含煤碎屑组合，长坡组与成矿相关的沉积建造组合为湖相含煤-油页岩碎屑岩组合。矿产地有长昌煤矿、长坡褐煤、油页岩矿。

白垩纪红盆赋存金、萤石、铅等矿产。其中，富文金矿赋存于定安雷鸣盆地早白垩世鹿母湾组（K_1l）中，与成矿相关的沉积建造组合为冲积扇-河-湖砾岩-粉砂岩-泥岩夹火山岩组合，矿体（含金石英脉）主要赋存于北西向鹿母湾组层间断裂中，成矿物质则主要来自白垩纪中酸性岩体。白沙陆内拉分盆地鹿母湾组（K_1l）、报万组（K_2b）中，分布的矿种有铅、金、萤石等，与成矿相关的沉积建造组合为冲积扇-河湖相砾岩-粉砂岩-泥岩-夹火山岩组合、冲积扇-河湖相砾岩-砂岩-泥岩夹火山岩组合，主要矿产地有道柴林萤石矿、坡拉村萤石矿、孔南坡萤石矿、志爱山萤石矿等小型萤石矿及细水岩金矿、香明村铅矿等金、铅等矿（化）点等。

峨查组（P_1e）滨浅海砂岩+粉砂岩+泥岩组合和鹅顶组（P_2ed）碳酸盐台地灰岩组合是热液脉型重晶石矿的重要赋矿层，重晶石主要赋存于峨查组碎屑岩与鹅顶组碳酸盐台地灰岩建造组合接触部位，矿产地有保由重晶石矿等。鹅顶组碳酸盐台地灰岩组合主要出露于琼西昌江、东方一带，为海南岛水泥灰岩的主要赋矿层位，同时也是海南著名水泥品牌——天涯水泥的主要生产原料来源。

三亚地区中-上寒武统大茅组中赋存磷锰矿，大茅组与成矿相关的沉积建造组合为陆源碎屑-磷锰质岩-碳酸盐岩组合，属于滨海环境→较稳定的滨外碳酸盐沉积环境。矿产地有大茅磷锰矿（中型）、落笔洞高岭磷锰矿（小型）。

三亚田独铁矿（小型）属接触交代矽卡岩型铁矿床，矽卡岩、矽卡岩化岩石主要分布于白垩纪中酸性侵入岩与寒武系和奥陶系的接触部位，与成矿相关的沉积建造组合为大茅组陆源碎屑-磷锰质岩-碳酸盐岩组合（$\epsilon_{1-2}d$）、榆红组海陆交互砂泥岩夹砾岩组合（O_3yh），围岩在发生矽卡岩化的同时，伴有铁矿化。

第三章 火山岩岩石构造组合

第一节 火山岩时空分布

海南岛火山岩分布面积大，火山活动频繁，具有多期和多次喷发历史，中元古代、新元古代、古生代、中生代及新生代均有火山活动。其中以出露于海南岛北部的新生代火山岩分布面积最大，其次为产于陆相火山盆地及火山-沉积盆地中的白垩纪火山岩，中元古代、新元古代及古生代火山岩分布较少。

一、前寒武纪火山岩

海南岛前寒武纪火山岩包括中元古代和新元古代火山岩。中元古代火山岩主要为中酸性火山岩，产于长城系戈枕村组中；新元古代火山岩同样为中酸性火山岩，分布于青白口纪石碌群中。

中元古代长城纪火山岩因变质作用较深，原岩的矿物成分及结构、构造等都已改变，难以恢复其岩石外貌。长城纪戈枕村组火山岩主要出露于琼西抱板、大蟹岭、冲卒岭（峨文岭），以及琼东中建农场和中部上安-长征一带。戈枕村组原岩为一套火山岩，经深变质作用，下部主要为紫苏（二辉）斜长片麻岩、麻粒岩，中上部主要由混合岩化黑云（角闪）斜长片麻岩、黑云（角闪）斜长变粒岩、斜长角闪（片麻）岩构成。根据岩石组合、野外产出等特征，结合岩石化学方法，推断片麻岩、变粒岩的原岩可能为中酸性火山岩，麻粒岩的原岩为中基性火山岩。

新元古代火山岩主要发现于海南岛西部石碌铁矿一带，呈透镜状、薄层状夹于石碌群（Qbŝ）第五层和第六层变质碎屑沉积。产于第五层的火山岩呈似层状，主要岩性为灰绿色层状凝灰岩和含有火山泥球的钾流纹质熔结凝灰岩，产于第六层的火山岩有钾流纹质球粒凝灰岩和钾粗安质球粒凝灰岩。

二、古生代火山岩

海南岛古生代火山岩见于五指山地层分区，多呈透镜状或层状产于古生界奥陶系南碧沟组、志留系陀烈组和空列村组、石炭系南好组和青天峡组及二叠系峨查组（特指分布于南棍园一带的早二叠世地层）中，酸性-基性火山岩皆有产出。

奥陶纪火山岩主要见于定安县黄竹岭、乐东县江边乡。定安县黄竹岭一带火山岩夹于奥陶纪南碧沟组中部的绿片岩相变质细碎屑岩中，共有 11 层火山岩，岩石为酸至基性沉火山碎屑岩、火山熔岩，经区域变质作用，火山岩已变质为阳起石石英岩、阳起石石英片岩、绿帘斜长石片岩、含阳起石钠长石绿帘绿岩、含黑云母石英片岩等，但仍保留有部分火山岩的结构。经原岩恢复，自下而上呈现出玄武岩→安山岩→流纹岩的演化趋势，体现了从基性到酸性的火山喷发特点，前人在火山岩中获得锆石 U-Pb 年龄为 499±6~527±48Ma。分布在乐东县江边乡一带的火山岩夹于南碧沟组上段中部与上部。其中，中部的火山岩为变中-基性火山岩，上部共有三层火山岩，岩性为变质基性火山熔岩与基性火山碎屑岩，自下而上这三层的厚度为 43. 3m、75. 6m、39. 3m。每一层显示明显的沉积韵律，一般形成多个由熔岩-凝灰岩-绢云板岩或变质粉砂岩组成的韵律。凝灰岩、熔岩单层一般厚 10~30cm。经变质作用，火山岩原岩的矿物已被透闪石、绿泥石、阳起石、斜黝帘石等取代，但结构尚有部分保留。

志留纪火山岩分布于下志留统陀烈组（S_1t）和空列村组（S_1k）中。海南地质大队（1990）在东方市南清河陀烈组剖面下部变碎屑岩中见夹两层变基性火山岩（角闪石片岩）。宜昌地质研究所（1995）在万宁市东岭农场一带，发现酸性沉凝灰岩和凝灰质砂岩呈薄层状或透镜状赋存于志留系陀烈组中，厚度变化较大（1~10m）。志留系空列村组火山岩主要出露于万宁市斗牛村 黄竹塘高速公路边，呈薄层状，岩石为酸性沉凝灰岩、凝灰岩，火山岩层厚达 30 余米。

石炭纪火山岩主要出露于琼东万宁市东岭农场东乐队、琼西八一农场-军营等一带。酸性火山岩分布于东岭农场东乐队一带，主要为沉积凝灰岩、凝灰质砂岩，呈薄层状或透镜状赋存于下石炭统南好组和上石炭统青天峡组中，其中后者中火山岩厚 28.4~39.45m。琼西邦溪-和盛一带的石炭纪火山岩岩性为超基性、中基性变质火山岩及少量变质凝灰岩，火山岩层厚度不一，厚者 4~6m，薄者 0.6~0.8m。岩石已变质为阳起石斜长片岩、斜长阳起石片岩、绿泥石阳起石片岩等。

儋州市南丰镇油文村和屯昌县南棍园一带的火山岩产于下二叠统峨查组中，原岩为基性-超基性火山岩，火山岩遭受绿片岩相区域变质作用后，形成蛇纹石化透闪石岩、绢云绿泥透闪石片岩、透闪石阳起石片岩、角闪石阳起石片岩等。李献华等（2000）在邦溪-和盛-南棍园一带的火山岩中获得的 Sm-Nd 等时代年龄为 333±12Ma，代表火山岩原岩的形成年龄。

三、中生代火山岩

海南岛中生代火山岩主要产出于琼南同安岭与牛腊岭、琼中五指山、琼北洛基和旺商等早白垩世陆相火山盆地中，以及白沙、琼海阳江、定安雷鸣、三亚海棠湾、儋州王五等早白垩世陆相火山-沉积盆地中（图 3-1-1）。

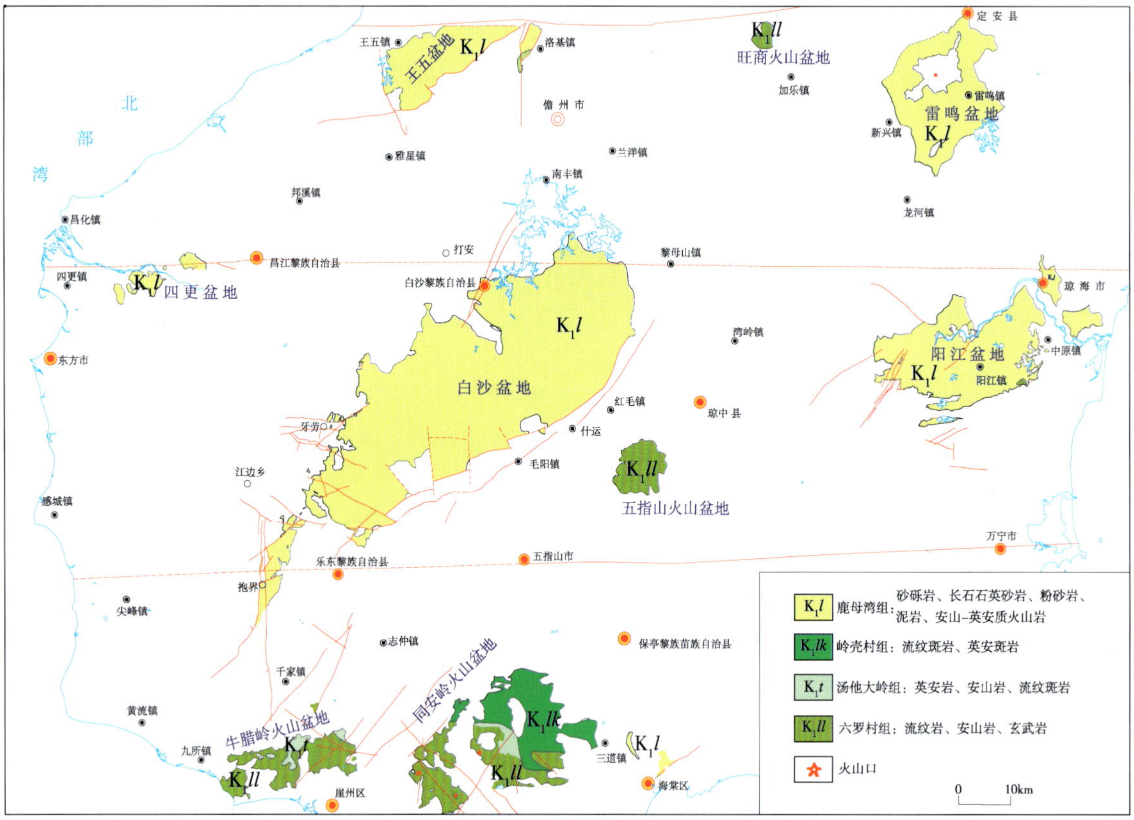

图 3-1-1 海南岛中生代火山岩分布示意图

同安岭、牛腊岭、五指山火山盆地中的火山岩可分为2个旋回3个组。第Ⅰ旋回六罗村组（K_1ll）总体为一套流纹质火山岩，中下部夹玄武安山岩、玄武质粗面安山岩及少量玄武岩、安山岩，总厚度>1792m，具有双峰式火山岩组合特征。第Ⅱ旋回为（安山岩）英安岩-流纹岩组合，自下往上分为汤他大岭组（K_1t）和岭壳村组（K_1lk）。前者以英安质火山岩为主，中部和下部夹安山质与流纹质火山岩，总厚度约590m；后者为一套中酸性向酸性演化的火山岩，总厚度超过2290m，岩性自下而上由英安质-流纹质熔岩及相应的火山碎屑岩组成，夹一些粗面英安岩。

海南岛面积较大的白垩纪陆相火山-碎屑沉积盆地有白沙盆地、阳江盆地、雷鸣盆地等，火山岩呈夹层状产于鹿母湾组陆源碎屑岩中，不同沉积盆地碎屑岩中所夹的火山岩特征不一，岩性往往为安山质、英安质、流纹质火山碎屑岩，属于大陆弧火山岩。

四、新生代火山岩

新生代火山活动是海南岛火山活动强盛时期，主要分布于琼北地区（图3-1-2），自始新世以来，火山喷发断断续续，一直持续至第四纪全新世（约8000年前）。古近纪呈夹层状隐伏产出于福山盆地、南宝盆地、白莲盆地中的流沙港组（E_2l）、涠洲组（E_3w）、下洋组（N_1x）、角尾组（N_1j）、灯楼角组（N_1d）。新近纪火山岩主要出露于蓬莱地区，由石马村组（$N_1\hat{s}m$）和石门沟村组（$N_2\hat{s}$）组成，部分呈夹层状产于海口组中。第四纪火山岩在琼北形成大面积的玄武岩被和众多的火山锥，由中更新统多文组（Qp^2d）、上更新统道堂组（Qp^3d）和全新统石山组（$Qh^1\hat{s}$）组成。新生代火山岩大部分为基性火山熔岩为主，其次为火山碎屑岩和沉火山碎屑岩。

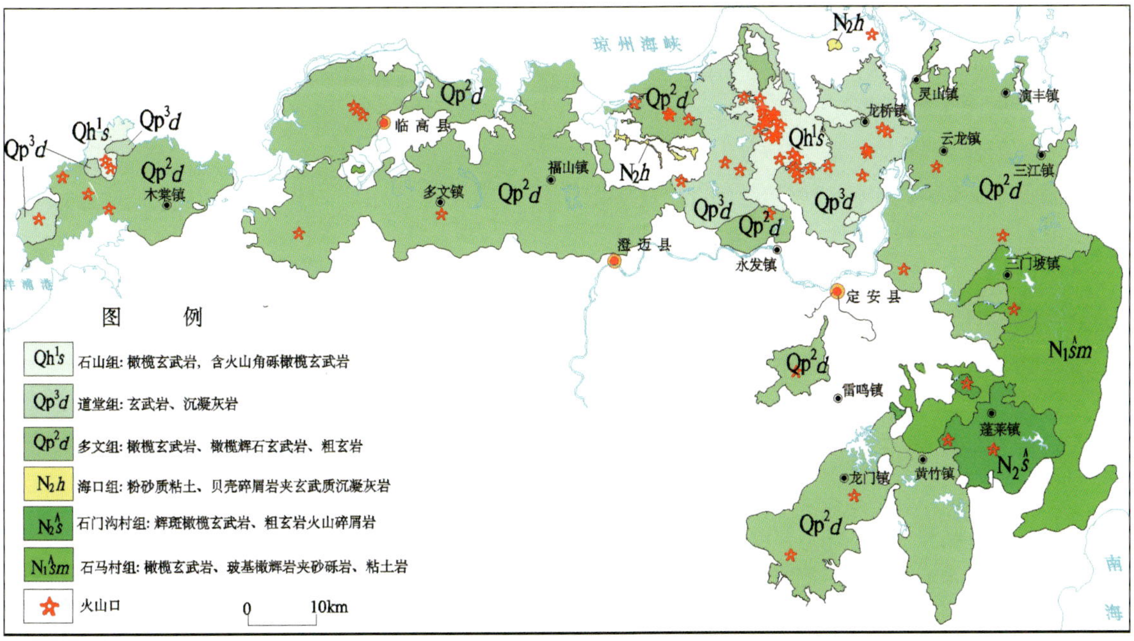

图3-1-2 海南岛北部新生代火山岩分布示意图

第二节 火山岩相与火山构造

一、火山岩相

按照全国矿产资源潜力评价项目办公室编制的《成矿地质背景研究技术要求》，火山岩相被划分为爆发相、溢流相、喷发-沉积相、侵出相、火山通道相、潜火山岩相等6类。

（一）前白垩纪火山岩岩相

海南岛中元古代、新元古代和古生代火山岩均发生变质作用，呈夹层状顺层产出，其原岩的岩石原貌及火山岩相均已无法恢复，故其火山岩相不作讨论。

（二）中生代火山岩岩相

中生代火山岩由于受风化剥蚀的影响，火山岩相大多残缺不全，特别是火山口剥蚀严重。按照《成矿地质背景研究技术要求》，现将局部尚残存的岩相描述如下。

爆发相：由凝灰级、角砾级、集块级及它们之间的过渡类型岩石构成。在火山盆地、火山-沉积盆地中都有分布。在阜牯岭、汤他大岭新村、尖峰岭一带出露有较为典型的该岩相相序剖面。由两个亚相组成，下部为粗火山碎屑为主的粗细混杂堆积亚相，上部为细碎屑堆集亚相。从火山口源至尾端，火山碎屑厚度迅速减薄并尖灭，粒度由粗变细，构成二相式成因模式。

溢流相：产于第Ⅰ、Ⅱ旋回中，由流纹岩、英安岩、安山岩、玄武岩等岩石构成，多见于牛腊岭、同安岭、五指山火山盆地。在海南岛中生代火山盆地中常见凝灰熔岩，它分布广、面积大，属于爆发相与溢流相之间的过渡相岩石，与成矿关系密切，在其中已发现数个金矿点。

火山通道相：多见于牛腊岭、同安岭火山盆地，岩石类型包括花岗斑岩、花岗闪长斑岩、安山岩等，为识别破火山口位置的一大标志。如坡岭破火山口内的花岗闪长斑岩、抱岔岭破火山口内的花岗斑岩等。

喷发-沉积相：主要出露于牛腊岭火山沉陷区凤上岭、后力岭、笔架岭，同安岭火山沉陷区的尖岭、尖峰岭、汤他大岭等地，主要由含火山集块复成分砂砾岩、含火山角砾杂砂岩建造等岩石组成。该相分为内陆湖盆喷发沉积和破火山口湖盆喷发沉积两种类型，前者多形成于火山爆发初期或火山盆地火山爆发前，主要产于火山-沉积盆地，尤其是火山-沉积盆地的底部，与沉积相交生，典型剖面见于尖峰岭玉林村和汤他大岭新村等地。后者则属于破火山口间歇期间的间歇性喷发物，典型产地有阜落刀岭、汤他大岭、坡岭等。

潜火山相：该相常见于火山盆地或其旁侧，在牛腊岭和同安岭火山岩盆地中较发育，一般形成于火山喷发晚期，典型岩石类型有潜花岗斑岩和潜正长斑岩。

侵出相：碎斑熔岩为最典型的侵出相岩石，在碎斑熔岩中，既有喷出特征的晶屑、岩屑，又有具侵入岩特征的半自形-自形晶，是喷出岩朝侵入岩过渡的一类岩石。碎斑结构和再生球边结构是碎斑熔岩特有的结构，是识别侵出相的标志。典型产地有汤他大岭新村、抱岔岭等。

（三）新生代火山岩岩相

海南岛琼北新生代火山岩依据喷发时的古地理环境，可分为陆相和海相火山岩，而根据喷发方式又可分为火山通道相、爆发相、溢流相、喷发-沉积相（表3-2-1）。

表3-2-1　琼北新生代火山岩岩相和岩石类型及其特征一览表

岩相	岩石名称	产出层位	结构构造	其他特征
火山通道相	熔渣状橄榄玄武岩	Qh^1s^2	少斑结构，基质具玻基交织结构，熔渣状构造	橄榄石有两个世代，无辉石反应边
	熔渣状玻基橄榄玄武岩		玻基斑状结构，熔渣状构造	
	浮岩状橄榄玄武岩		少斑结构，基质具玻基交织结构，浮岩状构造	
	玄武质浮岩		斑状结构，基质具玻璃结构，多孔构造，熔渣状构造	橄榄石有两个世代，无辉石反应边。岩石密度小，可浮在水面上

岩相	岩石名称	产出层位	结构构造	其他特征
溢流相	熔渣状橄榄玄武岩	Qh^1s^1	少斑结构，基质具玻晶交织结构，熔渣状构造	岩石外貌似炉渣 橄榄石不具辉石反应边
	气孔状橄榄玄武岩		斑状结构，基质具隐晶-微晶结构，微间粒结构，多孔构造	橄榄石无辉石反应边，部分具熔蚀现象
	橄榄玄武岩		斑状结构，基质具间粒结构，块状构造	橄榄石有两个世代，无辉石反应边，多被熔蚀成浑圆状。斜长石有两个世代
	气孔状橄榄拉斑玄武岩		斑状结构，基质具拉斑玄武结构，气孔状构造	橄榄石有两个世代，无辉石反应边，部分被熔蚀成浑圆状、港湾状。辉石具两个世代
	橄榄粗玄岩		粗玄结构，块状构造	橄榄石不具辉石反应边
喷发-沉积相	玄武质沉岩屑玻屑凝灰岩	Qp^3d^3	沉岩屑、玻屑砂砾状凝灰结构，块状构造	碎屑分选性差，玻屑呈尖棱角状、鸡骨状，石英多为次棱角-次圆状
溢流相	气孔状橄榄玄武岩	Qp^3d^2	斑状结构，基质具隐晶质结构，气孔状构造，局部火山口见绳状构造	橄榄石无辉石反应边，有的具熔蚀现象。辉石有两个世代，边缘有反应边。斜长石有两个世代
	微气孔状橄榄拉斑玄武岩		斑状结构，基质具拉玄结构，微气孔状构造	橄榄石、辉石常具熔蚀现象，橄榄石有两个世代，无辉石反应边。斜长石正光性，具波状消光
	气孔状橄榄玄武岩		斑状结构，基质具隐晶质结构，气孔状构造，局部火山口见绳状构造	橄榄石无辉石反应边，有的具熔蚀现象，辉石有两个世代
	微气孔状橄榄拉斑玄武岩		斑状结构，基质具拉玄结构，微气孔状构造	橄榄石、辉石常具熔蚀现象，橄榄石有两个世代，无辉石反应边。斜长石正光性，具波状消光
喷发-沉积相	玄武质沉岩屑晶屑凝灰岩	Qp^3d^1	沉岩屑、晶屑砂状凝灰结构，层状构造	岩石薄层状，水平层理发育。岩屑次棱角状，长英碎屑次棱角-次圆状
	玄武质沉玻屑晶屑凝灰岩		沉玻屑、晶屑砂状凝灰结构，层状构造	岩石薄层状，水平层理发育。长英碎屑次棱角-次圆状
	玄武质沉晶屑岩屑凝灰岩		沉岩屑、晶屑砂状凝灰结构，层状构造	岩石薄层状，水平层理发育。碎屑颗粒大小较均匀，分选性较好
	微气孔橄榄拉斑玄武岩		斑状结构，基质具拉斑玄武结构，微气孔构造	橄榄石无辉石反应边，部分具熔蚀现象
	含砾凝灰质砂岩		凝灰砂砾状结构，块状构造	砾石含铁质，大小 2～5mm，半圆-滚圆状，砂屑为石英、长石，呈棱角状
	玄武质沉凝灰岩		沉凝灰结构，层状构造	石英晶屑呈尖棱角状，浮岩岩屑为圆形、偏圆形，陆源砂屑次棱角-半滚圆状。碎屑分选性较好

续表

岩相	岩石名称	产出层位	结构构造	其他特征
溢流相	熔渣状辉石橄榄玄武岩	Qp^2d^2	斑状结构，基质具填隙结构，气孔状构造	
	橄榄辉石玄武岩		斑状结构，基质具间粒结构，块状构造	
	橄榄玄武岩		斑状结构，基质具间粒结构，块状构造	
	辉石玄武岩		斑状结构，基质具填隙结构，块状构造	
	橄榄辉石玄武岩	Qp^2d^1	斑状结构，基质具间粒结构，块状构造	
	玄武岩		斑状结构，基质具间粒结构，块状构造	
	辉石玄武岩		斑状结构，基质具间粒结构，块状构造	
	玄武岩	N_2h^2	斑状结构，基质具拉斑结构，块状构造	
	辉石玄武岩		斑状结构，基质具拉斑结构，块状构造	
爆发相	玻屑凝灰岩	N_2h^1	岩屑玻屑凝灰结构，块状构造	
溢流相	粗玄岩	$N_2\hat{s}$	粗玄结构，块状构造	
	橄榄辉石玄武岩		斑状结构，基质具间粒填写间结构，块状构造	发育柱状节理
爆发相	含火山角砾晶屑岩屑凝灰岩		晶屑岩屑砂砾状结构，块状构造	
溢流相	橄榄玄武岩		斑状结构，基质具间粒或间隐结构，块状构造	发育柱状节理
喷发-沉积相	铁质玻屑凝灰质含粉砂泥岩		玻璃粉砂-凝灰结构，块状构造	
	凝灰质粉细砂岩		凝灰质细砂粉砂结构，块状构造	
	铁质黏土岩（沉积夹层）		泥质结构，块状构造	
爆发相	凝灰岩	$N_1\hat{s}m$	泥质结构，块状构造	
溢流相	橄榄玄武岩		斑状结构，基质具间粒或间隐结构，气孔状、杏仁状构造或块状构造	发育柱状节理
爆发相	晶屑岩屑凝灰岩		凝灰结构（已蚀变为泥质结构），块状构造	
溢流相	橄榄玄武岩		间粒结构，微气孔构造	
	玻基橄辉岩		斑状结构，基质具似间隐结构，块状构造	
	玻基橄辉岩		斑状结构，气孔状、杏仁状或块状构造	

（1）火山通道相

火山通道相是指充填于火山通道内的各种岩石的总称，包括火山颈亚相及上部的火山口亚相。

火山颈亚相。多见于形成时代较早、火山机构遭受中等剥蚀的火山岩区。新近纪火山岩分布区的日晒岭、庙岭、蓬莱岭、金牛岭和乌盖岭，第四纪的多火山岩分布区的多文岭、黄岭、岭脚岭、颜春岭、峨蔓岭、旧州岭、道义岭、兵马岭、莲花山等火山锥的颈筒部分，组成岩颈的岩石有粗玄岩、拉斑玄武岩、橄榄辉石玄武岩及火山碎屑岩等。火山颈似镰刀状或喇叭状，在地貌上多表现为山包。

火山口亚相。火山口亚相主要见于第四纪全新世形成的火山岩群，中更新世、晚更新世也有少量保存，火山口一般保存较好，如马鞍岭、双池岭、高山岭、吉安岭等。按火山口出露的岩石可分为碎屑岩型、熔岩型和混合型，碎屑岩型主要为熔渣状集块角砾岩、火山集块熔岩等；熔岩型以多孔状熔岩为主，有翻花状玄武岩和熔渣状橄榄玄武岩；混合型由碎屑岩和熔岩组成。

（2）爆发相

爆发相是指火山爆发形成的各粒级火山碎屑物堆积体。在火山碎屑胶结成岩后形成不同类型的火山碎屑岩，近火山口为粗粒级火山角砾岩、集块岩等，远离火山口渐变为角砾凝灰岩、凝灰岩。火山爆发相在平面上呈不规则的环形，在琼北新生代火山岩中爆发相分布较少，主要见于石马村组（$N_1\hat{s}m$）、海口组一段（N_2h^1），岩石类型以晶屑岩屑凝灰岩、玻屑凝灰岩及凝灰岩为主。

（3）溢流相

溢流相是火山喷溢、泛流的熔岩，是海南岛新生代最为常见的火山岩相，从火山口溢出的玄武质岩浆在琼北地区形成大面积的熔岩被。近火山口，熔岩厚度大，产状较陡；远离火山口，熔岩变薄，产状变缓。常见的岩石类型包括拉斑玄武岩、橄榄玄武岩，橄榄辉石玄武岩等。

（4）喷发-沉积相

喷发-沉积相是指火山作用叠加沉积作用形成的岩石，岩石类型主要包括沉积火山碎屑岩、火山碎屑沉积岩，常与火山熔岩和沉积岩系伴生，局部发育斜层理。据钻孔岩芯，在琼北渐新统河湖相杂色泥质碎屑岩中局部夹薄层凝灰岩、沉凝灰岩；在上新统海口组海相地层中，沉凝灰岩、凝灰质砂岩、凝灰质砂砾岩隐伏于海口金牛岭至国社岭北侧的马村一带。第四纪喷发-沉积相主要见于上更新统道堂组中（琼北地区喷发-沉积相也主要分布于该套地层中），岩性有玄武质沉凝灰岩、含砾凝灰质砂岩等，出露于道堂、德义岭、老城、莲花山及双池岭-雷虎岭等地。

二、火山构造

（一）前白垩纪火山构造

海南岛中元古代、新元古代和古生代火山岩均发生变质作用，其原岩的岩石原貌及火山岩相均已遭受严重改造，故不讨论其火山构造特征。

（二）中生代火山构造

海南岛中生代火山构造可划分为4级，属于东部中生代构造岩浆带（Ⅰ级）-海南火山亚带（Ⅱ级）。在此基础上，将7个相互独立的火山（沉积）盆地划分为7个Ⅲ级火山构造，各火山（沉积）盆地中的破火山口、火山穹隆、火山通道则为Ⅳ级火山构造（表3-2-2，图3-2-1，图3-2-2）。

表3-2-2　海南岛中生代主要火山构造类型

Ⅰ级火山构造	Ⅱ级火山构造	Ⅲ级火山构造	Ⅳ级火山构造		
			破火山口构造	火山穹隆构造	火山通道构造
东部中生代构造岩浆带	海南火山岩亚带	五指山火山沉陷	五指山		五指山
		同安岭火山沉陷	同安岭、汤他大岭、加跃岭、阜牯岭-尖锋岭	南改岭 抱岔岭	抱岔岭 南败岭
		牛腊岭火山沉陷	白石岭-后力岭、羊锦岭、白河山、笔架山	寨阳-马安岭	白石岭（牛腊岭）、后力岭、白河山、羊锦岭
		阳江火山-沉积洼地	南牛岭-大排岭		
		三亚-藤桥火山沉积洼地			
		白沙-乐东火山-沉积洼地	红帽地区		
		定安雷鸣火山-沉积洼地			

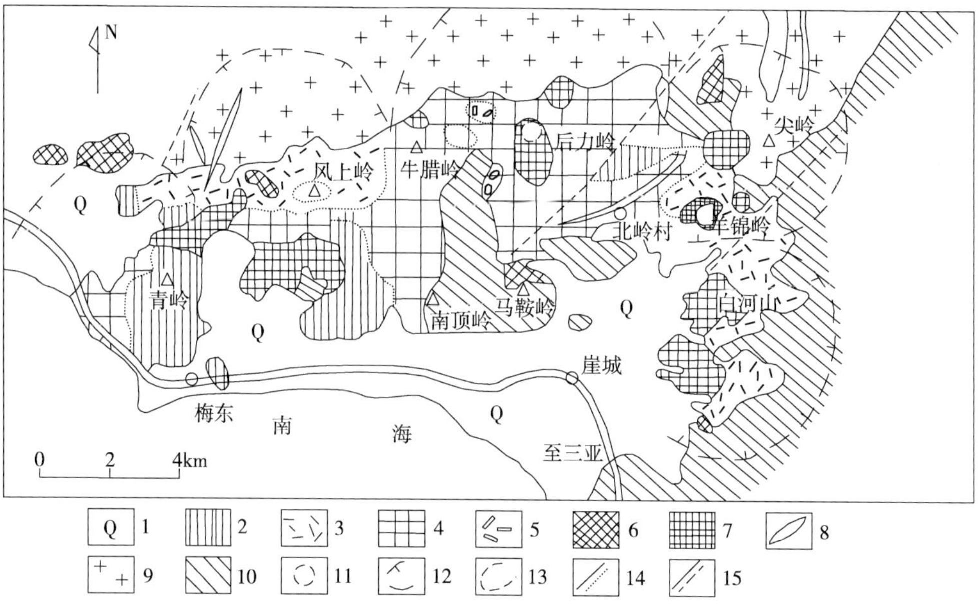

图 3-2-1 牛腊岭火山沉陷构造图

（据南京地质矿产研究所，1995，略有修改）

1—第四系；2—Ⅰ[1]岩相单元：火山红层相；3~5—Ⅱ[2]岩相单元（3—流纹岩；4—凝灰熔岩；5—碎斑熔岩）；6—中基性次火山岩；7—中酸性次火山岩；8—脉岩；9—火山侵入相；10—火山岩系基底；11—推断火山通道构造；12—推断破火山口构造；13—推断火山沉陷构造边界；14—地质及岩相界线；15—断层

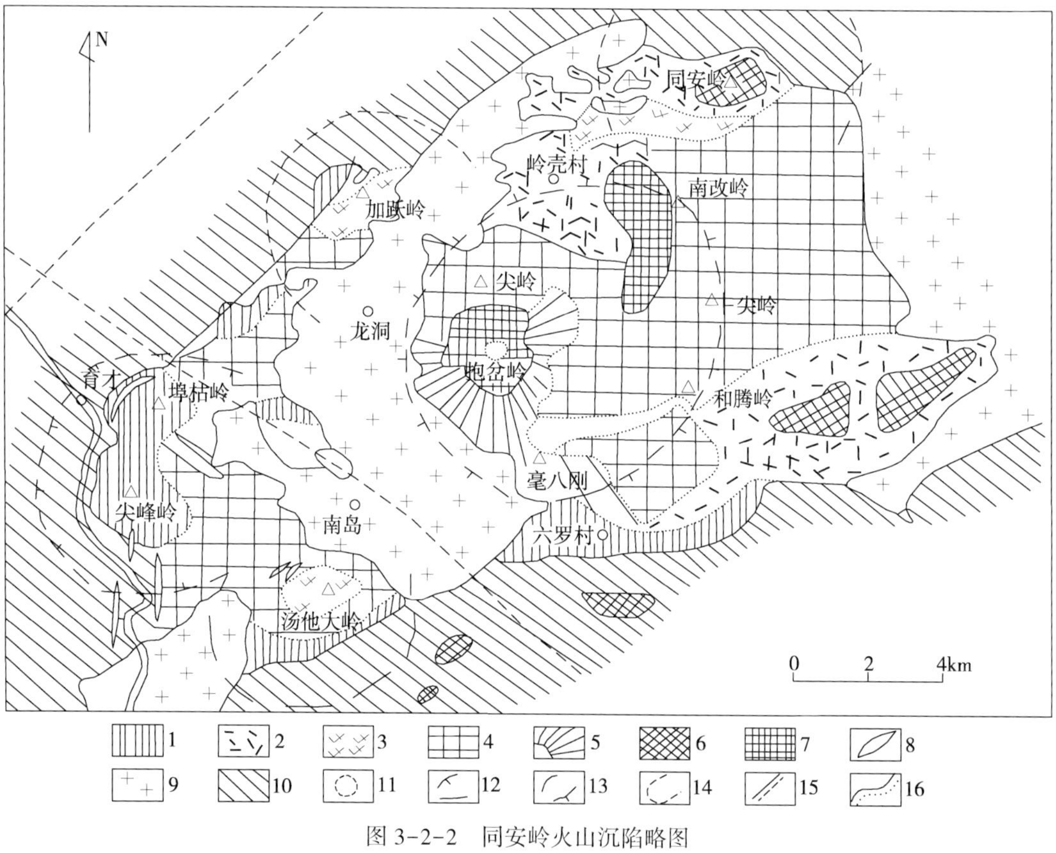

图 3-2-2 同安岭火山沉陷略图

（据南京地质矿产研究所，1995，略有修改）

1—Ⅰ[1]岩相单元，火山红层相；2~5—Ⅱ[2]岩相单元（2—流纹岩；3—英安岩；4—凝灰熔岩；5—碎斑熔岩）；6—中基性次火山岩；7—中酸性次火山岩；8—脉岩；9—火山侵入相；10—火山岩系基底；11—推断火山通道构造；12—推断破火山口构造；13—推断火山穹隆构造；14—推断火山沉陷构造边界；15—断层；16—地质及岩相界线

（三）新生代火山构造

琼北新生代火山喷发带属东南沿海火山岩省（Ⅰ级）南缘的海南火山喷发带（Ⅱ级），Ⅲ级构造单元有新近纪、第四纪晚更新世火山盆地和第四纪中更新世、全新世火山洼地。火山盆地和火山洼地中还包含了众多的Ⅳ级火山机构-火山锥体，琼北地区共发现新生代火山锥有54个，其中，上新世5个，中更新世15个，晚更新世12个，全新世22个，主要形成于晚更新世和全新世。时代越新，风化剥蚀越弱，锥体保存越好。火山锥以熔岩锥为主，碎屑锥和混合锥较少（表3-2-3）。

表3-2-3　琼北新生代主要火山锥类型一览表

喷发时代			火山锥名称	火山锥类	海拔 m	比高 m	火山锥、火山口的特征及保存情况
纪	世	代号					
第四纪	全新世	$Qh^1\hat{s}$	儒任岭	混合锥	129	20	火山锥底座近椭圆形，长轴北北西，长300m，宽250m，无火山口
			群众岭	熔岩锥	141.6	15	火山锥底座近椭圆形，长轴北北西，长300m，宽250m，无火山口
			阳南岭西		168.7	15	火山锥底座近椭圆形，长轴北西西，长240m，宽150m，无火山口
			阳南岭南		146.1	10	火山锥底座近圆形，直径约250m，锥顶发育火山口，火山口长轴约50m，短轴约30m，呈漏斗状
			雷虎岭		160	50	火山锥底座近椭圆，长轴呈北北西，长约700m，宽约500m，锥顶发育呈盆状火山口，火山口直径近220m，深约52m
			浩昌		147.3	15	火山锥底座近圆形，直径约175m，锥顶发育火山口，火山口直径约20m，深约10m，漏斗状
			卧牛岭		143.5	20	火山锥底座呈圆形，直径约400m，火山口呈盆状，直径约50m，深约15m
			群墩大岭		140.4	15	火山锥底座呈椭圆形，长约325m，宽约225m，长轴呈北北西向，锥顶发育漏斗状火山口，直径约10m，深约7m
			美玉岭		139.7	30	火山锥底座近椭圆形，长约300m，宽约210m，长轴北北西，锥顶发育漏斗状火山口，直径约20m，深约10m
			儒群		137.4	20	火山锥底座近圆形，直径约175m，无火山口
			儒洪		135.6	10	火山锥底座近圆形，直径约150m，无火山口
			岭南市		106.8	10	火山锥底座呈椭圆形，长约300m，宽约250m，长轴北北东，无火山口
			群仙岭		104.2	15	火山锥底座近椭圆，长轴北北东，长150m，宽75m，无火山口
			昌道岭东		160	30	火山锥底座呈椭圆形，长约360m，宽约250m，长轴呈北西西向，锥顶发育漏斗状火山口，火山口直径约200m，深约10m
			昌道岭西		150	20	火山锥底座近椭圆形，长约300m，宽约250m，长轴呈北西向，无火山口
			马鞍岭南		176.5	40	火山锥底座近椭圆形，长约450m，宽约300m，长轴呈北西向，锥顶发育漏斗状火山口，直径约200m，深约30m
			马鞍岭东		143.5	12	火山锥底座近圆形，直径约80m，锥顶发育漏斗状火山口，直径约38m，深约10m

喷发时代			火山锥名称	火山锥类	海拔 m	比高 m	火山锥、火山口的特征及保存情况
纪	世	代号					
第四纪	全新世	$Qh^1\hat{s}$	马鞍岭北	熔岩锥	189.5	25	火山锥底座近圆形，直径约300m，锥顶发育火山口，直径约20m，深约60m
			马鞍岭		222.2	120	火山锥底座近圆形，直径约600m，锥顶发育漏斗状火山口，其直径约90m，深约60m
			国群		158.1	40	火山锥底座近椭圆形，长约300m，宽约225m，长轴呈北西向，锥顶发育盆状火山口，直径约100m，深约15m
			春藏		173.1	25	火山锥底座呈椭圆形，长约175m，宽约125m，长轴呈北西向，锥顶发育火山口，直径约70m，深约10m
			博昌		99.9	30	火山锥底座呈椭圆形，长约590m，宽约350m，长轴呈北北西，锥顶发育漏斗状火山口，直径约250m，深约40m
	晚更新世	Qp^3d	双池岭	碎屑锥	104.6	20	火山锥底座近圆形，直径约900m，锥顶发育盆状火山口，长约150m，深约30m
			罗京盘	混合锥	/	/	火山锥底座近圆形，直径约1000m，锥顶发育盆状火山口，直径约500m，深约300m。火山口中心伴生直径约80m、高约10m的无口火山
			黑树岭	熔岩锥	100.5	50	火山锥底座近圆形，直径约200m，锥顶发育火山口，长约30m，深约10m
			神岭		141.5	25	火山锥底座近椭圆形，长约500m，宽约200m，长轴北西，锥顶发育火山口，直径约60m，深约5m
			三雅岭		131.9	10	火山锥底座呈椭圆形，长约250m，宽约170m，长轴近南北，锥顶发育火山口，直径约4m
			永茂岭		119.3	30	火山锥底座呈椭圆形，长轴近东西，长约750m，宽约600m，无火山口
			道堂岭		45.9	15	火山锥底座呈椭圆形，长约250m，宽约200m，长轴呈北西向，无火山口
			黄里岭西		11.41	/	火山锥底座近椭圆形，长约120m，宽约50m，长轴呈北西向，无火山口
			岭东		120	15	火山锥底座近椭圆形，长约225m，宽约150m，长轴呈北西向，无火山口
			群香岭		125.2	30	火山锥底座近椭圆形，长约310m，宽约200m，长轴呈北西向，锥顶发育漏斗状火山口，直径约50m，深约20m
			卜亚岭		95.2	20	火山锥底座呈椭圆形，长约1000m，宽约850m，长轴呈北北东向，火山口面貌不清
			何儒		70.6	15	火山锥底座近圆形，直径约100m，呈平顶锥状，无火山口

续表

喷发时代			火山锥名称	火山锥类	海拔 m	比高 m	火山锥、火山口的特征及保存情况
纪	世	代号					
第四纪	中更新世	Qp^2d	黄岭	碎屑锥	224	54	火山锥底座呈椭圆形，长约700m，宽约300m，长轴呈北东东向，锥顶发育火山口，火山口保存完好，深约50m
			金鸡岭	熔岩锥	203.9	60	火山锥底座呈椭圆形，长约500m，宽约300m，长轴呈北东东向，锥顶圆滑，无火山口
			龙门岭		228.9	80	火山锥底座近椭圆形，长约900m，宽约650m，长轴呈北东东向，锥顶火山口保存完好
			龙发岭	混合锥	130.5	60	火山锥底座呈椭圆形，长约500m，宽约300m，长轴呈北西向，锥顶圆滑，无火山口
			旧州岭	碎屑锥	199.9	150	火山锥底座呈椭圆形，长约1000m，宽约650m，长轴呈北西向，锥顶保留完好的火山口，深约50m
			夏社岭	熔岩锥	73.2	30	火山锥底座近椭圆形，长约350m，宽约200m，长轴呈北北东向，锥顶发育火山口，直径约20m，深约10m，口垣不完整
			岭脚岭		99	40	火山锥底座近圆形，直径约250m，锥顶圆滑，无火山口
			多文岭		244.1	80	火山锥底座近圆形，直径约800m，锥顶发育浅火山口
			高山岭		190.7	80	火山锥底座呈椭圆形，长约2000m，宽约1000m，长轴呈北西，锥顶发育盆状浅火山口，直径约42m，深约2m
			高山岭北		/	/	火山锥底座呈椭圆形，长约1500m，宽约800m，长轴北西，锥顶发育呈盆状火山口（火山湖），直径约84m
			高山岭南		111.4	40	火山锥底座呈椭圆形，长约7500m，宽约5000m，长轴呈北西向，锥顶圆滑，无火山口
			大王岭		187.2	50	火山锥底座近圆形，直径约450m，锥顶圆滑，无火山口
			颜春岭		144	70	火山锥底座近圆形，直径约3000m，锥顶发育火山口，直径约25m，深约10m
			颜春岭东		105	25	火山锥底座近圆形，直径约250m，锥顶圆滑，无火山口
			国社岭		57.2	34	火山锥底座近圆形，直径约400m，锥顶无火山口
新近纪	上新世	N_2h	金牛岭	熔岩锥	35	30	火山锥底座近圆形，直径约400m，锥顶圆滑，无火山口
		$N_2\hat{s}$	乌盖岭	混合锥	269.8	100	火山锥底座近圆形，直径约1000m，锥顶发育火山口，深约10~15m
			蓬莱岭		195.2	60	火山锥底座近圆形，直径约1000m，锥顶圆滑，无火山口
			日晒岭		171	50	火山锥底座近圆形，直径约600m，锥顶圆滑，无火山口
			黑岭		156	55	火山锥底座近圆形，直径约800m，锥顶圆滑，无火山口
			庙岭		210.5	65	火山锥底座近圆形，直径约800m，锥顶圆滑，无火山口

第三节　火山岩岩石构造组合的划分及其特征

火山岩的岩石构造组合是指具有明确构造属性的火山岩岩石组合，是在特定构造环境中的岩石组合类型，是在大量利用同一构造演化阶段（同时代）的火山岩建造资料，并结合其他岩石构造（侵入岩、变质岩、沉积岩等），经岩石类型、地球化学特征等综合研究分析而确定的，不仅要有明确的构造环境指示意义，也要有明确的时空意义。

根据岩石构造组合的定义，结合海南岛火山岩岩石类型、地球化学特征，并且考虑火山活动的大地构造环境及时空分布特征，将海南岛火山岩岩石构造组合归并为 2 个，即流纹岩-英安岩-安山岩-玄武岩组合（表 3-3-1）和碱性玄武岩-拉斑玄武岩组合（表 3-3-2），其中流纹岩-英安岩-安山岩-玄武岩组合形成于陆缘弧构造环境，碱性玄武岩-拉斑玄武岩组合指示陆缘裂谷构造环境。

表 3-3-1 海南岛流纹岩-英安岩-安山岩-玄武岩火山岩岩石组合综合柱状图

<table>
<tr><th colspan="3">地质时代</th><th colspan="2" rowspan="2">岩石地层单位</th><th rowspan="2">岩石组合（建造）</th><th rowspan="2">组合名称</th><th rowspan="2">同位素年龄 Ma</th><th rowspan="2">火山构造</th><th rowspan="2">岩石系列</th><th rowspan="2">岩石成因类型</th><th rowspan="2">大地构造环境</th></tr>
<tr><th>代</th><th>纪</th><th>世</th></tr>
<tr><td rowspan="21">中生代</td><td rowspan="21">白垩纪</td><td rowspan="21">早世</td><td rowspan="4">岭壳村组</td><td rowspan="21">鹿母湾组</td><td>英安斑岩建造</td><td rowspan="21">流纹岩-英安岩-安山岩-玄武岩组合</td><td rowspan="21">107(U)
98.8±1.5(Rb)
121.1±14.9(Rb)</td><td rowspan="21">火山盆地</td><td rowspan="4">高钾钙碱性系列流纹质火山岩</td><td rowspan="21">壳幔混合</td><td rowspan="21">陆缘弧</td></tr>
<tr><td>流纹质角砾熔岩建造</td></tr>
<tr><td>含角砾流纹斑岩建造</td></tr>
<tr><td>流纹斑岩建造</td></tr>
<tr><td rowspan="6">汤他大岭组</td><td>安山质晶屑凝灰熔岩建造</td><td rowspan="6">高钾钙碱性系列英安质-流纹质火山岩</td></tr>
<tr><td>英安岩建造</td></tr>
<tr><td>流纹质含砾晶屑凝灰熔岩建造</td></tr>
<tr><td>流纹岩-流纹斑岩建造</td></tr>
<tr><td>英安质含砾晶屑凝灰熔岩建造</td></tr>
<tr><td>英安质熔结凝灰岩建造</td></tr>
<tr><td rowspan="11">六罗村组</td><td>流纹质晶屑凝灰熔岩建造</td><td rowspan="11">高钾钙碱性系列火山岩</td></tr>
<tr><td>流纹质含砾晶屑凝灰熔岩建造</td></tr>
<tr><td>流纹质熔结凝灰岩建造</td></tr>
<tr><td>流纹质火山集块岩建造</td></tr>
<tr><td>流纹岩建造</td></tr>
<tr><td>安山岩建造</td></tr>
<tr><td>玄武岩-玄武安山岩建造</td></tr>
<tr><td>碎斑熔岩建造</td></tr>
<tr><td>含火山角砾杂砂岩建造</td></tr>
<tr><td>含火山集块长石石英砂砾岩建造</td></tr>
<tr><td>长石石英砂砾岩建造</td></tr>
</table>

一、流纹岩-英安岩-安山岩-玄武岩组合

主要分布于牛腊岭、同安岭、五指山、洛基、旺商火山岩盆地。该组合包括白垩系六罗村组、汤他大岭组、岭壳村组火山岩，以及鹿母湾组中的火山岩夹层，岩性以中酸性火山岩为主，底部夹少量玄武岩和玄武安山岩。

流纹岩：在火山盆地中分布十分广泛，岩石呈灰、灰白色，流纹构造，斑状结构。斑晶约 1%，主要包括石英、钾长石、斜长石和黑云母等，常见晶屑状或熔蚀状外形；基质呈隐晶质、球粒结构，主要成分为长英质矿物，一般含量 60%~70%；此外还有少量的磁铁矿、锆石、磷灰石等矿物。

流纹质角砾（凝灰）熔岩：常呈紫色、灰绿色，基质具霏细结构的斑状-凝灰结构，块状构造。基质由粒径<0.03mm 霏细状长英质集合体构成，不均匀地分布少量玻屑。在基质中分布有石英、斜长石、黑云母等斑晶及晶屑，偶含钾长石晶屑及岩屑。斜长石粒径一般 0.4~1mm，约有一半呈晶屑产出。石英粒径 1~5mm，一般都呈斑晶产出，多色性 N_g'—暗褐色，N_p'—金黄色，岩屑粒径一般 1~4mm，呈角砾状，岩性为霏细岩或安山岩。

表 3-3-2　海南岛碱性玄武岩-拉斑玄武岩火山岩岩石组合综合柱状图

地质时代 代	地质时代 纪	地质时代 世	岩石地层单位	岩石组合（建造）	组合名称	同位素年龄/Ma	火山构造	岩石系列	岩石成因类型	大地构造环境
新生代	第四纪	全新世	石山组	气孔状玄武岩建造	碱性玄武岩-拉斑玄武岩组合		火山盆地	拉斑玄武岩+碱性玄武岩系列	幔源	陆缘裂谷
				橄榄辉石玄武岩建造						
				橄榄玄武岩建造						
		晚更新世	道堂组	沉玄武质火山碎屑岩建造		0.00983（K-Ar）				
				橄榄玄武岩建造						
				沉玄武质凝灰岩建造						
		中更新世	多文组	橄榄辉石玄武岩建造		0.43～1.20（K-Ar）				
				辉石橄榄玄武岩建造						
				橄榄玄武岩建造						
				辉石玄武岩建造						
				橄榄辉石玄武岩建造						
				玄武岩（粒玄岩）建造						
				橄榄拉斑玄武岩建造						
				辉石拉斑玄武岩建造						
	新近纪	上新世	石门沟村组　海口组	玄武岩（粒玄岩）建造		3.04～3.84（K-Ar）				
				玄武质火山碎屑岩建造						
				杏仁状橄榄玄武岩建造						
				橄榄玄武岩建造						
				拉斑玄武岩建造						
				橄榄辉石拉斑玄武岩建造						
		中新世	石马村组　灯楼角组	橄榄玄武岩建造		石马村组：8.09±0.98（K-Ar）、5.43±0.116（K-Ar）				
				玄武岩（粒玄岩）建造						
				拉斑玄武岩建造						
				气孔状玄武岩建造						
				辉石玄武岩建造						
				流纹质角砾熔岩建造						
				含角砾流纹斑岩建造						
				流纹斑岩建造						

英安岩：见于坡岭、汤他大岭、儋州洛基等地汤他大岭组中。岩石呈深灰色，块状构造，斑状结构。斑晶含量16%～30%，由斜长石、石英、钾长石、黑云母等组成；基质呈隐晶结构，由长石和石英（50%～70%）、铁镁矿物（1%～2%）及金红石、锆石、榍石、磷灰石、磁铁矿组成。

玄武安山岩：分布于牛腊岭、同安岭、五指山、儋州洛基等地六罗村组下段。岩石呈灰、深灰色，（气孔）杏仁状构造，斑状结构，斑晶包括斜长石、辉石、角闪石和石英，含量10%～15%，局部可见斑晶及气孔略呈定向排列；基质呈隐晶结构、玻晶交织结构，成分主要由长英质矿物、角闪石和辉石组成，局部见密集分布的角砾状玄武安山质捕虏体（25%），副矿物主要为磷灰石、磁铁矿等。

玄武岩：主要分布于六罗村组下段，岩石为深灰色，杏仁状构造，斑状结构。斑晶为斜长石（5%）、辉石（2%）、伊丁石（1%）；基质为间隐结构，由斜长石（36%）、辉石（8%）、玻璃质（18%）及杏仁体（30%，成分为方解石、玉髓、绿泥石、沸石等）组成。

凝灰岩：包括晶屑凝灰岩、岩屑凝灰岩、玻屑凝灰岩、火山沉凝灰岩。岩石常呈灰绿色，凝灰结构，豆状构造，岩石中碎屑粒径变化于0.1~2mm，多呈不规则的棱角状，少数呈棱角-次圆状，岩石偶含紫红色安山质角砾。

沉凝灰岩：主要分布早白垩世红盆中，作为陆相碎屑岩的夹层产出，岩石呈浅紫红色、浅黄色，沉凝灰结构，层状构造。岩石由火山碎屑物（60%~70%）和正常沉积物（30%~40%）构成，前者主要为火山灰，少量晶屑和岩屑。火山灰呈灰褐色-浅灰绿色，棉絮状集合体，多以胶结物形式存在，常发生次生变化，分解成高岭石、绿泥石等矿物，个别脱玻化被细鳞片状黑云母交代；晶屑多为石英，少量斜长石、钾长石及黑云母，呈棱角状-尖棱角状，粒径一般间于0.2~2.0mm，石英晶屑多具裂纹和熔蚀湾；岩屑的成分为凝灰岩，多已重结晶成绢云母等矿物。

中生代火山岩岩石化学分析结果显示，汤他大岭组、岭壳村组火山岩的 SiO_2 含量普遍较高，汤他大岭组的 SiO_2 平均68.3%，岭壳村组的平均72.0%。六罗村组火山岩 SiO_2 含量可分为两个区间：46.7%~66.7%（平均56.0%）和67.1%~77.3%（平均73.3%）。分布于琼海阳江盆地中的火山岩夹层 SiO_2 含量为59.1~68.7%，表明中性岩至酸性岩均有。白沙盆地中的火山岩夹层 SiO_2 含量为67.1%~72.3%，皆属酸性岩。岩石 K_2O 和 Na_2O+K_2O 含量普遍较高，里特曼指数多为0.59~4.08，除六罗村组少数中基性岩为碱性系列外，其他均为亚碱性系列。六罗村组的中基性岩多为高钾钙碱性-钙碱性系列；而其酸性岩类，以及岭壳村组火山岩主要属高钾钙碱性系列，其次为钾玄岩系列，个别为钙碱性系列；汤他大岭组火山岩及鹿母湾组中的火山岩夹层为高钾钙碱性系列。除六罗村组的部分中基性岩和岭壳村组极个别酸性火山岩为钠质岩类外（Na_2O/K_2O 值>0.5），其他火山岩属于钾质岩类（Na_2O/K_2O 值都<0.5）。白垩纪火山岩的A/CNK值变化大，六罗村组的中基性岩A/CNK值一般为0.65~0.99，属准铝质，个别属过铝，甚至强过铝质；六罗村组酸性岩的A/CNK值为0.91~4.48（平均值为1.27），一般介于1.16~1.38，多数为强过铝质，少数属准铝质或弱过铝质；岭壳村组火山岩A/CNK值变化于0.96~1.26（平均1.09），一般为弱过铝质，少数为强过铝质；汤他大岭组火山A/CNK值间于0.95~1.30（平均1.07），一般为弱过铝质，个别为强过铝质；鹿母湾组中的火山岩夹层A/CNK为1.15~3.76，属强过铝质。

二、碱性玄武岩-拉斑玄武岩组合

碱性玄武岩-拉斑玄武岩组合主要分布于海南岛北部，在平面上呈“7”字形展布，包括新生界火山岩地层石门沟村组、马村组、多文组、道堂组和石山组，以及流沙港组、涠洲组、下洋组、角尾组、灯楼角组、海口组、秀英组中的玄武岩夹层。岩石类型比较简单，未发现次火山岩相，岩浆分异不明显。

熔岩部分按 SiO_2 含量大致主要划分为两类：①SiO_2<45%的超基性熔岩类，岩石有橄榄霞石岩和玻基橄辉岩；②SiO_2 在45%~53%之间的基性岩类，其 Na_2O 含量较高，且 $Na_2O>K_2O$，不含实际矿物白榴石，属一般玄武岩类，主要岩石类型包括辉石玄武岩、橄榄玄武岩、气孔状玄武岩、粗玄岩等。新生代火山岩绝大部分属于基性岩，超基性熔岩少见岩石呈渐变过渡，喷溢与爆发无明显间隔。各种岩石分布及岩石学特征如下所述。

玻基橄辉岩：主要分布于文昌蓬莱、定安居丁等地，岩石呈深灰色-灰黑色，斑状结构，致密块状构造。斑晶成分以单斜辉石（2%~6%）与橄榄石（5%~15%）为主，偶见斜长石。单斜辉石斑晶呈自形柱状，大小0.03mm×0.15mm~0.06mm×0.6mm，常见砂钟构造和简单双晶，橄榄石斑晶为无色或浅黄绿色，等轴粒状、板状或碎屑状，大小0.1~0.9mm，偶见环带构造，裂纹发育，常见强烈熔蚀现象。基质呈玻基柱粒结构，主要由单斜辉石（30%~40%）和火山玻璃（20%~45%）组成，少量橄榄石和碱性长石。单斜辉石微晶以自形-半自形状为主，部分见他形粒状，大小0.03~0.18mm，见砂钟构造和简单双晶；橄榄石呈他形粒状，粒径小于0.1mm；火山玻璃呈棕褐色-棕色，不具光性。

橄榄霞石岩：见于海口市琼山区谭文镇一带，岩石呈深灰色，致密块状构造，偶见气孔状、杏仁状构造。岩石外貌与玄武岩相似，在镜下具斑状结构，斑晶为橄榄石（5%~9%），呈自形-半自形柱状粒状，粒径0.1~0.5mm，部分晶体见环带结构，常被熔蚀，裂纹发育。基质呈自形-半自形柱粒结构，由霞石（14%~41%）、钛次透辉石（44%~70%）、橄榄石（2%~3%）和火山玻璃（≤1%）组成，副矿物包括磁铁矿、钛铁矿、磷灰石等。钛次透辉石微晶呈长柱状，粒径约0.1mm，常见环带和清晰的砂钟构造；霞石在镜下呈正方形，部分为他形粒状，均匀分布于基质中。

橄榄玄武岩：包括辉石橄榄玄武岩、橄榄玄武岩、气孔状橄榄玄武岩等，在各时期熔岩中均有产出，为新生代火山岩的主要岩石类型。岩石呈深灰色-灰黑色，斑状结构，块状构造、致密块状构造、气孔状或杏仁状构造。斑晶包括辉石（≤10%）、橄榄石（5%~15%）、斜长石（≤15%）。橄榄石斑晶呈短柱状、厚板状、粒状等形态，大小一般0.1~2.5mm，裂纹发育，呈熔蚀状，常发生伊丁石化或蛇纹石化；斜长石斑晶呈半自形板状或柱状，一般为中基性斜长石，聚片双晶、钠长石双晶发育，个别斜长石斑晶包裹磁铁矿、辉石等矿物；辉石斑晶为短柱状、粒状，大小一般间于0.1~3.0mm，常见简单双晶，以透辉石和普通辉石为主，辉石斑晶常包裹斜长石、微晶橄榄石及磁铁矿等。基质呈间隐结构、间粒结构，由斜长石（45%~75%）、辉石（15%~30%）、橄榄石（≤5%）、磁铁矿（2%~5%）及玻璃质和隐晶质（≤10%）组成。斜长石微晶呈长条状、长柱状，排列杂乱无章，大小0.01mm×0.05 mm~0.1mm×1.0mm不等，双晶发育；辉石微晶多呈粒状，大小0.02~0.20mm，多为普通辉石和透辉石；橄榄石呈近等轴粒状，大小0.05~0.2mm，大部分已伊丁石化；磁铁矿多呈长条状、长柱状。部分岩石中有少量玻璃质和隐晶质，两者均匀充填在斜长石间隙中。

辉石玄武岩：包括橄榄辉石玄武岩、辉石玄武岩、气孔状橄榄辉石玄武岩等类型岩石，此类岩石在新生代各时期皆有分布。岩石呈灰色-深灰色，斑状结构，块状构造。斑晶由辉石（5%~20%）、斜长石（≤10%）、橄榄石（≤5%）构成，辉石斑晶呈柱状、半自形板状，粒径0.1~3.0mm，常见简单双晶，主要为普通辉石及透辉石，常包裹微晶橄榄石、磁铁矿等矿物；橄榄石斑晶呈板状、半自形短柱状或近等轴粒状，粒径0.1~2.0mm，具熔蚀状外形，常发生伊丁石化，偶见橄榄石斑晶具辉石反应边；斜长石斑晶呈半自形板状、柱状，多为中基性斜长石，大小0.1mm×0.3mm~1.0mm×2.0mm不等，双晶发育，偶见不发育的环带构造，基质呈间粒-间隐结构、间粒结构、交织结构，由斜长石（50%~60%）、辉石（20%~35%）、橄榄石（≤8%）及磁铁矿（2%~8%）、玻璃质和隐晶质（≤5%）。斜长石呈长条状、长柱状，大小0.01mm×0.05 mm~0.1mm×1.0mm，双晶发育，呈杂乱状排列，偶见呈平行或近平行排列；辉石呈自形柱状-半自形、粒状，粒径0.01~0.5mm，多为普通辉石和透辉石；橄榄石为等轴粒状，边缘常产生伊丁石化；磁铁矿呈长条状、不规则粒状；隐晶质和玻璃质为棕褐色-褐色团块，不具光性。

粗玄岩：呈灰黑色-浅灰色，粗玄结构、斑状结构，块状构造、气孔状构造。斑晶由斜长石（≤8%）、辉石（≤5%）及橄榄石（≤3%）构成。斜长石斑晶呈半自形-自形板状、柱状，粒度0.2mm×0.5mm~0.5mm×2.0mm，钠长石双晶发育；辉石斑晶呈短柱状，粒度0.3mm×0.5mm~0.6mm×1.0mm，具简单双晶；橄榄石斑晶为近等轴粒状，粒径0.3~0.8mm，糙面明显，具裂理。基质由斜长石（50%~65%）、橄榄石（≤15%）、辉石（18%~32%）和磁铁矿（2%~3%）组成。斜长石为半自形-自形板条状，钠长石双晶发育，杂乱状分布，形成三角形格架，其他基质矿物充填其中；辉石呈粒状、半自形短柱状，多为透辉石及普通辉石，粒径0.01~0.5mm，可见聚片双晶、简单双晶；橄榄石近等轴粒状，粒径0.05~0.3mm，裂理发育，常沿裂理和边缘发生伊丁石化；磁铁矿呈长条状、粒状。

玄武岩：指辉石斑晶和橄榄石斑晶含量皆小于1%的玄武岩类，琼北地区新生代各个时期均有产出。岩石呈灰黑色-灰色，间粒-间隐结构、间粒结构、斑状结构，气孔状构造或块状构造。文昌市南阳农场一带的玄武岩柱状节理发育。斑晶包括斜长石（≤5%）、橄榄石（≤1%）、辉石（≤1%）。其中斜长石呈板状、半自形柱状，粒度0.1mm×0.8mm~0.3mm×1.0mm，聚片双晶发育；

橄榄石呈近等轴粒状、短柱状，粒径0.2~0.6mm，裂纹发育，沿其边缘、裂隙、解理缝隙常产生伊丁石化；辉石呈半自形柱状，粒径0.2~1.0mm，多为普通辉石和透辉石。基质由辉石（5%~35%）、橄榄石（≤10%）、斜长石（50%~60%）、磁铁矿（2%~4%）及玻璃质和隐晶质（≤40%）组成。其中，斜长石呈自形长条状-半自形、长柱状，主要为中基性长石，粒度0.02mm×0.1 mm~0.2mm×1.5mm，聚片双晶发育，杂乱分布，搭建的三角形格架中分布其他基质矿物、玻璃质和隐晶质；辉石呈粒状、短柱状，粒径0.02~0.5mm，发育简单双晶和聚片双晶；橄榄石为无色短柱状或近等轴粒状，粒径0.1~0.5mm，糙面明显；磁铁矿呈板状、长条状或不规则状粒状；玻璃质或隐晶质为不具光性非均质体，呈棕褐色。

沉凝灰岩：主要分为沉晶屑凝灰岩、沉晶屑玻屑凝灰岩、沉复屑凝灰岩。岩石呈黄灰色、淡黄色、灰绿色，凝灰结构，层状构造。岩石由凝灰质或胶结物（30%~80%）、岩屑（≤40%）、晶屑（≤30%）、玻屑（10%~40%）构成。其中，岩屑多为深褐色-黑色玻璃质玄武岩，多孔状-浮岩状，呈次圆状-棱角状，粒径0.05~2.0mm；除此以外，还见少量正常沉积岩屑，成分多为生物灰岩、硅质岩。晶屑主要为钾长石和石英，其次为斜长石、橄榄石、辉石等矿物，形态上呈次棱角状-棱角，粒径0.05~1.3mm，钾长石晶屑格子双晶清晰，多被熔蚀，石英晶屑具有不规则边缘，玻状消光，多具不规则裂纹，因熔蚀有的呈港湾状。玻屑形态不规则，大小悬殊，粒径0.05~0.5mm，呈扭曲状、扁平条带状、撕裂状等形态。胶结物包括火山灰及细小的晶屑，镜下为褐色-红褐色，不具光性。

角砾凝灰岩：常围绕火山口分布，多与凝灰岩互层，在琼北地区分布极广。岩石呈灰褐色、灰黄色、灰色等，角砾凝灰结构，层状构造。岩石由晶屑（2%~30%）、岩屑（20%~45%）、玻屑（2%~60%）及胶结物组成。晶屑的成分多为石英，其次为微斜长石，偶见橄榄石、斜长石等矿物，石英晶屑呈棱角状，粒径0.1~2.0mm，边缘不规则，呈破碎状，裂纹发育；微斜长石呈棱角状，粒径约0.4mm。岩屑以棱角状为主，部分呈泪滴状和浑圆状，成分包括橄榄玄武岩、玻基玄武岩、辉石玄武岩、玄武质凝灰岩和火山渣，粒径一般为2~10mm。玻屑呈多孔状或弧面棱角状，粒径为0.05~2.0mm。胶结物以火山灰为主，粒径小于0.05mm，成分为晶屑和火山玻屑。

火山角砾岩：分布于火山口及附近区域。岩石呈灰黑色、灰色、褐红色等，角砾状结构、集块角砾状结构，块状构造。由火山角砾（50%~80%）、火山集块（15%~30%）及填隙物（5%~20%）构成。火山角砾和火山集块的成分多为玄武岩，次为玄武质火山碎屑、玄武质火山渣，火山角砾粒径0.2~5cm，火山集块粒径5~30cm，呈棱角状或次棱角状，少量为浑圆状；填隙物为火山灰等。

火山集块岩：主要分布于火山口附近，岩石呈灰色-灰黑色，集块结构，块状构造。岩石主要由火山集块（50%~65%）、火山角砾（10%~25%）及胶结物（5%~10%）构成。火山集块的成分主要为玄武岩和火山渣，大小5~120cm，呈棱角状或尖棱角状；火山角砾的成分多为玄武岩，火山渣少见，大小0.2~5cm，呈棱角状或次棱角状；胶结物多为细小火山碎屑物。

琼北新近纪基性火山岩的平均化学成分为：SiO_2 50.75%、Al_2O_3 13.61%、MgO 7.83%、FeO 7.62%、Fe_2O_3 3.42%、CaO 8.0%、Na_2O 3.0%、TiO_2 2.05%、K_2O 1.11%、P_2O_5 0.49%；琼北第四纪基性火山岩的平均化学成分为：SiO_2 50.75%、Al_2O_3 14.06%、MgO 7.13%、Fe_2O_3 2.72%、FeO 8.24%、CaO 8.33%、Na_2O 3.05%、TiO_2 2.05%、K_2O 1.19%、P_2O_5 0.4%。琼北新生代基性火山岩的平均化学成分变化不大，与世界大陆裂谷型玄武岩的平均值基本相当，更加接近中国东部裂谷型玄武岩，但具有 SiO_2 含量偏高，P_2O_5 和碱含量略低的特点。相对于大洋拉斑玄武岩 K_2O（0.24%）、P_2O_5（0.21%），琼北玄武岩 P_2O_5 和 K_2O 含量明显偏高，显示出大陆玄武岩的化学特征。在 TiO_2-P_2O_5-K_2O 三角图解中，岩石的投影点主要位于大陆拉斑玄武岩区，仅少数位于大洋拉斑玄武岩区，但也较靠近大洋拉斑玄武岩和大陆拉斑玄武岩分界线。在里特曼-戈蒂里图解上岩石的投影点多位于A区（板块内部稳定构造区），有少数分布在B区（造山带火山岩）和C区（A、B区火山岩派生的碱性岩），但也皆较接近分界线。在非碱性玄武岩在 FeO^*-MgO-Al_2O_3 图解中，投影点主要位于大洋与大陆块内部。综上所述，琼北新生代火山岩形成于较稳定的大陆构造环境。

琼北新生代火山岩的^{143}Nd/^{144}Nd 变化范围较小（0.512787~0.513039），ε_{Nd} 值均大于 0，说明岩浆源于地幔。Pb 同位素比值与所称 C 组分的变化范围（Haman 和 Graham，1996）相差较小。在^{143}Nd/^{144}Nd-^{87}Sr/^{86}Sr 相关图中，主要位于夏威夷玄武岩区。在^{87}Sr/^{86}Sr-^{206}Pb/^{204}Pb 相关图中多落入洋岛玄武岩区。在^{208}Pb/^{204}Pb-^{206}Pb/^{204}Pb 相关图和^{143}Nd/^{144}Nd-^{206}Pb/^{204}Pb 相关图中，多位于 EMⅠ型地幔区。

第四节　火山构造岩浆旋回与构造岩浆岩带

一、火山构造岩浆旋回

火山构造岩浆旋回指与大地构造演化阶段相关联的火山岩浆喷发作用过程，可划分为旋回、亚旋回、期、次。旋回，对应于大地构造演化阶段；亚旋回，对应于地质时代的一个纪或几个纪；期，对应于地质时代的纪或世；次，对应于地质时代的期。

根据海南岛火山作用的地球动力学背景，结合火山地层建造、火山作用等特征，并考虑到地壳运动构造旋回，将海南岛火山岩划分为南华纪-中三叠世构造岩浆旋回、晚三叠世-第四纪构造岩浆旋回等 2 个构造岩浆旋回（中元古界戈枕村组原岩虽为火山岩，但已变质为片麻岩、混合片麻岩、变粒岩等，原岩研究程度有限，不再单独划分火山旋回），具体火山构造旋回划分方案见表 3-4-1。

表 3-4-1　海南岛火山构造岩浆旋回划分表

<table>
<tr><th>旋回</th><th>亚旋回</th><th colspan="2">期</th></tr>
<tr><td rowspan="13">南华纪-中三叠世构造岩浆旋回</td><td rowspan="10">CZ 亚旋回</td><td colspan="2">石山期</td></tr>
<tr><td colspan="2">道堂期</td></tr>
<tr><td colspan="2">多文期</td></tr>
<tr><td colspan="2">秀英期</td></tr>
<tr><td>石门沟村期</td><td>金牛岭期</td></tr>
<tr><td>石马村期</td><td>灯楼角期</td></tr>
<tr><td colspan="2">角尾期</td></tr>
<tr><td colspan="2">下洋期</td></tr>
<tr><td colspan="2">涠洲期</td></tr>
<tr><td colspan="2">流沙港期</td></tr>
<tr><td rowspan="3">K 亚旋回</td><td colspan="2">岭壳村期</td></tr>
<tr><td colspan="2">汤他大岭期</td></tr>
<tr><td colspan="2">六罗村期</td></tr>
<tr><td rowspan="3">晚三叠世-第四纪构造岩浆旋回</td><td>C-P 亚旋回</td><td colspan="2">/</td></tr>
<tr><td>O-S 亚旋回</td><td colspan="2">/</td></tr>
<tr><td>Qb 亚旋回</td><td colspan="2">/</td></tr>
</table>

南华纪-中三叠世构造岩浆旋回进一步划分为青白口纪构造岩浆亚旋回、奥陶纪-志留纪构造岩浆亚旋回和石炭纪-二叠纪构造岩浆亚旋回，由于该旋回火山岩都呈夹层分布于新元古界和古生界中，火山旋回研究程度较低，不再细分到火山活动期。

晚三叠世-第四系构造岩浆旋回划分为白垩纪亚旋回与新生代亚旋回。白垩纪亚旋回又可分3个火山活动期，即六罗村活动期、汤他大岭活动期、岭壳村活动期，白垩纪酸性火山活动强烈且持久，持续整个早白垩世，具有多期次的间歇性喷发活动特点。六罗村活动期，下部建造以流纹质火山岩为主，夹两层玄武岩和两层安山质火山岩（其中三亚市北岭村剖面为玄武安山岩），玄武岩、安山岩和流纹岩间无沉积层隔断，均为直接接触，上部基本为流纹质火山岩；汤他大岭期和岭壳村期，岩性以中酸性及酸性熔岩、火山碎屑岩夹少量沉积岩和火山-沉积岩为主。

琼北地区新生代火山岩喷发亚旋回可被进一步划分为10个火山活动期，各期特征简述如下。

第一期（流沙港期）：为新生代裂谷作用下，琼北地区的首次火山喷发，时代在古近纪始新世，仅发现一层玄武岩呈夹层状产于流沙港组（E_2l）湖泊相杂色砂泥质碎屑岩之中，玄武岩夹层厚度厚1.5~10mm，隐伏于琼北南宝凹陷、福山凹陷、白莲凹陷一带。

第二期（涠洲期）：该期的时代古近纪渐新世，玄武岩呈夹层状赋存于涠洲组（E_3w）河湖相、沼泽相杂色砂泥质碎屑岩中，构成3个火山喷溢-沉积韵律组合，并主要隐伏于琼北福山凹陷，其次为白莲凹陷。

第三期（下洋期）：为海相火山喷发，喷发时代在中新世早期，仅发现一次玄武岩喷发，玄武岩呈夹层产于下洋组滨海相粗碎屑岩中，夹层厚约15.5m，隐伏于琼北白莲凹陷、福山凹陷一带。

第四期（角尾期）：此期为海相火山喷发，时代在中新世中期。共经历5次火山喷发（溢），形成了5个喷发（溢）-碎屑沉积韵律组合，火山喷发形成的玄武岩、玄武质火山碎屑岩呈夹层赋存于角尾组滨-浅海相灰绿色碎屑岩中，并隐伏于琼北福山凹陷、白莲凹陷一带。

第五期（石马村期/灯楼角期）：时代为新近纪中新世晚期，在东西向王五-文教断裂断裂带以南为陆相火山喷发，断裂带以北为海相火山喷发。断裂带以南火山岩主要分布在文昌市蓬莱、定安县居丁及海口市三门坡一带，经历过3次火山喷发（溢），火山岩主要由超基性岩（橄榄霞石岩和玻基辉橄岩）、玄武岩、玄武质火山碎屑岩组成，在石马村组形成溢流相-爆发相-碎屑沉积相构成的3个火山-沉积韵律组合。断裂带以北同样经历了3次火山喷发，形成的玄武岩呈夹层产于灯楼角组滨-浅海相浅灰色、灰绿色碎屑岩中，构成3个溢流（爆发）-碎屑沉积韵律组合，主要隐伏于福山凹陷一带。

第六期（金牛期/石门沟村期）：火山喷发时代为上新世，在东西向王五-文教断裂带以南为陆相火山喷发，以北为海相火山喷发。断裂带以北历经7次火山喷发（称为金牛期火山喷发），基性火山岩呈夹层状产于海口组滨浅海相碎屑岩中，构成4个溢流-爆发-海相沉积或爆发-溢流-海相沉积或溢流-海相沉积等韵律旋回，并隐伏于海口市三江镇至临高县南宝镇一带，个别地段露出地表。断裂带以南历经两次喷发见玄武质熔岩、玄武质火山碎屑岩岩石组合，形成石门沟村组一套基性火山岩夹河湖相碎屑岩沉积，构成两个爆发-溢流-碎屑沉积韵律组合，并主要分布在文昌市蓬莱镇-南阳农场、海口市大坡、定安县永丰等地。

第七期（秀英期）：为第四纪早更新世陆相火山喷发，该期仅历经一次火山喷发，基性火山岩呈夹层状产于秀英组河湖相杂色泥砂质碎屑沉积物中（碎屑沉积物未成岩），构成爆发-溢流-碎屑沉积韵律组合，主要见于海口市大坡镇-临高县东英镇一带。

第八期（多文期）：为陆相火山喷发，时代为中更新世。此期火山喷发异常强烈，形成玄武质熔岩夹少量玄武质火山碎屑岩，构成1个火山喷发韵律（多文组火山岩），此期火山喷发形成的火山岩在琼北地区分布最广，分布于儋州市洋浦-木棠镇、临高县东英镇-澄迈县金江镇、海口市演丰镇-旧州镇、琼海市大路镇-定安县黄竹镇-定安县翰林镇、定安县金鸡岭等地区。

第九期（道堂期）：时代为晚更新世，由下而上由海相玄武质沉凝灰岩、陆相玄武质岩、海相玄武质沉凝灰岩组成3个喷发韵律（即道堂组）。主要分布于儋州市三都镇、海口市遵谭镇-澄迈县老城镇一带，在海口永兴镇-石山镇一带被全新世石山期玄武岩覆盖。

第十期（石山期）：为陆相火山喷发，时代为全新世早期（约8000~10000年前），形成的石山组玄武岩和玄武质火山碎屑构成1个喷发韵律，并主要出露于海口市永兴镇-石山镇一带和儋州市笔架岭-兵马角一带。分布于永兴镇-石山镇一带的火山熔岩隧道和数十个火山口等珍贵地质遗迹即为此期火山喷发的产物，如闻名于世的海口马鞍岭火山口。这些地质遗迹大多保存完好，既是雷琼世界火山地质公园海口园区的重要旅游资源，又具有重要的科学研究和科普价值。

二、火山构造岩浆岩带

海南岛中生代和新生代火山岩分布面积最广，前中生代火山岩出露极少（古生代和青白口纪火山岩主要呈夹层分布于地层之中，长城纪火山岩已强烈变质），因此，对后者火山构造岩浆岩带划分不作讨论。

海南岛中生代-新生代火山岩大致以王五-文教断裂为界，在断裂带以北，分布新生代玄武质熔岩和玄武质火山碎屑岩，为大陆裂谷环境下火山喷发的产物；在断裂带以南，零星分布有5个白垩纪火山岩盆地，主要岩石类型为流纹质、英安质熔岩及火山碎屑岩，底部分布少量玄武岩和玄武质安山岩，为中生代中国东部陆缘弧火山喷发的产物。中生代火山岩盆地以牛腊岭及同安岭面积最大，二者地理位置相邻，出露的火山岩地层最齐全，从下至上，可划分为六罗村组（K_1ll）、汤他大岭组（K_1t）、岭壳村组（K_1lk）；其余3个火山岩盆地仅出露六罗村组（K_1ll），而且盆地面积较小。海南岛中-新生代火山岩为东南沿海火山活动带的一部分，后者又是中国东部构造岩浆省的有机组成部分。海南岛中新生代火山岩是太平洋板块向欧亚大陆俯冲诱发的陆缘弧或陆缘裂谷环境之火山喷发的产物。

据《成矿地质背景研究技术要求》，火山岩构造岩浆岩带的级别从高到低分别为：构造岩浆省、构造岩浆带、构造岩浆亚带、构造岩浆段。基于该要求，海南岛火山岩构造岩浆岩带划分方案见图3-4-1和表3-4-2。

图3-4-1　海南岛火山岩构造岩浆岩带划分示意图

表 3-4-2　海南岛火山岩构造岩浆岩带划分表

Ⅰ级	Ⅱ级	Ⅲ级	Ⅳ级
中国东部滨太平洋构造岩浆省	东南沿海火山活动带	海南陆缘弧火山亚带	牛腊岭-同安岭火山岩段
			五指山火山岩段
			旺商火山岩段
			洛基火山岩段
		雷琼裂谷火山亚带	/

中国东部滨太平洋构造岩浆省大致位于贺兰山、六盘山、龙门山以东，跨东北三省、内蒙古、宁夏、山西、河北、山东、江苏、浙江、江西、福建、安徽、湖南、湖北、四川、广东、广西、海南、台湾等省（区、市）。东南沿海火山活动带跨福建、浙江、广东、海南、台湾等省。雷琼裂谷火山亚带大致位于王五-文教断裂以北（中-西段的儋州木棠镇-永安镇以王五-文教为界，永安一带界线折向南，经定安龙河到达琼海塔洋，再折向北经文昌潭牛镇、铺前而入海，整体形态近似"勺子"），遂溪断裂以南，在海南岛包括儋州市西北木棠镇-三都镇一带、临高县中-北部、澄迈县北部、定安县、海口、文昌西部蓬莱镇一带、琼海北部塔洋-长坡一带。海南陆缘弧火山亚带位于王五-文教断裂带以南的海南岛中北部、中部、南部区域，该亚带进一步划分为牛腊岭-同安岭火山岩段、五指山火山岩段、洛基火山岩段、旺商火山岩段。其中前者位于海南岛南部三亚、保亭、乐东三市（县）交界区域，总体呈北东-北东东向展布，该岩段的基底主要为二叠纪-三叠纪和白垩纪花岗岩；五指山火山岩段位于海南岛中部五指山一带，形态近似圆形，该岩段的基底主要由二叠纪和白垩纪花岗岩组成；旺商火山岩段位于琼北澄迈县旺商村一带，面积较小，基底由二叠纪、白垩纪花岗岩及下志留统浅变质碎屑岩构成；洛基火山岩段位于琼西北儋州市洛基镇一带，形态似舟状，面积较小，可能受控于北东向和南北向断裂，基底为三叠纪花岗岩和下志留统碎屑岩。

第五节　火山岩的形成、构造环境及其演化

判别火山岩形成环境的方法有多种，一是岩石地球化学法，该方法利用火山岩的稀土元素、微量元素进行判别；二是地质学方法（岩石构造组合法），即利用与火山岩共生的侵入岩、沉积岩对等火山岩的形成环境进行综合判别；三是岩石矿物学法，即根据火山岩的岩浆系列、岩石共生组合类型、产出的特征岩石或矿物，判别地质环境。本次研究以岩石地球化学法为主要判别方法，辅以其余两种方法，对构造环境进行综合判别。

一、前寒武纪火山岩

海南岛的中元古代火山岩已发生深变质作用，形成黑云（角闪）斜长片麻岩、黑云（角闪）斜长变粒岩、麻粒岩等岩石。其中，前二者的主量元素氧化物含量为：SiO_2 58.9%～75.4%、Al_2O_3 12.5%～16.8%、FeO 0.6%～6.9%、CaO 0.8%～5.1%、Na_2O 2.0%～4.3%、K_2O 1.6%～5.0%、MgO 0.4%～3.8%、TiO_2 0.2%～1.3%，成分接近于英安岩，少数相当于流纹岩，个别类似于安山岩；麻粒岩的主量元素氧化物含量为：SiO_2 49.8%～51.3%、Al_2O_3 12.6%～17.2%、FeO 8.4%～9.4%、MgO 6.2%～9.2%、CaO 7.8%～9.9%、TiO_2 0.8%～1.9%、Na_2O 2.1%～3.1%、K_2O 0.7%～2.3%，成分接近玄武岩或玄武安山岩。中元古代火山岩一般属钙碱性系列，构成高钾钙碱性玄武岩-玄武安山岩-英安岩组合，推断其形成于陆缘弧或岛弧环境。

新元古代火山岩主量元素氧化物含量为：SiO_2 74.8%～77.5%、Al_2O_3 11.3%～13.6%、Fe_2O_3

0.04%~1.1%、FeO 0.5%~0.6%、MgO 0.3%~0.7%、CaO 0.2%、K_2O 5.6%~7.1%、Na_2O 0.3%~0.5%、TiO_2 0.1%，新元古代火山岩富含 SiO_2，全碱含量 5.9%~7.6%，钠钾之比值间于 0.05~0.08，富钾并极度贫钠，SI 值总体间于 3.2~8.1，平均值为 5.7，δ 值为 1.1~1.7，按里特曼岩系划分标准，多数属于钙碱性系列；在硅碱图中，投影点均落入亚碱性系列，在 AFM 图解中，样品属于高钾质系列；在里特曼-戈蒂里图解中，样品点位于活动大陆边缘区及岛弧火山岩区。综合来看，该时期火山岩形成于陆缘裂谷环境。

二、古生代火山岩

海南岛古生代火山岩呈夹层状产于古生代绿片岩相变质岩中，在 TiO_2-Zr 图解中，分布于定安黄竹岭和屯昌晨星农场的变火山岩样品点多位于火山弧玄武质岩石区，分布于白沙邦溪-儋州八一农场及儋州油文村的变火山岩多位于洋中脊和火山弧玄武质岩石混合区；在 TiO_2-MnO-P_2O_5 图解中，屯昌县晨星农场古生代火山岩的样品点多位于岛弧玄武质岩石区，部分样品落入钙碱性玄武质岩石区；在 Nb-Zr-Y 图解中，变玄武岩主要位于火山弧玄武质岩石区；在 Ti-Zr-Y 图解中，海南岛古生代火山岩样品点多位于洋岛或洋中脊玄武岩、洋岛和板内玄武岩两个区域。

在原始地幔归一化的微量元素蛛网图上，儋州市油文村变火山岩的配分模式与洋岛玄武岩（OIB）大致相似；定安县黄竹岭地区和白沙县邦溪-儋州八一农场一带的变火山岩配分模式部分相似于 E-MORB，部分相似于 N-MORB；屯昌县晨星农场一带分布的变火山岩的配分模式类似于典型的 N-MORB，仅一个样品接近洋岛玄武岩（OIB），表明海南岛不同地方的古生代火山岩岩浆来源存在差异。

相对于维氏酸性岩值，海南岛古生代变流纹岩中 Ni、Co、V、Ta、Cu、Sb、Bi、Sc、Cr、Hf、As 等元素含量偏高，其中 Bi、Ni、Hf、Sb、Co、As 最为明显；Pb、Zn、Ba、Zr、Ag、Rb、Th、Ge、Cs 的含量大致相当；Ga、Nb、U、Sr 等含量较低，其中 Sr、Ba 更明显。相对于维氏中性岩值，海南岛变安山岩 Hf、Ta、Bi、Sb、Co、Sc、U、Th、As 等元素的含量高于维氏值，其中 Sc、Sb、Th、Hf、As 更明显；Cr、Ni、V、Rb、Pb、Zn、Zr、Ge 总体相当；Sr、Ba、Ga、Cu、Ag、Nb 等元素含量相对较低，尤其是 Sr、Ba、Cu。相对于维氏基性岩值，海南岛变玄武岩 Cr、Sb、Sc、Be、Ni、Co、Hf 等元素含量较高，尤以 Sb、Sc、Co、Cr 为甚；W、Sn、Li、V、Rb、Zr、Ga、Y 等的含量基本相当；Pb、Zn、Bi、Mo、Cu、Au、Ag、Cs、Sr、Ba、U、Th、Nb、Ge 等元素含量较低，其中 Cu、Pb、Au、Ag、Ba 尤其低。综合来看，海南岛古生代各类变质火山岩 Sr、Ba 含量皆很低。

Allégre 等（1973）研究表明，从橄榄岩到花岗岩，过渡族元素的分配型式渐趋“W”型式，相对于球粒陨石，由地幔岩派生的岩石具不同程度的 Cr、Ni 负异常和 Ti 正异常，而地幔岩及其类似岩石不具此特征。经球粒陨石标准化，海南岛古生代变火山岩过渡族元素呈现相似的配分模式，表现出 Cr、Ni 负异常明显及 Ti 正异常的特征，与 Allégre 等（1973）的玄武岩配分模式相近，暗示了古生代火山岩来源于地幔。

海南岛不同地区的古生代火山岩的配分模式稍有差异，相同地区的火山岩稀土配分模式相似，样品的稀土总量变化很大，间于 12.41×10^{-6}~1424.12×10^{-6}。$\sum$LREE/$\sum$HREE 为 0.48~9.62，多数样品的比值大于 1，仅屯昌县晨星农场的部分样品比值略小于 1。同一地区火山岩稀土元素及部分微量元素比值蛛网配分曲线变化趋势十分相似，说明同一地区的火山岩源区相似或相同。例如，在黄竹岭地区，从变玄武岩→变安山岩→变流纹岩，Eu 亏损由弱到强，证实同源岩浆结晶分异演化作用。

分布屯昌县晨星农场一带的变基性-超基性岩稀土元素总量为 12.41×10^{-6}~206.76×10^{-6}，在稀土配分模式图上，部分样品为轻稀土富集型，部分为轻稀土亏损型，既有富集型洋中脊玄武岩稀土配分模式，也有亏损型洋中脊玄武岩稀土配分模式。$(La/Sm)_N$=0.24~1.02，平均0.87；$(Gd/Yb)_N$=0.73~1.16，平均0.91，表明轻稀土元素分馏不明显，重稀土分馏也较弱。∑LREE/∑HREE为0.46~113，平均为1.24；$(La/Yb)_N$=0.13~104，平均值0.80；$(Ce/Yb)_N$=0.14~2.26，平均值为0.69，表明轻重稀土分馏也不明显。δCe=0.81~1.17，平均0.93；δEu=0.57~1.24，平均0.98；显示Eu、Ce亏损或无明显富集。

白沙邦溪-儋州八一农场一带的变基性火山岩夹层的稀土元素总量平均值为46.62×10^{-6}，轻稀土富集或略亏损，多数样品的稀土配分模式接近富集型洋中脊玄武岩。∑LREE/∑HREE的平均值为2.89；$(Ce/Yb)_N$平均值为1.91，$(La/Yb)_N$平均值为2.22，可见轻、重稀土元素分异不明显。$(La/Sm)_N$平均值为1.42，$(Gd/Yb)_N$平均值为1.25，表明轻稀土、重稀土元素内部的分馏效应也较弱。多数样品的δEu≈1.0、δCe≈1.0，反应斜长石分离结晶作用不明显。

定安县黄竹岭一带变火山岩的原岩包括玄武岩、安山岩和流纹岩，各样品的稀土总量变化较大，间于148.16×10^{-6}~1428.12×10^{-6}，稀土配分曲线右倾，表明轻稀土富集，具有洋岛玄武岩的配分模式。∑LREE/∑HREE为4.28~8.4，反应轻、重稀土元素分异明显，δEu变化于0.44~0.65，说明Eu略有亏损，但不明显。从阳起石石英片岩（原岩为玄武岩）→绿帘斜长石片岩（原岩为安山岩）→含黑云母石英片岩（原岩为流纹岩），Eu亏损由弱到强。$(La/Yb)_N$为8.52~19.08，表明轻稀土富集较明显，$(La/Sm)_N$为3.88~6.43，$(Gd/Yb)_N$为1.43~2.61，反应轻稀土间分馏较明显，重稀土间分馏不明显。

儋州市兰洋镇油文村一带分布的变火山岩稀土元素总量为111.85×10^{-6}~205.24×10^{-6}，稀土配分曲线右倾，表明轻稀土富集，与洋岛玄武岩（OIB）的配分模式类似。∑LREE/∑HREE为5.56~7.97，$(La/Yb)_N$为15.1~17.72，$(Ce/Yb)_N$为5.82~11.78，表明样品属轻稀土富集型。$(La/Sm)_N$值为2.57~118，$(Gd/Yb)_N$值为4.13~4.62，表明轻稀土间分馏比较明显，而重稀土分馏比较弱。多数样品δEu≈1.0，表明无明显亏损或富集；Ce亏损，δCe值间于0.46~0.95；反映了斜长石分离结晶作用不明显。

综上所述，海南岛古生代火山岩可能形成于洋中脊或岛弧环境。

三、中生代火山岩

六罗村组酸性火山岩的稀土总量为101.9×10^{-6}~259.6×10^{-6}，平均值为178.5×10^{-6}；该组中基性火山岩的稀土元素总量为111.2×10^{-6}~327.9×10^{-6}，平均值为187.9×10^{-6}；汤他大岭组火山岩的稀土元素总量为159.0×10^{-6}~247.2×10^{-6}，平均值为192.5×10^{-6}；岭壳村组火山岩的稀土元素总量为150.9×10^{-6}~211.7×10^{-6}，平均值为185.9×10^{-6}，低于维氏酸性岩值258×10^{-6}（Vinigradov，1962），为稀土元素亏损或强亏损。上述三个组的火山岩配分曲线较为相似，为较陡的右倾型，LREE/HREE值5.7~18.9，一般在10以上，表明轻、重稀土分异明显。六罗村组中基性岩的δEu值为1.26~0.61，多数具弱的负铕异常，少数具有弱的正铕异常或中等的负铕异常。其他火山岩的δEu值为0.85~0.18，具弱至强的负铕异常。

六罗村组中基性岩的K、Rb、Ba、U、Th等大离子亲石元素含量较低，而Ni、Zn、Co、V、Cr等的含量较高，Sr的含量较高，Rb/Sr值低；该组酸性火山岩Zn、Ni、V、Cr、Co及Sr的含量一般较低，Rb、Ba、K、Y、Th、U的含量相对较高，Rb/Sr值也较高。后期喷发的岭壳村组及汤他大岭组火山岩相对于前期喷发的六罗村组酸性火山岩，Ta、Rb、Y的含量总体降低，而Sr、Ba的含量总体升高，表明岩浆源区的深度不断加大。

在微量元素蛛网图中，海南岛中生代火山岩配分曲线基本一致，表现出以下特征：P、Ti、Nb、Ta、Sr、Ba等元素含量相对低，略显负异常；Rb、Th、K、La、Ce、Nd、Hf、Zr、Sm、Tb等含量略显正异常；强不相容元素Ba、Rb、K、Th等较中等不相容元素Sr、Nb、P、Zr更富集；过渡族元素的配分模式相似，具有 Cr、Ni 负异常及 Ti 正异常特征，与 Allégre 等（1973）的玄武岩配分模式相似。综上所述，海南岛中生代火山岩具有大陆壳的特征，并由地幔岩演化而来。

海南岛白垩纪火山岩是中国东南大陆沿海中生代火山岩带的有机组成部分，在燕山运动期间，地壳以断块运动为主。海南岛中生代火山岩的微量元素配分模式相近，稀土元素配分模式也保持一致，表明它们形成于相同的地质构造环境。在 $R_1 \sim R_2$ 图中，下白垩统鹿母湾组的酸性火山岩夹层及六罗村组火山岩的投影点主要位于造山区；汤他大岭组火山岩投影点主要位于造山区，部分位于破坏性活动板块边缘区（碰撞前）；岭壳村组火山岩样品点主要位于造山区，部分落在晚造山区。在里特曼-戈蒂里图解中，70 余个火山岩样品的投影点主要位于造山带（岛弧和活动大陆边缘区）火山岩及由此派生的碱性岩区。在非活动性元素环境判别图解中（Pearce 等，1984），海南岛中生代火山岩样品点主要位于火山弧和同碰撞花岗岩区域。从以上图解判别结果，并结合侵入岩形成的构造环境，表明海南岛中生代火山岩形成于火山弧（陆缘弧）环境，是增生在中国东南大陆边缘的新陆壳。

四、新生代火山岩

琼北地区各类第四纪火山岩稀土配分模式相似，配分曲线右倾，体现轻稀土元素富集。各类岩石样品的稀土元素总量变化较大，间于 $12.92 \sim 299.09 \times 10^{-6}$。$\sum LREE/\sum HREE = 3.27 \sim 23.30$，平均为 6.86，多数小于 11.86。$(La/Yb)_N = 4.09 \sim 41.20$，$(Ce/Yb)_N = 3.17 \sim 21.56$，表明轻、重稀土分异不明显。$\delta Eu = 0.83 \sim 1.30$，平均 1.08，反映富集不明显铕或略亏损。$\delta Ce = 0.33 \sim 1.07$，多数样品铈亏损不明显，只有少量显示亏损。$(La/Sm)_N = 1.55 \sim 6.92$，表明轻稀土元素内部分馏作用不明显；$(Gd/Yb)_N = 1.28 \sim 4.62$，反映重稀土元素之间分异较弱。

琼北新近纪火山岩稀土配分模式相似，皆为轻稀土富集的右倾型曲线。轻稀土总含量间于 $24.91 \times 10^{-6} \sim 404.38 \times 10^{-6}$，$\sum LREE/\sum HREE$ 为 $1.61 \sim 15.72$，均值为 7.12。$(La/Yb)_N = 1.07 \sim 33.35$，$(Ce/Yb)_N = 0.87 \sim 24.50$，轻、重稀土分馏作用不明显。$\delta Eu = 0.82 \sim 1.18$，$\delta Ce = 0.63 \sim 1.02$，平均为 0.91，铈略微亏损。$(La/Sm)_N = 0.82 \sim 4.92$，$(Gd/Yb)_N = 1.28 \sim 4.62$，轻、重稀土元素内部分异作用不强。

从主量元素含量来看，琼北新生代玄武岩平均化学成分含量变化不大，与世界大陆裂谷型玄武岩总体相近，更为接近中国东部裂谷型玄武岩的平均化学成分，但具有 SiO_2 偏高、碱和 P_2O_5 略低的特征。而同大洋拉斑玄武岩（P_2O_5 平均 0.21%、K_2O 平均 0.24%）相比，琼北玄武岩 P_2O_5 和 K_2O 含量明显偏高，体现出大陆玄武岩的化学特征。在里特曼-戈蒂里图解中，岩石样品的投影点主要位于 A 区（板块内部稳定构造区），有少数落入 B 区（造山带（岛弧及活动大陆边缘区）火山岩）和 C 区（A、B 区火山岩派生的碱性岩），但皆较为接近分界线。在 TiO_2-P_2O_5-K_2O 三角图解中，岩石样品投影点主要位于大陆拉斑玄武岩区，仅有少数在大洋拉斑玄武岩区，但也靠近二者的分界线。在 FeO^*-MgO-Al_2O_3 图解中，琼北新生代非碱性玄武岩样品投影点主要位于大洋岛屿区和大陆块内部区。综上，琼北新生代玄武岩形成于较稳定的大陆构造环境。

琼北新近纪、第四纪基性火山岩岩石微量元素的含量变化不大，其平均值相对于维氏基性岩（玄武岩）平均值，第四纪基性火山岩 Cu、As、Ag、Au 等元素含量比维氏值略低，而 Ta、Be、Hf、Rb、U 等元素略高，其他元素接近维氏值；新近纪基性火山岩 Cu、Ag、Au 等元素含量略低，而 Hf、Ta、Sc、Rb、U 等元素含量略高，其他元素则相近。新生代火山熔岩过渡族元素具有相似的配分模式（经球粒陨石标准化），皆具明显 Ti 正异常和 Ni、Cr 负异常。与 Allégre 等（1973）的玄武岩配分模式相似，反映它是由地幔岩演化而来。在微量元素方面，琼北新近纪与第四纪火山熔岩具有相似特征，总体来看，与大陆碱性玄武岩具有相似的配分模式。表现出强不相容元素 K、Rb、Ba、V、Th 相对于中等不相容元素 Sr、Zr、Nb、P 更为富集的特征。Ba、P、Zr、U、Nb、Sm、Tb 等元素含量相对较高，在微量元素比值蛛网图上略显正异常；K、Th、Ti、Yb 等元素含量较低，在蛛网图中略显负异常。

琼北新生代玄武岩强烈富集 Sr、Ba、K、Nb、Ta、U、Th 等大离子不相容亲石元素，其丰度和比值皆与大陆裂谷玄武岩很相近，而与其他构造背景的玄武岩有差别。在 Ti/100-Zr-Y＊3 相关图、Th-Hf-Ta 相关图上，岩石的投影点主要位于板内环境。综上所述，并考虑到琼北地区位于欧亚大陆边缘，本区新生代火山岩形成陆缘裂谷环境。

琼北新生代玄武岩$^{87}Sr/^{86}Sr$为 0.703178～0.704523，均值为 0.703932，较为接近大洋岛屿火山岩比值。琼北新生代火山岩$^{143}Nd/^{144}Nd$的值变化不大，为 0.512787～0.513039，ε_{Nd}值皆大于 0，反映岩浆源于地幔。

综上所述，琼北新生代玄武岩源于富集 I 型地幔，且未明显受到地壳物质的混染，基本保持了原生岩浆特征，为陆缘裂谷构造环境下火山喷发的产物。

第六节　火山岩岩石构造组合与成矿关系

海南岛火山岩中产出多种金属与非金属矿产，其中金属矿产以铝、金、钼、铜、铅、锌等为主，非金属矿产以宝石、建筑石料、膨润土、沸石为主。

一、与陆缘弧流纹岩-英安岩-安山岩-玄武岩组合相关的矿产

中生代火山岩主要分布于海南岛南部同安岭、牛腊岭早白垩世陆相火山盆地，从早到晚出露六罗村组、汤他大岭组、岭壳村组，岩石组合为陆缘弧流纹岩-英安岩-安山岩-玄武岩组合。岩性主要为中酸性火山岩，自下至上分为：六罗村组主要为流纹岩、安山岩、玄武岩；汤他组岩性主要为英安岩、安山岩、流纹斑岩；岭壳村组以流纹斑岩、英安斑岩为主。已发现相关的矿产有钼、金、铜、铅锌、铁等矿产地 10 余处，其中钼矿最具经济价值。兹以保亭县罗葵洞大型斑岩型钼矿和保亭县岭壳村小型铜矿和两个典型矿床为例，进行简要介绍。

罗葵洞斑岩型钼矿：赋矿岩石主要为侵入体外带的六罗村组火山岩和内带的斑状花岗岩、细粒正长花岗岩、花岗闪长斑岩。外带矿体赋矿岩石主要为流纹质碎斑熔岩、流纹质角砾熔岩、安山岩、安山质角砾岩、英安质碎斑熔岩、英安质角砾熔岩等；内带赋矿岩石为花岗闪长斑岩、斑状花岗岩及细粒正长花岗岩。赋矿构造为火山口构造，据研究花岗闪长斑岩可能为钼矿的成矿母岩，它为六罗村组火山岩喷发的后续产物，并沿火山口充填的侵入相火山岩。

岭壳铜矿为陆相火山-岩浆热液型铜矿：其成矿与白垩纪早世黑云母角闪花岗闪长岩、岭壳村组（K_1lk）流纹岩-英安岩建造紧密相关，铜矿体主要赋存于岭壳村组的流纹岩、英安岩中。矿区内分布有线性构造和环形构造，其中线性构造中的北西向张扭性断裂构造控制了矿体的就位和分布，环形构造是火山活动的产物（破火山口？）或者深部岩浆及热液活动中心的上部反映。

二、与大陆裂谷碱性玄武岩-拉斑玄武岩组合相关的矿产

新生代火山岩主要分布于海南岛北部，在平面上呈“7”字形展布。岩性主要为基性火山岩熔岩和火山碎屑岩，并以前者为主，（含）火山岩的地层自下至上主要为：石马村组（$N_1\hat{s}m$）、石门沟村组（$N_2\hat{s}$）、海口组（N_2h）、多文组（Qp^2d）、道堂组（Qp^3d）、石山组（$Qh^1\hat{s}$）。与该组合相关的矿产主要形成于风化淋滤作用。

（一）风化型矿产

文昌市蓬莱镇石马村组玻基辉橄岩-橄榄玄武岩建造和石门沟村组橄榄玄武岩-辉斑橄榄玄武

岩-粗玄岩-火山碎屑岩建造，经强烈的风化淋滤作用，形成大型蓝宝石矿床、大型三水型铝土矿床、中型钴土矿床、中型铝土-镓矿、坡残积铬矿点，蓝宝石矿已于20世纪开采，铝土矿、钴土矿等金属矿产几乎未开采。琼北一带多文组玄武岩和石马村组玄武岩在炎热潮湿的气候下，经风化淋滤形成一系列褐铁矿（化）点、钴铁矿化点，如临高武郎褐铁矿、临高澄迈褐铁矿、琼山县大坡白石溪铁矿、临高县博厚钴铁矿化点，这类铁矿规模较小，品位较低。

（二）火山型矿产

多文组、石山组、石马村组、石门沟村组溢流相玄武岩，裂隙稀少，力学强度大，且含气孔，易与水泥咬合，是良好的建筑石料，琼北地区的主要建筑石料矿都产自上述地层中。石山组在靠近火山口附近部位的岩石中含有大量气孔，常被用作建筑装饰材料。

海口组第三段夹有岩屑玻屑凝灰岩及玻屑凝灰岩，其玻屑物质在碱介质中，于火山喷发余热的影响下脱玻而成中型沸石矿床。玻屑经水化脱玻在富镁贫钾碱性介质条件下，重结晶形成大型膨润土矿床。

第四章 侵入岩岩石构造组合

第一节 侵入岩时空分布

海南岛侵入岩呈多期次侵入，大面积分布，除冥古宙、太古宙、古元古代、早古生代、新生代尚未发现有侵入岩之外，其余各时代都有侵入岩分布，尤以二叠纪和三叠纪侵入岩最发育，分布最广泛。

中元古代长城纪花岗岩是岛内迄今最古老的花岗岩，主要分布在岛西部二甲村、抱板一带及西南部大村一带（图4-1-1），形态上呈不规则状北东向展布，总面积约153km^2。岩石类型主要有片麻状花岗闪长岩和片麻状二长花岗岩。前人在片麻状花岗闪长岩中获得同位素年龄为1440.87Ma（锆石U-Pb，俞受鋆，1992）、$1457\pm^{84}_{66}$Ma（锆石U-Pb，马大铨、黄香定等，1993）、1407±20Ma（锆石Pb-Pb，马大铨、黄香定等）、1397±46Ma（锆石Pb-Pb，海南地质大队，1993）、1430Ma（锆石SHRIMP U-Pb，Zheng-Xiang Li，2002），侵入时代为长城纪末期。

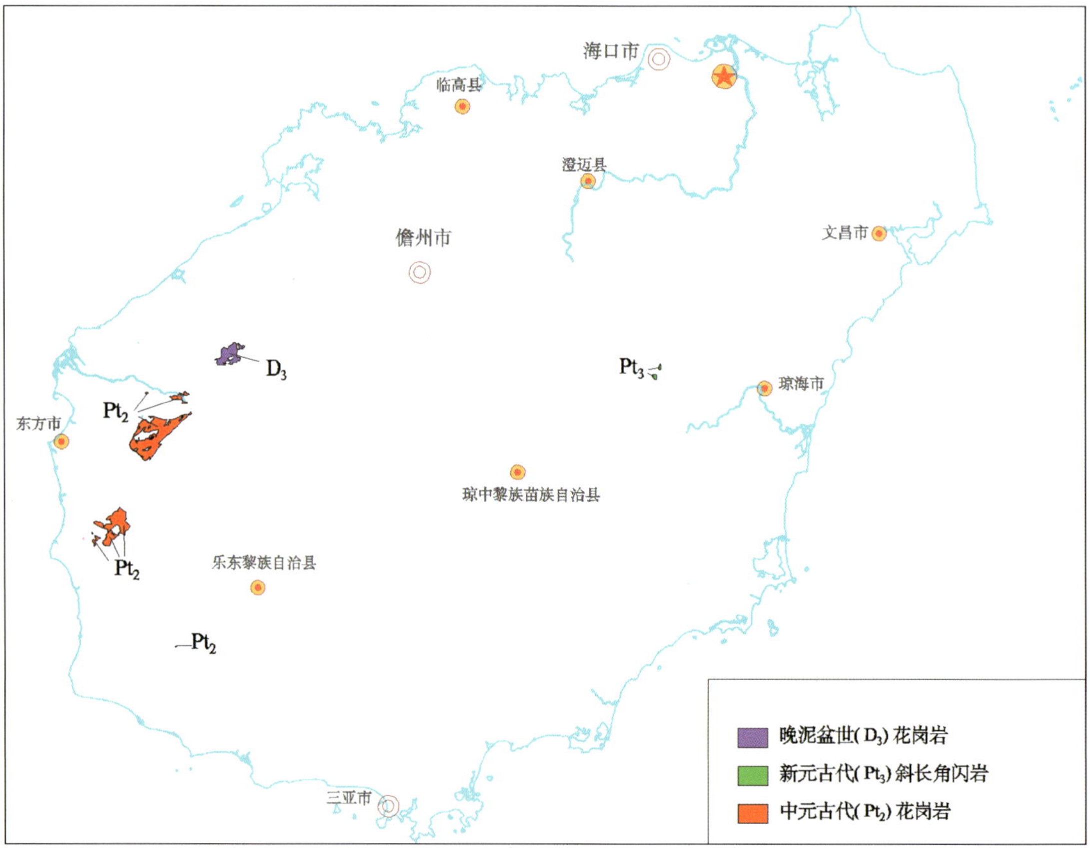

图4-1-1 海南岛中元古代、新元古代、泥盆纪侵入岩分布示意图

新元古代青白口纪公庙斜长角闪岩，主要分布于东方二甲、抱板、琼中上安、乐东峨文岭及屯昌中建农场公庙一带（图 4-1-1），出露总面积约 2.39 km^2。岩石呈深绿色，粒状、柱状变晶结构，主要以块状构造为主，局部见片麻状构造。矿物组成为角闪石 40%~63%，斜长石 25%~45%，石英 3%~7%，钾长石 2%~6%，黑云母 0~12%。马大铨、黄香定等（1998）在峨文岭组中的斜长角闪岩中进行 Sm-Nd 法测年，获得年龄 955±54Ma。

泥盆纪保梅岭中粗粒黑云母正长花岗岩仅分布在琼西石碌镇保梅岭北坡、西线公路以南一带（图 4-1-1），由于被后期花岗岩体侵入、蚕蚀而使岩体呈不规则状、港湾状外形，面积 22.8 km^2。岩性为中粗粒黑云母正长花岗岩，岩石手标本为浅肉红色，风化面为浅黄褐色，中粗粒全他形粒状结构，块状构造，可见微弱的片麻状构造。结合地质侵入接触关系，以及单颗粒锆石逐层熔融蒸发法测定的 $^{207}Pb/^{206}Pb$ 同位素平均年龄 369±2.9Ma（宜昌地矿所，1995），形成时代厘定为晚泥盆世。

二叠纪岩浆侵入活动强烈而持久，侵入岩广泛发育，主要分布于乐东县志仲—琼中县—屯昌县、昌江县石碌—白沙县邦溪、琼海市长坡、文昌市一带（图 4-1-2）。出露面积约 6298.73km^2，占海南省侵入岩总面积的 38%。岩石类型以二长花岗岩和正长花岗岩为主，少量闪长岩、花岗闪长岩和辉长岩，其主要特征是岩体内部普遍发育强弱不等的定向构造。

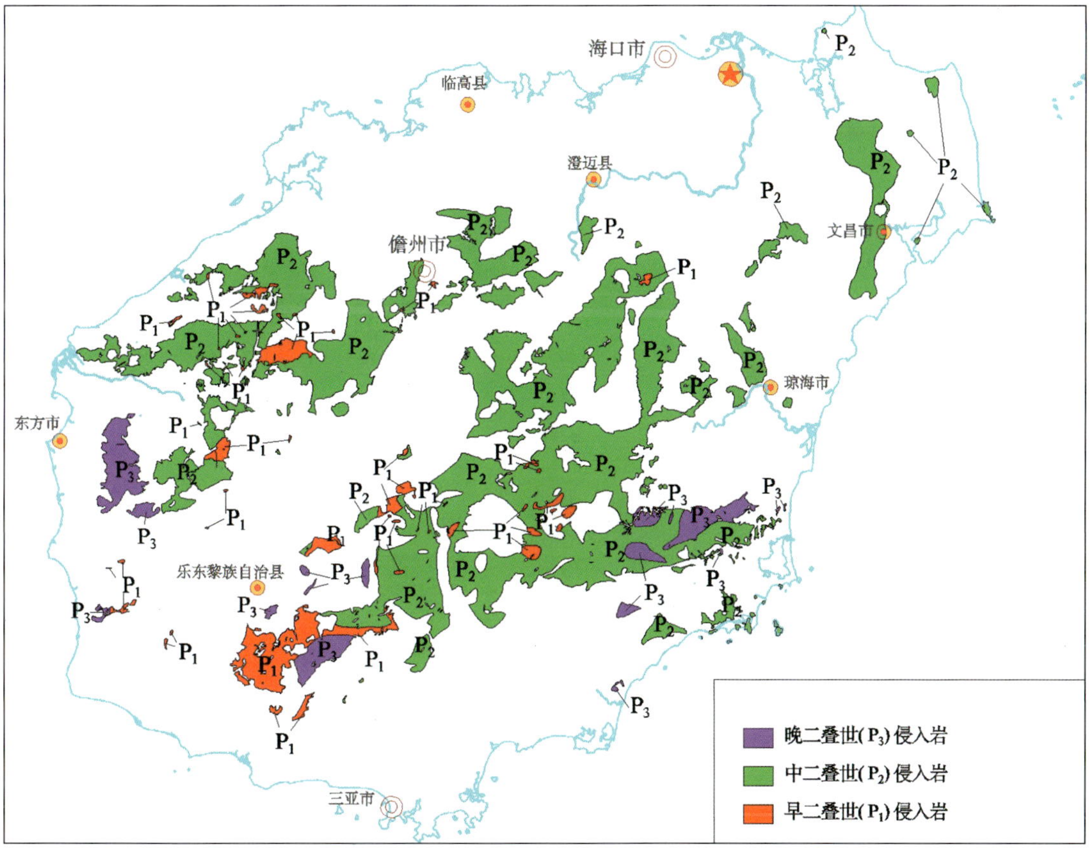

图 4-1-2　海南岛二叠纪侵入岩分布示意图

早二叠世侵入岩主要有机告村中细粒角闪辉长岩（$\upsilon^{j}P_1$）、白石村中细粒石英闪长岩（$\delta o^{b}P_1$）、保山村细粒花岗闪长岩（$\gamma\delta^{b}P_1$）、石岭中细粒花岗闪长岩（$\gamma\delta^{s}P_1$）、抱郎中粒斑状角闪黑云二长花岗岩（$\eta\gamma^{b}P_1$）、志仲中粒巨斑状黑云母二长花岗岩（$\eta\gamma^{z}P_1$）、乘顺岭细粒（含斑）黑云二长花岗岩（$\eta\gamma^{ch}P_1$）、顺作细中粒含斑石榴黑云母花岗岩（$\gamma^{s}P_1$）、新风岭中细粒含电气石黑云母正长花岗岩（$\xi\gamma^{x}P_2$）、方满细粒黑云角闪二长岩（$\delta\eta^{f}P_1$）、行干细中粒二长岩（$\eta^{x}P_1$）、什败细中粒含斑角闪黑云石英二长岩（$\eta o^{zb}P_1$）。中二叠世侵入岩主要有石碌中粗粒巨斑状黑云母二长花岗岩

（$\eta\gamma^{s}P_{2}$）、山牛塘细粒闪长岩（$\delta^{sh}P_{2}$）、通什中粒巨斑状角闪黑云二长花岗岩（$\eta\gamma^{t}P_{2}$）、乌兰盖中粗粒含巨斑黑云母二长花岗岩（$\eta\gamma^{w}P_{2}$）、大坡中粒似斑状黑云母二长花岗岩（$\eta\gamma^{d}P_{2}$）、长塘岭中细粒含斑黑云母二长花岗岩（$\eta\gamma^{ch}P_{2}$）。晚二叠世侵入岩主要火岭中细粒黑云母正长花岗岩（$\xi\gamma^{h}P_{2}$）、保国细中粒斑状角闪黑云二长花岗岩（$\eta\gamma^{bg}P_{3}$）、那佩中粗粒斑状黑云母二长花岗岩（$\eta\gamma^{n}P_{3}$）、东岭中细粒角闪黑云花岗闪长岩（$\gamma\delta^{d}P_{3}$）、什天细中粒斑状黑云母二长花岗岩（$\eta\gamma^{zt}P_{3}$）、大田细粒含斑黑云母二长花岗岩（$\eta\gamma^{d}P_{3}$）。

三叠纪侵入岩分布较广。主要分布于琼海长坡、儋州、石碌镇-乌烈镇、尖峰岭、千家镇-毛阳镇、崖城镇-三道镇一带（图 4-1-3），出露总面积约 3889.56km^2，占海南省侵入岩总面积的 23%。岩石类型以正长花岗岩和二长花岗岩为主，少量花岗闪长岩、二长闪长岩和辉长岩。

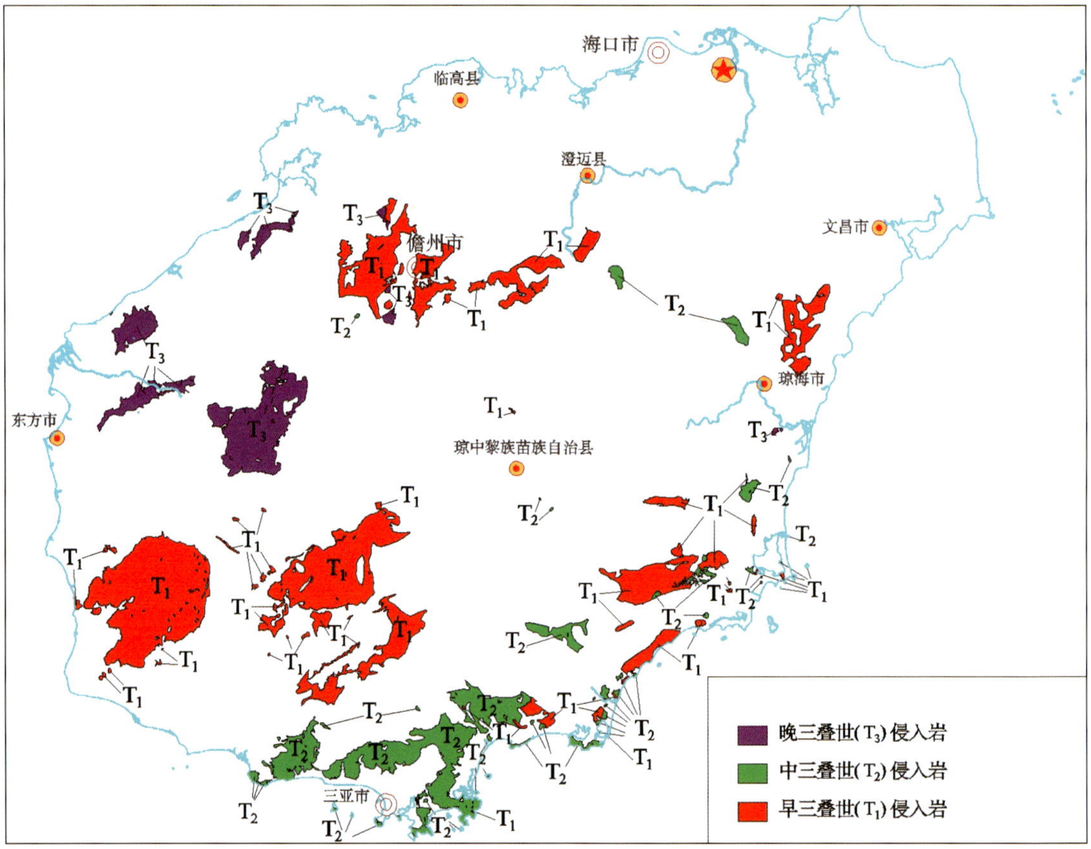

图 4-1-3　海南岛三叠纪侵入岩分布示意图

早三叠世侵入岩主要有鹅塘村中细粒含斑花岗闪长岩（$\gamma\delta^{e}T_{1}$）、大岭细中粒少斑黑云母花岗闪长岩（$\gamma\delta^{d}T_{1}$）、两院中粒斑状黑云母二长花岗岩（$\eta\gamma^{l}T_{1}$）、高村细粒含斑黑云母二长花岗岩（$\eta\gamma^{g}T_{1}$）、尖峰岭中粗粒斑状黑云母正长花岗岩（$\xi\gamma^{jf}T_{1}$）、黑岭细粒斑状黑云母正长花岗岩（$\xi\gamma^{h}T_{1}$）、瘦岭中细粒黑云母正长花岗岩（$\xi\gamma fT_{1}$）、进岭花斑岩（$\gamma\pi^{j}T_{1}$）、深沟粗中粒少斑霓辉石碱长正长岩（$\xi^{sg}T_{1}$）、麻山田中粗粒-中粗粒少斑角闪黑云母石英正长岩（$\xi o^{m}T_{1}$）、番阳峒细中粒（少斑）角闪黑云母正长花岗岩（$\xi\gamma^{p}T_{1}$）。中三叠世侵入岩主要有金寮中细粒黑云母正长花岗岩（$\xi\gamma^{jl}T_{2}$）、布山村细中粒含斑—斑状角闪黑云母二长花岗岩（$\eta\gamma^{b}T_{2}$）、超盆中粗粒含斑黑云母二长花岗岩（$\eta\gamma^{c}T_{2}$）、结尾（中）细粒黑云母正长花岗岩（$\xi\gamma^{j}T_{2}$）、前锋细粒少斑黑云母正长花岗岩（$\xi\gamma^{q}T_{2}$）、六连岭中粗粒黑云母正长花岗岩（$\xi\gamma^{l}T_{2}$）、兵工厂细粒斑状黑云母（二云母）正长花岗岩（$\xi\gamma^{bg}T_{2}$）、石龟岭细粒黑云母正长花岗岩（$\xi\gamma^{sg}T_{2}$）、长安辉长岩（$\upsilon^{ch}T_{2}$）、石墩闪长岩

($\delta^{sd}T_2$)。晚三叠世侵入岩主要有七差岭中细粒黑云母正长花岗岩（$\xi\gamma^{q}T_3$）、东四中粗粒角闪黑云母正长花岗岩（$\xi\gamma^{d}T_3$）、乌烈岭中细-中粒斑状黑云母正长花岗岩（$\xi\gamma^{w}T_3$）、苗圃细粒角闪黑云二长花岗岩（$\eta\gamma^{m}T_3$）、五里桥中细粒黑云二长花岗岩（$\eta\gamma^{w}T_3$）、南宝岭细粒斑状黑云二长花岗岩（$\eta\gamma^{n}T_3$）、分水岭中细粒斑状黑云二长花岗岩（$\eta\gamma^{f}T_3$）、黑岭中粒多斑状黑云二长花岗岩（$\eta\gamma^{h}T_3$）、白石岭细粒含斑黑云二长花岗岩（$\eta\gamma^{b}T_3$）、打显村中细粒少斑黑云二长花岗岩（$\eta\gamma^{d}T_3$）、迈洲岭碱长花岗斑岩（$k\gamma\pi^{m}T_3$）。

中生代侏罗纪时，岩浆侵入作用进入一个新的演化发展阶段构造-岩浆平静期：构造活动、岩浆作用微弱，沉积作用也缺失。这时期的侵入岩主要分布于昌江县石碌镇、白沙县青松乡、琼中县黎母岭-湾岭镇、五指山市上安乡、什运乡、三亚市南山岭、琼海市长坡镇一带（图 4-1-4），出露总面积约 549.56km^2，占海南省侵入岩总面积的 3%。岩石类型以正长花岗岩和石英二长岩为主，少量二长花岗岩、二长闪长岩和辉长岩。

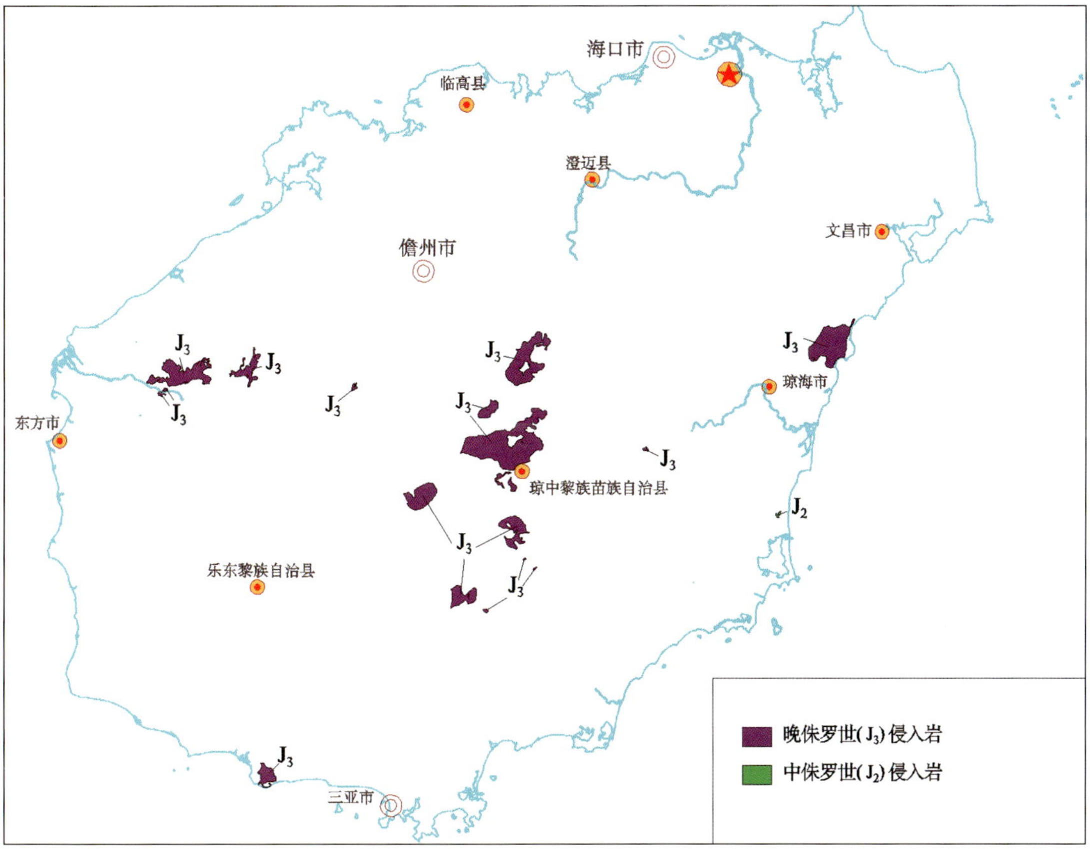

图 4-1-4　海南岛侏罗纪侵入岩分布示意图

中侏罗世侵入岩主要有里茂中粒黑云母辉长岩（$\upsilon^{l}J_2$）、黑栋中细粒石英二长岩（$\eta o^{h}J_2$）、八宝坡巨粒角闪正长岩（$\xi^{b}J_2$）。晚侏罗世侵入岩主要马翁岭细粒黑云角闪闪长岩（$\delta^{m}J_3$）、南山岭中细粒斑状角闪黑云母二长花岗岩（$\eta\gamma^{n}J_3$）、椰子园细粒斑状角闪黑云母二长花岗岩（$\eta\gamma^{y}J_3$）、冬瓜岭细粒含斑黑云母二长花岗岩（$\eta\gamma^{d}J_3$）、架水粗中粒斑状角闪黑云二长花岗岩（$\eta\gamma^{j}J_3$）、三狮岭中粒黑云母正长花岗岩（$\xi\gamma^{s}J_3$）、马鞍岭中细粒黑云母正长花岗岩（$\xi\gamma^{m}J_3$）、马岭细粒黑云母正长花岗岩（$\xi\gamma^{ml}J_3$）、长坡中细粒黑云母二长花岗岩（$\eta\gamma^{ch}J_3$）。

白垩纪时，受太平洋板块俯冲引起的弧后扩张带控制，海南省断块活动强烈，岩浆混合作用进入高峰，具有多期次性，岩石缺乏定向组构。主要分布于文昌市铜鼓岭、中瑞农场、屯昌、昌江海头-昌化大岭、白沙县青松乡、乐东千家、陵水-保亭一带（图 4-1-5），出露总面积约

$3439.85km^2$，占海南省侵入岩总面积的21%。岩石类型以二长花岗岩和正长花岗岩为主，少量花岗闪长岩、花岗斑岩和辉长岩。

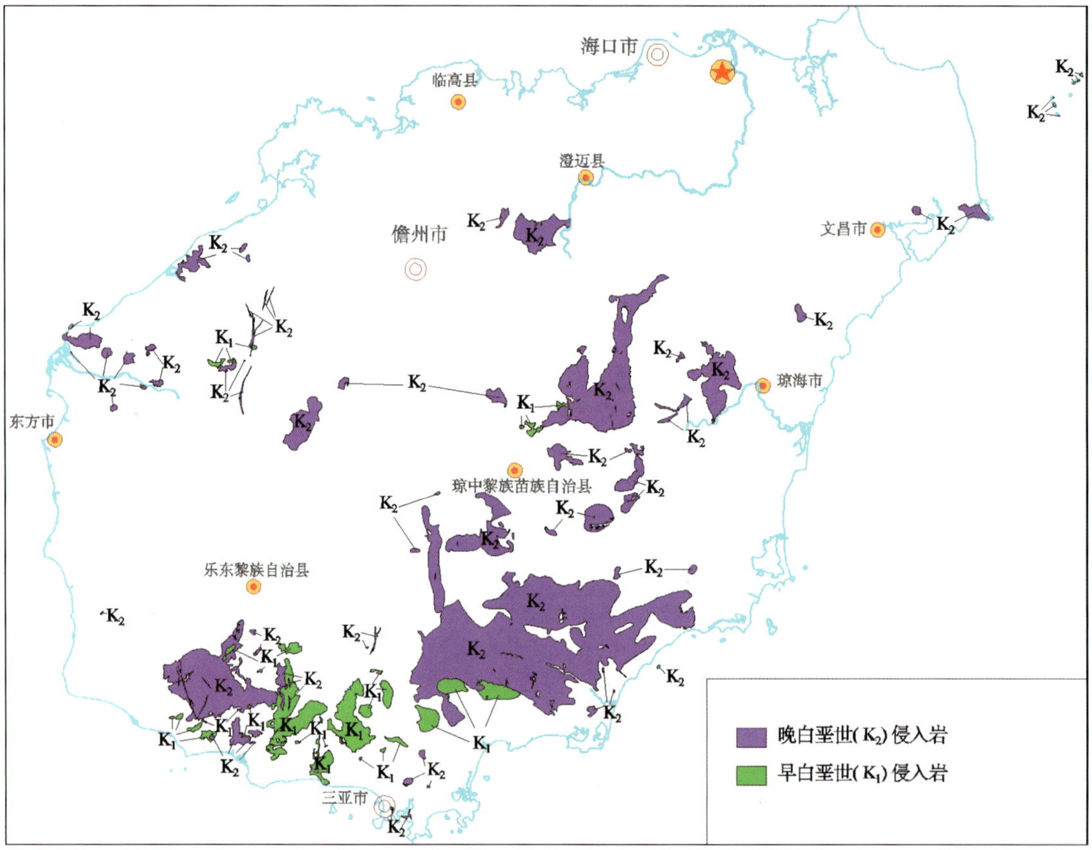

图 4-1-5 海南岛白垩纪侵入岩分布示意图

早白垩世侵入岩主要有半岛中粗粒角闪黑云正长花岗岩（$\xi\gamma^{b}K_1$）、拉丁村细粒辉长岩-辉长闪长岩（υK_1）、花岗闪长玢岩（$\gamma\delta\pi K_1$）、花岗斑岩（$\gamma\pi K_1$）、税町中细粒角闪黑云母花岗闪长岩（$\gamma\delta^{s}K_1$）、抱跃细中粒斑状角闪黑云母二长花岗岩（$\eta\gamma^{b}K_1$）、阜石斗细中粒黑云母正长花岗岩（$\xi\gamma^{f}K_1$）、番通石英正长岩（$\xi o^{p}K_1$）、乌石闪长岩（$\delta o^{w}K_1$）、加茂细中粒角闪黑云花岗闪长岩（$\gamma\delta^{j}K_1$）、保亭细中粒含斑角闪黑云二长花岗岩（$\eta\gamma^{bt}K_1$）、六弓粗中粒斑状黑云母二长花岗岩（$\eta\gamma^{lg}K_1$）、双顶岭细中粒斑状黑云母正长花岗岩（$\xi\gamma^{s}K_1$）、高通岭细粒黑云母正长花岗岩（$\xi\gamma^{g}K_1$）。晚白垩世侵入岩主要有大岭花岗闪长斑岩（$\gamma\delta\pi^{d}K_2$）、新村细中粒斑状黑云母正长花岗岩（$\xi\gamma^{x}K_2$）、吊罗山粗中粒含斑黑云母正长花岗岩（$\xi\gamma^{d}K_2$）、大小岭中细粒黑云母正长花岗岩（$\xi\gamma^{dx}K_2$）、龙楼中粒斑状黑云母正长花岗岩（$\xi\gamma^{l}K_2$）、火烧岭细粒黑云母二长花岗岩（$\eta\gamma^{h}K_2$）、洋淋岭花岗斑岩（$\gamma\pi^{y}K_2$）。

第二节　岩石构造组合划分及其特征

一、岩石构造组合划分

岩石构造组合的划分依据主要有侵入岩形成时代（同位素年龄）、岩石名称和岩石组合、产状、岩石结构构造、岩石化学、地球化学等因素，综合判断侵入岩的成因类型。按照技术要求、结合海南岛侵入岩特征，将前侏罗纪侵入岩划分出38个岩石构造组合，侏罗纪-白垩纪侵入岩划分出7个岩石构造组合。另外还有三点需要说明：①由于以往积累的侵入岩的矿物分类资料是通过显微镜目估矿物含量获得的，考虑到其准确性不高，因此，在本书中全国项目组专家提出以化学分类为基础，并适当结合薄片鉴定资料对侵入岩岩石类型进行分类。但下文对各岩体矿物含量描述，仍是基于薄片鉴定时的目估含量数据。②TTG组合及其相关组合识别方法如下：在利用TAS图对岩石进行化学分类的基础上，再将属花岗岩类的样品（位于TAS图4、5、6区）的常量元素（去水后折算成100%）通过CIPW计算An，Ab，Or标准矿物含量折算成An+Ab+Or=100%，投入O'Conner图解即可识别；③O'Conner图解仅用于识别TTG组合及与之相关的组合，而不作为岩石分类的标准（因为O'Conner图解获得的岩石类型与TAS图解常相矛盾）。

二、前侏罗纪侵入岩岩石构造组合特征

（一）强过铝花岗岩组合（Pt_2）

该组合主要分布于海南岛西部抱板镇-戈枕村、西南部亚炮村-老烈村一带。由片麻状花岗闪长岩-二长花岗岩组成，岩石具中细粒片状、糜棱岩化变晶结构，普遍见有强韧性流态变形，发育片麻理构造，矿物定向排列，片麻理由长英质矿物及暗色矿物呈条带状定向分布组成。已取得的同位素年龄1397±46~1456.8±84/66Ma（Pb-Pb），侵入时代为中元古代。

岩石SiO_2含量介于67.46%~75.26%之间，属酸性岩类；总碱含量中等，K_2O+Na_2O含量为5.04%~7.23%，平均5.50%，并且K_2O和Na_2O含量相当；Al_2O_3含量为12.4%~14.41%，平均13.73%，含铝指数A/CNK为1.15~1.41，属强过铝质岩石；Fe_2O_3、FeO、MnO、MgO含量较低，FeO含量明显高于Fe_2O；根据里特曼指数（$\sigma=1.04\sim1.57$），该岩石属钙性岩系；碱铝指数（NKA）=0.48~0.76，属于钙碱性范围内。岩石的稀土元素含量在$129\times10^{-6}\sim266\times10^{-6}$之间，低于维氏世界酸性岩平均值（$292\times10^{-6}$），稀土元素球粒陨石标准化配分模式为略向右倾的翼展型（图4-2-1）；$(La/Sm)_N$为3.56~5.59，$(Gd/Yb)_N$为1.26~2.06，轻稀土分异较明显，重稀土分异一般；δEu为0.35~0.64，铕负异常中等至强烈。在原始地幔微量元素标准化蛛网图上（图4-2-2），以强烈富集Rb、Ba、K、U、Th、Pb，亏损P、Sr、Ti、Nb、Ta为特征。岩石学和岩石地球化学均表现出壳源造山花岗岩特征。

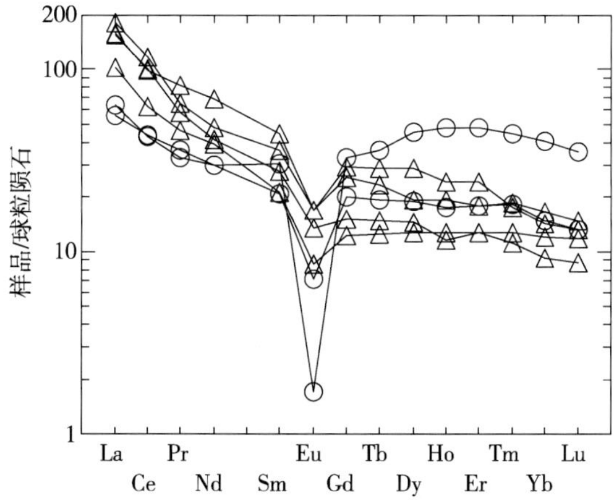

图4-2-1　中元古代侵入岩稀土元素球粒陨石标准化图
△花岗闪长岩；○二长花岗岩

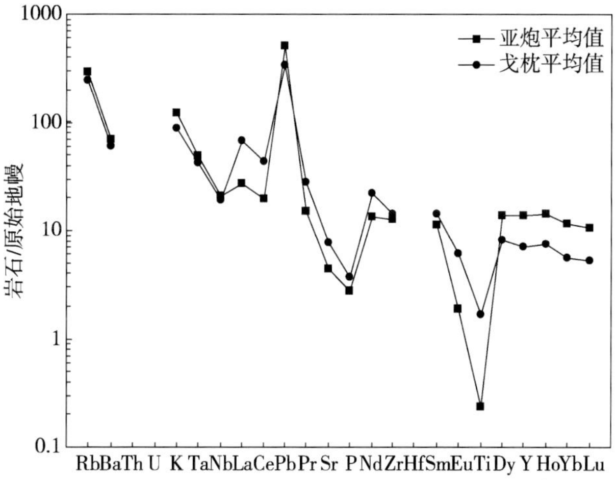

图4-2-2　中元古代侵入岩ORG标准化蛛网图
●花岗闪长岩平均值；■二长花岗岩平均值

（二）基性岩墙群组合（Pt_3）

主要分布于琼西抱板、琼中上安-长征、屯昌县中建农场公庙一带。该组合由斜长角闪（片）岩（ΨPt_3）组成，原岩主要为侵入抱板群的基性岩脉，局地呈小岩株状产出。斜长角闪（片）岩呈黑色、绿色-深绿色，粒状、柱状变晶结构，以块状构造为主，部分具片麻状构造。马大铨、黄香定等在琼西一带斜长角闪（片）岩中已获得的Sm-Nd同位素等时线年龄955±54Ma，谭忠福、马国干等在琼中长征一带同类岩石中获得Sm-Nd同位素年龄975±8.6Ma，二者在误差范围内一致。斜长角闪岩中SiO_2含量为51.28%~53.98%，岩石属基性岩类；含铝指数A/CNK为0.61~0.64，组合指数（里特曼指数）σ为1.54~1.55，属钾玄岩系列。其$\varepsilon_{Nd}\approx+6$，暗示原岩来自亏损地幔。

（三）高钾钙碱性花岗岩组合（D_3）

该组合分布于昌江县城-邦溪镇一带，仅包含保梅岭岩体（$\xi\gamma^bD_3$），将该岩体样品的岩石化学数据投影于TAS图上，其岩石类型主要为花岗岩（图4-2-3）。岩石具中粗粒他形粒状结构，可见微弱的片麻状构造。矿物组成为：钾长石（38%~53%），呈肉红色，他形，粒径一般在4~8m；斜长石（15%~23%），灰白色，他形或半自形状，粒径2~5mm；石英（22%~39%），多呈他形粒状集合体，粒径0.8~5 mm；黑云母（1%~3%），呈叠片状，片幅2~4 mm，常见黑云母细鳞片状集合体充填在长石石英颗粒间。该侵入体中普遍含闪长质包体和少量富云包体、黑云角闪斜长片岩包体。该岩体被早二叠世白石村石英闪长岩、中二叠世通什二长花岗岩及石碌二长花岗岩侵入。前人在保梅岭岩体中获得369±2.9Ma（Pb-Pb）的同位素年龄，相当于晚泥盆世。

保梅岭岩体的SiO_2含量为71.5%~77.23%，MgO含量为0.03%~0.53%、CaO含量为0.46%~1.8%，显示出富硅碱、贫镁钙的特征。含铝指数A/CNK为0.98~1.01，碱铝指数NKA为0.77~0.92，组合指数（里特曼指数）σ为2.18~2.50，在Wright碱度指数图解（A.R-SiO_2图解，略）中主要落入钙碱性+拉斑玄武岩系列区内，进一步利用SiO_2-K_2O图解（图4-2-4）对其进行分类，其投影点大多落在高钾钙碱性系列区。闪长质包体的SiO_2含量为58.76%~65.16%，MgO含量为1.33%~3.07%、CaO含量为

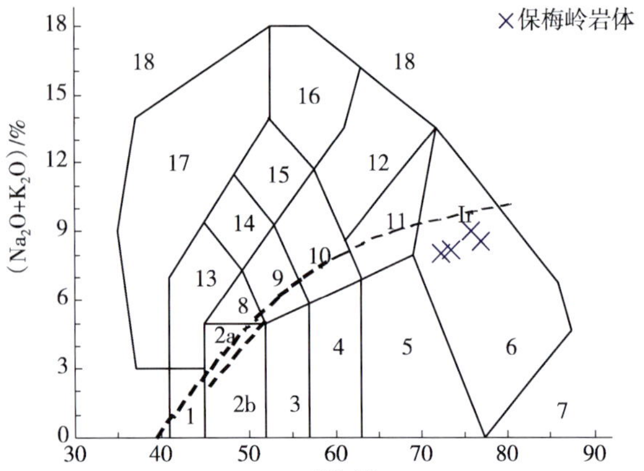

图4-2-3 保梅岭侵入体TAS图解

（据Middlemost，1994）

1—橄榄辉长岩；2a—碱性辉长岩；2b—亚碱性辉长岩；3—辉长闪长岩；4—闪长岩；5—花岗闪长岩；6—花岗岩；7—硅英岩；8—二长辉长岩；9—二长闪长岩；10—二长岩；11—石英二长岩；12—正长岩；13—副长石辉长岩；14—副长石二长闪长岩；15—副长石二长正长岩；16—副长正长岩；17—副长深成岩；18—霓方钠岩/磷霞岩/粗白榴岩

Ir-Irvine分界线，上方为碱性，下方为亚碱性

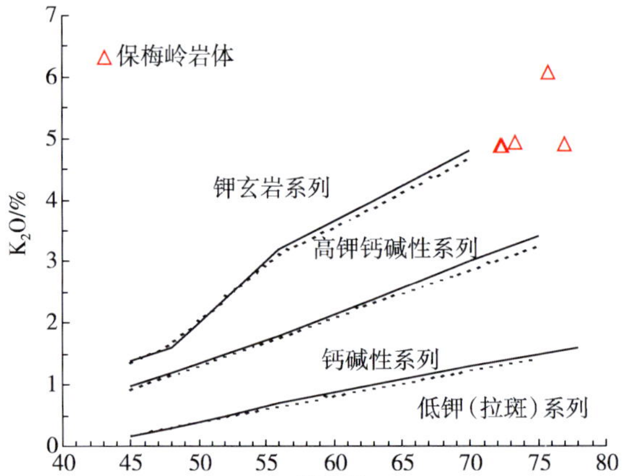

图4-2-4 保梅岭侵入体SiO_2-K_2O图解

3.25%~4.54%，显示出与主岩相反的贫硅碱、高镁钙的特征。保梅岭岩体稀土总量为176.58×10^{-6}~291.83×10^{-6}，平均244.93×10^{-6}，稍低于维氏酸性岩平均值（292×10^{-6}）。主岩及闪长质包体的球粒陨石标准化配分模式均呈略向右缓倾斜的“海鸥”式曲线，属轻稀土弱富集型（图4-2-5）。$(La/Sm)_N$为1.57~4.56，$(Gd/Yb)_N$为1.7~2.16，表明轻稀土分异较明显，但重稀土没有明显的分异作用；δEu为0.31~0.41，铕负异常中等偏强。微量元素在洋脊花岗岩值标准化蛛网图上（图4-2-6）以强烈富集大离子亲石元素Rb、Ba、Th，低Zr、Yb、Ho、Y为特征。

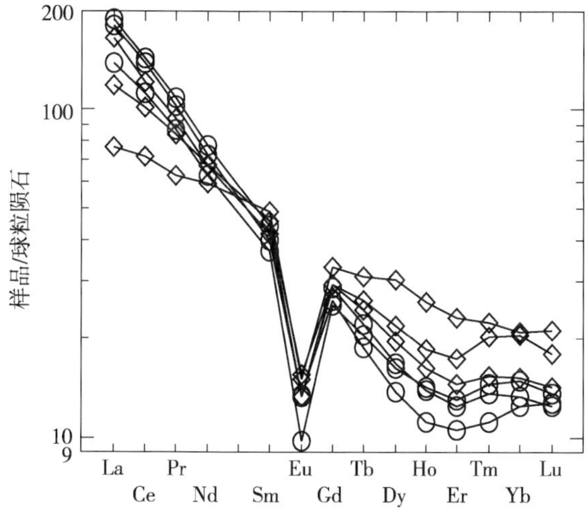

图4-2-5　保梅岭侵入体稀土元素球粒陨石标准图
○钾长花岗岩；◇闪长质包体

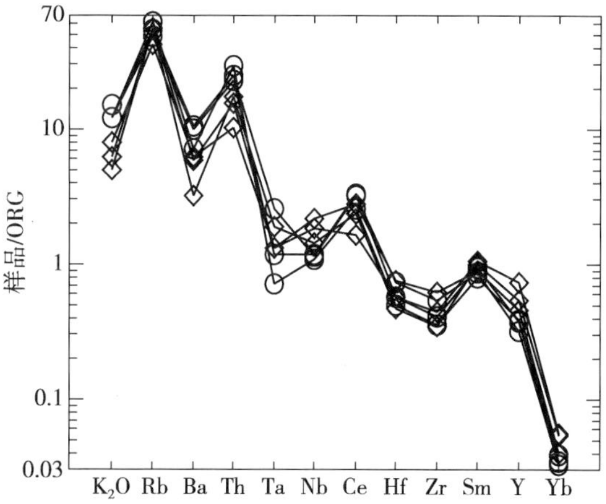

图4-2-6　保梅岭侵入体ORG标准化蛛网图
○钾长花岗岩；◇闪长质包体

（四）中基性岩组合（P_1）

由机告村（v^jP_1）中细粒辉石闪长岩-辉长岩、闪长岩、二长闪长岩组成（图4-2-7），岩体呈小岩株状产出，分布于芙蓉田、屯昌新兴、邦溪、坝王岭、尖峰岭一带。区域上可见其被后期形成的保山村花岗闪长岩和石岭花岗闪长岩侵入。主体岩性为中细粒角闪辉长岩、石英辉长岩。岩石矿物组成：单斜辉石0~11%，普通角闪石10%~25%、黑云母8%~30%、斜长石50%~64%，少量石英（0~5%）。矿物粒径多在0.4~2mm之间，部分可达3~5mm。斜长石呈半自形板条状，钠长石双晶发育，常见环带；角闪石呈自形-半自形柱状；黑云母呈叠片状，多呈集合体充填在长石颗粒之间，常被绿泥石交代并析出他形榍石。少量石英、钾长石呈他形粒状充填在斜长石之间。岩体中含少量颜色比围岩更深的闪长质包体（暗色闪长岩）或暗色矿物集中形成的暗色斑块，包体直径一般在2~5cm之间。

岩石SiO_2含量为51.98%~58.39%，MgO含量为0.03%~0.53%、CaO含量为0.46%~1.8%，含铝指数A/CNK在0.62~0.84之间，小于1.0，岩石属准铝质-弱过铝质；碱铝指数NKA为0.36~0.69，组合指数（里特曼指数）σ最小0.34，最大4.01，大部分在1.01~2.19之间变化，碱铝指数和组合指数均表明该岩石属钙碱性序列；K_2O/Na_2O比值为0.34~1.02，具有从钠质花岗岩向钾质花岗岩演化的特征。在TAS图解（图4-2-7）和SiO_2-K_2O图解（图4-2-8）样品投图中，该序列岩石亦落在属钙碱性-钾玄岩区内。

稀土元素含量平均值在184.7×10^{-6}~297.31×10^{-6}之间。球粒陨石标准化配分曲线为向右倾斜的曲线，属轻稀土富集型。$(La/Sm)_N$平均值为2.1~4.37，$(Gd/Yb)_N$为1.6~2.68，轻稀土分馏作用略强于重稀土；δEu在0.69~0.91，略具负铕异常。微量元素以高Sr低Rb为主要特征，Rb/Sr比值均大于1，具I型（壳幔混合型）花岗岩特征。

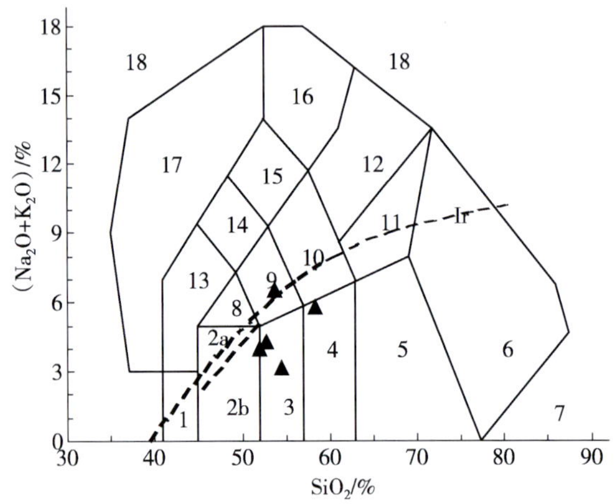

图 4-2-7　机告村侵入岩 TAS 图解
（据 Middlemost，1994）
图例同图 4-2-3

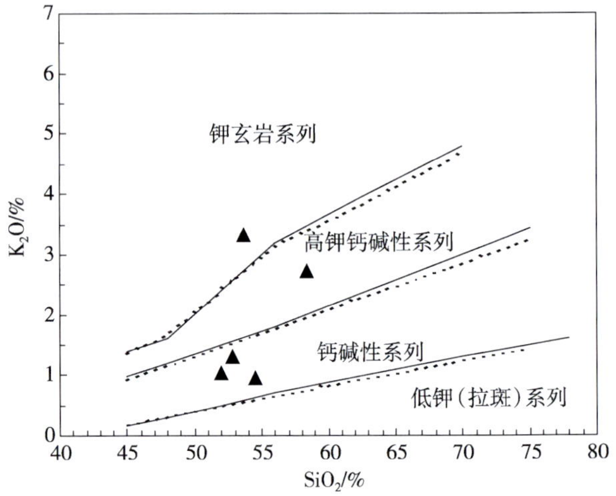

图 4-2-8　机告村岩体 SiO_2-K_2O 图解

在微量元素原始地幔标准化蛛网图中，以强烈富集 Rb、Ba、Th，低 Yb、Ho、Y 为特征，具有火山弧花岗岩的特点。

（五）TTG-QM 组合（P_1）

该组合由白石村细粒-中细粒石英闪长岩-闪长岩（$\delta o^b P_1$）、保山村细粒-中细粒花岗闪长岩-闪长岩（$\gamma\delta^b P_1$）、石岭中细粒-中粒花岗闪长岩（$\gamma\delta^s P_1$）组成，主要分布于海南岛西部坝王岭、昌江、邦溪至七坊、尖峰岭，以及中部和中南部的琼中县城、毛阳、番阳、志仲等地。

主体岩性为中-细粒花岗闪长岩、石英闪长岩-闪长岩。岩石呈中细粒花岗结构，块状构造。矿物组成：角闪石 0~38%、黑云母 4%~24%、中酸性斜长石 28%~50%、石英 18%~42%。岩体中普遍含有暗色闪长质包体，包体形态多样，有圆状、椭圆状及不规则状，直径多在 8~55cm。前人在保山村岩体中获得同位素年龄 278±1Ma（U-Pb），该年龄值与地质接触关系相符。该组合 SiO_2 含量为 52.79%~67.36%，MgO 含量为 1.43%~8.95%、CaO 含量为 2.98%~7.76%，含铝指数 A/CNK 在 0.74~1.06 之间，多数小于 1.0，岩石属准铝质-弱过铝质；碱铝指数 NKA 为 0.36~0.69，组合指数（里特曼指数）σ 最小 0.34，最大 5.8，大部分在 1.07~2.27 之间变化，碱铝指数和组合指数均表明该组合属钙碱性序列；K_2O/Na_2O 比值 0.52~1.82，具有从钠质花岗岩向钾质花岗岩演化的特征。在硅-碱图解（图 4-2-9）和 SiO_2-K_2O 图解（图 4-2-10）样品投图中，该组合岩石亦落在属钙碱性-高钾钙碱性区内。

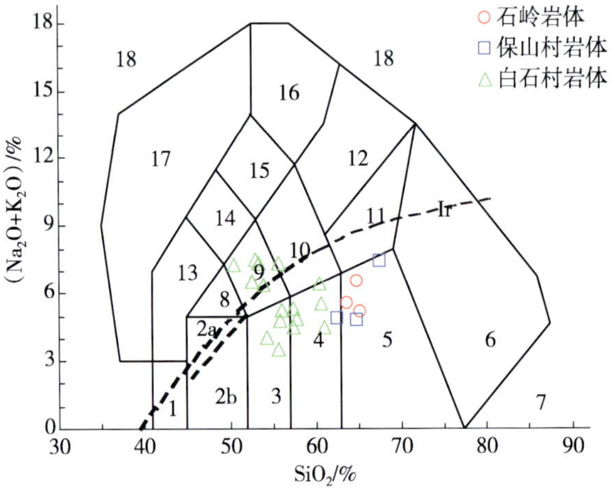

图 4-2-9　TTG-QM 组合（P_1）花岗岩 TAS 图解

根据成矿地质背景研究技术要求，先将岩石样品主元素（SiO_2-Na_2O+K_2O）含量投影在 TAS 分类图上（Middlemost，1994），再把属于花岗岩类的样品点（位于 4、5、6 区）投在 O'Conner 图解上，结果表明，白石村岩体的 2 个样品点落在英云闪长岩区，另外 4 个在花岗闪长岩区；保山村岩体在 O'Conner 图解上有 2 个点落在花岗闪长岩区、另1个点落在石英二长岩区；石岭岩体则有2个样品点在花岗闪长岩区、1个为石英二长岩区，因此，将该组合厘定为TTG-QM组合（图4-2-11）。

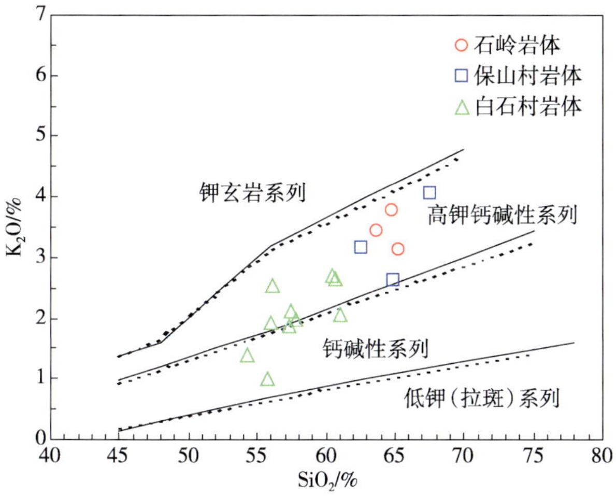

图4-2-10　TTG-QM组合（P_1）花岗岩 SiO_2—K_2O 图解

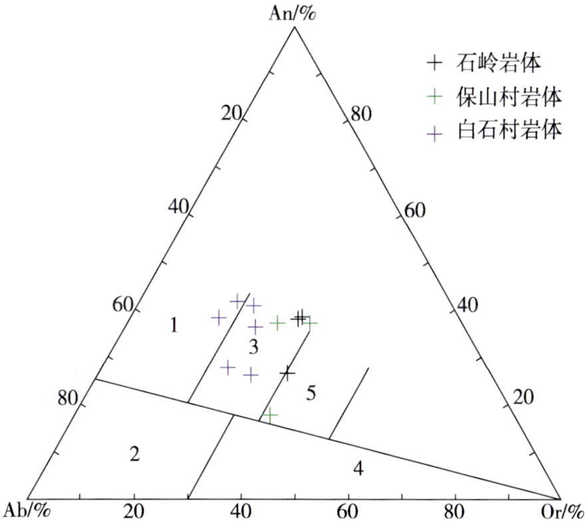

图4-2-11　白石村岩体、保山村岩体、石岭岩体An-Ab-Or分类图解

（据O'Conner，1965）

1—英云闪长岩；2—奥长花岗岩；3—花岗闪长岩；4—花岗岩；5—石英二长岩

该组合稀土元素含量平均值在 $184.7\times10^{-6}\sim297.31\times10^{-6}$ 之间。球粒陨石标准化配分曲线为向右倾斜的曲线，属轻稀土富集型。$(La/Sm)_N$ 平均值为3.4~3.6，$(Gd/Yb)_N$ 为1.96~3.4，轻稀土分馏作用略强于重稀土；δEu在0.7~0.84，略具负铕异常。微量元素以高Sr、低Rb为主要特征，Rb/Sr比值均小于1，具I型（壳幔混合型）花岗岩特征。

在微量元素原始地幔标准化蛛网图中，该组合岩石的标准化曲线总体上向右倾，具有Rb、Th-U-K、Pb、Nd-Zr-Hf-Sm的正异常和Ba、Nb-Ta、P、Ti的负异常，但晚期的石岭花岗闪长岩Sr、P、Eu、Ti负异常要比白石村岩体和保山村岩体明显一些，暗示存在斜长石、磷灰石和钛铁矿的结晶分离作用。

（六）钾玄质 ηo-$\delta\eta$-η 组合（P_1）

该组合由方满（片麻状）细粒黑云角闪二长闪长岩（$\delta\eta^fP_1$）、行干细中粒二长岩（η^xP_1）、什败细中粒含斑角闪黑云石英二长岩（$\eta o^{zb}P_1$）组成（图4-2-12）。紧邻五指山的东、西两侧分布，总面积约 $41.91km^2$。常被通什二长花岗岩（$\eta\gamma^tP_2$）侵入或包裹，同时可见行干石英二长闪长岩侵入中元古界戈枕村组。前人在方满二长闪长岩中获272±7Ma的SHRIMP U-Pb锆石年龄，将其形成时代厘定为早二叠世晚期。

方满细粒黑云角闪二长闪长岩：岩石呈细粒柱粒状结构，弱片麻状构造。矿物粒径在0.1~0.6mm。矿物组成：角闪石约34%、黑云母9%、斜长石31%、微斜长石24%。

行干细中粒二长岩：岩石呈细粒-细中粒结构，片麻状构造。矿物粒径在0.2~5mm。矿物组成：斜长石（An20~44）45%~58%、微斜长石3%~19%、石英4%~14%、角闪石0~13%、黑云母11%~28%、辉石0~9%。

什败细中粒含斑角闪黑云石英二长岩：岩石呈细中粒-含斑结构，片麻状构造。矿物粒径在0.2~4mm。斑晶为钾长石，含量3%，大小在3mm×6mm~7mm×15mm。矿物组成：斜长石18%~25%、微斜长石45%、石英10%~15%、角闪石2%~7%、黑云母15%~18%、辉石0~9%。

该组合 SiO_2 含量在51.22%~62.36%之间，主要为中性岩。岩石的 Na_2O+K_2O 含量和 σ 值均较高，分别为4.08%~6.54%和3.12~5.61，在TAS图中样品投图落入碱性和亚碱性岩系分界线的两侧；A/CNK为0.65~0.87，岩石属准铝质；K_2O 含量相对较高，为3.32%~5.08%。在 SiO_2-K_2O 图解（图4-2-13）中样品落入钾玄岩系列区域。

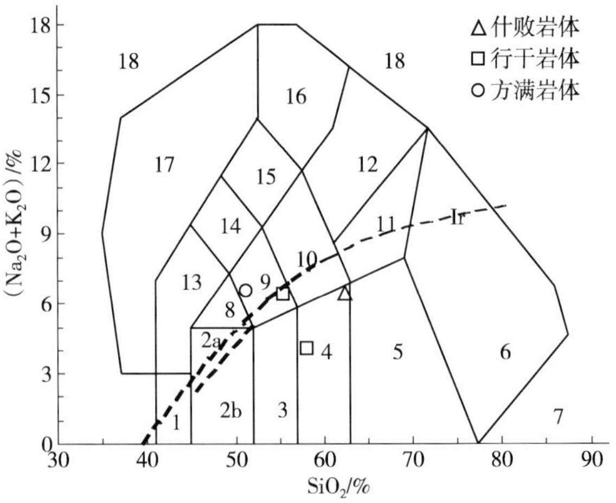

图4-2-12 钾玄质 $\eta o-\delta\eta-\eta$ 组合（P_1）TAS图解

（据Middlemost，1994）

图例同4-2-3图

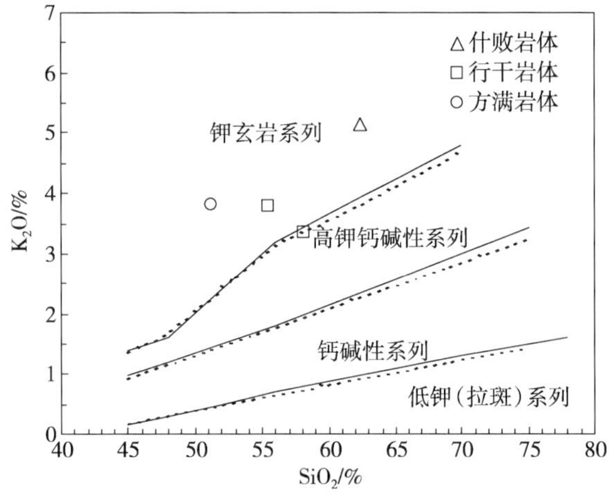

图4-2-13 钾玄质 $\eta o-\delta\eta-\eta$ 组合（P_1）SiO_2-K_2O 图解

该组合的稀土元素总量高，为 $336.4\times10^{-6}\sim785\times10^{-6}$，稀土配分模式为右倾曲线。轻重稀土分异较明显，$(La/Yb)_N$、$(La/Sm)_N$ 及 $(Gd/Yb)_N$ 数值都较大；主体岩石 δEu 为0.95~0.56，具弱-中等的负铕异常。在微量元素方面，该组合岩石的Ni、V、Cr、Co等亲铁元素含量较高，反映其来源于地幔；Rb、Ba、Sr、K等大离子亲石元素以及Zr、Hf、Ta、Nb、Ga、Zn等高场强元素含量也高，体现了这种钾玄岩系地球化学组成的特殊性。在原始地幔标准化蛛网图上，表现出较强的Ta-Nb、P、Ti负异常。该组合岩石（3个样品）初始锶比值高，为0.70952~0.71162；$\varepsilon_{Nd}(t)$ 较低，为-7.1~-7.5；T_{2DM} 值相对较大，为1649~1672Ma，表明它们来源于EM2型富集岩石圈地幔。根据其富钾、富大离子亲石元素，显示它们来源于增厚岩石圈地幔的较低程度部分熔融。

（七）高钾钙碱性花岗岩组合（P_1）

该组合由抱郎中粒斑状角闪黑云二长花岗岩（$\eta\gamma^bP_1$）、志仲中粒巨斑状黑云母二长花岗岩（$\eta\gamma^zP_1$）组成。主要分布于大安水库-毛阳-长征农场一带，总面积约320 km^2。

抱郎中粒斑状角闪黑云二长花岗岩：岩石呈细中粒似斑状花岗结构，具较强的叶理构造。斑晶为钾长石，含量10%~20%，大小在4mm×9mm~20mm×40mm，长宽比1.5~6，常被变形改造成眼球状，长轴方向为NE或NEE向，内部有时有环带状分布的细粒暗色矿物包裹体。基质矿物粒径在2~4mm，矿物组成为：石英20%~23%、斜长石25%~30%、微斜条纹长石33%~40%、黑云母4%~8%、角闪石1%~4%、单斜辉石0~1%。岩体中常含微细粒闪长质包体，呈透镜状定向排列，大小为1cm×2cm ~50cm×300cm。此外，还常见析离体，即主要由自形程度较差的黑云母、角闪石等暗色矿物组成的矿物团粒或团块，大小为几毫米至几厘米。

志仲中粒巨斑状黑云母二长花岗岩：岩石呈细中粒-中粗粒巨斑状花岗结构，具片麻状构造。斑晶为钾长石，含量在10%~20%，大小在5mm×8mm~20mm×40mm，个别可达3cm×12cm，长宽比2~4，粗大的钾长石斑晶和簇状黑云母集合体往往具有明显的定向排列方向，长轴定向方向多在20°~80°。基质矿物粒径在1~7mm，矿物组成：钾长石24%~40%、斜长石27%~42%、石英

24%～30%、黑云母 6%～11%。局部含少量暗色包体（细粒闪长质包体），包体大小在 3cm×5cm～4 cm×12cm，与寄主岩界线清晰。有时可见岩石斑晶横跨于寄主岩与包体的界线之间。由于受构造应力作用，包体常呈长条状或透镜状、扁豆状，具有明显的定向排列方向，其长轴伸展方向与钾长石斑晶排列方向一致。前人在志仲二长花岗岩中用 SHRIMP 法获得 287±7Ma 的锆石 U-Pb 年龄。

该组合 SiO_2 含量在 69.53%～75.06%之间，岩石均属于酸性岩范围，由早至晚 SiO_2 含量逐渐增高。抱郎和志仲二长花岗岩的 A_2lO_3 平均值分别为 14.55%和 13.08%，含铝指数 A/CNK 介于 1.0～1.15 之间，主要为弱过铝质；里特曼指数 σ 为 1.61～2.32，根据硅-碱图解（图 4-2-14）和 SiO_2-K_2O 图解（图 4-2-15）样品投图结果，表明该序列岩石属高钾钙碱性系列。

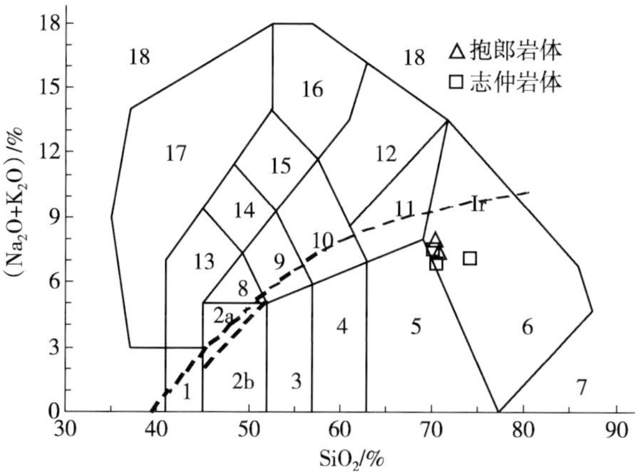

图 4-2-14　高钾钙碱性花岗岩组合（P_1）TAS 图解
（据 Middlemost，1994）
图例同 4-2-3 图

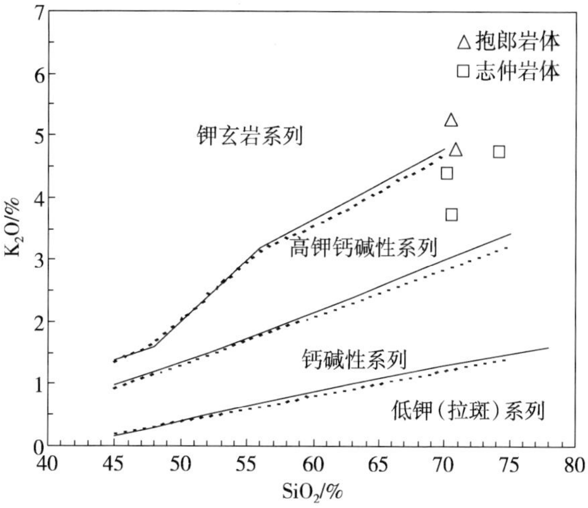

图 4-2-15　高钾钙碱性花岗岩组合（P_1）SiO_2-K_2O 图解

该组合岩石的稀土元素总量多数较低，稀土配分模式为中等右倾曲线。轻重稀土分异较明显，LREE/HREE 值为 6.2～21；δEu 为 0.77～0.19，具弱至强的负铕异常，且从早到晚负铕异常越来越强烈，表明岩浆演化过程中发生了斜长石的结晶分异。岩石富集 Rb、Ba、Sr、U、Th、K 等亲石元素，原始地幔蛛网图显示出 Rb、Th-U-K、Pb、Nd-Zr-Hf-Sm 峰和 Ba、Ta-Nb、Sr-P、Eu-Ti 谷，越晚的岩体 Ba、Sr-P、Eu-Ti 的亏损越强，显示存在斜长石、钛铁矿、磷灰石的结晶分异作用。志仲二长花岗岩的初始锶比值较低，为 0.70852；$\varepsilon_{Nd}(t)$ 较高，为-5.2；T_{2DM} 值为 1477Ma，结合闪长质包体的存在，表明它们是壳幔岩浆混合作用的产物。

（八）强过铝花岗岩组合（P_1- P_2）

该组合由乘顺岭细粒（含斑）黑云（二云）二长花岗岩（$\eta\gamma^{ch}P_1$）、顺作细中粒含斑石榴黑云母花岗岩（$\gamma^{s}P_1$）、新风岭中细粒含电气石黑云母正长花岗岩（$\xi\gamma^{x}P_2$）、便文村中细粒（含斑）黑云（二云）二长花岗岩（$\eta\gamma^{b}P_2$）组成。主要分布于千家、长征农场、万宁水库以北新风岭等地，总面积约 330km²。顺作花岗岩侵入中元古界戈枕村组。前人在顺作花岗岩中利用 SHRIMP 法获得锆石 U-Pb 年龄为 278±7Ma；在新风岭正长花岗岩中获得 276±4Ma 的锆石 SHRIMP U-Pb 年龄，表明形成时代为早二叠世。

乘顺岭细粒（含斑）黑云（二云）二长花岗岩：岩石呈含斑细粒花岗结构，弱叶理构造。斑晶为钾长石，含量<5%，一般在 3%±，大小在 4mm×6mm～10mm×20mm 之间。基质主要为细粒花岗结构，矿物粒径在 0.5～2mm，矿物组成：石英 24%～32%、斜长石 25%～32%、钾长石 32%～45%、黑云母 2%～6%、白云母 1%～3%。

顺作细中粒含斑石榴黑云母花岗岩：岩性变化较大，主要岩石类型有二长花岗岩、正长花岗岩和碱长花岗岩，局部见英云闪长岩。岩石呈细中粒含斑花岗结构，具弱片麻状-块状构造。矿物粒径在0.5~5mm。斑晶为微斜长石，含量约3%（局部达10%），大小在5mm×7mm~15mm×20mm之间。矿物组成变化大，斜长石20%~63%，微斜微纹长石0~81%，石英25%~27%，黑云母3%~11%，白云母0~1%，石榴子石1%~5%。岩石中常见深变质岩残留体，如片岩、片麻岩、麻粒岩等。

新风岭中细粒含电气石黑云母正长花岗岩：岩石呈中细粒不等粒花岗结构，弱叶理构造。矿物粒径在0.5~4mm。矿物组成：石英25%~30%、斜长石15%~22%、微斜条纹长石48%~49%、黑云母2%±、电气石0.5%~4%。

便文村中细粒（含斑）黑云（二云）二长花岗岩：岩石呈细-中细粒花岗变晶结构，片麻状-弱片麻状构造，定向方向为NE-NEE向。矿物普遍具有韧性变形，常见微粒交生体，具同构造岩体特征。岩石局部含微斜长石斑晶，含量不均匀，一般<5%，偶尔可达10%~15%，斑晶大小在3 mm×5 mm~6 mm×10 mm之间。基质为细-中细粒花岗变晶结构，矿物粒径在0.2~4mm，矿物组成：斜长石16%~44%、微斜微纹长石24%~53%、石英23%~31%、黑云母2%~9%、白云母0~2%。

该组合岩石化学成分特征，其SiO_2含量为71.83%~76.13%，Na_2O+K_2O为6.7~8.16%，Al_2O_3含量较高，为13.77%~15.67%，A/CNK为1.11~1.4，属强过铝质，σ为1.81~2.22。根据硅-碱图解（图4-2-16）和SiO_2-K_2O图解（图4-2-17）样品投图结果，岩石整体上属强过铝高钾钙碱性岩系。岩石的稀土元素总量低，平均值为124.3×10^{-6}~266.7×10^{-6}。稀土配分模式为右倾曲线，轻重稀土分异较明显。$(La/Sm)_N$及$(Gd/Yb)_N$分别为2.6~5.6和1.4~8.7，重稀土具有较强的分异。δEu为0.19~1.06，一般具较强的负铕异常，结合其Al_2O_3含量较高分析，暗示源区很少有斜长石的残余，其熔融深度较大，表明地壳有过明显加厚过程。微量元素蛛网图上显示岩石的Rb含量较高，Ta、Nb、Y等含量较低，重稀土具有较强的分异作用。初始锶比值为0.70827~0.71098。该组合内除乘顺岭岩体外，其余三个岩体都为S型花岗岩。

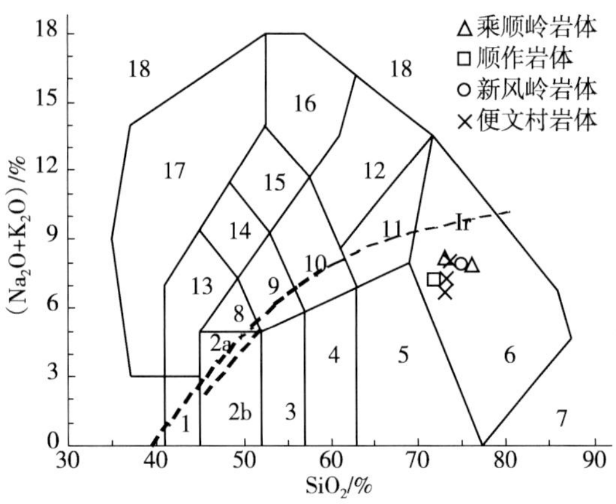

图4-2-16　强过铝花岗岩组合（P_1-P_2）TAS图解
（据Middlemost，1994）
图例同4-2-3图

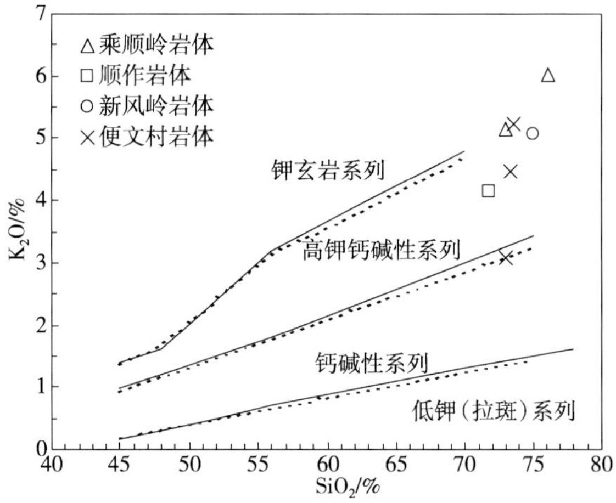

图4-2-17　强过铝花岗岩组合（P_1-P_2）SiO_2-K_2O图解

（九）闪长岩组合（P_2）

该组合由山牛塘细粒闪长岩-辉长闪长岩（$\delta^{sh}P_2$）组成。主要分布于万宁市东和茶林岭一带，总面积约8.7km^2。主要岩性为细粒闪长岩-辉长闪长岩，岩石呈微细粒-细粒结构，“混染”斑状结构，具弱片麻状构造。“斑晶”为钾长石、斜长石、石英等捕掳晶，常有熔蚀和再生长边。矿物组成主要为斜长石、黑云母、角闪石、石英、钾长石。岩石中局部含闪长质暗色包体，包体长轴定向方向以北东向为主，与岩石片麻理方向基本一致。局部还见岩浆发生熔离作用，熔离出来的浆泡含量<25%，浆泡大小为 1.5mm×3mm～10mm×24mm，椭球状，均匀地分散分布，少数浆泡联通为串珠状或条带状，或聚集为囊包，宽 5～6mm，长几厘米至十几厘米。浆泡矿物组成：黑云母 0～10%、石英 25%±、榍石 5%、斜长石 60%～70%，属特殊的斜长花岗质。浆泡外的基体矿物组成也很特别：由 60%左右斜长石及 40%左右的黑云母组成，未见角闪石和辉石。

岩石 SiO_2 含量为 55.69%～61.62%。岩石的 Na_2O+K_2O 含量为 4.86%～5.59%，K_2O 含量为 2.15%～2.61%。σ 值为 1.27～2.47，如硅-碱图解（图 4-2-18）和 SiO_2-K_2O 图解（图 4-2-19）样品投图所示，岩石属高钾钙碱性系列；A/CNK 在 0.83～0.95 之间，属准铝质。稀土元素总量 121.7×10^{-6}～270.3×10^{-6}，稀土配分模式为右倾曲线。轻重稀土分异中等-较明显，LREE/HREE 值为 6.7～16.6，其中重稀土部分的曲线较平缓；δEu 为 0.73～0.19，整体上具中等负铕异常。在微量元素蛛网图中具 Sr-P、Eu-Ti 负异常。其初始锶比值为 0.70766，$\varepsilon_{Nd}(t)$ 为-2.73，T_{2DM} 值为 1257Ma，反映它们属于壳幔混合来源。

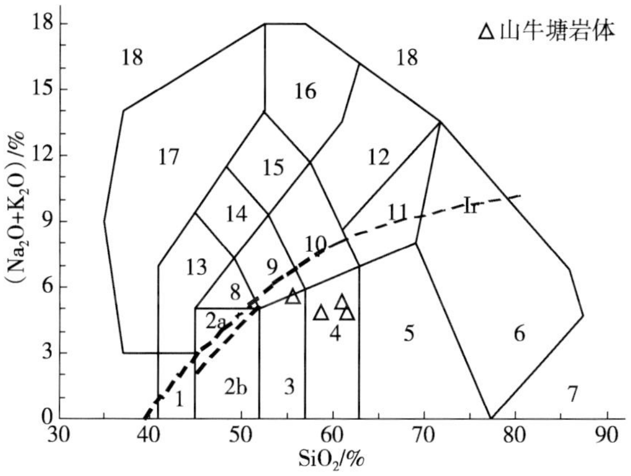

图 4-2-18　闪长岩组合（P_2）TAS 图解
（据 Middlemost，1994）
图例同 4-2-3 图

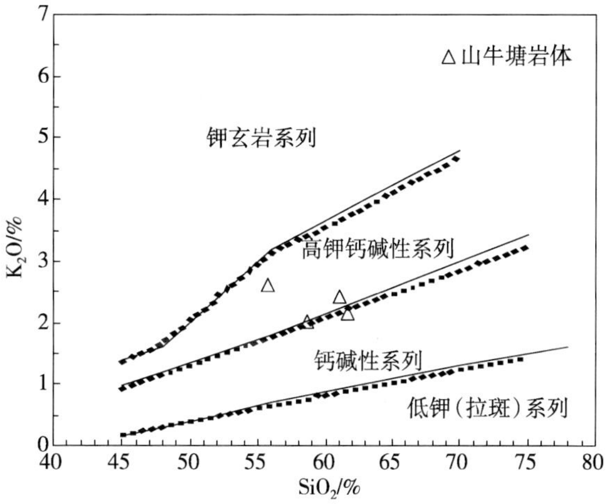

图 4-2-19　闪长岩组合（P_2）SiO_2-K_2O 图解

（十）高钾钙碱性花岗岩-QM-δ 组合（P_2）

分布于石碌镇、东方镇、邦溪镇、七坊镇等一个近似椭圆形区域内，由石碌中粗粒巨斑状黑云母二长花岗岩（$\eta\gamma^{s}P_2$）、羌园中细粒花岗闪长岩（$\gamma\delta^{q}P_2$）、通什细中粒-中粗粒巨斑状角闪黑云二长花岗岩（$\eta\gamma^{t}P_2$）（也见花岗闪长岩，局部见闪长岩和石英二长岩）、乌兰盖中粗粒含巨斑黑云二长花岗岩（$\eta\gamma^{w}P_2$）（局部见花岗闪长岩）、大坡中粒斑状黑云二长花岗岩（$\eta\gamma^{d}P_2$）（局部花岗闪长岩）、长塘岭中细粒斑状黑云二长花岗岩（$\eta\gamma^{ch}P_2$）（局部花岗闪长岩）、黄山水库细-中细粒黑云母正长花岗岩（$\xi\gamma^{h}P_2$）组成。该组合岩石具似斑状结构，块状构造，弱叶理构造。矿物组成为：斜长石（20%～50%）、钾长石（15%～55%）、石英（20%～35%）、黑云母（1%～12%）及角闪石（0～6%）。岩体中普遍含闪长质包体，分布一般 1～4 个/m^2，局部富集达 8 个/m^2，大小在 1cm×2cm～50cm×300cm，呈透镜状定向排列，长轴方向与钾长石斑晶长轴方向基本一致。前人已在该组合中取得一系列年龄值，但由于测试年代和测试方法的不同，存在一定的差异，因此参考同位素年龄的同时，主要结合地质接触关系，将该组合内岩体时代厘定在中二叠世。

该组合 SiO_2 含量为 54.94%~74.16%，变化范围大，晚期岩石快速增大。岩石的 Na_2O+K_2O 含量为 4.79%~8.36%，K_2O 含量为 1.99%~5.33%。σ 值为 1.27~2.45，根据硅-碱图解（图 4-2-20）和 SiO_2-K_2O 图解（图 4-2-21）样品投图结果，岩石属高钾钙碱性系列；A/CNK 在 0.83~1.07 之间，属准铝质-弱过铝质。稀土元素总量为 121.7×10^{-6}~270.3×10^{-6}，稀土配分模式为右倾曲线。轻重稀土分异中等-较明显，LREE/HREE 值为 6.7~16.6，其中重稀土部分的曲线较平缓；δEu 为 0.73~0.19，整体上具中等负铕异常，但从早到晚负铕异常逐渐增强。在微量元素蛛网图中具 Sr-P、Eu-Ti 负异常。该组合内除石碌岩体为 S 型花岗岩外，其余都为 I 型花岗岩。

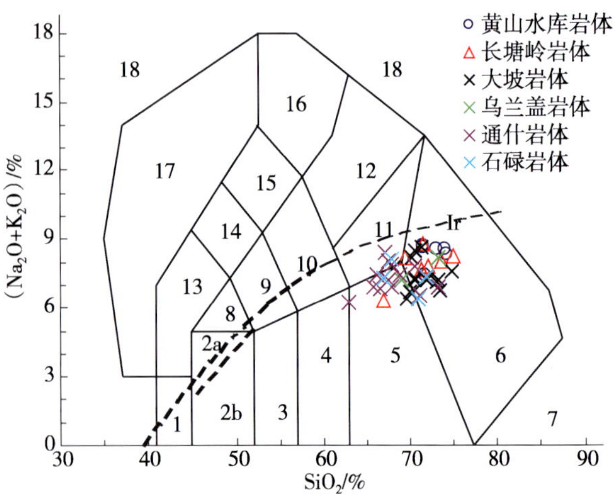

图 4-2-20 高钾钙碱性花岗岩-QM-δ 组合 TAS 图
（据 Middlemost，1994）
图例同 4-2-3 图

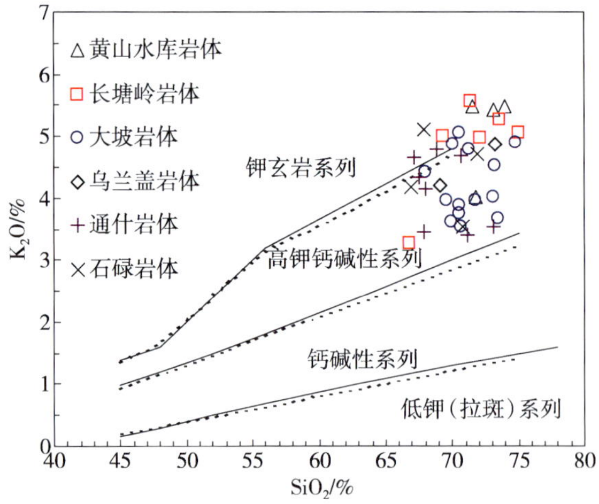

图 4-2-21 高钾钙碱性花岗岩-QM-δ 组合 SiO_2-K_2O 图解

（十一）高钾钙碱性花岗岩组合（P_2）

主要分布于琼西北、琼中部偏北的雅星、打安、和舍、中兴等地，由通什岩体（$\eta\gamma^{t}P_2$）、乌兰盖岩体（$\eta\gamma^{w}P_2$）、大坡岩体（$\eta\gamma^{d}P_2$）、长塘岭岩体（$\eta\gamma^{ch}P_2$）、黄山水库岩体（$\xi\gamma^{h}P_2$）组成。主要岩石类型为二长花岗岩、正长花岗岩、花岗闪长岩。

通什岩体为细中粒-中粗粒巨斑状角闪黑云二长花岗岩，也见花岗闪长岩，局部见石英二长岩和闪长岩。岩石具似斑状结构，基质以中粒花岗结构为主，普遍具弱-中等的叶理构造。斑晶为钾长石，含量 2%~20%，局部达 30%，斑晶大小在 7cm×9cm~2cm×4cm，个别可达 5cm×10cm，斑晶定向排列。基质矿物粒径多为 2~7mm，局部为 0.2~2mm。矿物组成为：钾长石 16%~55%，灰白色，板柱状；斜长石 13%~45%，灰白色，半自形柱状；石英 18%~33%，他形粒状；黑云母 2%~12%，常聚成条纹、条带状或叠片状；角闪石 0~12%，柱状，分布不均匀，含量变化较大。岩体中普遍见有微细粒闪长质包体。

乌兰盖岩体主要为中粗粒含巨斑状黑云二长花岗岩，局部为花岗闪长岩。斑晶定向比较明显，钾长石巨斑晶个体大小在 1.5cm×4cm~2.5cm×5cm 之间，含量一般 2%~3%。矿物组成：斜长石 22%~37%、钾长石 26%~38%、石英 20%~33%、黑云母（属铁质黑云母）5%~10%，角闪石偶尔出现。岩石中偶含石英闪长质包体。

大坡岩体主要为中粒斑状黑云二长花岗岩，局部为花岗闪长岩。岩石呈似斑状结构，定向构造比较明显（定向方向 280°~300°）。斑晶为微斜长石，长轴 1.0~1.5cm，含量在 20%~30%之间；格状双晶发育，钠长石条纹不发育，呈稀疏的细纹脉状，斑晶与基质界线呈参差状，晶体内部常见有斜长石、石英、黑云母等。基质为中细粒不等粒结构，矿物组成：斜长石 25%~33%、微斜长石

32%~46%、石英20%~25%、黑云母3%~12%。斜长石环带构造比较发育，偶见韵律式环带。岩石中富含闪长质包体，大小在1cm×4cm~10cm×17cm，个别达数十厘米。包体岩石类型主要为石英闪长质，少量为富云母石英闪长岩、斜长角闪片岩和石英黑云片岩。包体与斑晶定向方向一致。前人在大坡二长花岗岩中用全岩Rb-Sr法获得255.3±7.5Ma的同位素年龄。

长塘岭岩体主要为中细粒含斑黑云母二长花岗岩，局部为正长花岗岩。岩石呈似斑状（含斑-少斑）结构，块状构造，弱叶理构造。斑晶为钾长石，含量2%~10%，一般3%±，灰白色，半自形板状，大小在6mm×8mm~8mm×15mm之间。基质为中细粒不等粒结构，矿物粒径0.5~5mm。矿物组成：石英24%~35%、斜长石（An20~45）10%~40%、钾长石37%~64%、黑云母5%~8%。岩石中含微粒闪长质包体，呈椭圆状或不规则状。前人在长塘岭侵入体中用LA-ICPMS锆石U-Pb法获得的同位素年龄为265±28Ma。

黄山水库岩体主要为细-中细粒黑云母正长花岗岩，岩石呈细-中细粒花岗结构，块状构造。矿物粒径多为0.5~2mm，少量在2~4.5mm。矿物组成：石英20%~30%，他形粒状，透明、半透明，油脂光泽。斜长石含量一般介于17%~30%之间，局部仅为5%，灰白色，粒状、柱状。钾长石37%~69%，灰白色，粒状、柱粒状。黑云母3%~5%，片状。岩体中偶含闪长质包体。

该组合SiO_2含量为54.94%~74.16%，变化范围大。岩石的Na_2O+K_2O含量为4.79%~8.36%，K_2O含量为1.99%~5.33%。σ值为1.27~2.45，根据硅-碱图解（图4-2-22）和SiO_2-K_2O图解（图4-2-23）样品投图结果，岩石属高钾钙碱性系列；A/CNK在0.83~1.07之间，属准铝质-弱过铝质。稀土元素总量121.7×10^{-6}~270.3×10^{-6}，稀土配分模式为右倾曲线。轻重稀土分异中等-较明显，LREE/HREE值为6.7~16.6，其中重稀土部分的曲线较平缓；δEu为0.73~0.19，整体上具中等负铕异常，但从早到晚负铕异常逐渐增强。在微量元素蛛网图中具Sr-P、Eu-Ti负异常。

通什二长花岗岩初始锶比值为0.70817，$\varepsilon_{Nd}(t)$为-4.07，T_{2DM}值为1367Ma，长塘岭二长花岗岩初始锶比值为0.70852，反映它们属于壳幔混合来源。

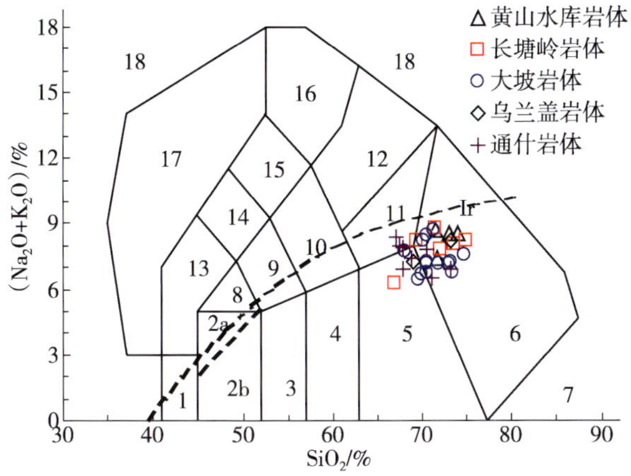

图4-2-22 高钾钙碱性花岗岩组合（P_2）TAS图解
（据Middlemost，1994）
图例同4-2-3图

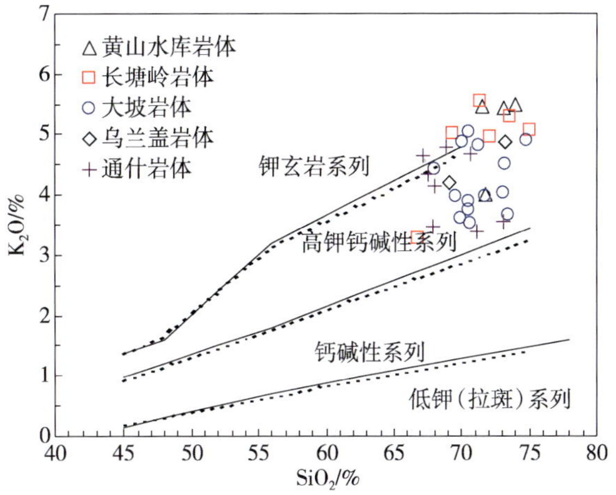

图4-2-23 高钾钙碱性花岗岩组合（P_2）SiO_2-K_2O图解

（十二）高钾钙碱性花岗岩-QM-δ组合（P_2）

该组合主要分布于琼中县、黎母岭、屯昌县、文昌县一带，总面积约1600km²。由通什岩体（$\eta\gamma^{t}P_2$）、长塘岭岩体（$\eta\gamma^{ch}P_2$）、黄山水库岩体（$\xi\gamma^{h}P_2$）组成。主要岩石类型有二长花岗岩、正长花岗岩、花岗闪长岩，也见闪长岩和石英二长岩（图4-2-24）。

通什二长花岗岩被后期岩体如中二叠世长塘岭二长花岗岩、早三叠世番阳峒正长花岗岩（$\xi\gamma^{p}T_1$）、黄山水库正长花岗岩等侵入。通什二长花岗岩的年龄为265±4Ma（锆石SHRIMP U-Pb），长塘岭二长花岗岩的年龄为274±5Ma（锆石SHRIMP U-Pb），黄山水库正长花岗岩的年龄为251.7±18.2Ma（Rb-Sr法）。

通什岩体主要为细中粒-中粗粒巨斑状角闪黑云二长花岗岩，局部见花岗闪长岩或正长花岗岩。岩石呈似斑状结构，普遍具弱-中等的叶理构造（叶理走向北东）。其岩石学特征以上章节已述，在此从略。通什岩体被后期岩体如中二叠世长塘岭二长花岗岩和黄山水库正长花岗岩、早三叠世番阳峒正长花岗岩（$\xi\gamma^{p}T_1$）侵入。

长塘岭岩体主要为中细粒斑状黑云二长花岗岩，局部为正长花岗岩。似斑状结构，块状构造，弱叶理构造。其余岩石学特征以上章节已述。

黄山水库岩体主要为中细粒黑云母正长花岗岩。具弱叶理构造，以细粒花岗结构为主，其余岩石学特征以上章节已述。

该组合岩石的SiO_2含量为62.87%~74.13%。岩石的Na_2O+K_2O含量为6.26%~8.63%，K_2O含量为3.29%~5.32%。σ值为1.97~2.62，根据硅-碱图解（图4-2-24）和SiO_2-K_2O图解（图4-2-25）样品投图结果，岩石整体上属高钾钙碱性系列，个别落在钾玄岩系列区域；A/CNK在0.95~1.06之间，属准铝质-弱过铝质。稀土元素总量121.7×10^{-6}~270.3×10^{-6}，稀土配分模式为右倾曲线。轻重稀土分异中等-较明显，LREE/HREE值为6.7~16.6，重稀土部分的曲线较平缓；δEu为0.73~0.19，整体上具中等负铕异常，但从早到晚负铕异常逐渐增强。在微量元素蛛网图中具Sr-P、Eu-Ti负异常。通什二长花岗岩初始锶比值为0.70817，$\varepsilon_{Nd}(t)$为-4.07，T_{2DM}值为1367Ma，长塘岭二长花岗岩初始锶比值为0.70852，反映它们属于壳幔混合来源。

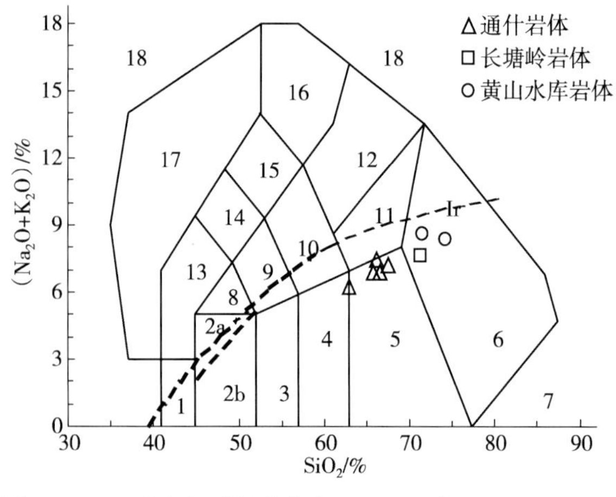

图4-2-24　高钾钙碱性花岗岩-QM-δ组合（P_2）TAS图解
（据Middlemost，1994）
图例同4-2-3图

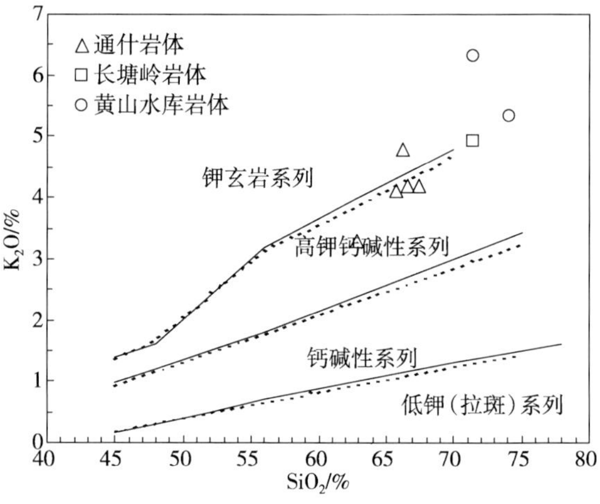

图4-2-25　高钾钙碱性花岗岩-QM-δ组合（P_2）SiO_2-K_2O图解

（十三）高钾钙碱性花岗岩组合（P_3）

该组合由大田细粒含斑黑云母二长花岗岩（$\eta\gamma^{d}P_3$）组成。主要分布于大田、罗旺一带，出露面积为127.8km²。岩性以细粒含斑黑云母二长花岗岩为主。岩石呈细粒或中细粒含斑结构，块状构造，局部有线理构造或片麻状构造。斑晶为钾长石，含量为2%~4%，大小在4mm×5mm~8mm×12mm之间；基质矿物粒径以0.3~2mm为主，局部达3mm。矿物组成：石英24%~30%、斜长石24%~30%、微斜长石40%~48%、黑云母5%~7%。岩石中含少量闪长质包体。大田侵入体中偶见熔离出来的斜长花岗质浆泡，浆泡大小在3mm×5mm~8mm×25mm之间，主要由长石、石英和榍石构成，榍石位于中心，榍石含量占浆泡体积的2%~10%。岩石为壳幔混合成因，前人在大田细粒含斑黑云母二长花岗岩中获得247Ma的锆石U-Pb同位素年龄，形成时代厘定为晚二叠世。

岩石的SiO_2含量为68.70%~70.62%；Na_2O+K_2O含量为8.10%~8.33%；K_2O含量为4.42%~5.00%，σ值为2.36~2.68。根据硅-碱图解（图4-2-26）和SiO_2-K_2O图解（图4-2-27）样品投图结果，岩石以高钾钙碱性系列为主，个别样品位于高钾钙碱性与钾玄岩系列的边界线附近；A/CNK为0.99~1.07，多属弱过铝质。稀土元素总量为209.6×10^{-6}~300.1×10^{-6}，稀土元素含量中等；稀土配分模式为较陡的右倾曲线；轻重稀土分异较明显，LREE/HREE值为18.9~38.7；δEu为0.80~0.51，具中等负铕异常。岩石Rb、Ba、Sr、K等亲石元素含量较高，微量元素蛛网图显示弱的Ba负异常和较强的Ta-Nb、Sr-P、Eu-Ti负异常和明显的Rb、Th-U-K、Pb、Nd-Zr-Hf-Sm正异常。

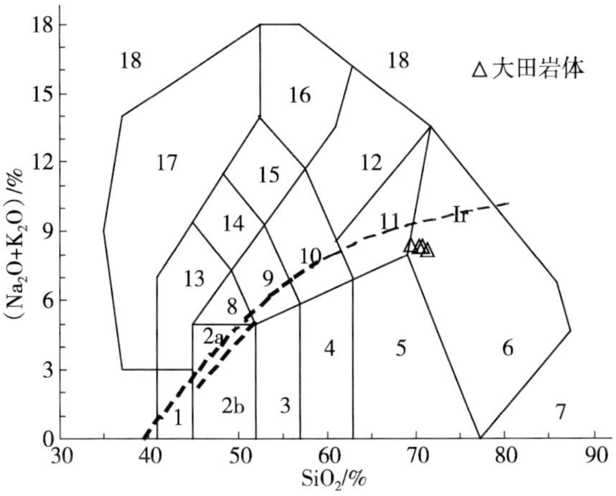

图4-2-26　大田花岗岩TAS图解
（据Middlemost，1994）
图例同4-2-3图

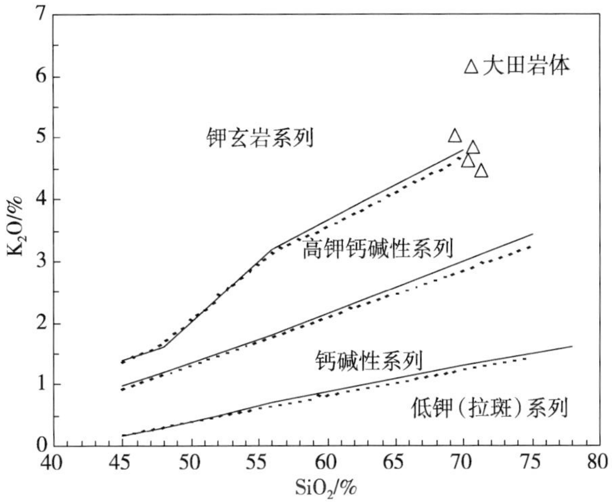

图4-2-27　大田花岗岩SiO_2-K_2O图解

（十四）强过铝花岗岩组合（P_3）

该组合由保斑细粒二云母二长花岗岩（$\eta\gamma^{bb}P_3$）组成，主要分布于琼西东方市益公村以南、陀类村以北一带。岩体呈近东西向的似椭圆状，出露面积15.4km²。岩性为细粒二云母二长花岗岩。岩石呈细粒花岗结构，块状结构。矿物粒径以0.3~2mm为主，局部矿物达3 mm。矿物组成：石英23%~26%、斜长石27%~37%、微斜条纹长石34%~42%、黑云母1%~5%、白云母1%~4%。岩石中含少量薄饼状富云包体。前人在岩体中获得250±4Ma的锆石SHRIMP U-Pb同位素年龄。

该组合SiO_2含量较高，为72.18%~74.35%；岩石的Na_2O+K_2O含量为7.83%~8.28%；K_2O含量为4.83%~5.28%，σ值为1.94~2.34，据硅-碱图解（图4-2-28）和SiO_2-K_2O图解（图4-2-29）样品投图结果，岩石属高钾钙碱性系列；A/CNK为1.09~1.33，属强过铝质，DI值较高，为87.67~92.72，表明岩浆分异程度较高。多数样品的稀土元素总量、配分曲线、LREE/HREE值都与大田单元相似，只是δEu值较低（0.44~0.33）。但有一个样品与它们差别较大：稀土含量很低（85.6×10^{-6}），LREE/HREE值也明显低一些（9.7）。在微量元素蛛网图上，显示其Rb、Th、U含量比大田岩体和什天岩体高，而Ba、Sr、P、Zr、Hf、Eu、Ti、重稀土等元素含量比什天和大田岩体低，反映它经过了更强的分异作用。该岩体初始锶比值为0.70991；$\varepsilon_{Nd}(t)$为-6.09，T_{2DM}值为1518Ma，表明岩浆来源于壳源岩石熔融。

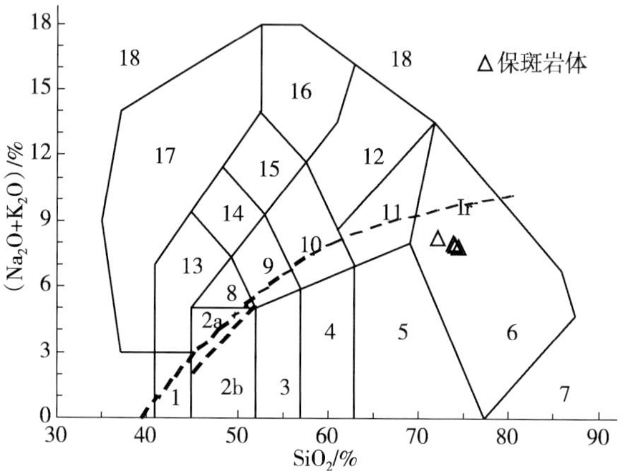

图 4-2-28　强过铝花岗岩组合（P_3）TAS 图解

（据 Middlemost，1994）

图例同 4-2-3 图

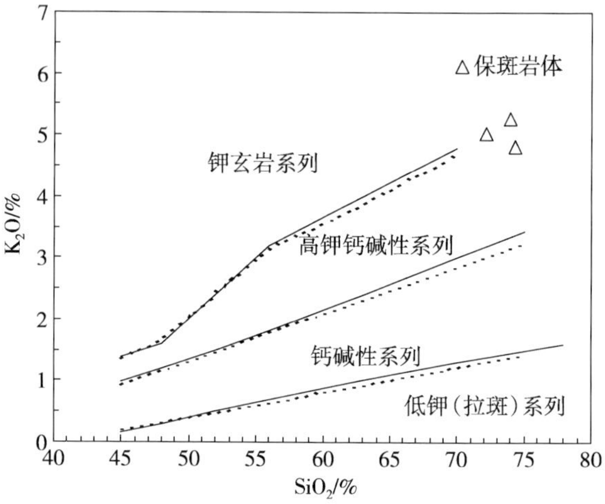

图 4-2-29　强过铝花岗岩组合（P_3）SiO_2-K_2O 图解

（十五）高钾钙碱性花岗岩组合（P_3）

该组合由什天细中粒斑状黑云母二长花岗岩（$\eta\gamma^{zl}P_3$）组成。主要分布于琼东陵水县文村一带，总面积约 13km^2。主要岩性为细中粒斑状黑云母二长花岗岩。岩石呈似斑状结构，块状构造，局部有定向构造。斑晶为钾长石，含量 2%~25%，大小在 6mm×12mm~2mm×5cm。基质为细中粒花岗结构，矿物粒径在 0.3~2mm，矿物组成：微斜条纹长石 25%~35%、斜长石 25%~45%、石英 20%~30%、黑云母 6%~10%、角闪石 0~1%。岩石中含少量闪长质包体，密度在 0.2~2 个/m^2，大小 1cm×2cm~4cm×7cm，个别达到 10cm×20cm，形态呈次棱角-浑圆状。什天侵入体被尖峰岭正长花岗岩（249Ma）侵入，前人在什天细中粒斑状黑云母二长花岗岩中获得 251±7Ma 锆石 U-Pb 同位素年龄（SHRIMP）。

岩石 SiO_2 含量为 68.41%~72.46%；Na_2O+K_2O 含量变化较大，为 7.04%~8.63%；K_2O 含量为 3.88%~5.29%，σ 值为 1.72~2.87，属高钾钙碱性系列。A/CNK 为 0.91~1.09，属准铝质-弱过铝质。根据硅-碱图解（图 4-2-30）和 SiO_2-K_2O 图解（图 4-2-31）样品投图结果，岩石主要属

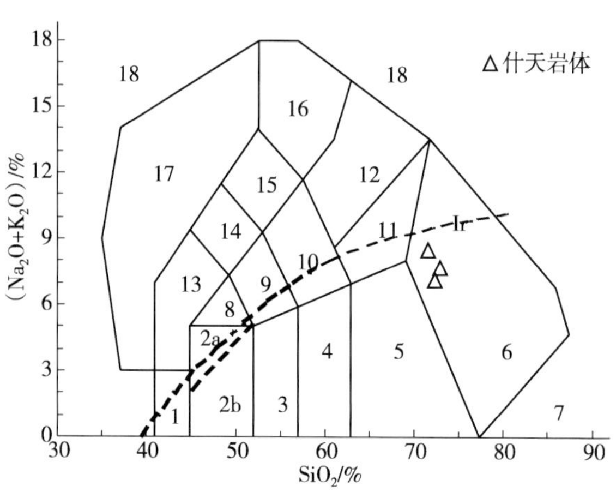

图 4-2-30　高钾钙碱性花岗岩组合（P_3）TAS 图解

（据 Middlemost，1994）

图例同 4-2-3 图

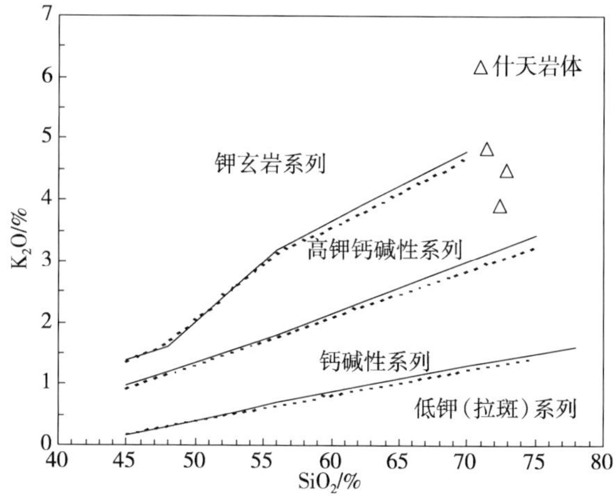

图 4-2-31　高钾钙碱性花岗岩组合（P_3）SiO_2-K_2O 图解

高钾钙碱性系列。稀土元素总量为154.1×10^{-6}~577.5×10^{-6}，变化较大，其中抱隆、半路坡侵入体稀土元素含量较高。稀土配分模式为较陡的右倾曲线。轻重稀土分异较明显，LREE/HREE值为12.1~23.3；δEu为0.67~0.27，具中等负铕异常。岩石Rb、Ba、Sr、K等亲石元素含量较高，在微量元素蛛网图上显示较弱的Ba负异常、较强的Ta-Nb、Sr-P、Eu-Ti负异常和明显的Rb、Th-U-K、Pb、Nd-Zr-Hf-Sm正异常。初始锶比值为0.70813~0.70859；ε_{Nd}（t）为-5.21~-5.30，T_{2DM}值为1447~1455Ma，表明岩石为壳幔岩浆混合产物。

（十六）高钾钙碱性花岗岩-QM组合（P_3）

该组合由保国细中粒-中粗粒斑状角闪黑云二长花岗岩（$\eta\gamma^{bg}P_3$）、那佩中粗粒少斑-斑状黑云母二长花岗岩（$\eta\gamma^{n}P_3$）、东岭中细粒-中粒角闪黑云花岗闪长岩（$\gamma\delta^{d}P_3$）、什天细中粒斑状黑云母二长花岗岩（$\eta\gamma^{zt}P_3$）组成。主要分布于万宁市南桥市-六连岭、乐东县大安镇-志仲镇、尖峰镇一带，总面积约340km^2。

保国岩体主要岩性为细中粒-中粗粒斑状角闪黑云二长花岗岩（$\eta\gamma^{bg}P_3$），局部为花岗闪长岩。岩石具似斑状结构，块状构造。斑晶分为两种，大部分为钾长石斑晶，含量10%~15%，局部达20%~30%，大小0.6cm×1.2cm~1.5cm×3cm；少量石英斑晶，含量3%~5%，大小6mm×6mm~9mm×9mm。基质为细中粒花岗结构，矿物粒径以1~4mm为主，局部为粗中粒（2~8mm）。矿物组成：石英28%~30%、斜长石35%~40%、微斜条纹长石25%~30%、黑云母6%~10%、角闪石2%~7%。岩石中常见微细粒闪长质包体，浑圆状。

那佩岩体岩性为中粗粒少斑-斑状黑云母二长花岗岩（$\eta\gamma^{n}P_3$）。岩石呈似斑状结构，块状构造。斑晶为钾长石，含量5%~15%，大小1cm×2cm ~2.3cm×3.5cm；基质为中粗粒花岗结构，矿物粒径为2~10mm。矿物组成：石英22%~28%、斜长石24%~36%、微斜条纹长石32%~42%、黑云母4%~8%。

东岭岩体岩性为中细粒-中粒角闪黑云花岗闪长岩（$\gamma\delta^{d}P_3$）。岩石呈中细粒-中粒花岗结构，块状构造。矿物粒径在0.5~4mm。侵入体边缘以细粒为主，往岩体中心以中粒为主。岩体中含有大量微细粒闪长质包体，既可呈透镜状定向排列，也可呈不规则棱角状，包体大小在1cm×2cm~47cm×230cm。此外，还常见析离体；偶见斜长角闪岩或黑云母角闪斜长变粒岩深源包体。前人在东岭花岗闪长岩中所获锆石U-Pb谐和曲线法上交点年龄为242±10Ma，SHRIMP锆石年龄为254±4Ma。

什天岩体主要岩性细中粒斑状黑云母二长花岗岩（$\eta\gamma^{zt}P_3$），也有样品点落入石英二长岩区域。岩石呈似斑状结构，块状构造，局部有定向构造。斑晶为钾长石，含量2%~25%，大小6mm×12mm~2mm×5cm。基质为细中粒花岗结构，矿物粒径在0.3~2mm或1~5mm，矿物组成：石英20%~30%、斜长石25%~45%、微斜条纹长石25%~35%、黑云母6%~10%、角闪石0~1%。前人在什天二长花岗岩中用SHRIMP法获得锆石U-Pb同位素年龄为251±7Ma。

该组合SiO_2含量为65.92%~73.04%；Na_2O+K_2O含量变化较大，为7.05%~8.70%；K_2O含量为3.91%~5.33%，σ值为1.69~2.87，A/CNK为0.86~1.08，属准铝质-弱过铝质。根据硅-碱图解（图4-2-32）和SiO_2-K_2O图解（图4-2-33）样品投图结果，岩石主要属高钾钙碱性系列。稀土元素总量为154.1×10^{-6}~577.5×10^{-6}，稀土配分模式为较陡的右倾曲线。轻重稀土分异较明显，LREE/HREE值为6.7~23.3；δEu为0.86~0.22，具中等负铕异常。岩石Rb、Ba、Sr、K等亲石元素含量较高，在微量元素蛛网图上显示较弱的Ba负异常、较强的Ta-Nb、Sr-P、Eu-Ti负异常和明显的Rb、Th-U-K、Pb、Nd-Zr-Hf-Sm正异常。初始锶比值为0.70813~0.70859，ε_{Nd}（t）为-5.21~-5.30，T_{2DM}值为1447~1455Ma，为壳幔岩浆混合产物。

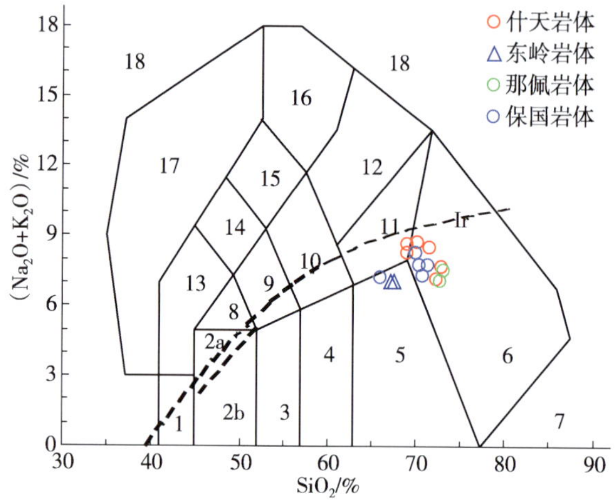

图 4-2-32　高钾钙碱性花岗岩-QM 组合（P_3）TAS 图解
（据 Middlemost，1994）
图例同 4-2-3 图

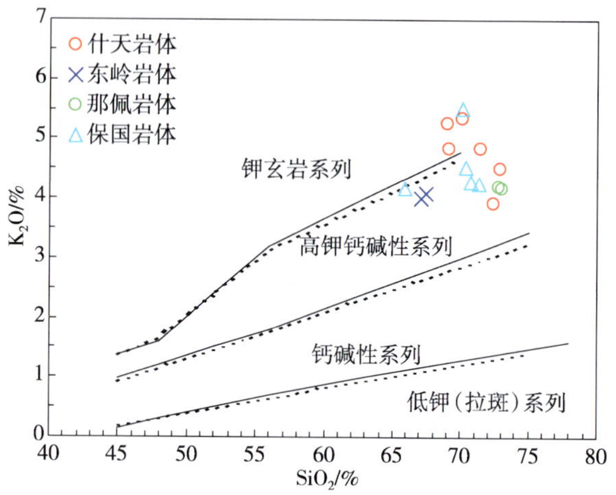

图 4-2-33　高钾钙碱性花岗岩-QM 组合（P_3）SiO_2-K_2O 图解

（十七）中-高钾钙碱性花岗岩组合（T_1）

该组合由鹅塘村中细粒含斑花岗闪长岩（$\gamma\delta^{e}T_1$）、大岭细中粒少斑花岗闪长岩（$\gamma\delta^{d}T_1$）、两院中粒斑状黑云母二长花岗岩（$\eta\gamma^{l}T_1$）、高村细粒含斑黑云母二长花岗岩（$\eta\gamma^{g}T_1$）组成。主要分布于儋州市西王五镇、西培农场、雅星镇、临高县和舍镇及澄迈县加乐镇一带，总面积约 185km²。

鹅塘村岩体岩性为中细粒含斑花岗闪长岩。岩石呈似斑状结构，叶理构造普遍发育，叶理走向 285°~292°。矿物组成：石英 20%~25%、斜长石 54%~63%、钾长石 3%~7%、黑云母 9%~15% 及角闪石 1%~2%。斑晶为斜长石，含量 5%，粒径大小在 6~10mm，具弱反环带构造。岩石富含暗色闪长质包体。

大岭岩体岩性为细中粒少斑花岗闪长岩。岩石呈似斑状结构，弱叶理构造（走向 30°~65°）。斑晶为钾长石，含量 8%，大小在 5mm×7 mm ~10mm×15mm，具弱反环带构造。矿物组成：石英 20%~23%、斜长石（An26~30）48%~55%、钾长石 19%~23%、黑云母 5%~8% 及角闪石 1%~2%。岩石含有少量闪长质包体。大岭细中粒斑状花岗闪长岩被高村二长花岗岩脉动侵入。前人在大岭花岗闪长岩中获 252.2±17.2Ma 的 Rb-Sr 等时线法年龄。

两院岩体岩石类型主要为中粒斑状黑云母二长花岗岩，局部也见花岗闪长岩。岩石呈似斑状结构，线理构造发育，局部发育叶理构造。斑晶为钾长石，含量在 10%~15%，粒径大小在 5~15mm。基质为中粒花岗结构，矿物粒径在 3~5mm。矿物组成：石英 20%~30%、斜长石 28%~37%、钾长石 28%~40%、黑云母 5%~8% 及角闪石 0~1%。岩石中发育闪长质包体，其长轴与长石斑晶均呈大致 60°~85°定向排列。包体分布不均匀，局部富集。包体与寄主岩界线清楚。两院二长花岗岩 Rb-Sr 等时线法年龄为 237.2±10.7Ma。

高村岩体岩石类型主要为细粒含斑黑云母二长花岗岩，局部为花岗闪长岩。岩石呈似斑状结构，发育弱叶理构造，矿物定向不明显，所含暗色包体小且少。斑晶为钾长石，含量 3%~5%，大小在 3mm×5 mm ~7mm×10mm，不具环带构造。基质细粒花岗结构，矿物粒径在 1~2mm。矿物组成：石英 20%~25%、斜长石 37%~40%、钾长石 29%~35% 及黑云母 3%~8%。高村二长花岗岩 Rb-Sr 等时线法年龄为 218.4±1.9Ma。

该组合岩石化学成分特征，从早期岩体到晚期岩体，具有明显的成分演化趋势：SiO_2、K_2O+Na_2O 含量增高，Al_2O_3、CaO、Fe_2O_3+FeO、MgO 含量降低，岩石向富硅和碱，贫铝、铁、钙、镁方向演化。SiO_2 含量为 66.53%～77.19%，岩石属酸性岩类；K_2O+Na_2O 含量在 6.23%～7.58%之间；σ 值在 1.29～1.89 之间，据硅－碱图解（图 4-2-34）和 SiO_2-K_2O 图解（图 4-2-35）样品投图结果，岩石属中－高钾钙碱性系列；A/CNK 为 0.86～1.2，早期侵入体小于 1.0，晚期侵入体大于 1.0，属偏铝质－弱过铝质花岗岩。

该组合稀土总量为 117.49×10^{-6}～478.74×10^{-6}，变化较大，平均值（238×10^{-6}）略低于世界酸性岩稀土平均含量。稀土配分模式为右倾的曲线，轻重稀土分异一般，$(La/Yb)_N$ 值为 1.3～21.91，轻稀土富集；δEu 为 0.09～0.55（大部分在 0.4 左右），具中等负铕异常。微量元素方面，Ba、Rb、Zr、V 等元素含量相对较高，各岩体 ORG 标准化蛛网图十分相似，表现出较弱的 Ta-Nb、Zr 负异常和不太明显的 Ce、Sm 正异常，Rb/Sr 比值变化较大，早期侵入体小于 1，晚期侵入体大于 1。

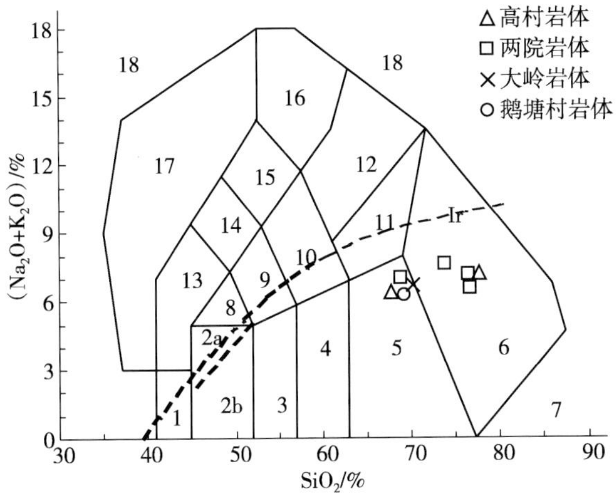

图 4-2-34 高钾钙碱性花岗岩组合（T_1）TAS 图解

（据 Middlemost，1994）

图例同 4-2-3 图

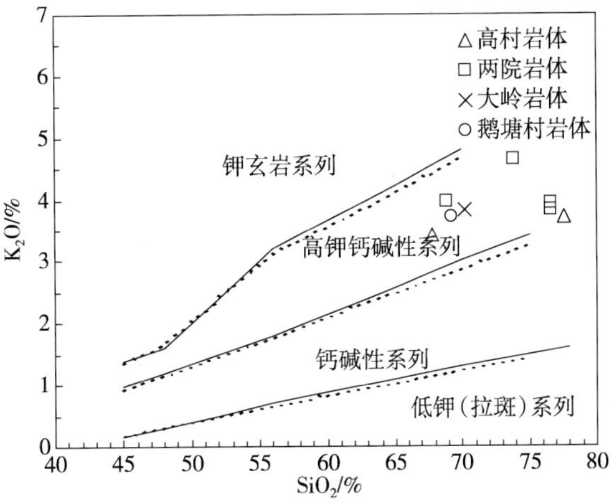

图 4-2-35 高钾钙碱性花岗岩组合（T_1）SiO_2-K_2O 图解

（十八）碱性正长岩组合（T_1）

主要分布于三亚市牙笼村一带，总面积 0.37km²。由深沟中粗粒少斑霓辉石碱长正长岩（$\xi^{sg}T_1$）组成，呈巨大捕虏体产于中三叠世布山村二长花岗岩牙笼村侵入体中。主要岩性为中粒少斑霓辉石碱长正长岩。岩石具块状构造，似斑状结构，斑晶为钾长石，含量 6%～9%，大小在 9mm×15mm～15mm×30mm；基质为粗中粒，矿物粒径在 3～10mm。矿物组成：斜长石（奥长石）约 5%、微斜条纹长石 75%～80%、霓辉石 8%～13%、石榴子石 7%～11%。根据霓辉石的化学组分，其准确名称为钠锰辉石；石榴子石富钛，属黑榴石，镜下观察见霓辉石与黑榴石呈共生关系。岩体为壳幔混合成因。谢才富等在岩体中获得了 244±7Ma 的锆石 SHRIMP U-Pb 同位素年龄。

该组合 SiO_2 含量为 60.84%。Na_2O+K_2O 含量高，为 10.29%；σ 值高，为 5.79；NKA 较高，为 1.03。根据硅－碱图解（图 4-2-36）投图结果，岩石属于碱性岩系列。其 K_2O 含量为

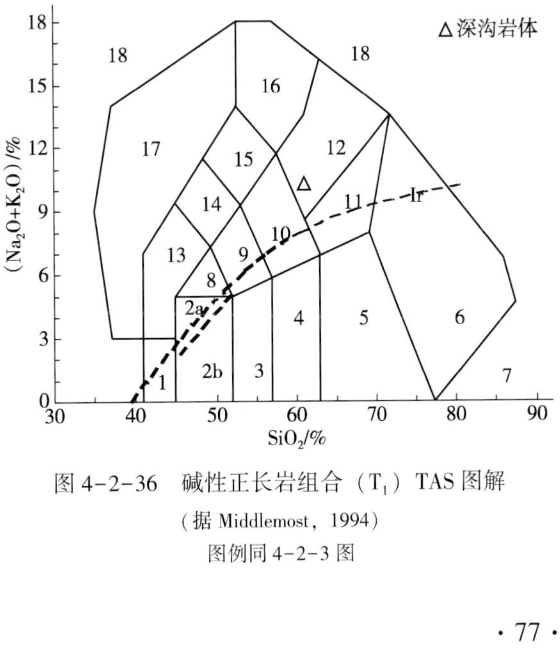

图 4-2-36 碱性正长岩组合（T_1）TAS 图解

（据 Middlemost，1994）

图例同 4-2-3 图

3.69%，Na_2O 含量为6.60%，K_2O/Na_2O 为0.56，岩石属钾质碱性岩但接近钠质类型，A/CNK 为0.57，岩石属准铝质。稀土元素总量为192.2×10^{-6}。稀土配分模式为较平缓右倾的“V”形曲线。轻重稀土分异中等，LREE/HREE 值6.8；δEu 值0.40，有中等负铕异常。微量元素原始地幔蛛网图中显示 Th、U、Pb 含量较高，而 Ba、Sr－P 及 Ti 负异常比较明显。初始锶比值为0.71037，$\varepsilon_{Nd}(t)$ 为－6.79，T_{2DM} 值为1570Ma，与海南岛相同时代的碱质A型花岗岩类相似。

（十九）钾玄质花岗岩－ξo－QM 组合（T_1）

由麻山田中粗粒（少斑）角闪黑云母正长岩－石英正长岩（$\xi o^m T_1$）、番阳峒中粗粒少斑角闪黑云正长花岗岩（$\xi\gamma^p T_1$）组成。主要分布于保亭县三道、陵水县英州、黎安一带，总面积约62km^2。

麻山田岩体岩性为中粗粒（少斑）角闪黑云母石英正长岩，也见石英二长岩。岩石呈块状构造，中粗粒不等粒花岗结构或似斑状结构，矿物粒径在3～10mm。局部含斑晶钾长石，含量在3%～10%，大小在1cm×1.5cm～1.5cm×4cm。基质矿物组成：角闪石2%～5%、黑云母2%～7%、斜长石13%～35%、石英5%～15%、微斜条纹长石53%～70%。岩石中见少量闪长质包体。谢才富等在麻山田正长岩中用SHRIMP法获得锆石U－Pb年龄为243±4Ma。

番阳峒岩体主要岩石类型为中粗粒少斑角闪黑云母正长花岗岩，也见石英二长岩。岩石呈块状构造，细中粒不等粒花岗结构或似斑状（少斑）结构，矿物粒径在2～5mm。局部含斑晶钾长石，含量在5%～10%，斑晶呈灰白色，大小在6mm×12mm～10mm×20mm。矿物组成：钾长石45%～67%、斜长石18%～29%、石英19%～25%、黑云母2%～12%、角闪石1%～13%。岩石中偶见微细粒闪长质包体。前人在兴隆农场北东三合水侵入体中测得番阳峒正长花岗岩年龄为241±1Ma，形成时代厘定为早三叠世。

该组合 SiO_2 含量变化大，为59.05%～74.66%；Na_2O+K_2O 含量较高，为7.10%～11.49%；K_2O 含量高，为3.78%～7.91%；σ 值为2.0～7.93，其中麻山田岩体的 σ 值几乎都大于3.3，但番阳峒岩体的 σ 值绝大多数都小于3.3；在硅－碱图（图4－2－37）中，麻山田岩体落入碱性区，而番阳峒岩体落入亚碱性区。据 SiO_2－K_2O 图解（图4－2－38）样品投图结果，该组合以钾玄岩系列为主。A/CNK 为0.88～1.12，绝大多数属准铝质；NKA 平均值分别为0.84～0.92。岩石稀土元素含量普遍较高，早期岩石稀土配分曲线型式为较陡的右倾平滑曲线，后期岩石为右倾的“V”字形曲线。轻重稀土分异中等－明显，LREE/HREE 值为7.9～36.6；δEu 为1.80～0.06，麻山田岩体一般为正铕异常，番阳峒岩体为中等－极强烈的负铕异常。微量元素 Zr、Hf、Ga、Zn 含量较高，微

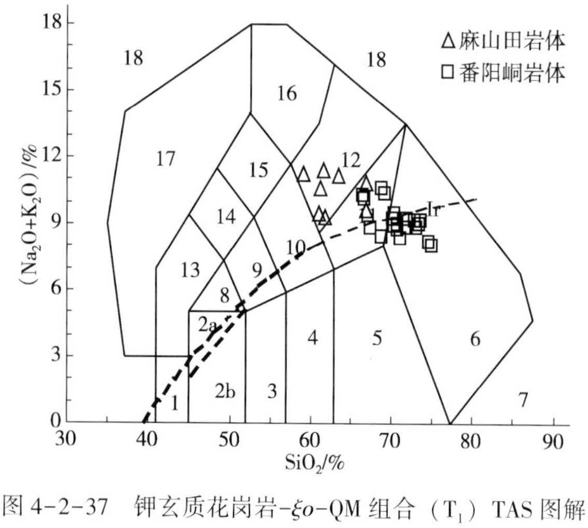

图4－2－37　钾玄质花岗岩－ξo－QM 组合（T_1）TAS 图解
（据 Middlemost，1994）
图例同4－2－3图

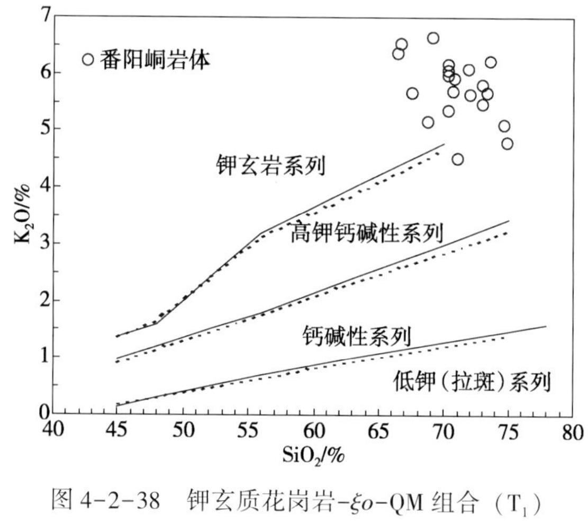

图4－2－38　钾玄质花岗岩－ξo－QM 组合（T_1）
SiO_2－K_2O 图解

量元素蛛网图中麻山田岩体具有 Ba 的正异常，而番阳峒岩体具有 Ba 负异常，且从早到晚 Sr-P 及 Ti 负异常呈逐渐增强态势。该组合为壳幔混合成因。

（二十）高钾和钾玄岩质花岗岩-QM-ξo 组合（T_1）

该组合由尖峰岭中粗粒含斑-斑状黑云母正长花岗岩（$\xi\gamma^{jf}T_1$）、黑岭细粒含斑-斑状黑云母正长花岗岩（$\xi\gamma^{h}T_1$）、瘦岭（中）细粒黑云母正长花岗岩（$\xi\gamma^{f}T_1$）、进岭花斑岩（$\gamma\pi^{j}T_1$）、麻山田中粗粒（少斑）角闪黑云石英正长岩（$\xi o^{m}T_1$）、番阳峒中粗粒少斑角闪黑云正长花岗岩（$\xi\gamma^{p}T_1$）、金寮中细粒黑云母正长花岗岩（$\xi\gamma^{jl}T_1$）组成。主要分布于乐东县尖峰岭、抱由镇-毛岸地区及万宁市大坡、石栏门-担柴岭一带，总面积约 1800km²。

尖峰岭岩体主体岩性主要为中粗粒含斑-斑状黑云母正长花岗岩，局部为二长花岗岩。岩石呈似斑状结构，块状构造。斑晶为钾长石，呈粉红色，含量在 3%～25%，大小在 1cm×1.5cm～2cm×3cm，分布较均匀，呈短板柱状，斑晶边缘形成蠕英结构。基质为中粗粒花岗结构，矿物粒径在 2～10mm。基质矿物组成：石英 30%～35%、斜长石（An12～29）10%～25%、微斜条纹长石 35%～52%、黑云母 4%～6%。尖峰岭岩体被黑岭岩体脉动侵入，前人在尖峰岭岩体中获得 249±5Ma 的锆石 SHRIMP U-Pb 年龄。

黑岭岩体为细粒含斑-斑状黑云母正长花岗岩，岩石呈似斑状结构，块状构造。大部分斑晶为钾长石，含量在 5%～10%，局部 15%～20%，大小在 3mm×4mm～15mm×25mm；少量石英斑晶，含量 3%±，局部 5%～10%，大小 3～9mm；少量斜长石斑晶，含量 1%～5%，大小在 3mm×4mm～6mm×8mm；极少量黑云母斑晶，含量 0～1%，大小在 3mm×4mm ～4mm×5mm。基质为细粒花岗结构，矿物粒径在 0.3～1.5mm，矿物组成：石英 27%～30%、斜长石（An10～29）13%～24%、微斜条纹长石 45%～52%、黑云母 3%～5%。前人在黑岭正长花岗岩获得 244 Ma 的 U-Pb 同位素年龄（锆石蒸发法）。

瘦岭岩体岩性为（中）细粒黑云母正长花岗岩，局部为二长花岗岩。岩石呈中细粒花岗结构，块状构造。矿物粒径大部分为 0.3～2mm，少数 2～4mm。矿物组成：石英 30%～35%、斜长石（An 8～27）12%～21%、微斜条纹长石 45%～56%、黑云母 2%～4%。瘦岭岩体涌动侵入黑岭岩体。

进岭岩体主要岩性为花斑岩。岩石呈斑状结构，块状构造。斑晶中几乎没有石英，主要为钾长石和斜长石，含量在 1%～30%，一般 4%～7%，少量黑云母或角闪石斑晶，含量 1%～3%，粒径大小在 0.5～2.5 mm，斑晶多具熔蚀结构。基质多数为球粒结构及显微文象结构，局部显微粒状，由钾长石、石英、斜长石等构成。前人在进岭花斑岩中获得 247±5Ma 的锆石 SHRIMP U-Pb 同位素年龄。

麻山田岩体主要岩性为中粗粒（少斑）角闪黑云石英正长岩，也见石英二长岩。岩石学特征前节已述。

番阳峒岩体主要岩性为中粗粒少斑角闪黑云正长花岗岩，局部为石英二长岩。岩石学特征前节已述。

金寮岩体主要为中细粒黑云母正长花岗岩。岩石呈细粒、中细粒不等粒结构、显微文象连晶结构，块状构造。矿物组成：钾长石 53%～76%、斜长石 2%～10%、石英 20%～34%、黑云母 1%～7%、角闪石 0～1%。其中角闪石呈蓝绿色-淡黄绿色，较特别的是他形成较晚，交代黑云母，与 A 型花岗岩中碱性暗色矿物的结晶顺序相似。金寮岩体脉动侵入番阳峒岩体。

该组合 SiO_2 含量高，为 58.40%～76.31%，绝大多数>72.09%；Na_2O+K_2O 含量也较高，为 7.57%～11.42%，K_2O 含量为 4.75%～7.99%；σ 值为 1.77～7.95，根据硅-碱图解（图 4-2-39）和 SiO_2-K_2O 图解（图 4-2-40）样品投图结果，其中黑岭、瘦岭、进岭、金寮岩体属高钾钙碱性系列；尖峰岭、麻山田、番阳峒岩体属钾玄质系列，麻山田岩体属钾玄质碱性系列；A/CNK 变化范围大，为 0.83~1.21，岩石属准铝质-弱过铝质。该组合岩石稀土元素总量变化大，为（85.3~620.3）$\times10^{-6}$，稀土配分曲线为右倾的 V 字形曲线，轻重稀土分异中等-较明显，LREE/HREE 值为 5.8~19.5；除极个别样品外，δEu 为 0.45~0.05，具中等-极强烈的负铕异常。Rb、Th、U、K 含量较高，Sr、Ba 含量较低，在微量元素蛛网图上显示有很强的 Ba、Sr-P 及 Ti 负异常，而晚期单元则稀土元素及 Zr、Hf 的含量都低。尖峰岭、黑岭、瘦岭、进岭初始锶比值较高，为 0.71020~0.71717；$\varepsilon_{Nd}(t)$ 为-7.59~-8.46，T_{2DM} 值为 1709~1639Ma，属于地壳岩石熔融的产物。麻山田、番阳峒、金寮初始锶比值、$\varepsilon_{Nd}(t)$ 和 T_{2DM} 值都比较一致，平均值分别为 0.71067、-6.88、1575Ma，结合其包体等特征，推测它们为壳幔混合成因。

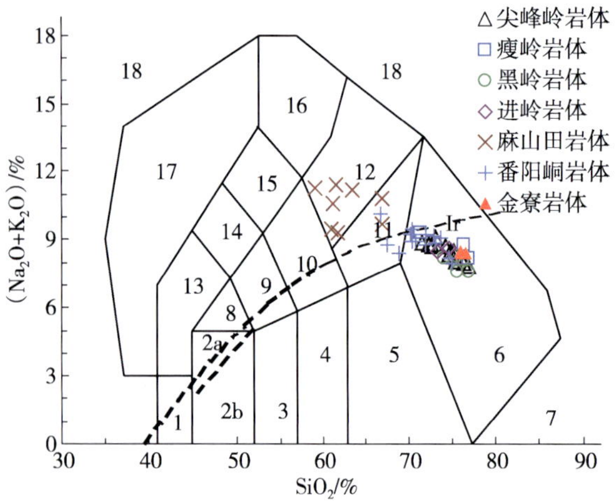

图 4-2-39　高钾和钾玄岩质花岗岩-QM-ξo 组合（T_1）TAS 图解

（据 Middlemost，1994）

图例同 4-2-3 图

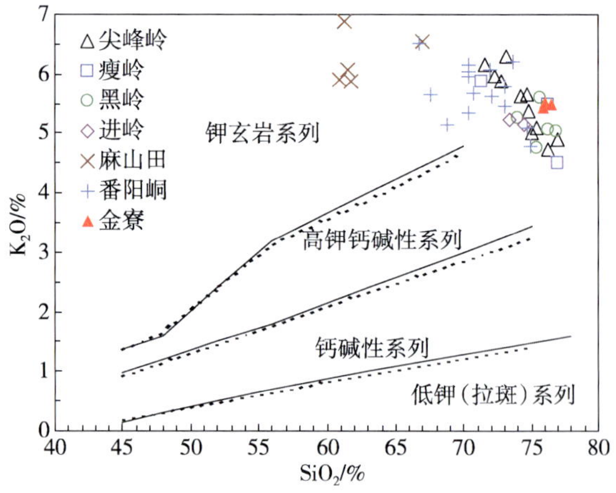

图 4-2-40　高钾和钾玄岩质花岗岩-QM-ξo 组合（T_1）SiO_2-K_2O 图解

（二十一）高钾钙碱性花岗岩组合（T_1）

该组合由两院中粒斑状黑云二长花岗岩（$\eta\gamma^{1}T_1$）、进岭花斑岩（$\gamma\pi^{1}T_1$）组成。主要分布于琼中县洞古岭、琼海市塔洋一带，总面积约 130km^2。

两院岩体主要岩石类型为中粒斑状黑云二长花岗岩，局部为花岗闪长岩。岩石具似斑状结构，线理构造发育，局部发育叶理构造。斑晶为钾长石，含量 10%~15%，大小在 3mm×5 mm ~10mm×15mm。基质为中粒花岗结构，矿物粒径 3~5mm。基质矿物组合为石英 20%~30%、斜长石 28%~37%、钾长石 28%~40%、黑云母 5%~8%及角闪石 0~1%。岩石中发育闪长质包体，包体呈椭圆状、透镜状。前人在两院岩体中获得 237.2±10.7Ma 的 Rb-Sr 等时线法年龄。

进岭岩体为花斑岩，岩石呈块状构造，斑状结构。岩石学特征前节已述。

该组合 SiO_2 含量为 67.64%~76.32%；Na_2O+K_2O 含量较高，为 6.19%~8.61%，K_2O 含量高，为 2.78%~5.32%；σ 值为 1.72~7.93，根据硅-碱图解（图 4-2-41）和 SiO_2-K_2O 图解（图 4-2-42）样品投图结果，岩石属高钾钙碱性系列；A/CNK 变化范围大，为 0.96~1.02，岩石属准铝质-弱过铝质；DI 值较高，为 86.08~95.87；FeO^*/MgO 值变化大，为 2.63~48.35。该组合岩石稀土元素总量变化大，为 85.3×10^{-6}~620.3×10^{-6}，稀土配分曲线为右倾的“V”字形曲线，轻重稀土分异中等-较明显，LREE/HREE 值为 5.8~19.5；δEu 为 0.45~0.05，具中等-极强烈的负铕异常。微量元素方面，Ba、Zr、V、Rb、Th、U、K 含量较高，Sr、Ba 含量较低，在微量元素蛛网图上显示有很强的 Ba、Sr-P 及 Ti 负异常。初始锶比值、$\varepsilon_{Nd}(t)$ 和 T_{2DM} 值都比较一致，平均值分别为 0.71067、-6.88、1575Ma，结合其包体特征，推测它们是壳幔混合成因。

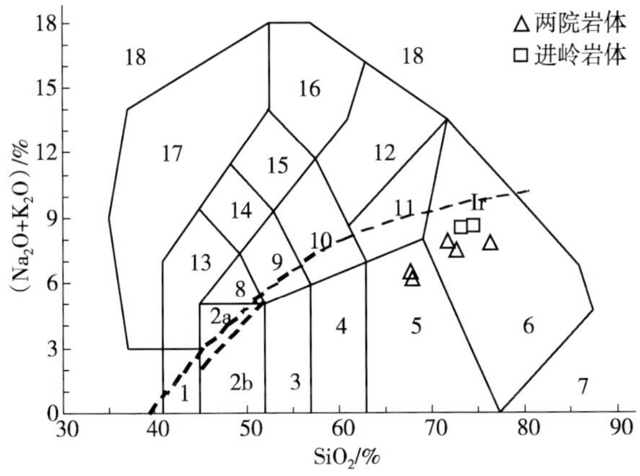

图 4-2-41　高钾钙碱性花岗岩组合（T_1）TAS 图解

（据 Middlemost，1994）

图例同 4-2-3 图

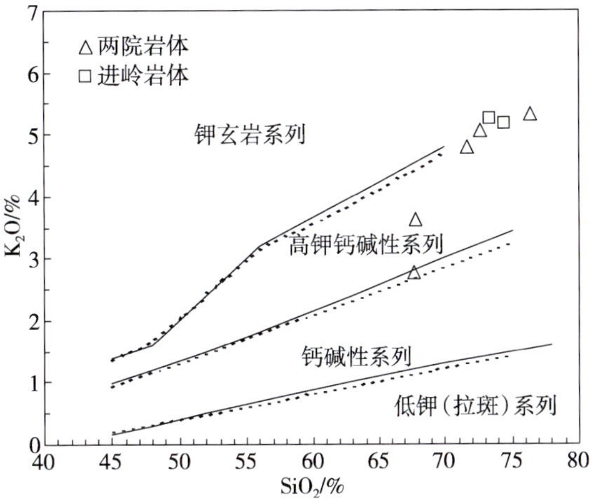

图 4-2-42　高钾钙碱性花岗岩组合（T_1）SiO_2-K_2O 图解

（二十二）辉长岩组合（T_2）

该组合由长安岩体组成，主要分布于儋州市八一农场和康队以西，面积 1.1 km²。岩石类型为细粒辉长岩，岩石呈深黑色，细中粒辉长结构，致密块状构造。粒径在 0.4～6mm。主要由斜长石（10%）、单斜辉石（60%）、角闪石（11%）和石英（5%）组成。

该组合 SiO_2 含量较低，为 49.91%～50.78%，属基性岩类；岩石的 Na_2O+K_2O 含量较低，为 1.25%～1.71%；σ 值为 0.2～0.42；根据硅-碱图（图 4-2-43）和 SiO_2-K_2O 图解（图 4-2-44）样品投图结果，该侵入体属钙碱性系列；A/CNK 为 0.21～0.27，属偏铝质；K_2O/Na_2O 比值较低，为 0.58～1.06；DI 值较低，为 13.97～14.24，SI 值较高，为 53.85～55.18；该侵入体稀土元素含量为 47.9×10^{-6}～65.3×10^{-6}，稀土配分曲线为平滑的右倾曲线，轻重稀土分异中等，$(La/Yb)_N$ 值为 3.12～3.39；δEu 为 0.81，具弱铕负异常。Ni、V、Cr、Co、Sc、Zn 等亲铁铜元素的含量较高，Ba、Sr 含量也较高，而 Rb、Th、U、Ta、Nb、Pb、Cs 含量低，Rb/Sr 值小，为 0.08～0.35。在微量元素蛛网图上，具有较明显的 Nb-Ta 负异常，与板内玄武岩不同，表明源岩遭受过流体的交代作用或岩浆受到了地壳物质混染，源岩可能来源于 EM2 型富集岩石圈地幔。

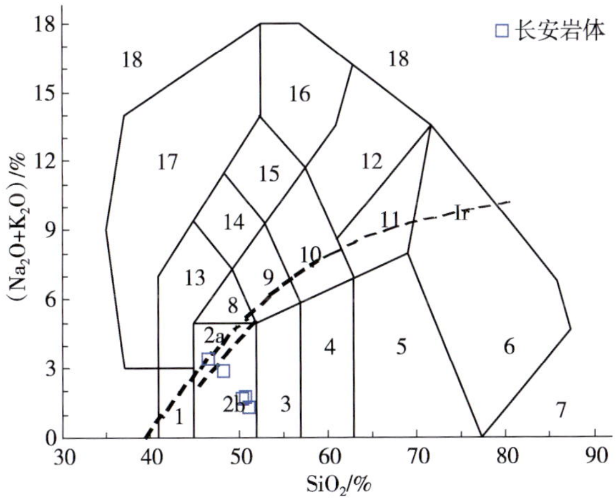

图 4-2-43　辉长岩组合（T_2）TAS 图解

（据 Middlemost，1994）

图例同 4-2-3 图

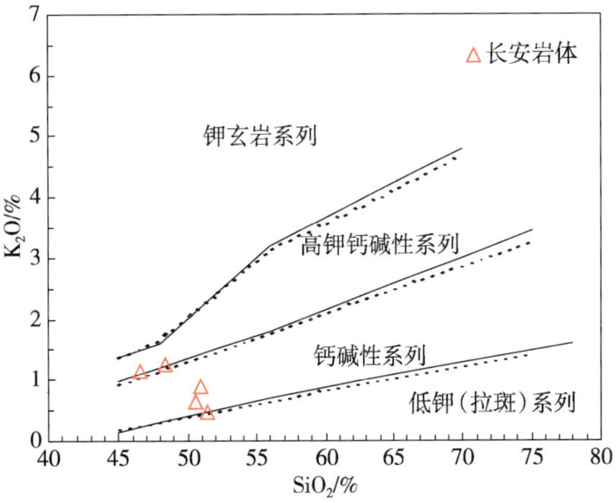

图 4-2-44　辉长岩组合（T_2）SiO_2-K_2O 图解

（二十三）中基性岩组合（T_2）

该组合由长安细中粒辉长岩（$\upsilon^{ch}T_2$）、石墩中粗粒二长闪长岩（$\delta^{sd}T_2$）组成。主要分布于万宁市兴隆-长安一带，总面积约 17km²。

长安细中粒辉长岩呈黑色，中粒辉长结构，块状构造。矿物粒径在 0.4~6mm。主要由斜长石 40%~55%、单斜辉石 1%~25%和（或）角闪石 0~4%组成。前人在万宁水库一带长安辉长岩中获得了 228.1±5.9Ma（La-ICPMS）、238±3Ma（SHRIMP）的年龄数据。

石墩中粗粒二长闪长岩呈灰黑色，中粗粒结构，块状构造。矿物组成：斜长石 68%~75%、普通角闪石 24%~25%、黑云母≤2%、钾长石 0~2%、石英≤2%，局部见微量单斜辉石。

该组合 SiO_2 含量 46.55%~53.27%，岩石的 Na_2O+K_2O 含量较低，为 1.63%~5.78%；K_2O 含量也较低，为 0.64%~2.36%；MgO 含量为 5.90%~17.53%；σ 值为 0.33~3.22；根据硅-碱图解（图 4-2-45）和 SiO_2-K_2O 图解（图 4-2-46）样品投图结果，岩石属钙碱性系列-高钾钙碱性系列；A/CNK 为 0.28~0.95，岩石属准铝质；K_2O/Na_2O 值较低，为 0.09~0.79；DI 值较低，为 9.52~45.78，SI 值较高，为59.84~10.50；该组合岩石稀土元素含量为 84.5×10^{-6}~303.9×10^{-6}，变化较大；稀土配分模式曲线多为平滑的右倾曲线，轻重稀土分异中等，LREE/HREE 值为 6.4~9.9；δEu 为 0.73~1.97，长安岩体为弱的负铕异常，石墩岩体为明显的正铕异常。Ni、V、Cr、Co、Sc、Zn 等亲铁铜元素的含量较高，Ba、Sr 含量也较高，而 Rb、Th、U、Ta、Nb、Pb、Cs 含量低，Rb/Sr 值小，为 0.10~0.03；K/Rb 值较高，为 208~424。在微量元素蛛网图上（图 4-2-47）显示了无 Ba 的负异常或具有 Ba 的正异常，Sr 具有正异常或弱负异常，Ti 负异常不明显或具弱的正异常，铁镁质岩石具有较明显的 Nb-Ta 负异常，不同于板内玄武岩，表明源岩遭受过流体的交代作用或岩浆受到了地壳物质混染。初始锶比值为 0.70846~0.71042（平均为 0.70968），$\varepsilon_{Nd}(t)$ 值为-6.65~-8.28（平均为-7.22），T_{2DM} 值为 1554~1686Ma（平均为 1600Ma），反映来源于 EM2 型富集岩石圈地幔。

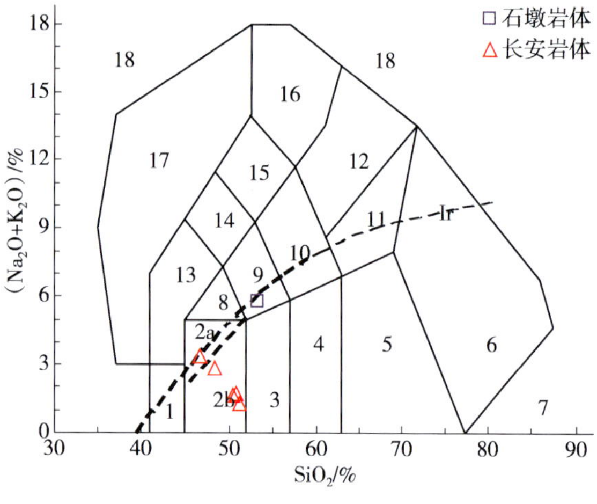

图 4-2-45　中基性岩组合（T_2）TAS 图解
（据 Middlemost，1994）
图例同 4-2-3 图

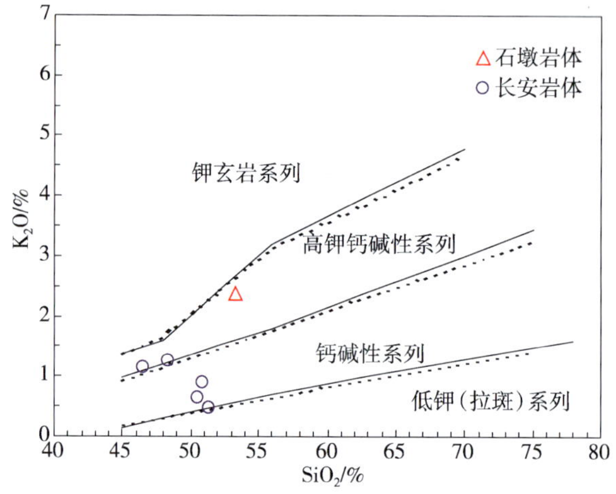

图 4-2-46　中基性岩组合（T_2）SiO_2-K_2O 图解

（二十四）强过铝花岗岩组合（T_2）

本组合由超盆中粗粒含斑黑云母二长花岗岩（$\eta\gamma^c T_2$）、前锋细粒少斑黑云母正长花岗岩（$\xi\gamma^q T_2$）组成。主要分布于小洞天-立才农场、羊栏-田独镇一带，总面积约 360km²。前锋正长花岗岩脉动侵入超盆正长花岗岩。

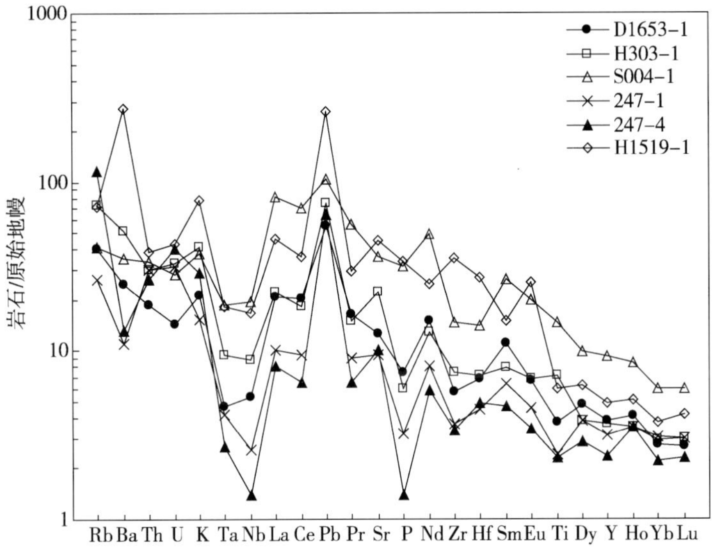

图 4-2-47 中基性岩组合（T_2）微量元素原始地幔标准化蛛网图

D1653-1～247-4 为长安岩体；H1519 为石墩岩体

超盆岩体主体岩性为中粗粒含斑黑云母二长花岗岩，局部为正长花岗岩。岩石呈中粗粒含斑-似斑状花岗结构，块状构造。斑晶为钾长石，含量在 2%～15%，一般 3%左右，基质矿物粒径在 2～8mm。矿物组成：石英 24%～33%、斜长石（An16～34）18%～30%、微斜条纹长石 33%～50%、黑云母 1%～6%。斜长石呈半自形板柱状，环带不发育；微斜条纹长石呈半自形板状-他形；黑云母呈半自形-他形鳞片状或丛状。可见少量微粒闪长质包体，浑圆状，含有大量长石、石英捕掳晶。

前锋岩体岩性为细粒少斑黑云母正长花岗岩。岩石呈细粒斑状花岗结构，块状构造。斑晶为钾长石，含量<10%，大小 2mm×3 mm ～3mm×5 mm，还有少量石英斑晶。基质矿物粒径在 0.3～1.5mm。矿物组成：石英 28%～32%、斜长石（An18～22）20%～28%、微斜条纹长石 40%～46%、黑云母 1%～3%、白云母 0～1%。

该组合 SiO_2 含量为 73.51%～77.84%，岩石属酸性岩类；岩石的 Na_2O+K_2O 含量变化较大，大多数样品介于 7.13%～8.77%之间；K_2O 含量变化较大，为 3.80%～4.80%；σ 值为 1.49～1.93；根据硅-碱图解（图 4-2-48）和 SiO_2-K_2O 图解（图 4-2-49）样品投图结果，岩石属高钾钙碱性系

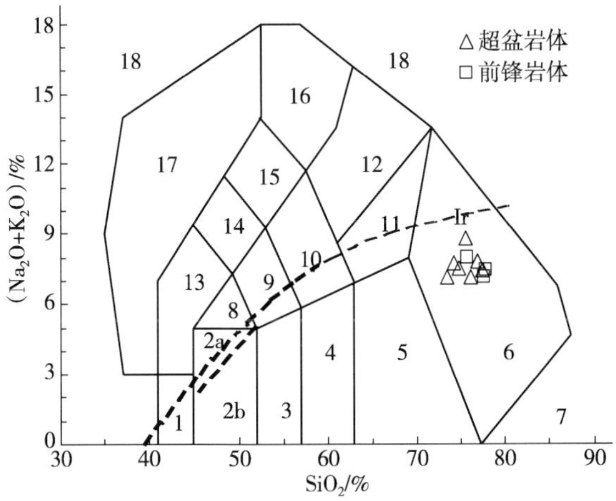

图 4-2-48 强过铝花岗岩组合（T_2）TAS 图解

（据 Middlemost，1994）

图例同 4-2-3 图

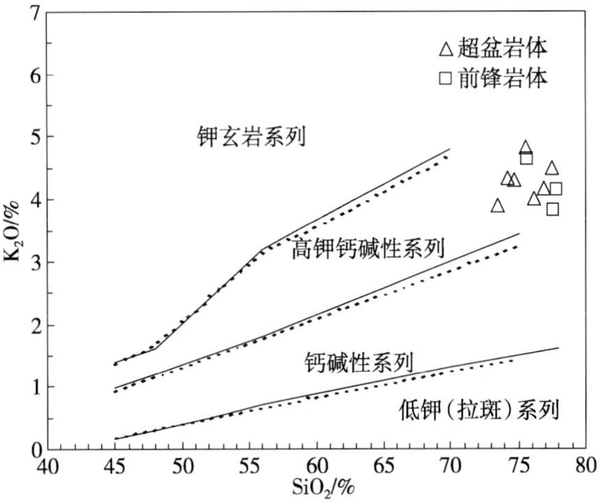

图 4-2-49 强过铝花岗岩组合（T_2）SiO_2-K_2O 图解

列；A/CNK 为 0.88~1.25，属准铝质-强过铝质。岩石稀土元素含量为 $70.0\times10^{-6}\sim176.0\times10^{-6}$。稀土配分曲线型式为较陡的右倾曲线，LREE/HREE 值为 9.3~25.4；δEu 为 0.60~0.32；晚期岩石负铕异常比较明显，除个别样品外，其轻重稀土分异中等-不明显，LREE/HREE 值为 2.1~8.7，δEu 为 0.47~0.08，具中等-强烈的负铕异常。微量元素蛛网图中，显示具有较强烈的 Ba、Sr-P 及 Ti 负异常，轻稀土和 Zr、Hf 的含量也较低。结合各种特征，推测它是壳幔混合来源。

（二十五）高钾钙碱性花岗岩组合（T_2）

该组合由布山村细中粒-粗中粒含斑-斑状角闪黑云母二长花岗岩（$\eta\gamma^bT_2$）、结尾中细-细粒黑云母正长花岗岩（$\xi\gamma^jT_2$）组成。主要分布于三亚市小洞天至陵水县一带，总面积约 290km²。结尾侵入体脉动侵入布山村及超盆侵入体，布山村侵入体侵入包裹深沟侵入体。

布山村岩体以细中粒-粗中粒含斑-斑状角闪黑云母二长花岗岩为主，局部为花岗闪长岩。岩石呈灰白色，似斑状结构，块状构造。斑晶为钾长石，含量 3%~20%，局部达 25%~30%，大小在 6mm×15mm~20mm×40mm；基质矿物粒径在 1~9mm，矿物组成：石英 19%~33%、斜长石 21%~44%、微斜条纹长石 20%~48%、黑云母 3%~13%、角闪石 2%~6%。常见闪长质-石英闪长质包体，浑圆状，大小在 1cm×2cm~15cm×30cm。布山村岩体侵入包裹中三叠世深沟岩体。前人在布山村二长花岗岩获得 239±7Ma 的锆石 SHRIMP U-Pb 同位素年龄，形成时代厘定为中三叠世早期。

结尾岩体岩石类型为中细-细粒黑云母正长花岗岩。岩石呈细-中细粒花岗结构，块状构造。矿物粒径多为 0.5~2mm，少数矿物粒径在 2~4mm。矿物组成：石英 30%~34%、斜长石 17%~21%、微斜条纹长石 41%~47%、黑云母 2%~3%。结尾岩体脉动侵入布山村岩体及超盆岩体。

该组合 SiO_2 含量为 66.66%~78.98%，属酸性岩类；岩石的 Na_2O+K_2O 含量变化较大，大多数样品介于 6.03%~9.24%之间；K_2O 含量变化较大，为 3.19%~5.85%；σ 值为 1.01~2.66；根据硅-碱图解（图 4-2-50）和 SiO_2-K_2O 图解（图 4-2-51）样品投图结果，岩石整体上属高钾钙碱性系列，个别属钾玄岩系列；A/CNK 为 0.88~1.41，岩石属准铝质-强过铝质。岩石稀土元素含量变化较大，布山村侵入体稀土总量较高，为 $197.6\times10^{-6}\sim489.1\times10^{-6}$，结尾侵入体稀土总量为 $70.0\times10^{-6}\sim176.0\times10^{-6}$。稀土配分曲线型式为较陡的右倾曲线，LREE/HREE 值为 9.3~25.4；δEu 为 0.60~0.32。微量元素蛛网图中，显示布山村二长花岗岩具有 Ba 的弱负异常，其轻稀土、Sr、Zr、Hf 的含量较高；结尾正长花岗岩具有较强烈的 Ba、Sr-P 及 Ti 负异常，轻稀土和 Zr、Hf 的含量也较低。布山村二长花岗岩的初始锶比值为 0.71032、$\varepsilon_{Nd}(t)$ 为-5.83，T_{2DM} 值为 1488Ma，结合其包体特征，推测它是壳幔混合来源。

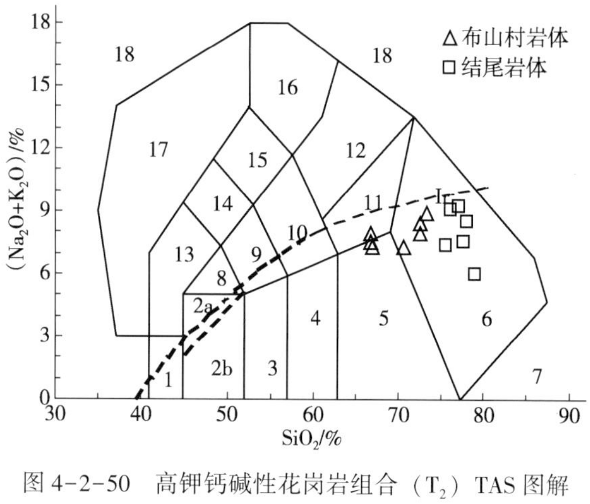

图 4-2-50 高钾钙碱性花岗岩组合（T_2）TAS 图解
（据 Middlemost，1994）
图例同 4-2-3 图

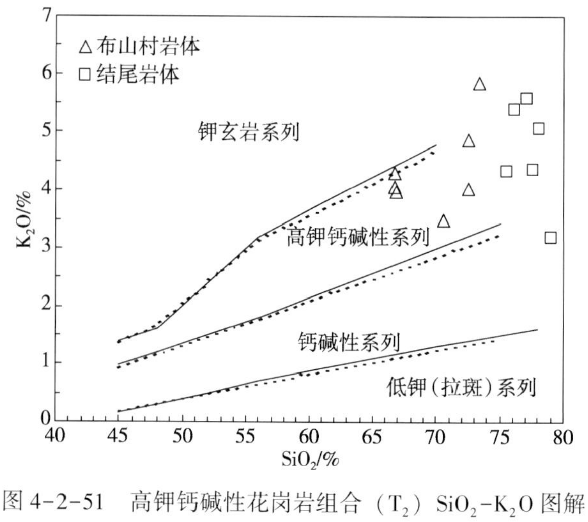

图 4-2-51 高钾钙碱性花岗岩组合（T_2）SiO_2-K_2O 图解

（二十六）强过铝花岗岩组合（T_2）

该组合由六连岭中粗粒（含斑）黑云母正长花岗岩（$\xi\gamma^{l}T_2$）、兵工厂细粒斑状黑云母（二云母）正长花岗岩（$\xi\gamma^{bg}T_2$）、石龟岭细粒（含黄玉）黑云母正长花岗岩（$\xi\gamma^{sg}T_2$）组成。主要分布于三亚市崖城、田独、陵水县一带，总面积约 115km^2。

该组合岩石类型为细粒-中粗粒（含斑-斑状）黑云母正长花岗岩。岩石具似斑状结构-细粒花岗结构，块状构造。斑晶含量 3%~60%，大小在 2 mm×5mm ~7mm×15mm；斑晶自形程度差，多为他形，少数半自形；斑晶矿物种类多，由微斜条纹长石、石英、钠长石及少量黑云母组成。基质为细粒结构，矿物粒径一般<1mm，多数为 0.1~0.4mm，矿物组成为：黑云母 1%~4%、白云母 0~2%、石英 23%~37%、斜长石 19%~35%、微斜条纹长石 32%~50%。该组合中偶见闪长质包体，各种特征显示该组合为地壳重熔成因。

该组合 SiO_2 含量为 73.48%~77.10%，绝大多数>75.02%。Na_2O+K_2O 含量较高，为 8.13%~8.96%；K_2O 含量为 4.03%~5.51%。σ 值为 1.99~2.62。根据硅-碱图解（图 4-2-52）和 SiO_2-K_2O 图解（图 4-2-53）样品投图结果，岩石属高钾钙碱性系列。A/CNK 为 0.92~1.08，从含铝指数看，六连岭正长花岗岩绝大多数样属准铝质，而兵工厂和石龟岭正长花岗岩属弱过铝质，但从矿物组成来看，该组合岩石普遍出现白云母、石榴子石、电气石、黄玉等富铝矿物，属强过铝质。FeO^*/MgO 值普遍很大，绝大多数为 28.2~284.8；DI 值高，为 90.2~96.4；NKA 值也较大，为 0.89~0.99。岩石稀土元素含量为 13.5×10^{-6}~197.9×10^{-6}，从早期往晚期，明显降低，晚期岩石可具有很低的稀土含量，可能是遭受了流体交代的结果。该组合岩石还有一个特点是 Sm/Nd 高，为 0.27~0.40。稀土配分曲线为平展的 V 字形或称“海鸥型”曲线，轻重稀土分异不明显，LREE/HREE 值为 1.0~3.9，晚期岩石重稀土往往反向分异，为向左倾的曲线。$(Gd/Yb)_N$ 常小于 1；δEu 为 0.11~0.02，具有很强烈的负铕异常。微量元素 Rb、Ta、Nb、Ga 含量较高，而 Ba、Sr、P、Eu、Ti 含量很低。Rb/Sr 值较大，主要为 24.2~167.3；晚期岩石的 K/Rb 值较低，仅为 78~95。微量元素蛛网图中显示了极强的 Ba、Sr-P、Eu-Ti 负异常，该组合岩石比较特别的是没有 Nb-Ta 负异常，Nb/La 值一般大于 1。

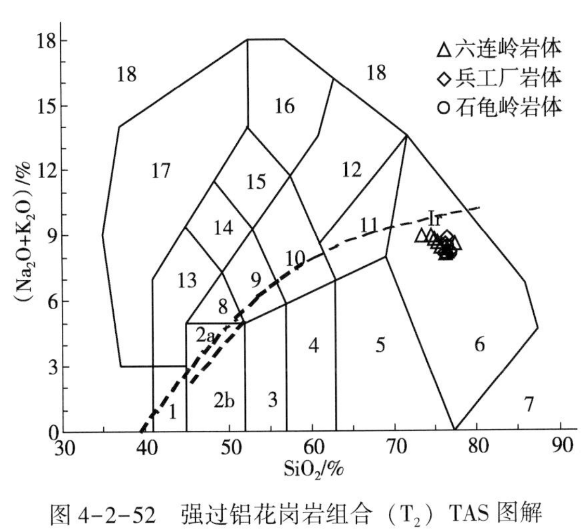

图 4-2-52　强过铝花岗岩组合（T_2）TAS 图解
（据 Middlemost，1994）
图例同 4-2-3 图

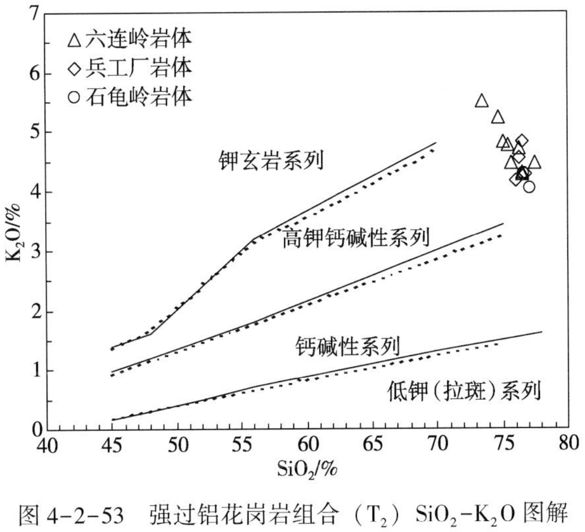

图 4-2-53　强过铝花岗岩组合（T_2）SiO_2-K_2O 图解

（二十七）高钾钙碱性花岗岩组合（T_2）

该组合由布山村细中粒-粗中粒含斑-斑状角闪黑云二长花岗岩（$\eta\gamma^{b}T_2$）组成。主要分布于小洞天-尖石岭一带，总面积约 255km^2。结尾岩体（$\xi\gamma^{j}T_2$）脉动侵入布山村岩体。该岩体主要岩石类型为细中粒-粗中粒含斑-斑状角闪黑云二长花岗岩，局部由花岗闪长岩组成。岩石学特征前节已述（略）。

该组合 SiO_2 含量变化大，为 66.66%～73.32%，岩石的 Na_2O+K_2O 含量为 7.25%～8.87%；K_2O 含量变化较大，为 3.49%～5.85%；σ 值为 1.49～2.65；根据硅-碱图解（图 4-2-54）和 SiO_2-K_2O 图解（图 4-2-55）样品投图结果，岩石整体上属高钾钙碱性系列，局部属钾玄岩系列；A/CNK 为 0.88～1.25，岩石属准铝质。岩石稀土元素总量较高，为 197.6×10^{-6}～489.1×10^{-6}；稀土配分曲线型式为较陡的右倾曲线。在微量元素蛛网图上显示具有 Ba 的弱负异常，其轻稀土、Sr、Zr、Hf 的含量较高；初始锶比值为 0.71032、$\varepsilon_{Nd}(t)$ 为-5.83，T_{2DM} 值为 1488Ma，结合其包体特征，推测该岩体为壳幔混合成因。

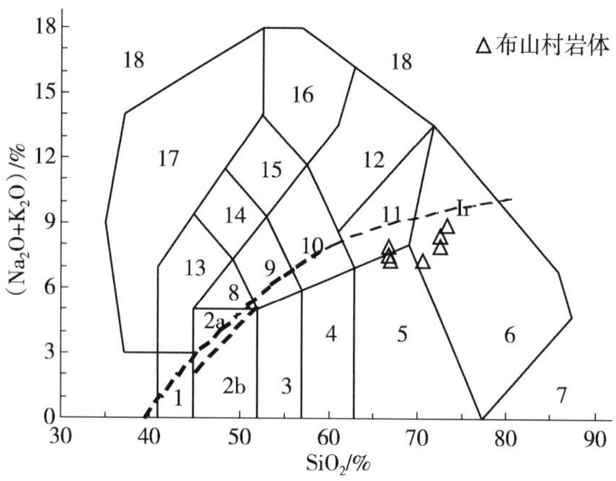

图 4-2-54　高钾钙碱性花岗岩组合（T_2）TAS 图解
（据 Middlemost，1994）
图例同 4-2-3 图

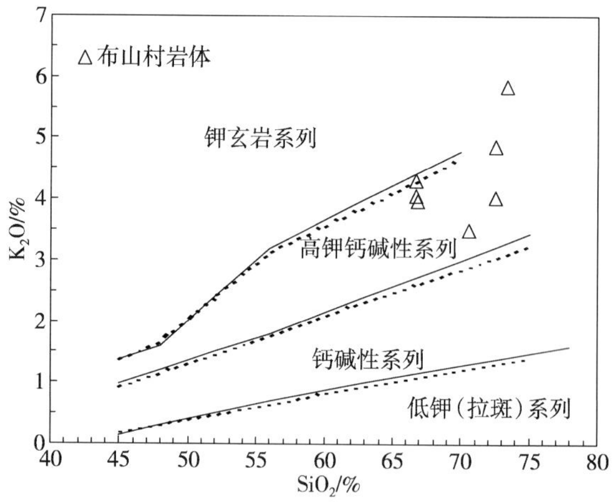

图 4-2-55　高钾钙碱性花岗岩组合（T_2）SiO_2-K_2O 图解

（二十八）强过铝花岗岩组合（T_2）

本组合由六连岭中粗粒（含斑）黑云母正长花岗岩（$\xi\gamma^{l}T_2$）、兵工厂细粒斑状黑云母（二云母）正长花岗岩（$\xi\gamma^{bg}T_2$）组成。主要分布于万宁市六连岭、东山岭一带，总面积约 28km^2。

六连岭中粗粒（含斑）黑云母正长花岗岩：岩石呈中粗粒不等粒花岗结构或含斑结构，块状构造。矿物粒径范围在 0.5～8mm，多为 2～7mm。侵入体边部粒径变小，为中粒-中细粒。斑晶为钾长石，含量约 3%，大小在 8mm×12mm～20mm×40mm。矿物组成：黑云母 1%～4%、石英 20%～29%、斜长石 15%～25%、微斜条纹长石 45%～58%。岩石中偶见少量微粒闪长质包体。

兵工厂细粒斑状黑云母（二云母）正长花岗岩：岩石呈细粒似斑状结构，块状构造。斑晶有微斜条纹长石、石英、钠长石（更长石）等；斑晶含量 10%～60%，大小 2mm×3mm～7mm×15mm；斑晶自形程度差，多为他形，少数半自形。基质为细粒结构，矿物粒径一般<1mm，多数范围在 0.1～0.4mm，矿物组成为：黑云母 2%～4%、白云母 0～2%、石英 25%～37%、斜长石 19%～35%、微斜条纹长石 32%～50%。前人在六连岭岩体中测得锆石 SHRIMP U-Pb 年龄为 239±3Ma，与侵入接触关系相符，形成时代厘定为中三叠世。

该组合 SiO_2 含量高，为 73.88%～77.78%，绝大多数大于 75.31%；岩石的 Na_2O+K_2O 含量较高，为 8.14%～8.96%；K_2O 含量为 4.15%～5.51%；σ 值为 1.99～2.61；根据硅-碱图解（图 4-2-56）和 SiO_2-K_2O 图解（图 4-2-57），岩石属高钾钙碱性系列；从矿物组成来看，该组合普遍出现白云母、石榴子石、电气石、黄玉等富铝矿物，应是强过铝质；FeO^*/MgO 值普遍很高，绝大多数为28.2~284.8；DI值高，为90.2~96.4；NKA值也较大，为0.89~0.99，绝大多数属于碱性系列花岗岩。该组合岩石稀土元素含量为（197.9~13.5）$\times10^{-6}$；稀土配分曲线为平展的V字形，轻重稀土分异不明显，LREE/HREE值为1.0~3.9；δEu为0.11~0.02，具有很强烈的负铕异常。Rb、Ta、Nb、Ga含量较高，而Ba、Sr、P、Eu、Ti含量很低。Rb/Sr值大，主要为24.2~167.3。在微量元素蛛网图上显示了极强的Ba、Sr-P、Eu-Ti负异常，Nb/La值一般大于1。初始锶比值0.71401，$\varepsilon_{Nd}(t)$值为-6.40~-8.76（平均为-7.36），T_{2DM}值为1534~1725Ma（平均为1612Ma），结合其包体特征，推测该组合为地壳岩石熔融的产物。

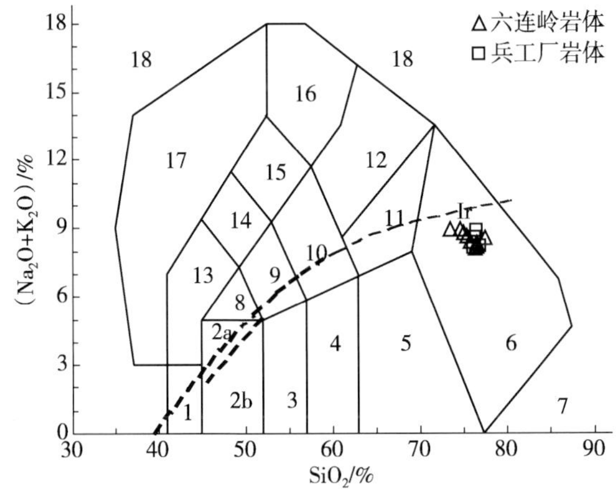

图4-2-56 强过铝花岗岩组合（T_2）TAS图解
（据Middlemost，1994）
图例同4-2-3图

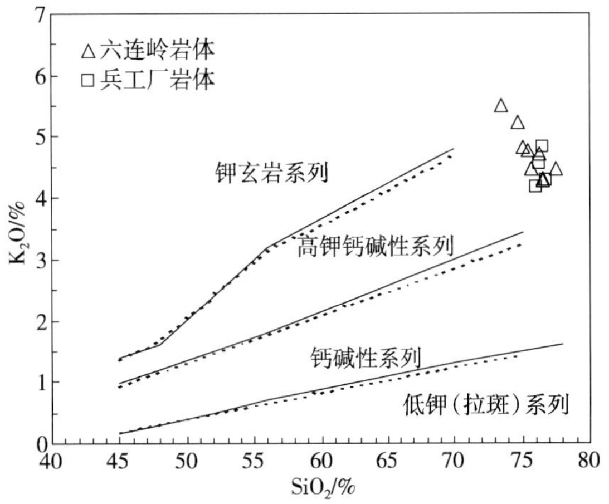

图4-2-57 强过铝花岗岩组合（T_2）SiO_2-K_2O图解

（二十九）强过铝花岗岩组合（T_2）

该组合由六连岭中粗粒（含斑）黑云母正长花岗岩（$\xi\gamma^{l}T_2$）组成。主要分布于澄迈县红岗农场一带，总面积约16km^2。被其侵入的最年轻岩体为通什二长花岗岩（$\eta\gamma^{t}P_2$）和长塘岭二长花岗岩（$\eta\gamma^{ch}P_2$）。

六连岭岩体主要岩性为中粗粒（含斑）黑云母正长花岗岩，具块状构造，中粗粒不等粒或含斑结构（该岩体的岩石学特征及岩石地球化学特征前面已有所叙述，在此从略），属S型花岗岩。

该组合SiO_2含量较高，为73.48%~77.46%；岩石的Na_2O+K_2O含量较高，为7.7%~9.62%；K_2O含量为4.28%~5.51%；σ值为1.99~2.61；岩石富矿物中普遍出现石榴子石、电气石等富铝矿物，应是强过铝质。岩石稀土元素含量为（197.9~13.5）$\times10^{-6}$；稀土配分曲线为平展的V字形，轻重稀土分异不明显，LREE/HREE值为1.0~3.9；δEu为0.11~0.02，具有很强烈的负铕异常。Rb、Ta、Nb、Ga含量较高，而Ba、Sr、P、Eu、Ti含量很低。微量元素显示了极强的Ba、Sr-P、Eu-Ti负异常，Nb/La值一般大于1。

（三十）钾玄质花岗岩组合（T_3）

本组合由七差岭中细粒（含斑）黑云正长花岗岩（$\xi\gamma^{q}T_3$）、东四中粗粒角闪黑云正长花岗岩（$\xi\gamma^{d}T_3$）、乌烈岭中细粒-中粒黑云正长花岗岩（$\xi\gamma^{w}T_3$）、苗圃细粒（角闪）黑云二长花岗岩（$\eta\gamma^{m}T_3$）、五里桥中细粒黑云二长花岗岩（$\eta\gamma^{w}T_3$）组成。主要分布于昌江坝王岭一带，总面积约540km^2。

七差岭岩体岩性为中细粒（含斑）黑云正长花岗岩，岩石以中细粒不等粒结构为主，局部出现含斑结构，岩石常具定向构造，这种定向构造由黑云母定向分布、斜长石定向排列以及石英集合体长轴排列显示。斑晶为钾长石，长轴一般小于 1cm，含量少于 5%。矿物成分为石英 23%~27%、斜长石 18%~26%、钾长石 45%~51%及黑云母 2%~4%。岩石中偶见闪长质暗色包体，个体较小，呈透镜状，直径 5~10cm。各种特征表明该岩体属壳源重熔的 S 型花岗岩。七差岭岩体侵入中二叠世通什岩体，并在晚三叠世东四岩体中见有七差岭正长花岗岩的捕虏体，因此，七差岭侵入体形成时间应晚于通什岩体、早于东四岩体，暂将其形成时代厘定为晚三叠世。

东四岩体岩性主要为中粗粒角闪黑云正长花岗岩，局部出现石英二长岩。岩石结构比较单一，以中粗粒花岗结构为主，局部为粗粒花岗结构。矿物组成为：钾长石（微斜条纹长石）29%~45%、斜长石 16%~33%、石英 22%~35%、普通角闪石 0~4%、黑云母 3%~8%，属铁质黑云母。岩石中包体比较丰富，包体岩性包括闪长岩、石英闪长岩、石英二长岩、中细粒花岗岩及砂泥岩等，形状多样。包体与寄主岩界线清楚，部分包体中可见钾长石斑晶及双包体。岩体局部见有暗色矿物集中的条带体产出，说明岩浆存在液态分离。各种特征表明该岩体为壳幔混合成因。东四正长花岗岩侵入早二叠世白石村闪长岩、保山村花岗闪长岩以及中二叠世乌兰盖中粗粒含巨斑黑云二长花岗岩等，并被晚三叠世苗圃二长花岗岩所侵入。东四正长花岗岩还侵入上古生界，接触界线处出现细粒边和角岩。前人测得同位素年龄为 230.1±0.1Ma（Rb-Sr 等时线法，宜昌地矿所，1995）、225±11Ma（锆石 U-Pb 法，广西区调队，1991），形成时代厘定为晚三叠世早期。

乌烈岭岩体岩性主要为中细粒-中粒斑状黑云母正长花岗岩。岩石呈中细粒-中粒花岗结构，局部出现含斑结构，块状构造。矿物组成：钾长石 34%~50%；斜长石 16%~35%，有两个世代，早世代属奥长石，晚世代为钠长石，呈梳状集合体沿微斜条纹长石边缘充填交代；石英 22%~40%；黑云母 3%~8%，属铁质黑云母；角闪石 0~1%。岩石中包体比较丰富，包体岩石类型有闪长岩、英云闪长岩、二长岩、细粒花岗岩等。与寄主岩界线清楚，形态多样。包体内部常见粗大的钾长石斑晶及更暗色的小包体。该岩体为壳幔混合成因。乌烈岭岩体侵入晚三叠世东四正长花岗岩，前人获得同位素年龄值为 240.6±10.6Ma（锆石 U-Pb 法，广西区调队，1991），暂将其形成时代厘定为晚三叠世。

苗圃岩体主体岩性为细粒（角闪）黑云二长花岗岩，局部出现正长花岗岩。岩石具细粒、中细粒花岗结构，块状构造，出现较多钾长石斑晶时呈似斑状结构。矿物粒度以细粒（0.2~2mm）为主，少数可达 3mm 左右。矿物组成：石英 22%~32%、斜长石（An10~38）22%~30%、钾长石 33%~44%、黑云母 4%~8%及角闪石 3%~8%。岩石中包体较丰富，大小不一，分布不均匀，往往成群出现。包体与寄主岩界线清楚，形态多样。包体岩石类型有闪长岩、英云闪长岩、二长岩、细粒花岗岩等，内部常见粗大的钾长石斑晶及早期的暗色小包体。该岩体为壳幔混合成因。苗圃二长花岗岩侵入晚三叠世东四正长花岗岩和乌烈岭正长花岗岩，接触界线截然、清楚，苗圃二长花岗岩的形成时间应晚于乌烈岭正长花岗岩，将其侵入时代厘定为晚三叠世。

五里桥岩体主要为中细粒、中粒黑云母二长花岗岩，局部为正长花岗岩。岩石呈中细粒、中粒花岗结构，块状构造。偶见少量钾长石斑晶，含量<3%。矿物组成：石英 24%~32%、斜长石（An 8~42）20%~28%、钾长石 35%~48%、黑云母 4%~7%及角闪石 0~3%。岩石中见闪长质包体和花岗岩包体，包体形态多样，与寄主岩界线清楚。该岩体为壳幔混合成因。五里桥岩体侵入苗圃二长花岗岩和东四正长花岗岩。前人测得同位素年龄值为 219.8±11.0Ma（锆石 U-Pb 法，广西区调队，1991），形成时代厘定为晚三叠世。

该组合 SiO_2 含量在 66.78%~74.72%之间，岩石属酸性岩类。碱质含量较高，K_2O+Na_2O 含量为 7.32%~10.35%。σ 值为在 1.9~4.5 之间，绝大部分样品 σ 值在 2~2.5 之间。根据硅-碱图解（图 4-2-58）和 SiO_2-K_2O 图解（图 4-2-59）样品投图结果，岩石整体上属钾玄岩系；A/CNK 为 0.91~1.08，整体属准铝质花岗岩。DI 值高达 81.4~90.2，说明岩浆分异程度较高。稀土总量变化较大，在 212.35×10^{-6}~510.98×10^{-6} 之间，但绝大部分高于世界酸性岩稀土平均含量。稀土配分模式为铕负异常比较明显的右倾曲线；$(La/Yb)_N$ 值为 3.41~73.37，轻重稀土分异程度较高，轻稀土富集；δEu 为 0.17~0.56，具中等至较强铕负异常。微量元素方面，从早到晚，Pb、W、Bi、Sb、Ta 等元素含量和 Rb/Sr、Ba/Sr 比值逐渐增加，V、Ni、Zn、Sn、Sr 等元素含量有逐渐降低趋势。与维氏酸性岩丰度值相比，Cu、Cr、V、Zn、Au、Ag、As、Sr、Ba、Ta 等元素含量偏低，Pb、Sn、Mo、Bi、Rb、Hf 含量偏高。微量元素原始地幔标准化蛛网图中，显示较强的 Ba、Ta-Nb、Sr-P、Eu-Ti 负异常和明显的 Rb、Th-U-K、Pb、Nd-Zr-Hf-Sm 正异常。

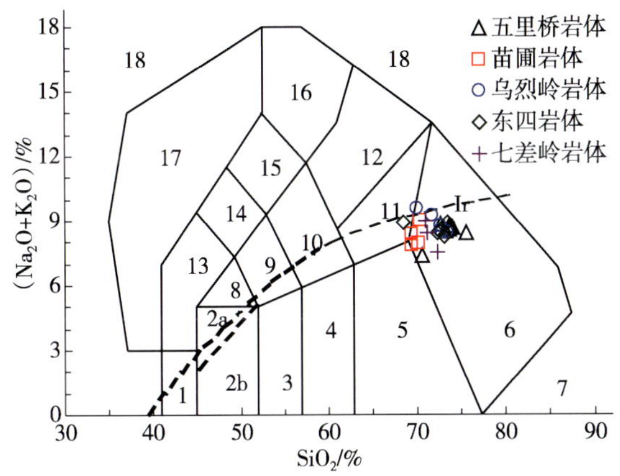

图 4-2-58　钾玄质花岗岩组合（T_3）TAS 图解
（据 Middlemost，1994）
图例同 4-2-3 图

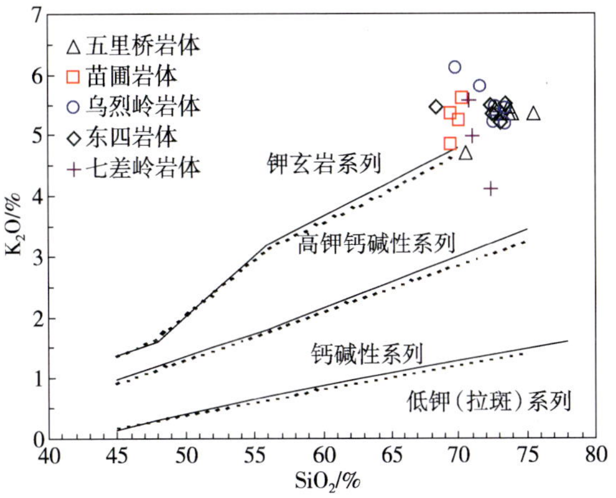

图 4-2-59　钾玄质花岗岩组合（T_3）SiO_2-K_2O 图解

（三十一）高钾钙碱性花岗岩组合（T_3）

该组合由南宝细粒斑状黑云二长花岗岩（$\eta\gamma^{n}T_3$）、分水岭中（细）粒斑状黑云二长花岗岩（$\eta\gamma^{f}T_3$）、黑岭中粒（多）斑状黑云二长花岗岩（$\eta\gamma^{h}T_3$）组成。主要分布于海南岛西部坝王岭一带。

南宝岩体：岩石类型主要为细粒斑状黑云二长花岗岩。岩石呈细粒似斑状花岗结构，显微文象结构较常见。块状构造为主，局部具定向构造。由于钾长石斑晶分布不均匀，局部出现花岗闪长岩。斑晶含量一般在 10%~30%之间，局部可达 60%以上，而成为多斑状黑云二长花岗岩。矿物组成：石英 25%~31%、斜长石 23%~35%、钾长石 30%~46%、黑云母 4%~8%、角闪石 0~3%。南宝二长花岗岩内部常见包体出现，包体与寄主岩界线清楚，形态多样，包体岩性主要有闪长岩、石英闪长岩、英云闪长岩及细粒花岗岩等。该岩体为壳幔混合成因。南宝岩体侵入晚三叠世东四正长花岗岩中，根据侵入接触关系暂将其侵入时代厘定为晚三叠世。

分水岭岩体：岩石类型主要为细粒、中粒或不等粒斑状黑云二长花岗岩（少量正长花岗岩）。斑晶含量 10%~20%，局部达 40%，斑晶以钾长石为主，个别石英，大小以 0.5cm×1cm ~1cm×2cm 为主，个别达 3cm×4cm。局部钾长石斑晶呈 320°~360°定向排列。矿物组成：石英 25%~30%、斜长石（An11~47）20%~30%、钾长石 34%~41%、黑云母 4%~8%、角闪石 0~2%。岩石中常见闪长岩包体、英云闪长岩包体及富云母包体，包体与寄主岩界线清楚，多呈浑圆状或椭圆状。表明该岩体为壳幔混合成因。分水岭岩体侵入南宝岩体，呈涌动接触。也侵入晚三叠世东四正长花岗岩，接触界线清楚，可见 3~10cm 的细粒边，并可见其岩脉侵入围岩中。前人测得该岩体的锆石 U-Pb 法同位素年龄为 210.8±10Ma（广西区调队，1991），形成时代厘定为晚三叠世。

黑岭岩体：主体岩性为细中粒-中粒（多）斑状黑云二长花岗岩，也见正长花岗岩。岩石呈似斑状花岗结构，块状构造。斑晶为钾长石，含量多达 60%。基质矿物粒径多在 2~4mm 之间，少数小于 2mm。黑云母呈鳞片状或桶状集合体，常见较粗大的角闪石。矿物组成：石英 24%~28%、斜长石24%~30%、钾长石33%~39%、黑云母0~3%及角闪石5%~7%。该岩体为壳幔混合成因。可见其涌动侵入分水岭二长花岗岩，两者之间未见截然的分界线。根据侵入接触关系暂将其侵入时代厘定为晚三叠世。

该组合SiO_2含量在68.62%~75.27%之间，属酸性岩。Na_2O+K_2O含量较高，为5.74%~8.1%。σ值为1.28~2.29；A/CNK为0.95~1.28，根据硅-碱图解（图4-2-60）和SiO_2-K_2O图解（图4-2-61）样品投图结果，岩石整体上属准-过铝质高钾钙碱性岩系。DI值为75.39~91.63，SI值为2.1~11.77，岩浆分异程度较高。稀土元素含量为190.95×10^{-6}~408.42×10^{-6}，平均318.9×10^{-6}，略高于维氏酸性岩值。稀土配分曲线为较陡的右倾曲线，轻稀土段较陡，重稀土段相对较平缓。$(La/Yb)_N$值为3.73~24.27，轻重稀土分异中等，轻稀土分异程度强于重稀土。δEu为0.04~0.52，具中等铕负异常。从南宝二长花岗岩→分水岭二长花岗岩→黑岭二长花岗岩，微量元素Rb、Y、Cu、Pb、Zn、Sn、Cr、Co含量有降低趋势，而Sr、Ba、V则有增高的趋势。微量元素原始地幔标准化蛛网图中，显示出明显的Ba、Nb、Sr-P、Ti负异常和Th-U、Pb、Nd-Zr-Hf-Sm正异常。

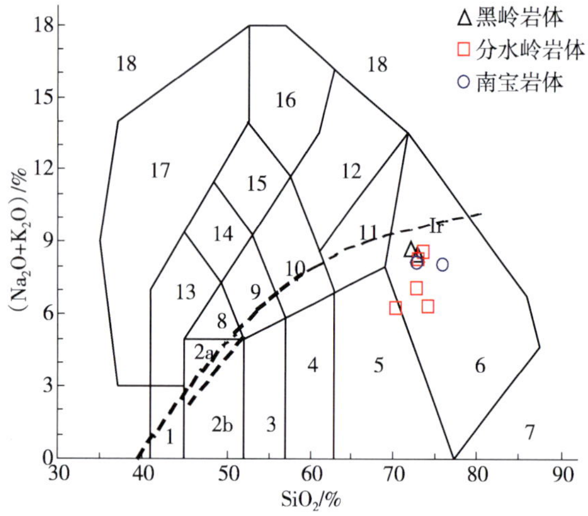

图4-2-60 高钾钙碱性花岗岩组合（T_3）TAS图解

（据Middlemost，1994）

图例同4-2-3图

Ir-Irvine分界线，上方为碱性，下方为亚碱性

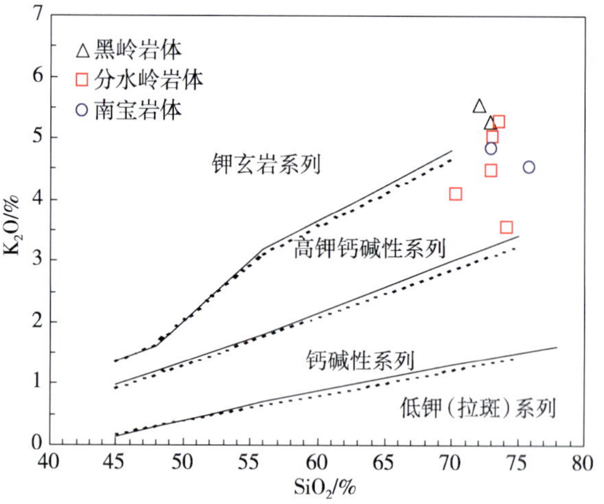

图4-2-61 高钾钙碱性花岗岩组合（T_3）SiO_2-K_2O图解

（三十二）钾玄质花岗岩组合（T_3）

该组合由东四中粗粒角闪黑云正长花岗岩（$\xi\gamma^d T_3$）、苗圃细粒（角闪）黑云二长花岗岩（$\eta\gamma^m T_3$）、五里桥中细粒黑云二长花岗岩（$\eta\gamma^w T_3$）组成。主要分布于儋州市南丰镇、周爸岭-小岭-扎营村一带，总面积约59km²。该组合内各岩体地质特征前面章节已经涉及，在此不再赘述。

该组合SiO_2含量在68.45%~73.97%之间，属酸性岩类。碱质含量较高，K_2O+Na_2O含量7.32%~10.35%。σ值为在1.9~4.5之间，绝大部分样品σ值在2~2.5之间。根据硅-碱图解（图4-2-62）和SiO_2-K_2O图解（图4-2-63），岩石整体上属钾玄岩系列，个别为高钾钙碱性系列；A/CNK为0.91~1.08，岩石整体属准铝质花岗岩。DI值高达81.4~90.2，说明岩浆分异程度较高。稀土总量变化较大，在212.35×10^{-6}~510.98×10^{-6}之间，但绝大部分高于世界酸性岩稀土平均含量。稀土配分模式为铕负异常比较明显的右倾曲线；$(La/Yb)_N$值为3.41~73.37，轻重稀土分异程度较高，轻稀土富集；δEu为0.17~0.56，具中等至较强铕负异常。微量元素方面，从早到晚，Pb、W、Bi、Sb、Ta等元素含量和Rb/Sr、Ba/Sr比值逐渐增加，V、Ni、Zn、Sn、Sr等元素含量有逐渐降低趋势。与维氏酸性岩丰度值相比，Cu、Cr、V、Zn、Au、Ag、As、Sr、Ba、Ta等元素含量偏低，Pb、Sn、Mo、Bi、Rb、Hf 含量偏高。微量元素原始地幔标准化蛛网图中，显示较强的 Ba、Ta-Nb、Sr-P、Eu-Ti 负异常和明显的 Rb、Th-U-K、Pb、Nd-Zr-Hf-Sm 正异常。

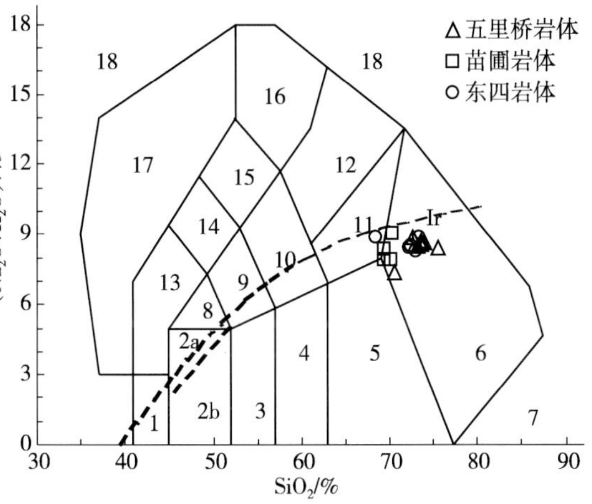

图 4-2-62 钾玄质花岗岩组合（T_3）TAS 图解

（据 Middlemost，1994）

图例同 4-2-3 图

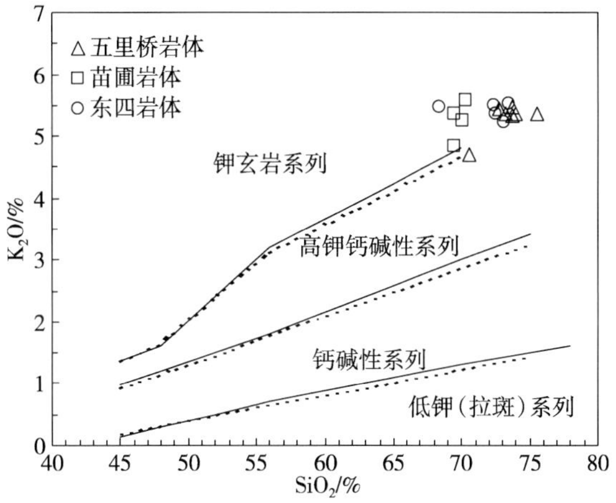

图 4-2-63 钾玄质花岗岩组合（T_3）SiO_2-K_2O 图解

（三十三）高钾钙碱性花岗岩组合（T_3）

该组合由分水岭中（细）粒斑状黑云二长花岗岩（$\eta\gamma^{f}T_3$）、白石岭细粒少斑黑云二长花岗岩（$\eta\gamma^{b}T_3$）、打显村中细粒少斑黑云二长花岗岩（$\eta\gamma^{d}T_3$）组成。主要分布于昌江县三架岭、儋州市洛基以西一带，总面积约 87km^2。打显村岩体脉动侵入晚三叠世白石岭细粒少斑黑云二长花岗岩，两者之间界线清楚，接触带附近发育伟晶岩脉，在内接触带可见后者的捕虏体，并呈岩脉或岩枝状贯入后者中。前人在打显村二长花岗岩中获得 200Ma 的同位素年龄（锆石 U-Pb 法），形成时代厘定为晚三叠世。

分水岭岩体：岩石类型主要为细粒、中粒或不等粒斑状黑云母二长花岗岩（少量正长花岗岩）。其岩石学特征前面已涉及，在此不再赘述。

白石岭岩体：主要岩石类型为细粒少斑黑云二长花岗岩。岩石呈似斑状结构，块状构造，基质为细粒花岗结构，局部见蠕虫结构。斑晶为钾长石，含量 4%，大小 3 mm×5mm，斑晶发育环带构造。基质矿物粒径在 0.5~2mm，分布均匀，斜长石环带构造发育。矿物组成：石英 22%~24%、斜长石（An26~28）34%~38%、钾长石 32%~38%、黑云母 3%~4%。岩体局部见少量的富云母包体、闪长质包体，大小一般为 1 cm×1.5cm，个别达到 5 cm×10cm，包体内偶见钾长石斑晶。该岩体为壳幔混合成因。白石岭二长花岗岩侵入中二叠世大坡中粒斑状黑云二长花岗岩，其接触界面呈锯齿状，且见 5~10cm 的细粒冷凝边，在接触带内侧常见大小不一、不规则的大坡二长花岗岩捕虏体，二者呈超动侵入接触。

打显村岩体：主要岩石类型为中细粒少斑黑云二长花岗岩。岩石具似斑状结构，块状构造。斑晶为钾长石，大小一般 2 mm×4mm，含量 5%。基质为中细粒花岗结构，矿物粒径一般为 0.7~3mm，个别达 4mm。矿物组成：石英 21%~25%、斜长石（An27~30）34%~39%、钾长石 32%~37%、黑云母 3%~5%。该岩体为壳幔混合成因。其与白石岭二长花岗岩接触界线清楚，呈岩脉或岩枝状贯入后者中；打显村二长花岗岩东部与下志留统陀烈组及上石炭统青天峡组接触界线被掩盖，但接触带附近，围岩节理、劈理构造发育，并有一至几十米的角岩化、硅化、绢云母化带，由此推测二者为侵入接触。前人测得该岩体同位素年龄为 200Ma（锆石 U-Pb 法），形成时代厘定为晚三叠世末期。

该组合 SiO_2 含量在70.37%~74.15%之间，Na_2O+K_2O 含量为6.16%~8.53%。σ 值为1.28~2.41，A/CNK 为0.96~1.28，根据硅-碱图解（图4-2-64）和 SiO_2-K_2O 图解（图4-2-65），岩石整体上属高钾钙碱性岩系，部分点位于与钾玄岩系列边界线上。DI 值75.39~90.81，SI 值3.01~8.82，岩浆分异程度较高。稀土元素含量为 190.95×10^{-6}~346.6×10^{-6}，平均 244.78×10^{-6}，略低于维氏酸性岩值，其稀土配分曲线为较陡的右倾曲线，轻稀土段较陡，重稀土段相对较平缓。$(La/Yb)_N$ 值为4.73~36.52，轻重稀土分异中等，轻稀土分异程度强于重稀土。δEu 为0.04~0.5，具中等铕负异常。微量元素原始地幔标准化蛛网图中，显示出明显的 Ba、Nb、Sr-P、Ti 负异常和 Th-U、Pb、Nd-Zr-Hf-Sm 正异常。

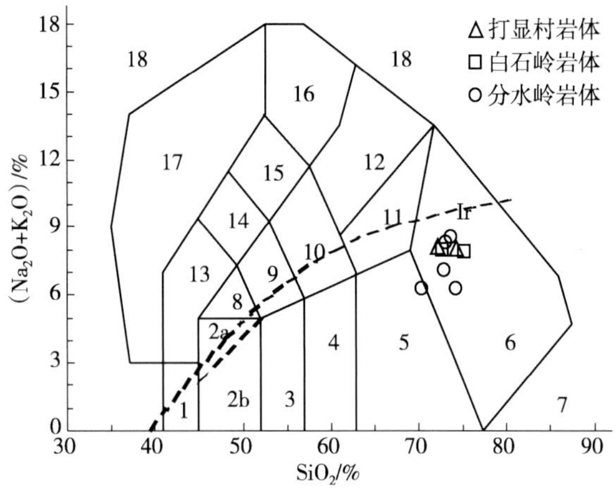

图4-2-64　高钾钙碱性花岗岩组合（T_3）TAS 图解
（据 Middlemost，1994）
图例同4-2-3图

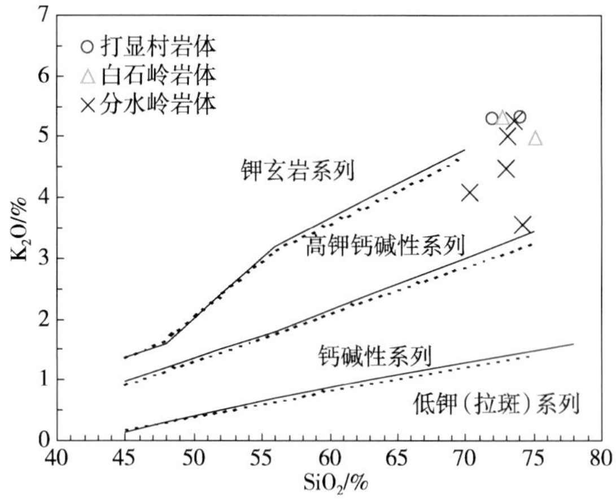

图4-2-65　高钾钙碱性花岗岩组合（T_3）SiO_2-K_2O 图解

（三十四）高钾钙碱性花岗岩组合（T_3）

该组合由迈州岭（$x\gamma\pi^{m}T_3$）碱长花岗斑岩组成。主要分布于琼海市九曲江乡附近的迈州岭及排岭村一带，总面积约3.1km^2。

迈州岭碱长花岗斑岩：岩石呈斑状结构，块状构造。斑晶含量35%~70%。其中，钾长石斑晶含量20%~45%，大小在2mm×3mm~18mm×25mm，呈单晶或连斑产出；石英斑晶含量10%~25%，粒径0.5~0.8mm，自形-半自形六方双锥状，多呈单晶，部分呈集合体，熔蚀结构发育。基质矿物主要为正长石和石英，呈显微粒状结构，粒径小于0.1mm。该岩体侵入下三叠统岭文组中，外接触带出现50~100m 宽的弱角岩化带，又被下白垩统鹿母湾组沉积覆盖，九曲江一带的鹿母湾组底部见大量迈州岭碱长花岗斑岩的砾石。前人在迈州岭碱长花岗斑岩中获钾长石 K-Ar 稀释法年龄213.3Ma（宜昌地矿所，1995），与实际地质侵入关系相符，侵入时代厘定为晚三叠世。

该组合 SiO_2、K_2O 含量分别高达73%和8.7%；而 Na_2O、CaO 含量仅分别为0.19%和0.06%。岩石属高钾钙碱性系列；岩石化学成分特点指示迈洲岭碱长花岗斑岩可能是（变）泥质岩石部分熔融并经过结晶分异形成的产物。稀土元素总量为 702×10^{-6}，是世界酸性岩平均值的两倍多，属稀土强富集型，特别是轻稀土元素总量高达 642×10^{-6}；LREE/HREE=23，$(La/Yb)_N=34$，轻、重稀土分馏比较明显；$(La/Sm)_N=4.6$，$(Gd/Yb)_N=2.8$，轻稀土元素之间分馏程度强于重稀土；δEu=0.22，具强烈负铕异常，稀土元素球粒陨石标化图为略向右倾的翼展型曲线，轻稀土段较陡，重稀土段相对角平缓。与维氏酸性岩丰度值相比，迈洲岭碱长花岗斑岩的 Rb、Hf、Mo、Bi 较高，而 Sr、Li、Be、Ta、Zn、Co、V、Zr 较低；Rb/Sr=13.5，远大于维氏酸性岩的 Rb/Sr 比值；Ba 含量高达 800×10^{-6}，与维氏酸性岩接近，这可能与该岩石中富钾有关；微量元素原始地幔标准化蛛网图中，显示出明显的 Ba、Nb、Sr-P、Ti 负异常和 Pb、Nd、Sm 正异常。

三、侏罗纪-白垩纪侵入岩岩石构造组合特征

（一）碱性辉长岩组合（J_2）

由里茂中细-中粗粒黑云母辉长岩（$\upsilon^{l}J_2$）组成。主要分布于万宁市里茂一带，总面积 0.74km^2。八宝坡正长岩（$\xi^{b}J_2$）与里茂辉长岩毗邻，并脉动侵入里茂辉长岩。

里茂岩体为中细-中粗粒黑云母辉长岩。岩石呈中细粒-中粗粒辉长结构，块状构造。矿物粒径在 0.4~8mm。矿物组成：斜长石（An57~62）33%~47%、单斜辉石 33%~43%、黑云母 10%~17%、正长石 0~2%、角闪石 0~3%。

岩石化学成分特征，其 SiO_2 含量为 41.05%~44.54%，落入超基性岩范畴；Na_2O+K_2O 含量为 2.45%~3.66%。σ 值为 1.05~8.29 之间；K_2O/Na_2O 值为 0.93~1.32，根据硅-碱图解（图 4-2-66）样品投图结果，该组合为橄榄辉长岩或碱性辉长岩，属碱性系列。A/CNK 为 0.41~0.61，属准铝质。岩石的稀土元素总量为 135×10^{-6}~248×10^{-6}。稀土配分模式为较平滑的右倾曲线。轻重稀土分异中等-较明显，LREE/HREE 值 5.6~14.8；δEu 多为 0.64~1.02，多数具弱的负铕异常。岩石的 Rb、K、Th、U、Zr、Hf 等元素含量低。在微量元素蛛网图中具有较明显的 Sr 正异常，P、Ti 负异常不明显。该序列岩石具有较明显的 Ta-Nb 负异常，可能是软流圈岩浆遭受了富集地幔或地壳物质混染的结果。

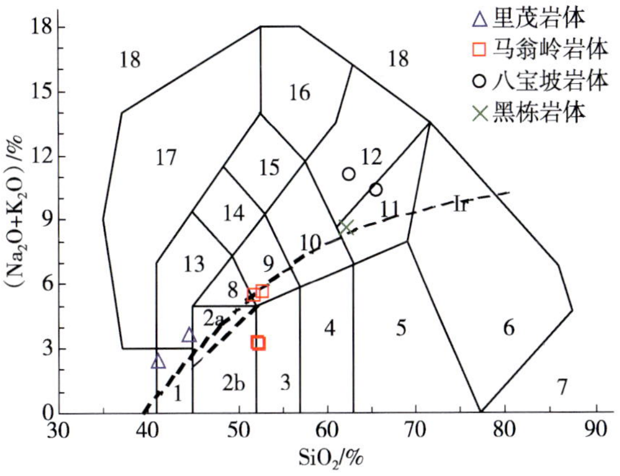

图 4-2-66　碱性辉长岩（J_2）及碱性中性岩组合（J_2）TAS 图解

（据 Middlemost，1994）

图例同 4-2-3 图

（二）碱性中性岩组合（J_2）

该组合由黑栋中细粒石英二长岩（$\eta o^{h}J_3$）、八宝坡巨粒角闪正长岩-石英二长岩（$\xi^{b}J_2$）、马翁岭细中粒辉长闪长岩-二长闪长岩（$\delta^{m}J_3$）组成。主要分布于琼中县-万宁市及白沙县一带，总面积约 75km^2。

黑栋岩体：主要岩性为中细粒石英二长岩。呈中细粒二长结构，块状构造，矿物粒径 0.3~5mm。矿物组成：石英 12%~16%、斜长石 41%~47%、微斜条纹长石 21%~26%、黑云母 8%~17%、角闪石 3%~8%、透辉石 0~1%。

八宝坡岩体：主要岩性为巨粒角闪正长岩和石英二长岩。岩石呈巨粒结构，块状构造，矿物粒径主要为 0.7~4cm。主要由微斜条纹长石 75%~80%、角闪石 10%~12%、斜长石 8%及少量黑云母 1%~2%、石英 3%~4%组成。八宝坡正长岩与里茂辉长岩（$\upsilon^{l}J_2$）毗邻，并脉动侵入里茂辉长岩。前人在八宝坡正长岩中用 SHRIMP 法获得锆石 U-Pb 年龄为 173±2Ma，形成时代厘定为中侏罗世。

马翁岭岩体：岩石类型为细中粒辉长闪长岩-二长闪长岩。岩石呈细粒结构，块状构造。矿物成分为斜长石 57%、钾长石 3%、石英 3%、角闪石 31%及黑云母 5%。前人在马翁岭侵入体中获得 La-ICPMS 锆石 U-Pb 同位素年龄 157Ma，时代厘定为晚侏罗世。

该组合 SiO_2 含量为 51.82%～65.61%，岩石属基性岩类；Na_2O+K_2O 含量变化在 3.19%～11.08%；σ 值为 1.08～3.39，A/CNK 为 0.41～0.96，属准铝质；在硅-碱图中（图 4-2-66），大多数样品落入碱性系列中，个别样品落入亚碱性岩系列中；K_2O/Na_2O 值为 0.93～1.32；K_2O 含量变化大，为 1.39%～5.68%；该组合岩石的稀土元素总量为 79.2×10^{-6}～248.8×10^{-6}；稀土配分模式为较平滑的右倾曲线；轻重稀土分异中等，LREE/HREE 值 5.1～14.8；δEu＝1.02～0.64，具弱的负铕异常。岩石的 Rb、K、Th、U、Zr、Hf 等元素含量低，微量元素蛛网图中具有较明显的 Sr 正异常和 Ta-Nb 负异常，可能是软流圈岩浆遭受了富集地幔或地壳物质混染的结果；初始锶比值较低，为 0.70463；ε_{Nd}（t）较高，为 1.67，与 OIB（洋岛玄武岩）的 Sr、Nd 同位素组成相似，是亏损的软流圈地幔与富集岩石圈地幔混合的产物。

（三）G_2QM 组合（J_3）

该组合从老至新由南山岭中细粒斑状角闪黑云石英二长岩（$\eta o^n J_3$）、椰子园细粒斑状角闪黑云二长花岗岩（$\eta\gamma^y J_3$）、冬瓜岭细粒黑云母二长花岗岩（$\eta\gamma^d J_3$）、架水粗中粒斑状黑云母石英二长岩（$\eta o^j J_3$）、三狮岭中粒（角闪）黑云母正长花岗岩（$\xi\gamma^s J_3$）、马鞍岭（$\xi\gamma^m J_3$）中细-细中粒黑云母正长花岗岩（$\xi\gamma^m J_3$）、长坡中粒黑云母二长-正长花岗岩（$\eta\gamma^{ch} J_3$）组成。主要分布于海南岛三亚市南山，琼中营根镇、什运镇、黎母岭，琼海市长坡镇一带，总面积约 $385km^2$。

南山岭岩体主要岩性为中细粒斑状黑云母石英二长岩，也含石英正长岩。岩石呈似斑状结构，块状构造。钾长石斑晶含量较高，达到 30%～40%，肉红色，大小在 5mm×7mm～15mm×35mm；斜长石斑晶较少，含量在 1%～4%，大小在 4mm×6mm～10mm×15mm。基质中细粒花岗结构，矿物粒径在 0.5～4mm。基质矿物组成：石英 18%～23%、斜长石 25%～33%、微斜条纹长石 40%～49%、黑云母 5%～8%、角闪石 2%～5%。岩石中常见闪长质包体，浑圆状。南山岭岩体被椰子园、冬瓜岭岩体脉动侵入。前人在南山岭二长花岗岩中用全岩 Rb-Sr 法获得等时线年龄为 152.2±6Ma（曾庆銮等，1992），形成时代厘定为晚侏罗世。

椰子园岩体主要岩性为细粒斑状角闪黑云母二长花岗岩。岩石呈似斑状结构，块状构造。斑晶含量在 5%～20%；斑晶成分复杂，除钾长石、斜长石外，还有少量石英、黑云母、角闪石等；斑晶大小在 3mm×4mm～10mm×20mm。基质细粒花岗结构，矿物粒径在 0.5～2mm。矿物组成：石英 20%～25%、斜长石（An34～35）35%～37%、微斜条纹长石 31%～33%、黑云母 5%～9%、角闪石一般 0.5%～1%。岩石中多见闪长质包体，呈浑圆状，大小在 0.6cm×1.5cm～4cm×7cm。岩石为壳幔混合成因。

冬瓜岭岩体主要岩性为细粒黑云母二长花岗岩。岩石呈细粒花岗结，构块状构造。局部含钾长石斑晶，含量<1%，基质矿物粒径在 0.5～2mm。矿物组成：石英 26%～33%、斜长石（An30～38）34%～45%、微斜条纹长石 20%～25%、黑云母多数为 8%～12%、角闪石 0～2%。岩石中含少量闪长质包体，呈浑圆状。岩石为壳幔混合成因。冬瓜岭二长花岗岩侵入中三叠世超盆二长花岗岩。

架水岩体主要岩性为粗中粒斑状黑云母石英二长岩。岩石呈似斑状结构，块状构造。矿物组成：斜长石 25%～45%、钾长石 25%～55%、石英 18%～22%、黑云母 5%～8%及角闪石<8%。斑晶为钾长石，含量在 10%～15%，大小在 5mm×10mm～5mm×25mm。基质呈粗中粒花岗结构，矿物粒径一般 3～5mm，部分 2～3mm 或 5～7mm。被晚期的三狮岭正长花岗岩侵入，两者为脉动侵入接触关系。

三狮岭岩体主要岩性为中粒（角闪）黑云母正长花岗岩，局部中粗粒黑云母正长花岗岩，少量为二长花岗岩。岩石以中粒花岗结构为主，局部中细粒、中粗粒花岗结构，蠕英结构，块状构造。矿物粒径一般为 3～4mm，局部 4～6mm。矿物组成：石英 20%～30%、钾长石 36%～55%、斜长石 18%～35%、黑云母 2%～5%，个别薄片中见有少量角闪石。前人在该岩体中用锆石 U-Pb 法获得年龄 150.3±1.8Ma（海南省地质调查院，2000）、用 SHRIMP 法获得锆石 U-Pb 年龄 151Ma（谢才富，2009），形成时代厘定为晚侏罗世。

马鞍岭岩体岩性为中细-细中粒黑云母正长花岗岩，岩性不均一。岩石呈中细粒、细中粒花岗结构或似斑状结构，局部见细粒文象结构，块状构造。主要岩石类型为中细粒黑云母正长花岗岩，局部细粒斑状黑云母二长-正长花岗岩，两种岩石中均可见有萤石。矿物组成：石英 20%~28%、斜长石（An15~49）18%~30%、钾长石 38%~55%、黑云母 3%~10%及角闪石 0~1%。马鞍岭岩体被南山岭二长岩侵入。前人在马鞍岭正长花岗岩中用 La-ICPMS 法获得锆石 U-Pb 年龄为 142.4±1.0Ma。

长坡岩体岩性为中粒黑云母二长-正长花岗岩。岩石呈中粒花岗结构，块状构造。矿物粒径以 0.5mm~2mm 为主，部分 2mm~5mm，个别达 7mm。矿物组成：斜长石 15%~30%、钾长石 38%~55%、石英 25%~28%、黑云母 3%~5%、少量角闪石 1%~2%。

南山岭、椰子园、冬瓜岭 3 个侵入体 SiO_2 含量为 67.09%~70.58%；Na_2O+K_2O、K_2O 含量以及 σ 值较高，分别为 8.38%~9.21%、5.16%~5.44%和 2.93~3.13；根据硅-碱图解（图 4-2-67）和 SiO_2-K_2O 图解（图 4-2-68），3 个岩体属钾玄岩系列，A/CNK 为 0.89~1.01，属准铝质-弱过铝质。稀土元素总量为 289.1×10^{-6}~303.9×10^{-6}；稀土配分模式为向右陡倾曲线；轻重稀土分异较明显，LREE/HREE 值 16.0~18.9；δEu 为 0.74~0.57，具弱-中等的负铕异常。岩石的 Ba、Sr、Zr、Hf 元素含量较高；在微量元素蛛网图中，显示 Ba、P、Ti 中等-较弱负异常，表明岩浆结晶分异不强；南山岭岩体的初始锶比值较低，为 0.70694；$\varepsilon_{Nd}(t)$ 较高，为-3.58；T_{2DM} 值相对较小，为 1234Ma。结合包体特征，推测岩石为壳幔混合成因。

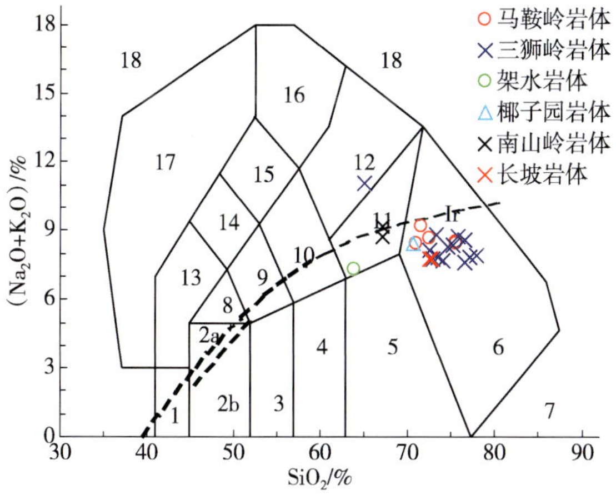

图 4-2-67　G2QM 组合（J_3）TAS 图解
（据 Middlemost，1994）
图例同 4-2-3 图

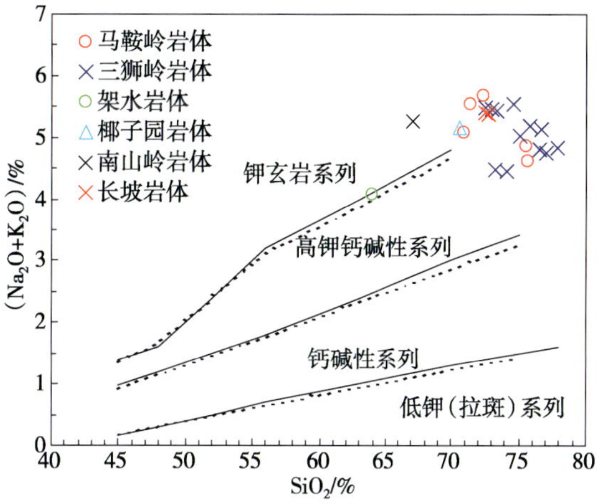

图 4-2-68　G2QM 组合（J_3）SiO_2-K_2O 图解

架水岩体、三狮岭岩体、马鞍岭岩体、长坡岩体 4 个岩体 SiO_2 含量在 62.51%~74.10%之间；Na_2O+K_2O 含量、K_2O 含量以及 σ 值分别为 7.33%~11.88%、4.07%~5.91%和 1.91~6.30；根据硅-碱图解（图 4-2-67）和 SiO_2-K_2O 图解（图 4-2-68）样品投图结果，绝大多数岩石属高钾钙碱性岩系；A/CNK 在 0.88~1.06，岩石属准铝质-弱过铝质。稀土元素总量变化较大，为 93.02×10^{-6}~771.6×10^{-6}；稀土元素配分模式为右倾型曲线；轻重稀土分异不明显；δEu 为 0.2~0.85，铕负异常中等至明显。Rb、Ba、Zr 等元素含量相对较高，从早到晚，其 Rb 含量呈逐渐增大趋势，Rb/Sr 大部分大于 1；在微量元素蛛网图中，显示出明显的 Ba、Nb、Sr-P 及 Ti 负异常，尤其是晚期的马岭正长花岗岩，负异常更是明显，表明岩浆发生了强烈的结晶分异作用。架水岩体、三狮岭岩体、马鞍岭岩体为地壳重熔成因，长坡岩体为壳幔混合成因。

（四）花岗岩组合（J_3）

该组合由三狮岭中粒（角闪）黑云母正长花岗岩（$\xi\gamma^{s}J_3$）、马鞍岭中细-细中粒黑云母正长花岗岩（$\xi\gamma^{m}J_3$）、马岭细粒黑云（二云）母正长花岗岩（$\xi\gamma^{ml}J_3$）组成。主要分布昌江县一带，总面积约 $90km^2$。前二者的岩石学特征前节已有所涉及，在此仅作简述。

三狮岭岩体主要岩性为中粒（角闪）黑云母正长花岗岩，局部中粗粒黑云母正长花岗岩，少量为二长花岗岩。昌江县城附近见三狮岭正长花岗岩侵入石碌二长花岗岩，两者接触界线截然清楚，内接触带见 10~15cm 的冷凝边，并出现伟晶岩囊包体。前人在三狮岭侵入体中获得锆石 U-Pb 年龄 151Ma（海南地质综合勘察院，1993），形成时代厘定为晚侏罗世。

马鞍岭岩体岩性为中细-细中粒黑云母正长花岗岩，岩性不均一，岩石呈中细粒、细中粒花岗结构或似斑状结构，局部见细粒文象结构，块状构造。该岩体侵入早二叠世石碌二长花岗岩，被马岭正长花岗岩侵入。

马岭岩体主要岩性为中细粒黑云（二云）母正长花岗岩，局部为二长花岗岩。细粒-中细粒花岗结构，局部文象结构，块状构造。矿物由微斜条纹长石、斜长石、石英、黑云母及白云母组成。矿物粒径在 0.5~2mm，矿物分布较均匀，矿物组成：石英 25%~36%、钾长石 48%~57%、斜长石（An8~32）12%~23%、黑云母 0~5%及白云母 0~3%。副矿物中，普遍含萤石，个别岩石薄片中萤石含量达 0.5%~1%，马岭侵入体中多见萤石、钨铍矿化等，为与稀有、有色金属矿化有关的花岗岩类岩石。马岭正长花岗岩侵入的最新岩体为晚侏罗世马鞍岭二长花岗岩。

该组合 SiO_2 含量在 62.81%~77.3%之间；Na_2O+K_2O 含量、K_2O 含量以及 σ 值较高，分别为 6.99%~8.81%、3.61%~5.85%和 1.45~5.61；根据硅-碱图解（图 4-2-69）和 SiO_2-K_2O 图解（图 4-2-70）样品投图结果，岩石整体上属高钾钙碱性岩系，个别落在钾玄岩系列区域内；A/CNK 在 0.89~1.07，岩石属准铝质-弱过铝质。稀土元素总量变化较大，为 93.02×10^{-6}~771.6×10^{-6}；稀土元素配分模式为右倾型曲线；轻重稀土分异不明显；δEu 为 0.2~0.85，铕负异常中等至明显。该组合岩石的 Rb、Ba、Zr 等元素含量相对较高，从早到晚，其 Rb 含量具逐渐增大趋势，Rb/Sr 大部分大于 1；微量元素蛛网图中，显示出明显的 Ba、Nb、Sr-P 及 Ti 负异常，尤其是晚期的马岭正长花岗岩，负异常更是明显，表明岩浆发生了强烈的结晶分异作用。该组合各岩体属地壳重熔成因。

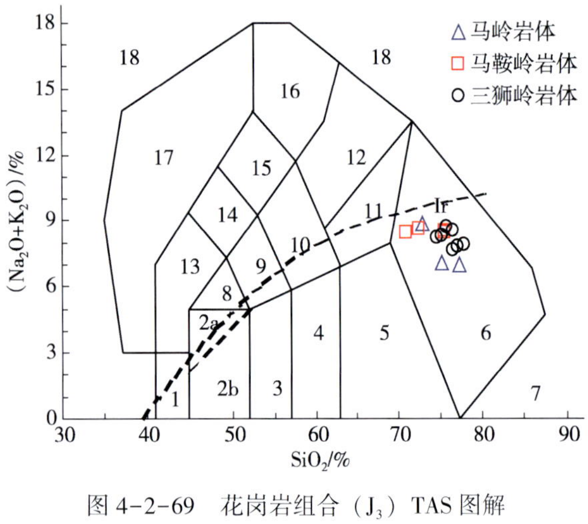

图 4-2-69 花岗岩组合（J_3）TAS 图解

（据 Middlemost，1994）

图例同 4-2-3 图

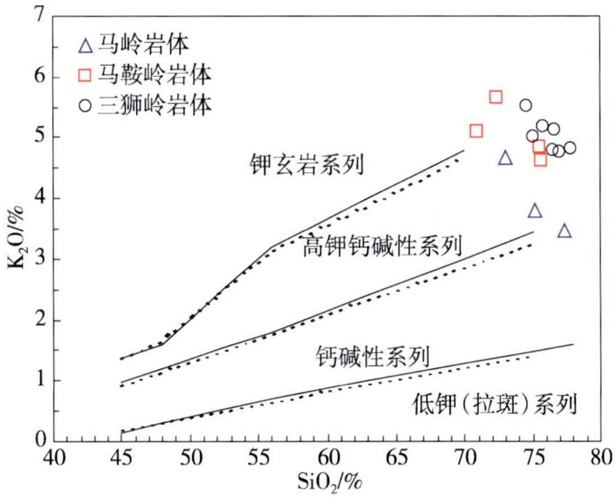

图 4-2-70 花岗岩组合（J_3）SiO_2-K_2O 图解

（五）G_1G_2-ν-δ-ξ-QM 组合（K_1）

该组合从老至新由廖次岭细中-粗中粒（含斑）黑云母二长花岗岩（$\eta\gamma^{l}K_1$）、税町细中粒角闪黑云花岗闪长岩（$\gamma\delta^{s}K_1$）、抱跃细中粒少斑-斑状角闪黑云二长花岗岩-花岗闪长岩（$\eta\gamma^{b}K_1$）、阜石斗细中粒黑云母二长花岗岩（$\eta\gamma^{f}K_1$）、拉丁村细粒辉长岩（νK_1）、番通中粗粒-细粒多斑状角闪黑云石英正长岩（$\xi o^{p}K_1$）、闪长斑岩（$\delta\pi K_1$）、花岗闪长斑岩（$\gamma\delta\pi K_1$）、花岗斑岩（$\gamma\pi K_1$）组成。主要分布于琼南保亭、三亚、乐东一带，总面积约 440km^2，除廖次岭岩体外，其余岩体往往与同安岭、牛腊岭盆地内的火山岩相伴而生。

廖次岭岩体：岩性为细中粒-粗中粒含斑黑云母二长花岗岩。岩石呈细中粒-粗中粒含斑结构，块状构造，岩石由于构造作用常显叶理（片麻状）构造和较弱的线理构造，并呈糜棱岩化或糜棱结构。斑晶为钾长石，含量一般<3%，大小在 6mm×10mm～10mm×15mm。基质矿物粒径在 1～7mm，矿物组成：石英 28%～35%，他形粒状；斜长石（钠-奥长石）25%～29%，半自形板柱状，环带不发育；微斜条纹长石 38%～46%，半自形-他形板状；黑云母 2%～6%，鳞片状-条纹状。岩石中含少量微粒闪长质包体。结合各种特征，主张该岩体为 S 型花岗岩。前人在廖次岭二长花岗岩中获得锆石 U-Pb 法年龄 138±6Ma。

税町岩体：岩性为细中粒角闪黑云母花岗闪长岩，局部为二长岩、闪长岩。岩石呈中细粒花岗结构，块状构造。矿物粒径在 0.5～4mm，局部含少量（<2%）钾长石斑晶，大小在 4mm×5mm～6mm×7mm。矿物组成：石英 21%～25%，他形粒状；斜长石 40%～56%，半自形板柱状，环带发育；微斜条纹长石 105～26%，半自形-他形板状；黑云母 4%～12%，半自形-他形鳞片状-丛状；角闪石 3%～5%；普通辉石 0～0.5%。该岩体为壳幔混合成因。前人在税町花岗闪长岩中用全岩-内部矿物 Rb-Sr 等时线法获得年龄为 112±7Ma。

抱跃岩体：岩性为细中粒少斑-斑状角闪黑云二长花岗岩-花岗闪长岩。岩石呈细中粒似斑状花岗结构，块状构造。斑晶为钾长石，含量 5%～15%，一般 8%～12%左右，大小在 6mm×8mm～10mm×25mm。基质矿物粒径在 1～5mm，矿物组成：石英 22%～29%、斜长石（An18～45）20%～40%、微斜条纹长石 24%～43%、黑云母 3%～6%、角闪石 2%～6%。见大量微粒闪长质包体，呈浑圆状，其中偶见含有长石、石英捕掳晶。该岩体为壳幔混合成因。前人在抱跃岩体中用全岩 Rb-Sr 等时线法获得年龄为 107±1Ma。

阜石斗岩体：岩性为细中粒黑云母正长花岗岩。岩石呈细或细中粒花岗结构，块状构造。矿物粒径在 0.5～4.5mm。矿物组成：石英 23%～35%、斜长石（An15～29）16%～30%、微斜条纹长石 40%～50%、黑云母 2%～7%。该岩体为壳幔混合成因。

拉丁村岩体：产于早白垩世同安岭及牛腊岭火山盆地中或其旁侧，呈小岩株或岩墙产出，为潜火山相或火山通道相产物，与玄武质及玄武安山质火山岩浆活动有关。该岩体主要岩性为细粒辉长岩，也见辉长闪长岩、石英辉长岩，岩石呈细粒结构，块状构造。矿物组成：斜长石 55%～64%、辉石 4%～21%、角闪石 15%～20%、黑云母 8%～12%、微斜长石 2%～7%、石英 2%～8%组成。该岩体为壳幔混合成因。拉丁村侵入体侵入三叠纪超盆二长花岗岩，被早白垩世抱跃二长花岗岩所侵入，前人在拉丁村侵入体中用 La-ICPMS 锆石 U-Pb 同位素获得年龄值 97.2±1.6Ma，暂将其时代定为早白垩世。

番通岩体：主体岩性为中粗粒-细粒多斑状（角闪）黑云母石英正长岩，也见石英二长岩。岩石呈中粗粒或细粒多斑状结构，块状构造。前者矿物粒径主要在 1～6.5mm；后者斑晶含量可达 70%～75%，斑晶粒径在 1～8.5mm，斑晶主要为钾长石，少量斜长石和石英。基质矿物粒径在 0.1～0.5mm，矿物组合：石英 5%～12%，斜长石（An20～30）18%～36%，微斜条纹长石（正长石）51%～67%，黑云母 3%～6%，普通角闪石 0～4%。岩石中可见少量微粒闪长质包体，呈浑圆状。该岩体为壳幔混合成因。番通石英正长岩侵入三叠纪超盆二长花岗岩及下白垩统六罗村组、岭壳村组。前人用SHRIMP法获得锆石U-Pb年龄为106±3Ma（宜昌地质矿产研究所，海南省地质调查院，2004），形成时代厘定为早白垩世。

闪长斑岩：该类型岩石分布广泛，呈脉岩或小岩株。岩石呈斑状结构或微细粒结构，块状构造。斑晶主要为斜长石、角闪石。基质矿物组成主要为角闪石、斜长石、黑云母、辉石，可有少量石英。

花岗闪长斑岩、花岗斑岩。岩石呈斑状结构，块状构造，斑晶主要为石英、钾长石、斜长石，有的有黑云母和角闪石斑晶。基质为显微隐晶质或微细粒结构。

该组合 SiO_2 含量变化较大，在49.89%～77.96%之间；Na_2O+K_2O 含量为2.38%～11.35%；K_2O 含量多数为0.89%～5.2%，个别高达6.62%；σ 值为0.52～3.81；根据硅-碱图解（图4-2-71）和 SiO_2-K_2O 图解（图4-2-72）样品投图结果，除番通岩体属碱性系列外，其余岩体绝大多数属高钾钙碱性系列，少数属钾玄岩系列；A/CNK为0.64～2.83，岩石属准铝质-强过铝质岩，总体上从早至晚，A/CNK值略增大。岩石的稀土元素总量大部分在 57.6×10^{-6}～384.2×10^{-6} 之间变化；稀土元素配分模式为右倾型曲线。轻重稀土分异中等-较明显，LREE/HREE值7.1～35.9；δEu为1.27～0.24，多数具弱-较强的负铕异常，个别具正铕异常；微量元素蛛网图中显示出Ba、Nb-Ta、Sr-P、Ti负异常，而K、Sr、Pb、Nd-Zr-Hf为正异常。税町花岗闪长岩初始锶比值较低，为0.70510；抱跃二长花岗岩初始锶比值为0.7077；阜石斗正长花岗岩初始锶比值为0.70859，$\varepsilon_{Nd}(t)$ 较高，为-4.41。番通石英正长岩初始锶比值为0.70787～0.70822，$\varepsilon_{Nd}(t)$ 较高，为-4.86～-4.97；T_{2DM} 值相对较小，为1310～1301Ma。

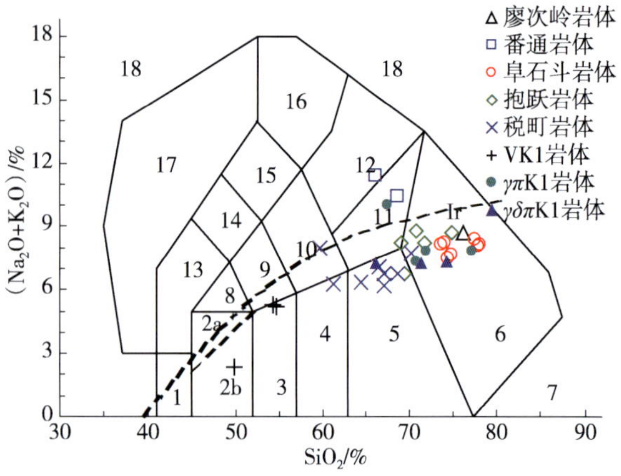

图4-2-71　G_1G_2-ν-δ-ξ-QM组合（K_1）TAS图解

（据Middlemost，1994）

图例同4-2-3图

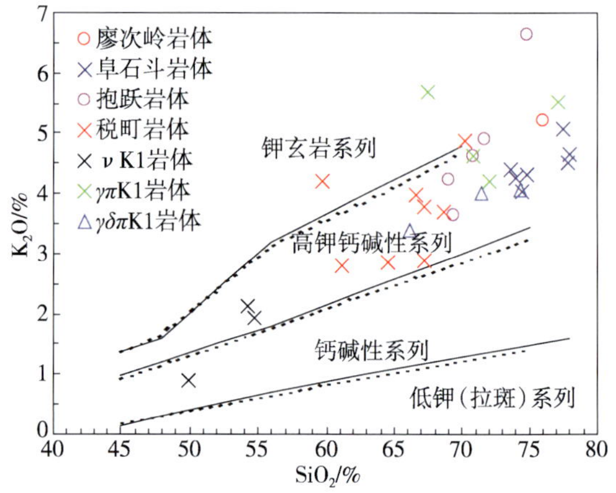

图4-2-72　G_1G_2-ν-δ-ξ-QM组合（K_1）SiO_2-K_2O 图解

（六）花岗岩组合（K_1-K_2）

本组合由半岛中粗粒角闪黑云正长花岗岩（$\xi\gamma^bK_1$）、吊罗山粗中粒（含斑）黑云母正长花岗岩（$\xi\gamma^dK_2$）、大岭花岗斑岩（$\gamma\pi^dK_2$）、洋淋岭花岗斑岩（$\gamma\pi^yK_2$）组成。主要分布于琼西北的昌江县、昌化大岭、南牙村、海头一带，总面积约110km²。

半岛岩体：主体岩石类型为中粗粒角闪黑云正长花岗岩。岩石呈粗粒或中粗粒花岗结构，块状构造。矿物组成：微斜条纹长石39%～50%；斜长石12%～37%，常具有净边环带，常被微斜条纹长石包裹，并在边部出现蠕英石；石英18%～38%；黑云母1%～6%；角闪石1%～2%。副矿物以富含褐帘石为特征，最大颗粒0.3～1.5mm。岩石中偶见有闪长质暗色包体。该岩体侵入早二叠世石碌二长花岗岩和中二叠世通什二长花岗岩。前人在半岛侵入体中利用K-Ar法同位素测得年龄为

131.7Ma（宜昌地调所，1995），形成时代厘定为早白垩世。

吊罗山岩体：岩性主要为粗中粒（含斑）黑云母正长花岗岩。岩石呈粗中粒似斑状结构，块状构造。斑晶为钾长石，粉红色，大小在 0.5cm×0.7cm～1cm×2.2cm，含量一般<5%，多为 2%～3%，岩体中心部位斑晶含量逐渐增多，可达 10%。基质矿物粒径在 2～5mm。矿物组成：石英 20%～36%；钾长石 31%～68%；斜长石 18%～28%；黑云母 3%～5%。岩石中偶见微粒闪长质包体，呈浑圆状。前人在吊罗山岩体中获得 90.1±0.1Ma 的 Rr-Sr 同位素年龄。

洋淋岭岩体：岩性为花岗斑岩，岩石呈斑状结构，块状构造，斑晶含量 12%～35%，斑晶主要由钾长石、斜长石、石英构成，有时可有黑云母甚至角闪石斑晶。基质为隐晶质或微细粒结构，局部为玻璃质，常见球粒结构、花斑结构、蠕英结构，主要由长英质构成。

大岭岩体：主要岩石类型为花岗斑岩，呈斑状结构，块状构造，斑晶为斜长石和少量黑云母，偶尔见钾长石和石英，含量约 15%～20%。前人在大岭岩体中获得了 94.6Ma 的 K-Ar 同位素年龄。

该组合 SiO_2 含量为 69.52%～77.09%，属酸性岩类；Na_2O+K_2O 含量为 7.56%～8.74%，K_2O 含量为 4.4%～5.74%；σ 值为 2.11～2.62，根据硅-碱图解（图 4-2-73）和 SiO_2-K_2O 图解（图 4-2-74）样品投图结果，大多数岩石属高钾钙碱性系列，部分位于高钾钙碱性系列与钾玄岩系列的边界附近；A/CNK 在 0.96～1.04 之间，多数岩石属准铝质-弱过铝质。岩石的稀土元素总量变化较大，为 46.90×10^{-6}～410.58×10^{-6}；稀土配分模式为向右倾斜的曲线；轻重稀土分异中等，LREE/HREE 值 3.2～18.61；δEu 为 0.02～1.03，具中等-较强负铕异常。微量元素蛛网图具 Rb、Th-U-K、Pb、Nd-Zr-Hf-Sm 正异常和 Ba、Nb-Ta、P、Ti 负异常。该组合各岩体都属于壳幔混合来源。

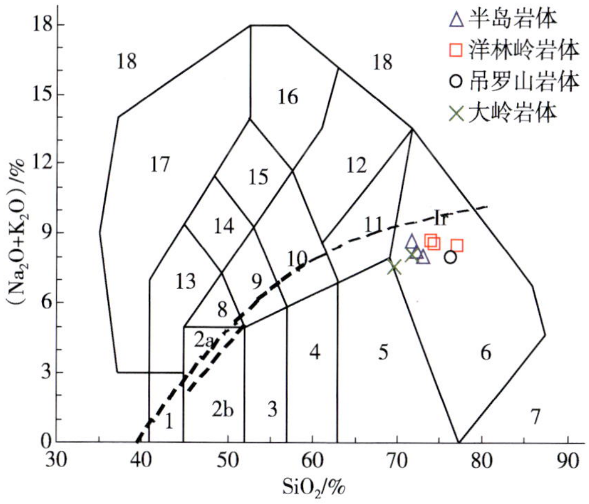

图 4-2-73　花岗岩组合（J_3）TAS 图解
（据 Middlemost，1994）
图例同 4-2-3 图

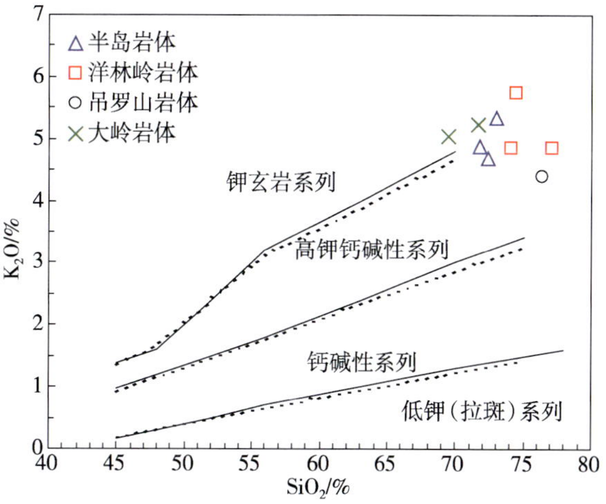

图 4-2-74　花岗岩组合（J_3）SiO_2-K_2O 图解

（七）G_1G_2-ν-QM-δ 组合（K_2）

该组合从老至新由乌石细粒辉长岩（$\upsilon^{w}K_2$）、加茂中细粒角闪黑云花岗闪长岩（$\gamma\delta^{j}K_2$）、保亭细中粒斑状（少斑）角闪黑云二长花岗岩-花岗闪长岩（$\eta\gamma^{bt}K_2$）、六弓中粒斑状（角闪）黑云二长花岗岩（$\eta\gamma^{lg}K_2$）、双顶岭中粒斑状（角闪）黑云正长花岗岩（$\xi\gamma^{s}K_2$）、高通岭细粒黑云母正长花岗岩（$\xi\gamma^{g}K_2$）、新村细中粒少斑-斑状（角闪）黑云二长花岗岩（$\xi\gamma^{x}K_2$）、吊罗山粗中粒（含斑）黑云母正长花岗岩（$\xi\gamma^{d}K_2$）、大小岭中细粒黑云母正长花岗岩（$\xi\gamma^{dx}K_2$）、龙楼中粒斑状黑云正长花岗岩（$\xi\gamma^{l}K_2$）、火烧岭细粒黑云母二长花岗岩（$\eta\gamma^{h}K_2$）、洋淋岭花岗斑岩（$\gamma\pi^{y}K_2$）、大岭花岗斑岩（$\gamma\pi^{d}K_2$）组成。大致呈北东向分布于白沙断裂带以东的澄迈县中兴镇、文昌市东阁镇-

铜鼓岭、屯昌县枫木镇、定安县中瑞农场、白沙县青松乡、琼海牛路岭水库、五指山、保亭县、乐东千家镇一带，总面积约 3180km^2。

乌石岩体：呈小岩体分布，主要岩性为细粒辉长岩。岩石呈辉长结构，块状构造。矿物粒径在 0.2~1.5mm，矿物组成：斜长石 33%~47%、单斜辉石高达 34%、黑云母 0%~10%、正长石 0~2%、角闪石 0~15%。在与早期岩体接触带附近，接触带内侧常见“混染”现象（即含有来自围岩的钾长石、斜长石、石英等捕掳晶）。该岩体为幔源成因。

加茂岩体：主要岩性为中细粒角闪黑云花岗闪长岩，也见闪长岩。岩石呈细中粒结构，块状构造。矿物粒径在 0.5~4.5mm。矿物组成为：石英 20%~28%，他形粒状；斜长石 35%~48%，半自形板柱状，环带发育；微斜条纹长石 13%~22%，半自形板状-他形；黑云母 4%~8%，半自形鳞片状-他形丛状；角闪石 3%~6%；普通辉石 0~0.5%。岩石中普遍含有微粒闪长质包体，为幔源成因。前人在该岩体中测得同位素年龄为：锆石 U-Pb 年龄 100.9±1.3Ma、97.1±1.0Ma（海南省地质调查院，2000）；全岩-黑云母 Rb-Sr 法等时线年龄 96.9±0.2Ma、94.4±0.2Ma（马大铨等，1991）；La-ICPMS 法锆石 U-Pb 年龄为 102.0±2.5Ma（海南省地质调查院，2009）。加茂岩体常与保亭岩体、六弓岩体构成环状复式岩体，前者往往处于环的外侧。

保亭岩体：主体岩性为细中粒含斑角闪黑云母二长花岗岩，也见花岗闪长岩。岩石呈细中粒似斑状（含斑）结构，块状构造。斑晶为钾长石，灰白色-略带浅粉红色，含量在 2%~5%，大小在 3mm×7mm~5mm×10mm。基质矿物粒径在 0.5~5mm。矿物组成：石英 20%~30%；斜长石（An 20~36）30%~44%，环带构造发育；钾长石 24%~35%；黑云母 3%~7%；角闪石 1%~6%。岩石中含少量闪长质包体，含量明显要比加茂岩体中的包体含量少，包体呈浑圆状，其中常含有长石、石英捕掳晶。该岩体侵入加茂花岗闪长岩，接触界线内见有细粒边。前人在该岩体中获得年龄 87Ma（U-Pb）和 94±1 Ma（Rb-Sr）。

六弓岩体：主体岩性为粗中粒斑状黑云母二长花岗岩，局部为正长花岗岩。岩石呈粗中粒-细中粒似斑状结构，块状构造。斑晶为钾长石，肉红色，含量 10%~35%。基质矿物粒径一般在 1~5mm。矿物组成：石英 21%~30%；斜长石（An20~38）22%~40%；钾长石 27%~44%；黑云母 3%~7%；角闪石 0~1%。前人用全岩及黑云母 Rb-Sr 法测得年龄为 96±0.4Ma 及 93.3±0.3Ma（马大铨等，1991），La-ICPMS 法测得锆石 U-Pb 年龄为 107.6±1.9Ma。

双顶岭岩体：主体岩性为中粒斑状黑云母正长花岗岩。岩石呈中粒似斑状花岗结构，块状构造。矿物组成：钾长石 45%~65%、斜长石 10%~18%、石英 20%~25%、黑云母 2%~8%、角闪石 0~2%。斑晶为钾长石，含量约 5%~12%。该岩体被高通岭细粒黑云母正长花岗岩侵入，两者之间接触界线清楚，两侧未见蚀变或冷凝边等现象出现。

高通岭岩体：主体岩性为细粒黑云母正长花岗岩。岩石具细粒花岗结构，块状结构。矿物粒径在 0.2~2mm。矿物组成：钾长石 45%~65%；斜长石 10%~30%；石英 20%~25%；暗色矿物主要为黑云母，含量 1%~3%。前人用锆石 U-Pb 法测得年龄为 95.6±1.6Ma（海南省地质调查院，2000）。

新村岩体：主体岩性为细中粒少斑-斑状（角闪）黑云二长花岗岩，局部为花岗闪长岩。岩石呈细中粒似斑状结构，局部为少斑或含斑结构，块状构造。斑晶为钾长石，含量在 5%~12%之间，含少量石英斑晶。基质矿物粒径在 1~5mm，矿物组成：石英 20%~25%；斜长石（An25~27）29%~35%；微斜条纹长石 38%~41%；黑云母 3%~5%；角闪石分布不均有，含量在 0~3%之间。空间分布上与吊罗山粗中粒含斑黑云母正长花岗岩、大小岭中细粒黑云母正长花岗岩构成套环状杂岩体。由于覆盖严重，该岩体与其余二岩体之间的侵入接触关系均未发现。前人在新村正长花岗岩中用全岩 K-Ar 稀释法测得年龄为 90±1Ma 及 93±1Ma（南京地质矿产研究所，1996）。

吊罗山岩体：主体岩性为粗中粒含斑黑云母正长花岗岩，局部为二长花岗岩和石英二长岩。岩石呈粗中粒似斑状结构，块状构造。斑晶为钾长石，粉红色，含量一般<5%，多为 2%~3%。基质矿物粒径在 1.5~8mm 之间，以 2~5mm 为主。基质矿物组成：石英 20%~36%；钾长石 31%~

68%；斜长石 18%~28%；黑云母 3%~5%。该岩体为壳幔混合成因，岩石中偶见微粒闪长质包体，呈浑圆状，大小在 1cm×2cm~6cm×8cm，包体中常含有长石、石英捕掳晶。吊罗山正长花岗岩侵入中三叠世长安辉长岩。前人测得同位素年龄为 88±1Ma（全岩-黑云母 Rb-Sr 法，马大铨等，1991），La-ICPMS 法锆石 U-Pb 年龄为 95.8±1.5Ma。

大小岭岩体：主体岩性为中细粒黑云母正长花岗岩，局部见二长花岗岩。岩石呈中细粒花岗结构，块状构造。矿物粒径在 0.3~4mm。矿物组成：石英 20%~33%；斜长石（An20~25）11%~25%；钾长石 45%~65%；黑云母 1%~2%。大小岭正长花岗岩侵入的最新岩体为吊罗山正长花岗岩。前人测得锆石 U-Pb 表面年龄为 82Ma（海南地质综合勘查院，2000），与实际侵入接触关系相符。

龙楼岩体：主体岩石类型为中粒斑状黑云母正长花岗岩，岩石呈似斑状结构，块状构造。斑晶成分为钾长石，含量在 5%~10%。基质矿物组成：钾长石 40%~47%、石英 25%~30%、斜长石 20%~25%、黑云母 3%~6%和角闪石 0~1%。岩石中普遍见闪长质包体，包体呈黑灰色，透镜状或浑圆状。前人在龙楼侵入体中用 La-ICPMS 法测得锆石 U-Pb 年龄为 65.4Ma（海南省地质调查院，2009）。

火烧岭岩体：主体岩性为细粒黑云母二长花岗岩，岩石呈细粒花岗结构，块状构造。矿物粒径在 0.3~2mm。矿物组成：钾长石 30%；斜长石 35%~38%；石英 20%~22%；黑云母 10%；人工重砂分析结果显示火烧岭二长花岗岩中有少量辉石存在。前人测得锆石 U-Pb 同位素年龄为 67.0±0.9Ma（海南省地质调查院，2000）。

洋淋岭花岗斑岩、大岭花岗斑岩：岩石学特征前节已述。前人在洋淋岭花岗斑岩中获得全岩 K-Ar 年龄为 66Ma（宜昌地质矿产研究所、海南省地质调查院，2004）。

该组合 SiO_2 含量变化较大，为 51.52%~78.47%，属中性岩类-酸性岩类；Na_2O+K_2O 含量为 5.73%~8.58%，K_2O 含量为 2.47%~9.85%；σ 值为 1.88~4.44；根据硅-碱图解（图 4-2-75）和 SiO_2-K_2O 图解（图 4-2-76）样品投图结果，绝大多数岩石属高钾钙碱性系列，少数岩石属钾玄岩系列和碱性系列；A/CNK 为 0.86~1.45，多数岩石属准铝质-弱过铝质。岩石的稀土元素总量变化较大，为 46.90×10^{-6}~410.58×10^{-6}；稀土配分模式为向右倾斜的曲线；龙楼、火烧岭岩石稀土配分模式显示 $(La/Yb)_N$ 值为 1.87~32.6，属于轻稀土富集型；轻稀土段较陡，$(La/Sm)_N$ 值为 1.77~6.2，轻稀土分异明显，重稀土段平缓，$(Gd/Yb)_N$ 值为 0.79~2.7，轻稀土元素之间分馏程度明显强于重稀土。其他的轻重稀土分异中等-较高负铕异常，LREE/HREE 值 3.2~20.47；δEu 为 0.02~1.03，具弱-中等-较强的负铕异常。原始地幔微量元素标准化蛛网图显示，乌石岩体在蛛网图上显示出弱的 Th、Ta、Zr-Hf 负异常和 Ba、Pb、Sr、Ho 正异常；加茂、加茂、六弓、双顶

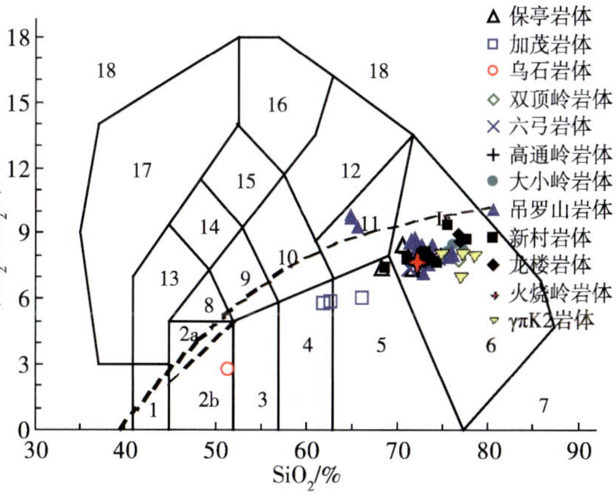

图 4-2-75　G1G2-ν-QM-δ 组合（K_2）TAS 图解

（据 Middlemost，1994）

图例同 4-2-3 图

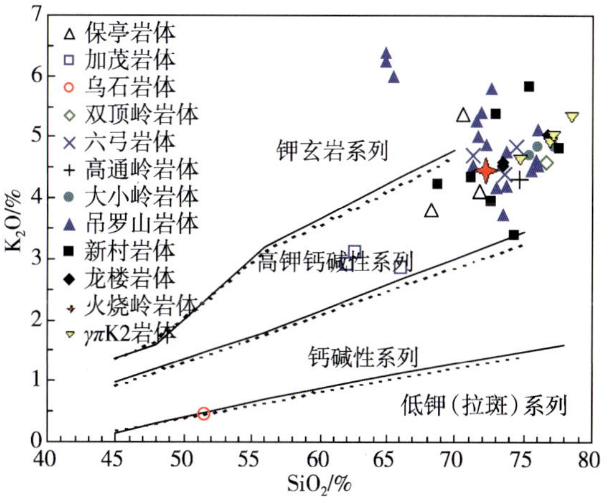

图 4-2-76　G1G2-ν-QM-δ 组合（K_2）SiO_2-K_2O 图解

岭、高通岭、新村、吊罗山、大小岭岩体在蛛网图中显示出 Rb、Th-U-K、Pb、Nd-Zr-Hf-Sm 正异常和 Ba、Nb-Ta、P、Ti 负异常；龙楼、火烧岭、洋淋岭、大岭岩体在蛛网图中显示出较明显的 Ba、Ta、Nb、Ti 负异常和 Rb、Th-U-K、Pb、P、Nd-Zr-Hf-Sm 正异常。该组合除乌石岩体为幔源成因外，其余岩体都为壳幔混合成因。

第三节　构造岩浆旋回与构造岩浆岩带

一、构造岩浆旋回

海南岛总体上经历了 6 个地质演化阶段，分别为：①中元古代结晶基底形成阶段（即早晋宁期运动）；②新元古代陆缘裂解与造山阶段（即晚晋宁期运动）；③早古生代陆缘裂解与造山阶段（即加里东期运动）；④新古生代-三叠纪陆缘裂解与造山作用阶段；⑤侏罗纪-白垩纪陆缘弧演化阶段；⑥新生代陆缘裂谷阶段。除最后一个阶段暂未发现明显的岩浆侵入作用外，其余 5 个阶段都伴随强度不同的岩浆侵入事件，其中以第三和第四阶段岩浆侵入事件最为强烈。

（一）中元古代构造岩浆旋回

海南岛中元古代构造岩浆活动总体受控于 Rodinia 超大陆形成过程中各地体的碰撞拼贴事件（很可能为华夏地体群内部某些块体的聚合）。地体的碰撞拼贴使得地壳物质局部发生重熔，形成以片麻状二长花岗岩为主体岩性的壳源型钙碱性花岗岩体，即片麻状花岗闪长岩和二长花岗岩，并侵位于中元古界围岩。中元古代花岗岩含铝指数 A/CNK 为 1.15~1.41，属强过铝质岩石；里特曼指数（σ=1.04~1.57），碱铝指数（NKA）=0.48~0.76，属于钙碱性；微量元素以强烈富集 Rb、Ba、K、U、Th、Pb，亏损 P、Sr、Ti、Nb、Ta 为特征。岩石学和岩石地球化学特征均表现出壳源造山花岗岩特征。

海南岛中元古代侵入岩面积较小，仅在琼西抱板、公爱一带见及，目前也仅发现中元古代同碰撞环境下侵位的片麻状黑云母二长花岗岩，未发现洋俯冲、后碰撞等环境下形成的侵入岩，因此侵入构造岩浆旋回表现不明显。是否因为后期强烈的岩浆侵入作用，导致部分中元古代侵入岩被吞噬，还不得而知，这也导致该构造岩浆旋回中构造-岩浆演化的方向和规律无法探究。

（二）新元古代构造岩浆旋回

在经历发生于 1.4Ga±强烈的早晋宁构造运动之后，海南岛褶皱隆升，结晶基底形成，至 830 Ma±发生晚晋宁运动期间，海南岛基本表现为稳定的陆块（仅石碌地区发生了裂解）。期间有基性岩侵入，已变质为斜长角闪岩，在琼东屯昌县中建农场公庙一带，呈岩株状侵入戈枕村组（Ch*g*）中，而在琼西一带常呈岩脉状侵入戈枕村组（Ch*g*）、峨文岭组（Ch*e*），侵入年龄为 975±8.6Ma（本章第二节已述），其中 SiO_2 含量为 49.94%~52.53%，属基性岩类，含铝指数 A/CNK 为 0.61~0.64，组合指数（里特曼指数）σ 为 1.54~1.55，属钾玄岩系列，$\varepsilon_{Nd}\approx+6$，暗示原岩来自亏损地幔。除此之外，经马大铨等人研究，分布于峨文岭组中的变粒岩的原岩为酸性岩脉，侵入时代约 995±20Ma，与上述基性岩形成年龄一致，可能暗示了该时期存在双峰式侵入事件。综合岩石学和岩石地球化学等特征，认为该时期处于大陆伸展环境。新元古代侵入岩分布太少，构造岩浆旋回表现不明显，其岩浆演化的方向和规律不易探究。

（三）早古生代（加里东）构造岩浆旋回

加里东构造运动，海南岛地壳以垂直隆升作用为特点，导致海南岛地区南面三亚地区隆升为陆。海南岛该时期侵入岩主要为保梅岭（$\xi\gamma^{b}D_3$）中粗粒黑云母正长花岗岩，分布于海南岛西部昌江县保梅岭北坡、西线公路以南一带。其 SiO_2 含量为 71.5%~77.23%，MgO 含量为 0.03%~0.53%、CaO 含量为 0.46%~1.8%，富硅碱、贫镁钙；碱铝指数 NKA 为 0.77~0.92，组合指数（里特曼指数）σ 为 2.18~2.50，属于高钾钙碱性序列。稀土平均 244.93×10^{-6}。微量元素以强烈富集大离子亲石元素 Rb、Ba、Th，低 Zr、Yb、Ho、Y 为特征。综合岩石学和岩石地球化学等等特征，认为该其构造环境为后碰撞环境。

海南岛内目前仅在海南岛西部昌江县保梅岭北坡、西线公路以南一带仅见加里东期后碰撞环境的保梅岭中粗粒黑云母正长花岗岩，其他环境的侵入岩还未见及（不排除被华力西-印支期及燕山期侵入岩吞噬的可能），可见加里东期侵入构造岩浆旋回表现不明显。

（四）华力西-印支期构造岩浆旋回

华力西-印支期构造运动具有造山运动性质，这次构造运动于海南岛地质演化是一个重大转折，它结束了海南岛区域变质作用和透入性变形的历史，拉开了大规模岩浆侵入活动的序幕，导致同期早二叠世俯冲型、早二叠世-中二叠世同碰撞型、晚二叠世-三叠世后碰撞型侵入岩的侵位，构成了一个比较完整的造山作用花岗岩浆演化系列，并形成了西北和东南两个岩浆弧（即那大-尖峰增生岩浆弧和五指山岩浆弧）。构造岩浆旋回表现在如下几个方面。

岩石构造方面，早二叠世俯冲型侵入岩岩石构造多为片麻状；早二叠世-中二叠世同碰撞型侵入岩岩石构造以强-中等叶理、线理构造主；晚二叠世-三叠世后碰撞型侵入岩一般呈块状构造，局部见弱的定向构造。可见从早到晚，总体上岩石定向程度有逐渐减弱的趋势。

岩石建造及岩石构造组合方面，早二叠世俯冲型侵入岩岩石构造组合包括 TTG 组合、钾玄质 ηo-$\delta\eta$-η 组合、TTG-QM 组合、中基性岩组合等；早二叠世-中二叠世同碰撞型侵入岩以二长花岗岩和花岗闪长岩建造为主，岩石构造组合主要包括高钾钙碱性花岗岩组合、强过铝花岗岩组合、高钾钙碱性花岗岩-δ-QM 组合、高钾钙碱性花岗岩-QM -δ 组合等；晚二叠世-三叠世后碰撞型侵入岩以二长花岗岩、正长花岗岩建造为主，岩石构造组合包括高钾和钾玄质花岗岩-QM-ξo 组合、高钾钙碱性花岗岩组合、拉斑玄武质 ν-$\delta\eta$ 组合、强过铝花岗岩组合、钾玄质花岗岩组合等。可见从早二叠世-晚三叠世，岩石构造组合显示出俯冲型→同碰撞型→后碰撞型的总体变化规律；岩石建造上总体呈现出中基性岩→中性岩→二长花岗岩与花岗闪长岩建造为主→二长花岗岩与正长花岗岩建造为主的总体趋势。

岩石系列方面，早二叠世俯冲型侵入岩岩石系列以偏铝质钙碱性系列、准铝质钾玄岩系列、钾玄岩系列为主；早二叠世-中二叠世同碰撞型侵入岩岩石系列以铝质高钾钙碱性系列、高钾钙碱性系列、高钙碱性系列、强过铝高钙碱性系列为主；晚二叠世-三叠世后碰撞型侵入岩岩石系列以准铝钾玄质系列、高钙碱性-钾玄质系列、高钙碱性系列主。整体具有从 P_1 偏铝质钙碱性系列→P_1-P_3 高钾钙碱性系列为主→T_1-T_3 高钾钙碱性+钾玄岩+碱性系列的演化趋势，显示地壳成熟度不断增加。

常量元素方面，在硅-碱图中，早二叠世侵入岩大部分投入二长闪长岩、二长岩、辉长闪长岩区；中二叠世-晚二叠世侵入岩大部分落在花岗闪长岩、花岗岩区；早三叠世侵入岩大部分位于花岗岩区；中三叠世-晚三叠世侵入岩大部分处于花岗岩区（图 4-3-1）。总体上 SiO_2 和 Na_2O+K_2O 具有增高的趋势。

微量元素方面，早二叠世俯冲型侵入岩具有富 Rb、Ba、Th，亏损 Zr、Yb、Ho、Y 的特征；早二叠世-中二叠世碰撞型侵入岩岩石富集 Rb、Ba、Sr、U、Th、K、Rb、Th-U-K、Pb、Nd-Zr-Hf-Sm，亏损 Ta-Nb、Sr-P、Eu-Ti 等元素；晚二叠世-三叠世侵入岩轻稀土富集，Ba、Nb、Sr-P、Ti 负异常，Th-U、Pb、Nd-Zr-Hf-Sm 正异常，Cu、Cr、Zn、Au、Ag、As、Ta 等元素含量偏低，Sn、Mo、Bi、Hf 含量偏高。

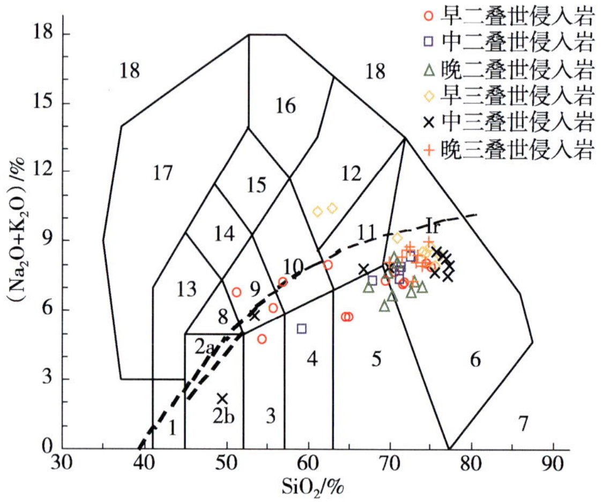

图 4-3-1　华力西-印支期侵入岩 TAS 图解

Ir-Irvine 分界线，上方为碱性，下方为亚碱性

图例同 4-2-3 图

以“岩体”为单位取 SiO_2、Na_2O+K_2O 平均值进行投图

从以上几个方面的分析可见，P-T 构造岩浆旋回特征表现较明显。

（五）燕山期构造岩浆旋回

海南岛经历强烈的华力西-印支期造山作用后，大约在 200～175Ma 期间进入构造-岩浆平静期：构造活动、岩浆作用微弱，沉积记录缺失。这一时期也是本区乃至华南从特提斯构造域向滨太平洋构造域转折的时期。燕山期构造岩浆旋回表现在如下几方面。

岩石建造方面，中侏罗世侵入岩以基性岩和中性岩为主，包括中粗粒黑云母辉长岩、巨斑角闪二长岩等；晚侏罗世侵入岩以中性岩和酸性岩为主，包括中细粒二长、细中粒二长闪长岩、中细-细中粒黑云母二长花岗岩、中细-细中粒黑云母正长花岗岩；白垩纪侵入岩以酸性岩为主，少量中基性岩，包括中细-细中粒黑云母二长花岗岩、中细-细中粒黑云母正长花岗岩、细粒辉长岩、中细粒角闪黑云花岗闪长岩、花岗斑岩。总体上表现为：J_2 基性岩+中性岩→J_3 酸性岩+中性岩→K 酸性岩为主+极少量中基性岩，从早到晚具有从基性→中性→酸性的演化趋势。

岩石构造组合方面，中侏罗世侵入岩为碱性辉长岩组合；晚侏罗世侵入岩从早到晚为碱性中性岩组合和 G_2QM 组合；白垩纪为 G_1G_2-ν-δ-ξ-QM 组合、G_1G_2-ν-QM-δ 组合。

岩石系列方面，从早到晚总体上具有从碱性系列（J_2）→钾玄质系列（J_3）→高钾钙碱性系列（K_1）→高钾钙碱性系列（K_2）及少量中钾钙碱性系列（K_2）的演化趋势，暗示地壳成熟度有增高的趋势。

常量元素方面，在 TAS 图上，中侏罗世侵入岩投入副长石辉长岩、石英二长岩、正长岩区；晚侏罗世侵入岩大部分投中石英二长岩、花岗岩区；早白垩世侵入岩大部分投中花岗闪长岩、花岗岩区。晚白垩世侵入岩大部分投中花岗岩区（图 4-3-2）。总体上 SiO_2 和 Na_2O+K_2O 具有增高的趋势。

微量元素方面，中侏罗世侵入岩的 Rb、K、Th、U、Zr、Hf 等元素含量低，Sr 正异常，Ta-Nb 负异常；晚侏罗世侵入岩的 Ba、Sr、Zr、Hf 元素含量高，Ba、P、Ti 呈中等-较弱负异常；白垩纪侵入岩的 Rb、Th-U-K、Pb、Nd-Zr-Hf-Sm 为正异常，Ba、Nb-Ta、P、Ti 为负异常。

从以上各方面分析来看，燕山期构造岩浆旋回侵入岩的演化特征比较明显。

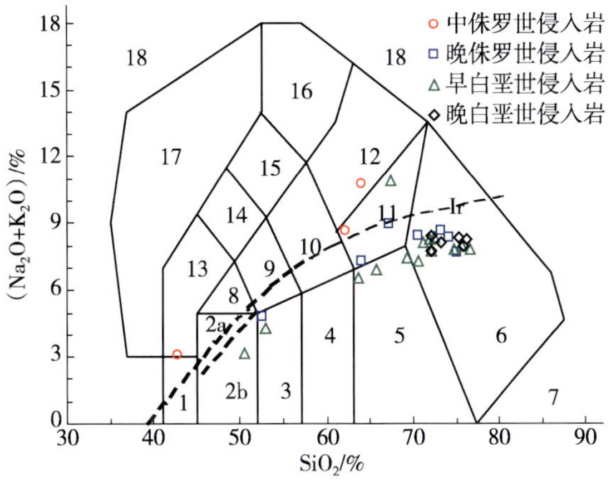

图 4-3-2　燕山期侵入岩 TAS 图解

Ir-Irvine 分界线，上方为碱性，下方为亚碱性

图例同 4-2-3 图

以“岩体”为单位取 SiO_2、Na_2O+K_2O 平均值进行投图

二、构造岩浆岩带

海南岛侵入岩主要形成于两大构造岩浆旋回，即 P-T（华力西-印支期）和 J-K（燕山期）两期侵入岩浆旋回，因此，以前 J 和 J-K 两个断代进行划分岩浆带、亚带、岩段（由于晋宁期和加里东期侵入岩在海南岛侵入岩中所占比例很小，不再单独划出断代来划分构造岩浆带、亚带等，而将其与 P-T 断代合并，进行划分）。

（一）海南前侏罗纪构造岩浆岩带划分

海南岛前侏罗纪构造岩浆岩带划分方案见图 4-3-3、表 4-3-1。其中武夷-云开构造岩浆省位于江绍断裂带南东侧，跨福建、台湾、江西、湖南、广西、广东、海南等省区；海南构造岩浆带指琼州海峡以南的海南岛地区；琼东俯冲-碰撞岩浆弧构造岩浆亚带（P_1-T_2）大致位于白沙断裂带南东，跨文昌、屯昌、琼中、保亭、乐东尖峰、三亚等县市。琼西俯冲-碰撞岩浆弧构造岩浆亚带（P_1-T_3）位于白沙断裂带北西，跨儋州、昌江、白沙、东方、乐东等地。两个亚带划分的依据大致如下：①马大铨等人大致以白沙断裂带为界，将海南岛花岗岩分为儋县岩基和琼中岩基（马大铨、谢自甡，1991）。②琼东地区与琼西地区出露的岩石构造组合类型不同，譬如钾玄质花岗岩组合（T_1）、高钙碱性花岗岩组合（P_3）仅分布于琼西一带，TTG-QM 组合在琼西一带分布较广，但在琼东俯冲-碰撞岩浆弧构造岩浆亚带内该组合分布极少，并且也仅分布于靠近琼西俯冲-碰撞岩浆弧构造岩浆亚带（P_1-T_3）一侧；而高钾和钾玄质花岗岩-QM-ξo 组合（T_1）、强过铝花岗岩组合（T_2）、高钾钙碱性花岗岩组合（T_2）只分布于琼东一带，琼西未见诸如此类组合。③两个亚带分布岩体（建造）有所不同，例如石碌岩体、保斑岩体、大田岩体、乌烈岩体、东四等岩体只分布于西带，保国岩体、前锋岩体、东岭等岩体却只分布于东带。④琼东地区 P_1-P_2 花岗岩斑晶定向方向总体为北东-北东东向；而琼西一带除儋州地区 P_1-P_2 花岗岩线理、面理走向为北东向外，石碌-东方一带一般呈北西-北西西定向。⑤晚三叠世花岗岩仅出露于琼西一带，琼东一带未见晚三叠世花岗岩分布。以上为琼东俯冲-碰撞岩浆弧构造岩浆亚带（P_1-T_2）与琼西俯冲-碰撞岩浆弧构造岩浆亚带（P_1-T_3）划分依据的简要介绍，更详细的论述见下文。

表 4-3-1　海南岛前侏罗纪构造岩浆岩带划分表

省	带	亚带	岩段
V 武夷-云开构造岩浆岩省	V-5 海南构造岩浆岩带	V-5-1 琼东俯冲-碰撞岩浆弧构造岩浆岩亚带（P_1-T_2）	V-5-1-1 琼中同碰撞岩浆岩段
			V-5-1-2 尖峰-万宁俯冲-碰撞岩浆岩段
			V-5-1-3 琼东南后碰撞岩浆岩段
		V-5-2 琼西俯冲-碰撞岩浆弧构造岩浆岩亚带（P_1-T_3）	V-5-2-1 江边-邦溪俯冲-碰撞岩浆岩段
			V-5-2-2 石碌俯冲-碰撞构造岩浆岩段

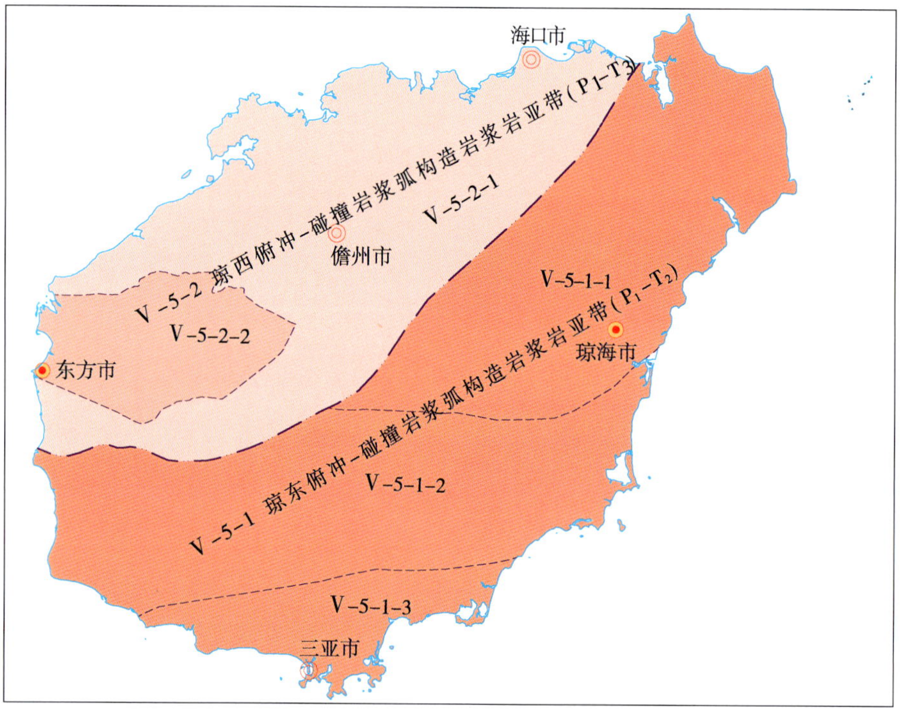

图 4-3-3　海南岛前侏罗纪构造岩浆岩带划分示意图

（1）琼东俯冲-碰撞岩浆弧构造岩浆亚带（P_1-T_2）

该构造亚带北东段为琼中同碰撞岩浆岩段，以同碰撞的中二叠世侵入岩为主，次之为后碰撞的三叠纪侵入岩，分布极少的俯冲型侵入岩，总体呈北东向分布。该岩浆岩亚带的中段为尖峰-万宁俯冲-碰撞岩浆岩段，以同碰撞环境的中二叠世侵入岩及后碰撞环境的早三叠世侵入岩为主，其次为大洋俯冲环境的早二叠世侵入岩，总体呈东西向或近北东向分布。该岩浆岩亚带的南东段为琼东南后碰撞岩浆岩段，几乎只分布有早三叠世-中三叠世后碰撞构造环境的侵入岩。整个构造岩浆岩亚带从北东段至南东段呈现出同碰撞造山环境→同碰撞-后碰撞环境→后碰撞造山环境的侵入岩分布趋势。

琼中同碰撞岩浆岩段

该岩段属于武夷-云开构造岩浆岩省-海南构造岩浆带-琼东构造岩浆岩亚带，侵入岩形成环境包括同碰撞构造环境、后碰撞构造环境、大洋俯冲构造环境、大陆伸展环境，以同碰撞构造环境侵入岩占主体，其次为后碰撞环境侵入岩，大洋俯冲构造环境、大陆伸展环境分布极少。

后碰撞构造环境侵入岩包含高钾钙碱性花岗岩组合（T_1）、强过铝花岗岩组合（T_1）、高钾钙碱性花岗岩组合（T_3），分布于琼中县洞古岭、琼海市塔洋一带、定安龙门镇南东一带、琼海市九曲江乡附近的迈州岭及排岭村一带，总面积约 130km^2，所占整个岩段的 8%。岩性以二长花岗岩、正长花岗岩为主，花岗斑岩次之。其岩石 SiO_2 含量为 58.40%~77.79%；Na_2O+K_2O 为 6.23%~11.49%，K_2O 含量较高，为 3.78%~7.91%；σ 值为 1.72~7.93，根据硅-碱图解和 SiO_2-K_2O 图解，属中钾-高钾钙碱性系列；稀土元素总量变化大，为（85.3~620.3）$\times10^{-6}$，稀土配分曲线型式为右倾的 V 字形曲线。微量元素方面，Ba、Zr、V、Rb、Th、U、K 含量较高，Sr、Ba 含量较低，在微量元素蛛网图上显示有很强的 Ba、Sr-P 及 Ti 负异常。

同碰撞构造环境侵入岩包含高钾钙碱性花岗岩-QM-δ 组合（P_2）、闪长岩组合（P_2），主要分布于琼中县、黎母岭、屯昌县、文昌县一带及海南岛屯昌县新兴镇一带。总面积约 1600km^2，占整个岩段的90%以上。岩性以二长花岗岩、正长花岗岩为主，闪长岩次之，岩石多具有似斑状结构，弱叶理-叶理构造，局部线理构造。岩石的 SiO_2 含量为 54.94%~74.16%，变化范围大，Na_2O+K_2O 含量为 4.79%~8.36%，K_2O 含量为 1.99%~5.33%。σ 值为 1.27~2.45，根据硅-碱图解和 SiO_2-K_2O 图解，属高钾钙碱性系列。稀土元素总量 121.7×10^{-6}~270.3×10^{-6}，稀土配分模式为右倾曲线。在微量元素蛛网图中具 Sr-P、Eu-Ti 负异常。

大洋俯冲环境侵入岩包含 TTG-QM 组合（P_1）、中基性岩组合（P_1），零星分布于海南岛中部琼中县一带及主要海南岛屯昌县新兴镇一带。岩性以为中-细粒花岗闪长岩、中细粒辉石闪长岩-辉长岩、闪长岩为主。中细粒结构、辉长结构，块状构造。其岩石 SiO_2 含量为 51.98%~58.39%，含铝指数 A/CNK 在 0.62~1.06 之间，小于 1.0，属准铝质-弱过铝质；K_2O/Na_2O 比值 0.34~1.82，具有从钠质花岗岩向钾质花岗岩演化的特征。在硅-碱图解和 SiO_2-K_2O 图解中，样品亦落在钙碱性-钾玄岩区内。

大陆伸展环境仅有青白口纪基性岩墙群（岩株）组合，分布在琼东屯昌县中建农场公庙一带，呈岩株状侵入戈枕村组（Chg）中，总面积约 5.9km^2，部分具片麻状构造或不明显定向构造。其岩石 SiO_2 含量为 49.94%~52.53%，属基性岩类。其 $\varepsilon_{Nd}\approx+6$，暗示原岩来自亏损地幔。综合以上特征及海南岛大地构造演化特征，推测其形成于大陆伸展环境。

二叠纪—三叠纪从早至晚该岩段中岩石构造组合由 TTG-QM 组合、中基性岩组合→高钾钙碱性花岗岩-QM-δ 组合、闪长岩组合→高钾钙碱性花岗岩组合、强过铝花岗岩组合的演化趋势。体现地壳成熟度逐渐增高的趋势。在该岩段内，形成于同碰撞构造环境的高钾钙碱性花岗岩-QM-δ 组合（P_2）中产出金矿、铅锌矿、钨锡矿、水晶矿、铁矿等矿。

尖峰-万宁俯冲-碰撞岩浆岩段

该岩段属于武夷-云开构造岩浆岩省-海南构造岩浆带-琼东构造岩浆岩亚带，侵入岩形成环境包括大洋俯冲构造环境、同碰撞构造环境、后碰撞构造环境，以同碰撞和后碰撞构造环境占主体。

后碰撞构造环境侵入岩包含高钾钙碱性花岗岩-QM 组合（P_3）、高钾和钾玄岩质花岗岩-QM-ζo 组合（T_1）、高钾钙碱性花岗岩组合（T_2）、强过铝花岗岩组合（T_2）、拉斑玄武质 ν-$\delta\eta$ 组合（T_2）等，分布于万宁市南桥-六连岭、乐东县大安镇-志仲镇、尖峰镇，乐东县尖峰岭、抱由镇-毛岸地区及万宁市大坡、石栏门-担柴岭，小洞天-尖石岭、布山村，万宁市兴隆-长安，总面积约 4910km^2，占整个岩段面积的 71%。岩性以中细粒-细粒-中粗粒二长花岗岩、细粒-中细粒正长花岗为主，局部见二长闪长岩、辉长岩。大部分岩石具有斑晶，似斑花岗结构-不等粒结构，块状构造。岩石 SiO_2 含量高，为 58.40%~77.78%，Na_2O+K_2O 含量也较高，为 7.02%~11.49%，K_2O 含量高，为 3.78%~7.91%。σ 值为 1.68~2.65，根据硅-碱图解和 SiO_2-K_2O 图解，属高钾钙碱性岩系列。稀土元素总量变化大，为（85.3~620.3）$\times10^{-6}$。微量元素 Rb、Th、U、K 含量较高，Sr、Ba 含量较低，在微量元素蛛网图上显示有很强的 Ba、Sr-P 及 Ti 负异常。

同碰撞构造环境侵入岩包含高钾钙碱性花岗岩组合（P_1）、强过铝花岗岩组合（P_1- P_2）、中二叠世闪长岩组合（P_2）、中二叠世高钾钙碱性花岗岩-δ-QM 组合（P_2）等，分布于乐东县大安水库-毛阳-长征农场，乐东县千家、万宁水库以北新风岭，万宁市东和茶林岭，五指山市、三更罗、万宁和乐、南桥一带。总面积约1890km^2，占整个岩段面积的28.4%。岩性以中细粒-中粒黑云母二长花岗岩、中细粒黑云母正长花岗为主，局部见闪长岩、花岗闪长岩。岩石多有斑晶，似斑状结构，叶理构造-块状构造。岩石SiO_2在69.53%~75.06%之间，Na_2O+K_2O为7.21~8.16%。σ值为1.27~2.45，根据硅-碱图解和SiO_2-K_2O图解，属高钾钙碱性系列。稀土元素总量低，平均值为124.3~266.7×10^{-6}。Th-U-K、Pb、Nd-Zr-Hf-Sm含量高，U、Ta、Nb、Y等含量较低。

大洋俯冲环境侵入岩包含TTG组合（P_1）、钾玄质ηo-$\delta\eta$-η组合（P_1），分布于海南岛西部尖峰岭、大安水库-毛阳一带（即位于琼西结合带与琼东弧盆系两大构造单元边界附近），五指山东、西两侧。总面积约57km^2，所占整个岩段的0.9%。岩性以二长岩、二长闪长岩、闪长岩、石英闪长岩为主。岩石细粒-细中粒结构，块状构造。岩石SiO_2在50.24%~61.54%之间，主要为中性岩，Na_2O+K_2O含量为6.66%~7.83%，K_2O含量相对较高，为3.32%~5.08%。稀土元素总量高，为336.4×10^{-6}~785×10^{-6}。微量元素方面，岩石的Ni、V、Cr、Co等亲铁元素含量较高，Rb、Ba、Sr、K等大离子亲石元素以及Zr、Hf、Ta、Nb、Ga、Zn等高场强元素含量高。TTG组合（P_1）的σ值为2.44~4.52，根据硅-碱图解和SiO_2-K_2O图解，属于属钙碱性序列；钾玄质ηo-$\delta\eta$-η组合（P_1）的σ值为0.33~3.22；属钾玄质系列。

在该岩段内，同碰撞高钾钙碱性花岗岩-δ-QM组合（P_2）中赋存金矿、铅锌矿、钨锡矿、水晶矿、铁矿等矿；后碰撞构造环境的高钾和钾玄岩质花岗岩-QM-ξo组合（T_1）中产出钨矿、铅矿、水晶矿等。

琼东南后碰撞岩浆岩段

该岩段属于武夷-云开构造岩浆岩省-海南构造岩浆带琼东构造岩浆岩亚带，侵入岩多形成于后碰撞构造环境，具有两种成因类型，即壳幔混合型和壳源型。

后碰撞构造环境壳幔混合型侵入岩包含高钾钙碱性花岗岩组合（P_3）、碱性正长岩组合（T_1）、钾玄质花岗岩-ξo-QM组合（T_1）、强过铝花岗岩组合（T_2）、高钾钙碱性花岗岩组合（T_2）等，总体分布于陵水县文村，三亚市牙笼村，保亭县三道，陵水县英州、黎安，三亚市小洞天-立才农场、羊栏-田独镇，三亚市小洞天至陵水县等地，总面积约720km^2。岩性总体以细粒-中粗粒少斑（含斑）正长花岗岩为主，局部为细粒斑状二长花岗岩，少量中粗粒少斑碱长正长岩。岩石多有斑晶，似斑状结构，块状构造。岩石SiO_2含量为68.41%~72.46%；Na_2O+K_2O含量变化较大，为6.03%~11.49%；K_2O含量为3.19%~7.91%，σ值为1.01~2.87，根据硅-碱图解和SiO_2-K_2O图解，属高钾钙碱性系列。稀土含量为154.1×10^{-6}~577.5×10^{-6}，变化较大。微量元素蛛网图上显示较弱的Ba负异常、较强的Ta-Nb、Sr-P、Eu-Ti负异常和明显的Rb、Th-U-K、Pb、Nd-Zr-Hf-Sm正异常。

后碰撞构造环境壳源型侵入岩仅有强过铝花岗岩组合（T_2），主要分布于三亚市崖城、田独、陵水县一带，总面积约116km^2。岩性以中粗粒-细粒（含斑-斑状）黑云母正长花岗岩为主。具似斑状结构-细粒花岗结构，块状构造。岩石SiO_2含量为73.48%~77.10%。Na_2O+K_2O含量为8.13%~8.96%，K_2O含量为4.03%~5.51%。σ值为1.99~2.62，根据硅-碱图解和SiO_2-K_2O图解，该组合属高钾钙碱性系列，岩石中普遍出现白云母、石榴子石、电气石、黄玉等富铝矿物。稀土元素含量为197.9×10^{-6}~13.5×10^{-6}。微量元素Rb、Ta、Nb、Ga含量较高，而Ba、Sr、P、Eu、Ti含量很低。微量元素蛛网图中显示了极强的Ba、Sr-P、Eu-Ti负异常，无Nb-Ta负异常。反映它是壳幔混合来源。

后碰撞壳源型的钾玄岩质花岗岩-ξo-QM组合（T_1）中赋存稀土矿，后碰撞壳源型的强过铝花岗岩组合（T_2）中赋存银金矿。

（2）琼西俯冲-碰撞岩浆弧构造岩浆岩亚带（P_1-T_3）

该构造岩浆岩亚带南西段为石碌俯冲-碰撞构造岩浆岩段，以同碰撞构造环境的中-晚二叠世侵入岩（大田岩体、石碌岩体）及后碰撞构造环境的晚三叠世侵入岩为主，其次为大洋俯冲环境的早二叠世侵入岩，以同碰撞-后碰撞造山环境的侵入岩为主。该构造岩浆岩亚带北西段为江边-邦溪俯冲-碰撞岩浆岩段，以同碰撞构造环境的中二叠世侵入岩及后碰撞构造环境的三叠纪侵入岩为主，其次为大洋俯冲环境的早二叠世侵入岩，总体以同碰撞-后碰撞环境的侵入岩占优势。从构造岩浆岩亚带的北西段至南西段，展现出同碰撞-后碰撞环境→后碰撞环境的演化趋势。

石碌俯冲-碰撞构造岩浆岩段

该岩段属于武夷-云开构造岩浆岩省-海南构造岩浆带琼西构造岩浆岩亚带，侵入岩形成环境包括大洋俯冲构造环境、同碰撞构造环境、后碰撞构造环境，以同碰撞和后碰撞构造环境侵入岩占主体。

后碰撞构造环境侵入岩包含高钾钙碱性花岗岩组合（D_3）、高钾钙碱性花岗岩组合（P_3）、钾玄质花岗岩组合（T_3）、高钾钙碱性花岗岩组合（T_3）等，大致分布于东方市大田、罗旺，昌江县城-坝王岭一带，总面积约660km^2。其中前者属早古生代（加里东期）岩浆旋回，后三者为二叠纪-三叠纪（华力西-印支期）岩浆旋回。在该岩段中，前者仅分布于昌江保梅岭一带，面积较小，岩石以富Si、富碱及低铝为特征。后三者岩性主要以中细粒-中粗粒正长花岗岩、细粒-中细粒二长花岗岩为主，大部分岩石呈中细粒花岗结构，块状构造。个别组合的岩体含斑晶，呈似斑状结构，块状构造。岩石SiO_2含量在66.78%~75.65%；Na_2O+K_2O含量较高，为5.74%~10.35%。σ值为在1.9~4.5之间，绝大部分σ值在2~2.5之间。根据硅-碱图解和SiO_2-K_2O图解，整体上属准铝质高钾钙碱性岩系。稀土总量为$97.13\sim510.98\times10^{-6}$。微量元素方面，Cu、Cr、V、Zn、Au、Ag、As、Sr、Ba、Ta等元素含量偏低，Pb、Sn、Mo、Bi、Rb、Hf含量偏高。在微量元素原始地幔标准化蛛网图中，显示出明显的Ba、Nb、Sr-P、Ti负异常和Th-U、Pb、Nd-Zr-Hf-Sm正异常。

同碰撞构造环境侵入岩包含高钾钙碱性花岗岩-QM-δ组合（P_2）、强过铝花岗岩组合（Pt_2）等，前者分布于东方市、昌江县、白沙县和儋州市以西，后者出露于海南岛西部抱板镇-戈枕村、西南部亚炮村-老烈村等地。岩性以中细粒斑状黑云二长花岗岩-中细粒黑云母正长花岗为主，局部中细粒花岗闪长岩。岩石具似斑状结构，块状构造，弱叶理构造。岩石SiO_2含量在54.94%~74.16%。Na_2O+K_2O含量为4.79%~8.36%，K_2O含量为1.99%~5.33%。σ值为1.27~2.45，根据硅-碱图解和SiO_2-K_2O图解，属高钾钙碱性系列。稀土元素总量$121.7\times10^{-6}\sim270.3\times10^{-6}$。在微量元素蛛网图中具Sr-P、Eu-Ti负异常。

大洋俯冲环境侵入岩包含中基性岩组合（P_1）、TTG-QM组合（P_1）等，出露面积较小，主要分布于琼西昌江县保梅岭北坡、坝王岭，乐东县尖峰岭，白沙县邦溪、七坊等地。岩性以正长花岗岩、闪长岩、二长闪长岩、花岗闪长岩为主。不等粒花岗结构，块状构造。岩石SiO_2含量在51.98%~77.23%，MgO含量为0.03%~8.95%、CaO含量为0.46%~7.76%，含铝指数A/CNK在0.62~0.84之间，小于1.0，属准铝质-弱过铝质。σ最小0.34，最大4.01，大部分在1.01~2.19之间变化，碱铝指数和组合指数均表明该岩石属钙碱性序列。稀土元素含量平均值在$184.7\times10^{-6}\sim297.31\times10^{-6}$之间。微量元素原始地幔标准化蛛网图中，以强烈富集Rb、Ba、Th，低Yb、Ho、Y为特征，具有火山弧花岗岩的特点。

形成于后碰撞构造环境的钾玄岩质花岗岩组合（T_3）风化壳中赋存稀土矿。同碰撞构造环境的高钾钙碱性花岗岩-QM-δ组合（P_2）中产出金矿、铅锌矿、水晶矿、铁矿、钨锡矿等矿产。

江边-邦溪俯冲-碰撞岩浆岩段

该岩段属于武夷-云开构造岩浆岩省海南构造岩浆带琼西构造岩浆岩亚带，侵入岩形成的构造环境包括同碰撞构造环境、后碰撞构造环境、大洋俯冲构造环境，以形成于同碰撞和后碰撞构造环境的侵入岩占主体。

后碰撞构造环境侵入岩包括强过铝花岗岩组合（P_3）、高钾钙碱性花岗岩组合（T_1）、辉长岩组合（T_2）、钙碱性花岗岩组合（T_3）、高钾钙碱性花岗岩组合（T_3）等，主要分布于琼西东方市益公村、陀类村，儋州市王五镇、西培农场、八一农场、南丰镇、洛基镇、雅星镇，临高和舍镇，澄迈县加乐镇，昌江县三架岭等地，总面积约 330km²。岩性以细中粒-中粒二长花岗岩、中粗粒正长花岗岩为主，次之为花岗闪长岩。不等粒花岗结构，块状构造。个别组合含斑晶，呈似斑状结构，块状构造。岩石 SiO_2 含量为 66.53%～77.19%，属酸性岩类；K_2O+Na_2O 含量在 6.23%～10.35%之间；σ 值在 1.29～4.5 之间，据硅-碱图解和 SiO_2-K_2O 图解，属钾-高钾钙碱性系列。稀土总量在 117.49×10^{-6}～510.98×10^{-6} 之间。在微量元素原始地幔标准化蛛网图中，显示出明显的 Ba、Nb、Sr-P、Ti 负异常和 Th-U、Pb、Nd-Zr-Hf-Sm 正异常。

同碰撞构造环境侵入岩包含高钾钙碱性花岗岩组合（P_2）、强过铝花岗岩组合（Pt_2）等，主要出露于昌江县、白沙邦溪、东方市公爱农场-公爱乡等地。岩性以中细粒斑状黑云二长花岗岩、中细粒黑云母正长花岗为主。不等粒花岗结构、似斑状结构，块状构造。其 SiO_2 含量为 54.94%～74.16%，Na_2O+K_2O 含量为 4.79%～8.36%，K_2O 含量为 1.99%～5.33%。σ 值为 1.27～2.45，根据硅-碱图解和 SiO_2-K_2O 图解，属高钾钙碱性系列。稀土元素总量 121.7×10^{-6}～270.3×10^{-6}。δEu 为 0.73～0.19，整体上具中等负铕异常，但从早到晚负铕异常逐渐增强。在微量元素蛛网图中具 Sr-P、Eu-Ti 负异常。

大洋俯冲环境侵入岩包括中基性岩组合（P_1）、TTG-QM 组合（P_1）等，零星分布于琼西海头、军营、十月田、雅星、兰洋农场、保丁村、江边乡等地，岩性以辉长岩、闪长岩、二长闪长岩、石英闪长岩、英云闪长岩、花岗闪长岩为主。细粒-细中粒（花岗）结构，块状构造。岩石 SiO_2 含量在 51.98%～77.23%，MgO 含量为 0.03%～8.95%、CaO 含量为 0.46%～7.76%，含铝指数 A/CNK 在 0.62～0.84 之间，小于 1.0，属准铝质-弱过铝质。σ 最小 0.34，最大 4.01，大部分在 1.01～2.19 之间变化，碱铝指数和组合指数均表明该岩石属钙碱性序列。稀土元素含量平均值在 184.7×10^{-6}～297.31×10^{-6} 之间。微量元素原始地幔标准化蛛网图中，以强烈富集 Rb、Ba、Th，低 Yb、Ho、Y 为特征，具有火山弧花岗岩的特点。

（二）海南省侏罗纪-第四纪构造岩浆岩带划分

海南岛侏罗纪-第四纪构造岩浆岩带中，目前只发现 J_2-K 侵入岩出露，此阶段构造岩浆岩段划分方案见图 4-3-4、表 4-3-2。其中，中国东部构造岩浆省大致位于贺兰山、六盘山、龙门山以东，涵盖东北三省、内蒙古、宁夏、山西、河北、山东、江苏、浙江、江西、福建、安徽、湖南、湖北、四川、广东、广西、海南、台湾等省区市。东南沿海火山活动带跨福建、浙江、广东、海南、台湾等省。海南俯冲岩浆弧构造岩浆岩亚带为东南沿海构造岩浆带的组成部分，前者下辖琼西俯冲构造岩浆岩段和琼东俯冲构造岩浆岩段，二者大致以白沙盆地、和庆-南丰断裂带为界。其中，前者中侵入岩体仅零星分布，并以 G 组合（花岗岩组合）为主，为俯冲侵入岩带的内带；而在后者当中该时期侵入岩广泛出露，并以晚白垩世 G_1G_2 组合（花岗岩-花岗闪长岩组合）为主，暗示其为俯冲侵入岩带的主带。下面具体介绍各亚带和岩段特征。

表 4-3-2 海南岛侏罗纪-第四纪构造岩浆岩带划分表

省	带	亚带	岩段
D 中国东部构造岩浆岩省	D-19 东南沿海构造岩浆岩带	D-19-5 海南俯冲岩浆弧构造岩浆岩亚带（J_2-K_2）	D-19-5-1 琼西俯冲岩浆岩段
			D-19-5-2 琼东俯冲岩浆岩段

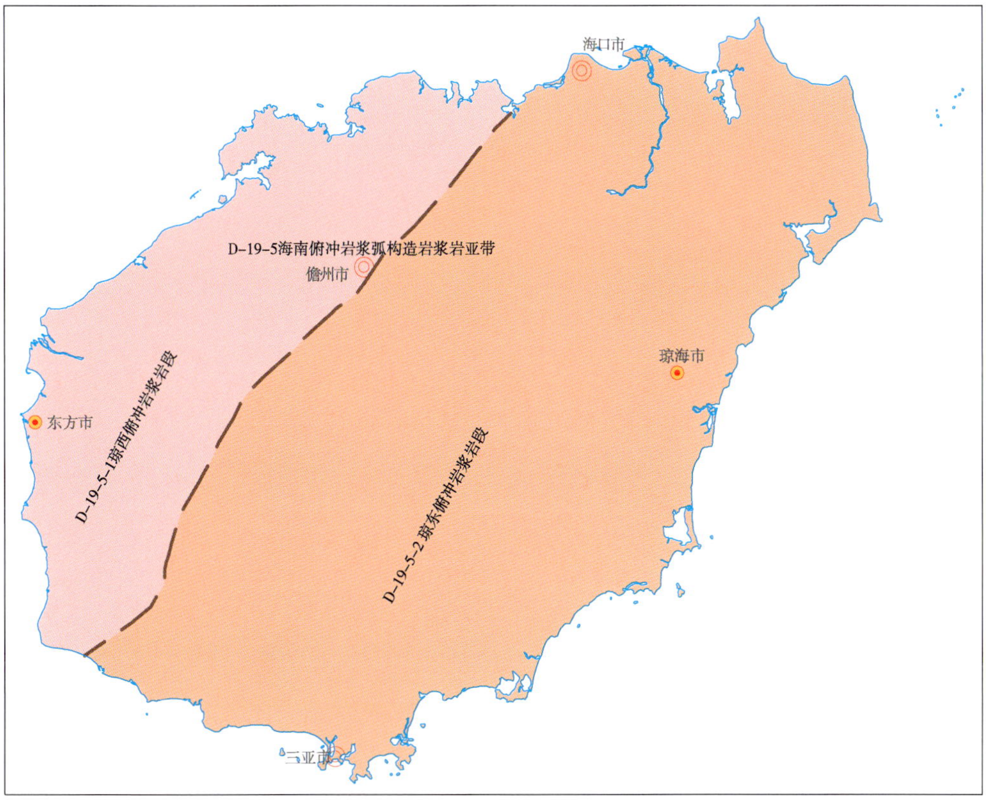

图 4-3-4　海南岛侏罗纪—第四纪构造岩浆岩带划分示意图

海南俯冲岩浆弧构造岩浆岩亚带（J_2-K_2）。分为琼西俯冲岩浆岩段、琼东俯冲岩浆岩段，分布花岗岩组合（J_3）、花岗岩组合（K_1-K_2）、晚侏罗纪 G_2QM 组合、早白垩纪 $G_1G_2-\nu-\xi-QM$ 组合、中白垩纪 $G_1G_2-\nu-QM-\delta$ 组合。该岩浆岩亚带整体呈北东向，并且从南东往北西方向岩浆作用不断减弱，具体表现为：白沙断裂带以东燕山期侵入岩广泛分布，而以西燕山期侵入岩仅零星分布。

（1）琼西俯冲岩浆岩段

该岩段属于中国东部构造岩浆岩省-东南沿海构造岩浆岩带-海南构造岩浆岩亚带，其侵入岩形成于大洋俯冲构造环境，包含花岗岩组合（J_3）、花岗岩组合（K_1-K_2）等两个组合。主要出露于昌江县城附近、昌化大岭、南牙村、海头、白沙金波、铂随岭等地，总面积约 200km²。岩性以细粒、细中粒、粗中粒黑云母正长花岗岩为主，次之为花岗斑岩、花岗闪长斑岩。不等粒花岗结构，块状构造。其 SiO_2 含量在 62.81%~77.3%之间，属酸性岩类；Na_2O+K_2O 含量为 6.99%~9.58%，K_2O 含量为 3.61%~6.56%；σ 值为 1.45~5.64，根据硅-碱图解和 SiO_2-K_2O 图解，属高钾钙碱性系列。

（2）琼东俯冲岩浆岩段

该岩段属于中国东部构造岩浆岩省-东南沿海构造岩浆岩带-海南构造岩浆岩亚带，其侵入岩形成于大洋俯冲构造环境，包含 $G_1G_2-\nu-QM-\delta$ 组合（K_2）、$G_1G_2-\nu-\xi-QM$ 组合（K_1）、G_2QM 组合（J_3）、碱性中性岩组合（J_2）、碱性辉长岩组合（J_2）等，分布于琼东的文昌、屯昌、琼中、万宁、陵水、三亚等地，总面积约 6800km²。岩性以正长花岗岩和二长花岗岩为主，花岗斑岩、闪长斑岩及辉长岩次之。不等粒花岗结构-似斑状结构，块状构造。其 SiO_2 含量为 40.02%~78.95%，基性岩类-酸性岩类皆有分布，但以酸性岩为主；Na_2O+K_2O 含量为 2.34%~11.08%，K_2O 含量为 0.88%~5.96%；σ 值为 0.52~5.61；根据硅-碱图解和 SiO_2-K_2O 图解，该岩段内碱性系列、中-高钾钙碱性系列侵入岩皆有分布，并以后者占优势。

第四节 侵入岩的形成构造环境及其演化

一、中元古代侵入岩形成构造环境及其演化

海南岛中元古代侵入岩浆活动总体受控于 Rodinia 超大陆形成过程中各地体的碰撞拼贴事件。地体的碰撞拼贴使得地壳物质局部发生重熔，形成以片麻状二长花岗岩为主体岩性的壳源型钙碱性花岗岩体，即片麻状花岗闪长岩和片麻状二长花岗岩。在 Batchelor 等（1985）的花岗岩类 R_1-R_2 多阳离子构造环境判别图解（图 4-4-1）上，中元古代花岗岩落入地幔斜长花岗岩区。而在 Pearce（1984）的 Y+Nb-Rb 构造环境判别图解（图 4-4-2）上，位于火山弧花岗岩区和板内花岗岩区。在 Y-Nb 构造环境判别图解（图 4-4-3）上，位于异常洋中脊花岗岩区和同碰撞花岗岩区。再结合地质背景、岩石学和岩石地球化学特征，主张中元古代花岗岩形成于同碰撞构造环境。

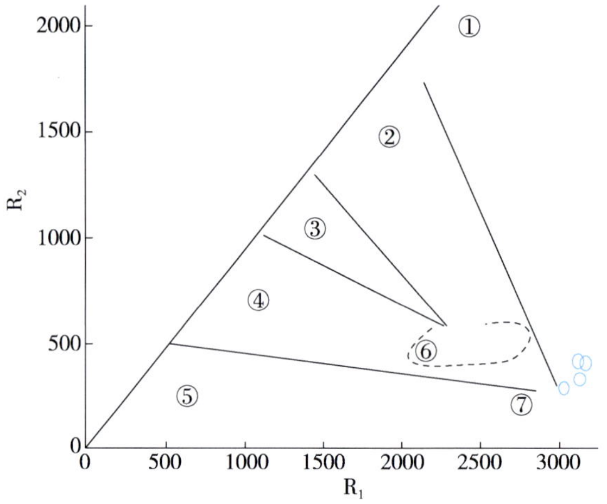

图 4-4-1 中元古花岗岩 R_1-R_2 多阳离子构造环境判别图

①地幔斜长花岗岩；②破坏性活动板块边缘（板块碰撞前）花岗岩；③板块碰撞后隆起期花岗岩；④晚造期花岗岩；⑤非造山区 A 型花岗岩；⑥同碰撞（S 型）花岗岩；⑦造山期后 A 型花岗岩 $R_1=4Si-11(K+Na)-2(Ti+Fe)$，$R_2=6Ca+2Mg+Al$

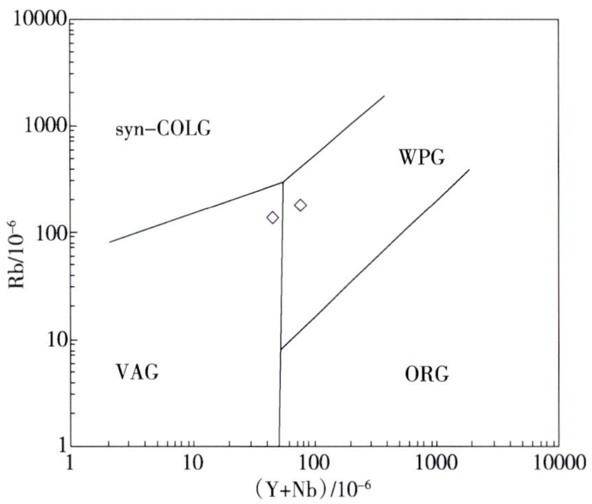

图 4-4-2 中元古花岗岩 Rb-Y+Nb 构造环境判别图

WPG—板内花岗岩；ORG—洋中脊花岗岩；VAG—火山弧花岗岩；Syn-COLG—同碰撞花岗岩

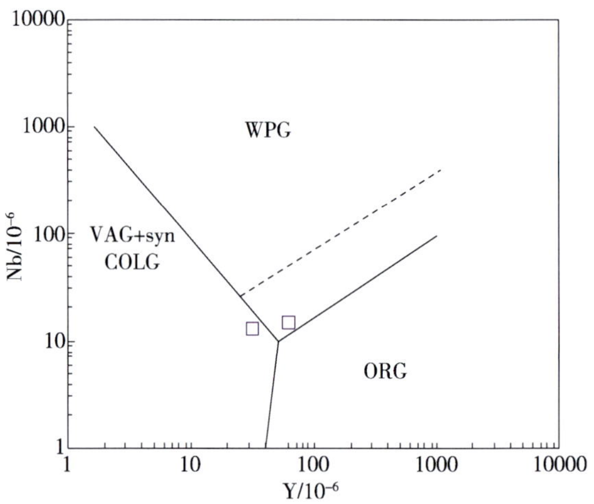

图 4-4-3 中元古代花岗岩 Y-Nb 构造环境别图解

图例同图 4-4-2

二、新元古代期侵入岩形成构造环境及其演化

在经历 1.4±Ga 强烈的早晋宁构造运动后，海南岛结晶基底形成，并褶皱隆升，至 830± Ma 发生晚晋宁运动期间，基本处于地质静默期，目前仅在抱板群中发现基性岩墙或小岩株以及酸性岩脉，前者经变质形成斜长角闪（片）岩，后者形成变粒岩等岩石。除此之外，此时期的地质记录基本缺失，海南岛主要处于地台剥蚀阶段，但从新元古时期的双峰式侵入岩脉事件和石碌地区裂解形成沉积盆地（石碌群中夹有酸性火山岩）来看，此时期的基性岩脉（岩株）、酸性岩脉形成于大陆伸展构造环境。

三、早古生代侵入岩形成构造环境及其演化

加里东构造运动使海南岛地壳以隆升为陆。该时期侵位的侵入岩主要为保梅岭（$\xi\gamma^{b}D_3$）中粗粒黑云母正长花岗岩。在 Batchelor 等（1985）的花岗岩类 R_1-R_2 多阳离子构造环境判别图解（图 4-4-4）上，保梅岭花岗岩落入了同碰撞花岗岩区。而在 Pearce（1984）的 Y+Nb-Rb 构造环境判别图解（图 4-4-5）上，保梅岭花岗岩落入火山弧、同碰撞、后碰撞交汇部位，并靠近前者一侧。在 Y-Nb 构造环境判别图解（图 4-4-6）上，保梅岭花岗岩落入火山弧花岗岩+同碰撞花岗岩区。结合地质背景、岩石学、岩石构造组合、岩石地球化学特征，特别是富硅碱、贫镁钙特征，我们主张保梅岭花岗岩形成于后碰撞构造环境。

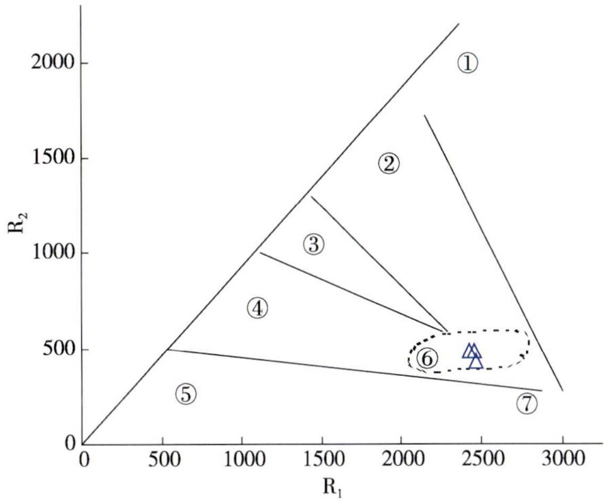

图 4-4-4　保梅岭花岗岩 R_1-R_2 多阳离子构造环境判别图

图例同图 4-4-1

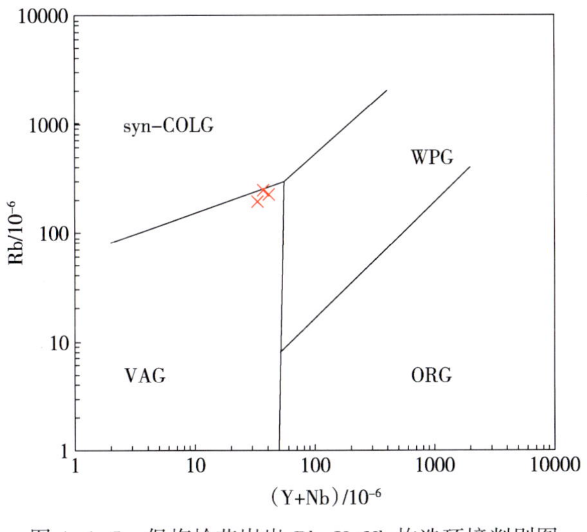

图 4-4-5　保梅岭花岗岩 Rb-Y+Nb 构造环境判别图

图例同图 4-4-2

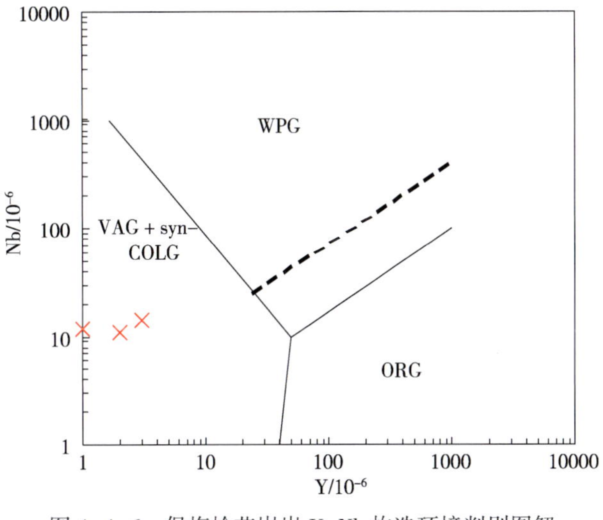

图 4-4-6　保梅岭花岗岩 Y-Nb 构造环境判别图解

图例同图 4-4-2

四、二叠纪-三叠纪侵入岩形成构造环境及其演化

海南岛发育大量的二叠纪-三叠纪（华力西-印支期）侵入岩，它们的形成年龄大约在299～200Ma之间，不同填图单位之间没有大的年龄间断，并且从早到晚符合造山带岩浆岩的演化规律，为同一次构造岩浆热事件的产物，统一划归为华力西-印支期侵入岩，形成构造环境可分为大洋俯冲环境、同碰撞和后碰撞三个阶段。

（一）洋壳俯冲阶段

早二叠世早期形成了机告村辉长岩、白石村石英闪长岩、保山村花岗闪长岩、石岭花岗闪长岩、方满二长闪长岩、行干二长岩、什败石英二长岩等一系列基性至中酸性的岩体，前4个岩体前人称之为大仍村系列，后3个岩体称之为五指山系列。大仍村系列岩石学和岩石地球化学特征类似于科迪勒拉I型花岗岩，其中白石村岩体、保山村岩体、石岭岩体具有TTG组合的特征。大仍村系列球粒陨石标准化配分曲线为向右倾斜的曲线，属轻稀土富集型，略具负铕异常；微量元素以高Sr低Rb为主要特征，微量元素原始地幔标准化蛛网图具有Rb、Th-U-K、Pb、Nd-Zr-Hf-Sm的正异常和Ba、Nb-Ta、P、Ti的负异常。五指山系列稀土元素总量高，稀土配分模式为右倾曲线，具弱-中等的负铕异常；Ni、V、Cr、Co等亲铁元素含量较高，反映其来源于地幔；Zr、Hf、Ta、Nb、Ga、Zn等高场强元素含量也较高，在原始地幔标准化蛛网图上，表现出较强的Ta-Nb、P、Ti负异常；富钾、富大离子亲石元素显示它们来源于加厚的岩石圈地幔较低程度部分熔融；锶同位素特征表明它们来源于EM2型富集岩石圈地幔。在Batchelor等（1985）的花岗岩类R_1-R_2多阳离子构造环境判别图解（图4-4-7）上，两个系列大部分点落在破坏性活动板块边缘（板块碰撞前）花岗岩区。在Pearce（1984）的Y+Nb-Rb构造环境判别图解（图4-4-8）上，大部分点落在火山弧花岗岩区。在Y-Nb构造环境判别图解（图4-4-9）上，全部点落入同碰撞花岗岩+火山弧花岗岩区。综合此时期侵入岩的岩石学、岩石地球化学及沉积岩、变质岩等方面特征及环境判别图解结果，我们主张它们形成于洋壳俯冲构造环境。

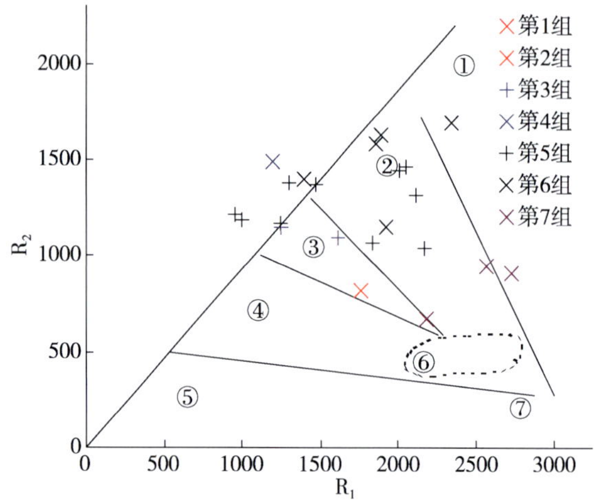

图4-4-7　P_1侵入岩R_1-R_2多阳离子构造环境判别图解

图例同图4-4-1

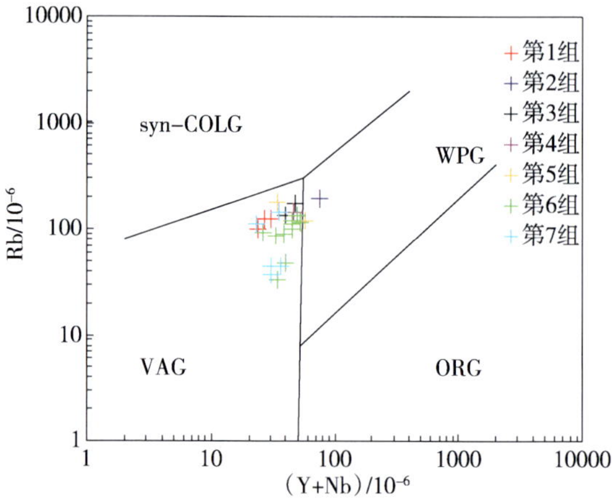

图4-4-8　P_1大仍村系列和五指山系列侵入岩Rb-Y+Nb构造环境判别图解

图例同图4-4-2

（二）同碰撞阶段

该阶段时间大致为早二叠世中晚期至中二叠世，发育了大量壳幔混合型花岗岩和一些壳源重熔型强过铝花岗岩以及EM2型富集岩石圈地幔来源的钾玄岩。它们的共同特点是侵入接触面与围岩

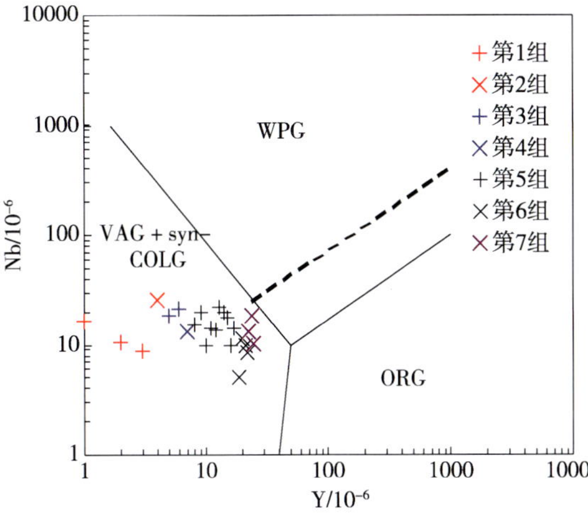

图 4-4-9　P_1 大仍村系列和五指山系列侵入岩 Y-Nb 构造环境判别图解

图 4-4-7、8、9 分组：第 1 组石岭花岗闪长岩（$\gamma\delta^{s}P_1$）；第 2 组什败石英二长岩（$\eta oz^{b}P_1$）；第 3 组行干二长岩（$\eta^{x}P1$）；第 4 组方满二长闪长岩（$\eta o^{f}P_1$）；第 5 组白石村石英闪长岩（$\delta o^{b}P_1$）；第 6 组机告村辉长岩（$\upsilon^{j}P_1$）；第 7 组保山村花岗闪长岩（$\gamma\delta^{b}P_1$）

其他图例同图 4-4-2

片理和谐，岩石普遍具有同侵位韧性变形构造，走向与华力西期区域变形构造线方向一致，一般为北东-北东东向，岩石中普遍见有同构造花岗岩的标型结构（微粒交生体），这些特征指示它们具有碰撞挤压环境侵入岩的特征（谢才富，2002）；在 Batchelor 等（1985）的花岗岩类 R_1-R_2 多阳离子构造环境判别图解（图 4-4-10）上，对该时期花岗岩进行投点，大多数投入同碰撞花岗岩区及破坏性活动板块边缘（板块碰撞前）花岗岩区。在 Pearce（1984）的 Y+Nb-Rb 构造环境判别图解（图 4-4-11）上，大部分点落在火山弧花岗岩区和同碰撞花岗岩区。在 Y-Nb 构造环境判别图解（图 4-4-12）上，全部点落入同碰撞花岗岩+火山弧花岗岩区。据 Ninkovich 等（1972）研究，幔源岩浆的来源深度与岩石中的 K_2O 含量成正相关，由于同碰撞钾玄岩产出位置与活动陆缘高钾钙碱性辉长岩-闪长岩并无明显变化，所以钾玄岩的出现指示了同碰撞阶段岩石圈的加厚，此外，该阶段产出的强过铝的石榴石花岗岩具有部分埃达克质岩的地球化学特点，也表明地壳增厚。早二叠世中晚期及中二叠世侵入岩形成的热动力机制可能是：洋壳的继生性俯冲引起地幔楔的熔融；碰

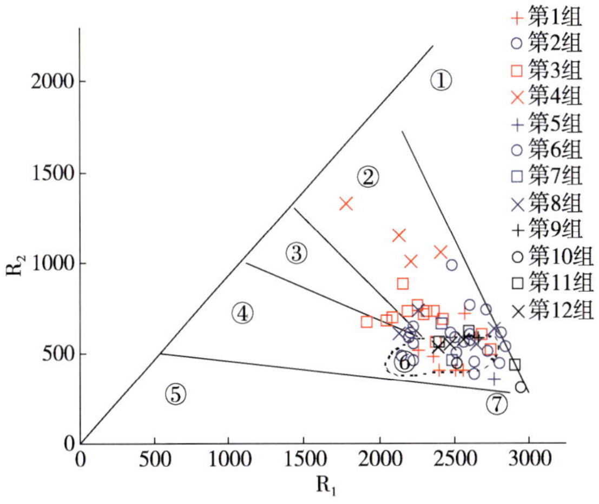

图 4-4-10　早-中二叠世侵入岩 R_1-R_2 多阳离子构造环境判别图解

图例同图 4-4-1

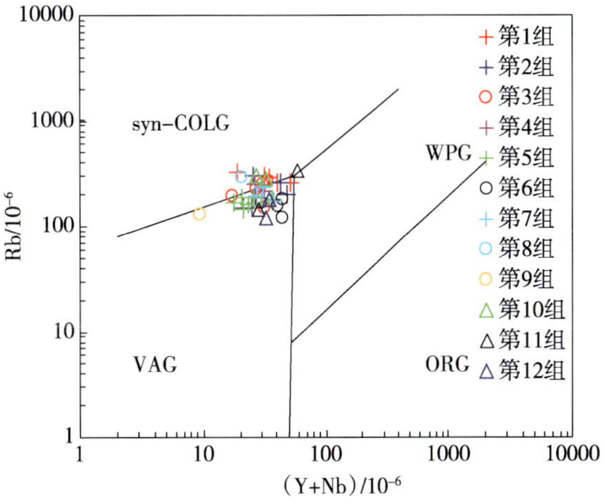

图 4-4-11　早-中二叠世侵入岩 Rb-Y+Nb 构造环境判别图解

图例同图 4-4-2

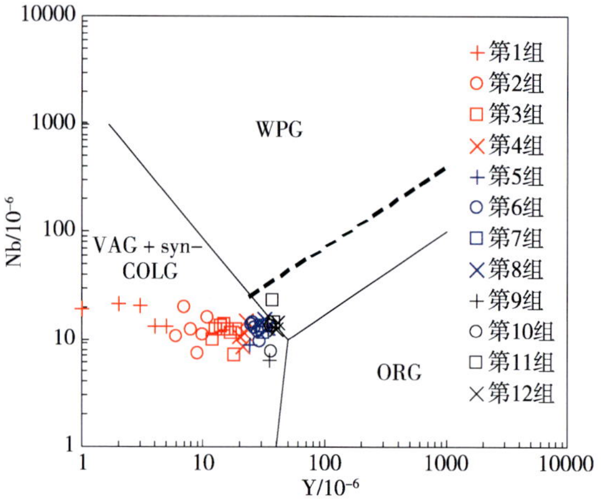

图 4-4-12　早-中二叠世侵入岩 Y-Nb 构造环境判别图解

图 4-4-10、11、12 分组：第 1 组火岭正长花岗岩（$\xi\gamma^{h}P_2$）；第 2 组长塘岭二长花岗岩（$\eta\gamma^{ch}P_2$）；第 3 组通什二长花岗岩（$\eta\gamma^{t}P_2$）；第 4 组山牛塘闪长岩（$\delta^{sh}P_2$）；第 5 组新风岭正长花岗岩（$\xi\gamma^{x}P_2$）；第 6 组大坡二长花岗岩（$\eta\gamma^{d}P_2$）；第 7 组乌兰盖二长花岗岩（$\eta\gamma^{w}P_2$）；第 8 组石碌二长花岗岩（$\eta\gamma^{s}P_2$）；第 9 组顺作二长花岗岩（$\eta\gamma^{s}P_1$）；第 10 组乘顺岭二长花岗岩（$\eta\gamma^{ch}P_1$）；第 11 组志仲二长花岗岩（$\eta\gamma^{z}P_1$）；第 12 组抱郎二长花岗岩（$\eta\gamma^{b}P_1$）

其他图例同图 4-4-2

撞挤压使岩石圈加厚，引起富集岩石圈地幔的熔融；幔源岩浆底侵（underplating）和地壳挤压增厚导致地壳大规模重熔。

综上所述，并结合此时期侵入岩的岩石学、岩石地球化学及沉积岩、变质岩等方面特征，主张早二叠世中晚期至中二叠世侵入岩形成于同碰撞构造环境。

（三）后碰撞阶段

经历了早二叠世中晚期至中二叠世同碰撞阶段后，于晚二叠世及三叠纪海南岛跨入另一构造阶段，这一时期发育大量壳幔混合型花岗岩（I 型）、壳源花岗岩和 A 型花岗岩、铁镁质岩等。岩体形态与围岩构造不谐和，多形成“不整合”岩体；但出露于琼中-儋州一带的中三叠世花岗岩岩石中仍然可见到比较明显的原生定向构造。海南岛此时总体上已处于挤压应力松弛期，但仍伴有间歇性的挤压或剪切作用。

在 Batchelor 等（1985）的 R_1-R_2 多阳离子构造环境判别图解（图 4-4-13）上，晚二叠世侵入岩大部分投入同碰撞花岗岩区和晚造期花岗岩区，个别样品投入破坏性活动板块边缘区；在 Rb-Y+Nb 图解（图 4-4-14）上，该时期侵入岩样品点位于火山弧花岗岩、同碰撞花岗岩和板内花岗岩的交汇部位，并靠近前二者；在 Y-Nb 图解（图 4-4-15）上，位于火山弧花岗岩+同碰撞花岗岩区域内；结合区域地质背景、岩石学、地球化学特征和图解结果，我们认为晚二叠世花岗岩形成于后碰撞环境。

在 R_1-R_2 多阳离子构造环境判别图解（图 4-4-16）上，早三叠世侵入岩大部分投入同碰撞花岗岩区和晚造区花岗岩区；在 Rb-Y+Nb 图解（图 4-4-17）上，该时期侵入岩样品点密集分布于火山弧花岗岩、同碰撞花岗岩和板内花岗岩的交汇部位，并以前者和后者居多；在 Y-Nb 图解（图 4-4-18）上，位于火山弧花岗岩+同碰撞花岗岩区域和板内花岗岩区域内，并接近两区域的分界线；综合考虑地质背景、岩石学、地球化学特征及图解结果，推断三叠世花岗岩形成于后碰撞环境。

在 R_1-R_2 多阳离子构造环境判别图解（图 4-4-19）上，中三叠世侵入岩大部分投入同碰撞花岗岩区和晚造区花岗岩区及造山期后 A 型花岗岩区交汇部位，少数位于碰撞后隆起区花岗岩区域内；在 Rb- Y+Nb 图解（图 4-4-20）上，该时期侵入岩样品点密集分布于火山弧花岗岩、同碰撞花岗岩和板内花岗岩的交汇部位，长安辉长岩落入火山弧花岗岩区中部；在 Y-Nb 图解（图 4-4-21）上，位于火山弧花岗岩+同碰撞花岗岩区域和板内花岗岩区域交汇部位，长安辉长岩落入前一区域中部；综合考虑区域地质背景、岩石学、岩石化学、地球化学特征及图解结果，我们认为中三叠世侵入岩形成于后碰撞环境。

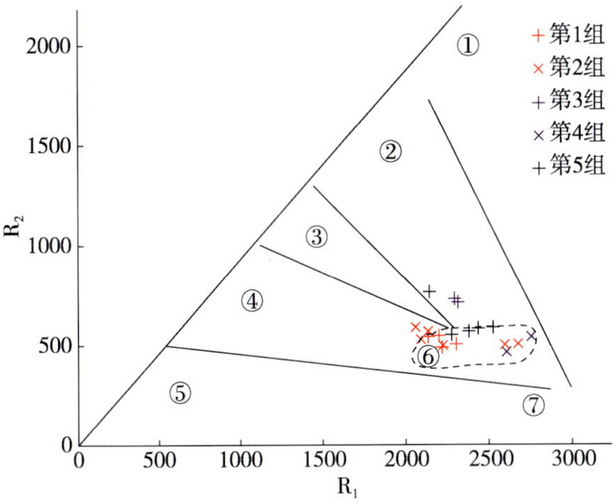

图 4-4-13　晚二叠世侵入岩 R_1-R_2 多阳离子构造环境判别图解

图例同图 4-4-1

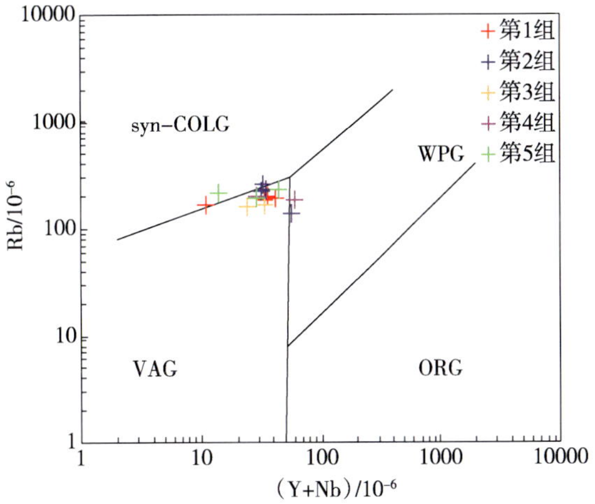

图 4-4-14　晚二叠世侵入岩 Rb-Y+Nb 构造环境判别图解

图例同图 4-4-2

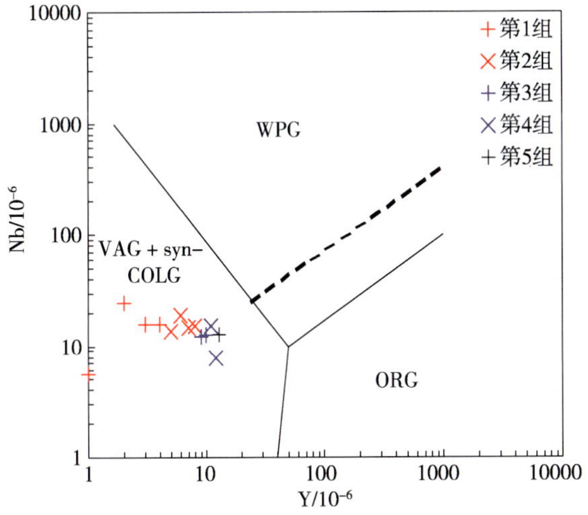

图 4-4-15　晚二叠世侵入岩 Y-Nb 构造环境判别图解

图 4-4-13、14、15 分组：第 1 组大田二长花岗岩（$\eta\gamma^{d}P_3$）；第 2 组什天二长花岗岩（$\eta\gamma^{st}P_3$）；第 3 组东岭花岗闪长岩（$\gamma\delta^{d}P_3$）；第 4 组那佩二长花岗岩（$\eta\gamma^{n}P_3$）；第 5 组保国二长花岗岩（$\eta\gamma^{bg}P_3$）

其他图例同图 4-4-2

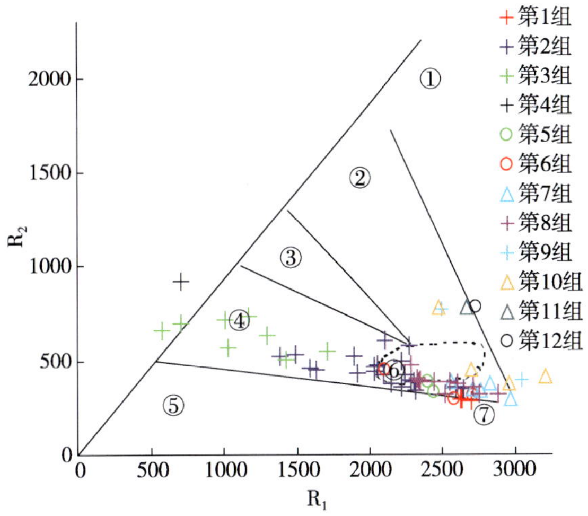

图 4-4-16　早三叠世侵入岩 R_1-R_2 多阳离子构造环境判别图解

图例同图 4-4-1

在 R_1-R_2 多阳离子构造环境判别图解（图 4-4-22）上，晚三叠世侵入岩大部分位于同碰撞花岗岩区和晚造区花岗岩区；在 Rb-Y+Nb 图解（图 4-4-23）上，该时期侵入岩样品点密集分布于火山弧花岗岩、同碰撞花岗岩和板内花岗岩的交汇部位，更靠近后二者区域；在 Y-Nb 图解（图 4-4-24）上，晚三叠世侵入岩位于火山弧花岗岩+同碰撞花岗岩区域内，但大部分样品点靠近板内花岗岩区域一侧；综合区域地质背景、岩石学、岩石化学、地球化学特征及图解结果，我们认为海南岛中三叠世侵入岩形成于后碰撞环境。

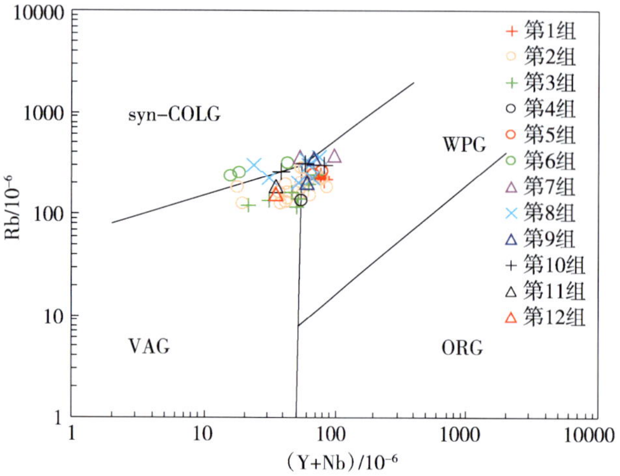

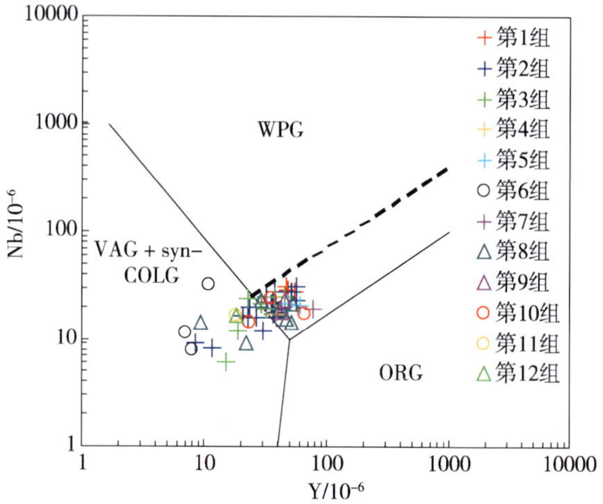

图 4-4-17　早三叠世侵入岩 Rb-Y+Nb 构造环境判别图解　图 4-4-18　早三叠世侵入岩 Nb-Y 构造环境判别图解

图 4-4-16、17、18 分组：第 1 组金寮岩体；第 2 组番阳峒岩体；第 3 组麻山田岩体；第 4 组深沟岩体；第 5 组进岭岩体；第 6 组瘦岭岩体；第 7 组黑岭岩体；第 8 组尖峰岭岩体；第 9 组高村岩体；第 10 组两院岩体；第 11 组大岭岩体；第 12 组鹅塘村岩体(图 4-4-17、18 其他图例同图 4-4-2)

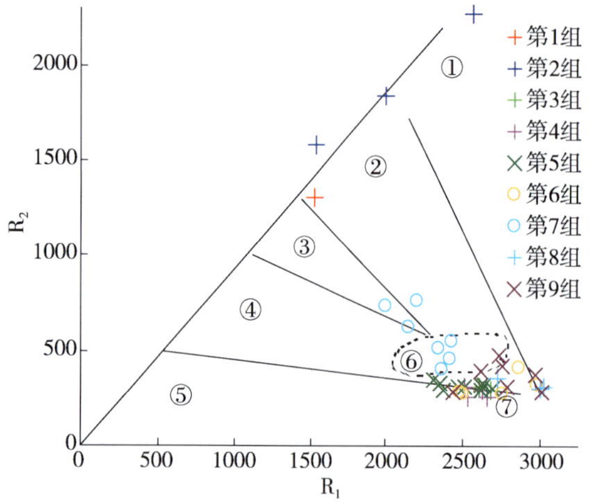

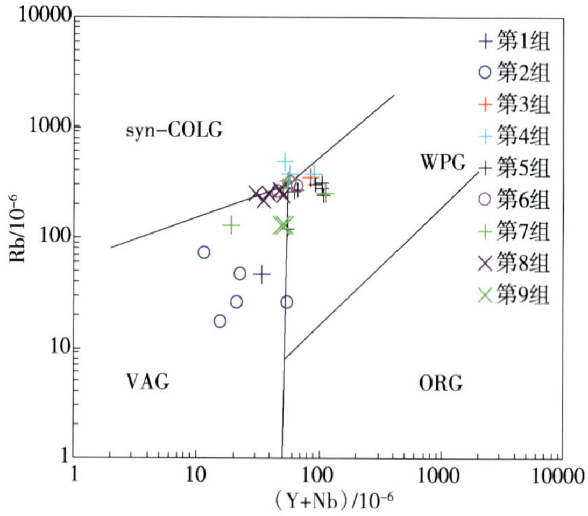

图 4-4-19　中三叠世侵入岩 R_1-R_2 多阳离子构造环境判别图解　图 4-4-20　中三叠世侵入岩 Rb-Y+Nb 构造环境判别图解

图例同图 4-4-1　图例同图 4-4-2

图 4-4-19、20、21 分组：第 1 组石墩岩体；第 2 组长安岩体；第 3 组石龟岭岩体；第 4 组兵工厂岩体；第 5 组六连岭岩体；第 6 组结尾岩体；第 7 组布山村岩体；第 8 组前锋岩体；第 9 组超岔岩体

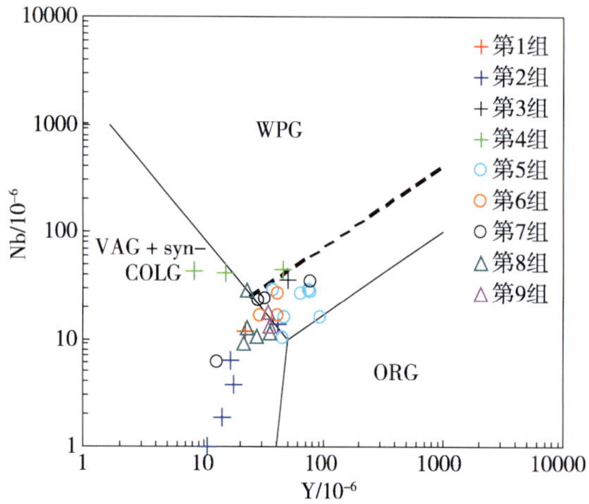

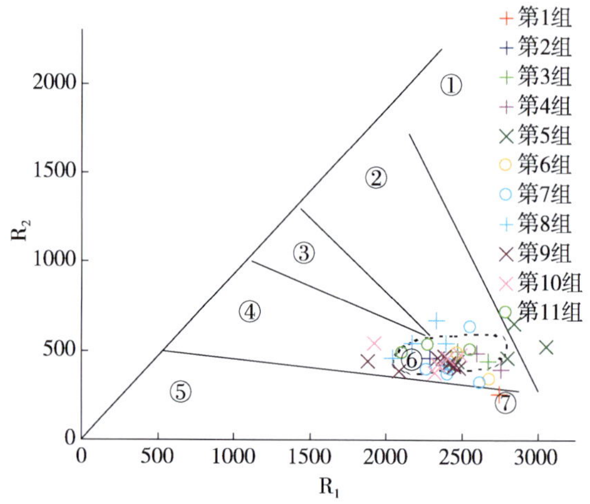

图 4-4-21　中三叠世侵入岩 Nb-Y 构造环境判别图解　图 4-4-22　晚三叠世侵入岩 R_1-R_2 多阳离子构造环境判别图解

图例同图 4-4-2　图例同图 4-4-1

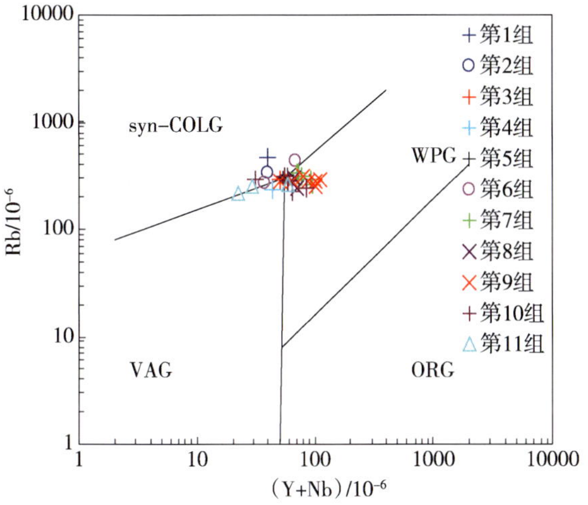

图 4-4-23 晚三叠世侵入岩 Rb-Y+Nb 构造环境判别图解

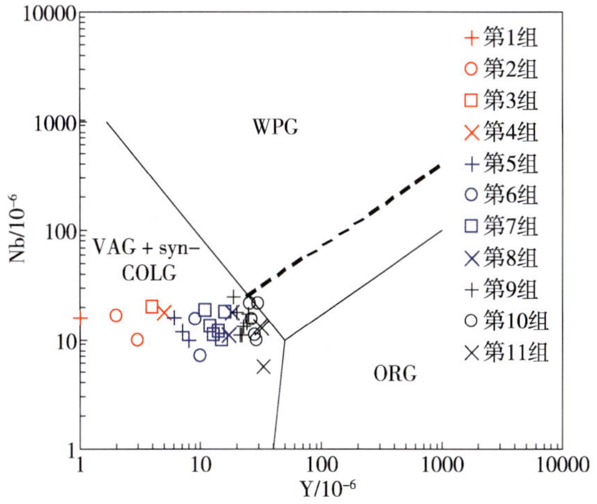

图 4-4-24 晚三叠世侵入岩 Nb-Y 构造环境判别图解

图 4-4-22、23、24 分组：第 1 组迈州岭岩体；第 2 组打显村岩体；第 3 组白石岭岩体；第 4 组黑岭岩体；第 5 组分水岭岩体；第 6 组南宝岩体；第 7 组五里桥岩体；第 8 组苗圃岩体；第 9 组乌烈岭岩体；第 10 组东四岩体；第 11 组七差岭岩体(4-4-22、23 其他图例同图 4-4-2)

五、侏罗纪-白垩纪侵入岩形成构造环境及其演化

在 Batchelor 等（1985）的花岗岩类 R_1-R_2 多阳离子构造环境判别图解（图 4-4-25）上，侏罗纪花岗岩大部分投入同碰撞花岗岩区和晚造期花岗岩区，个别样品投入破坏性活动板块边缘区，还有个别点位于 45°线的左侧。而在 Pearce（1984）的 Y+Nb-Rb 构造环境判别图解（图 4-4-26）上，侏罗纪花岗岩大部分样品点落在火山弧花岗岩区，个别点落入同碰撞花岗岩区和板内花岗岩区。在 Y-Nb 构造环境判别图解（图 4-4-27）上，侏罗纪花岗岩大部分点落入同碰撞花岗岩+火山弧花岗岩区，个别点落入异常洋中脊花岗岩区。综合地质背景、岩石学和岩石地球化学特征，我们将侏罗纪侵入岩构造环境厘定为洋俯冲构造环境。

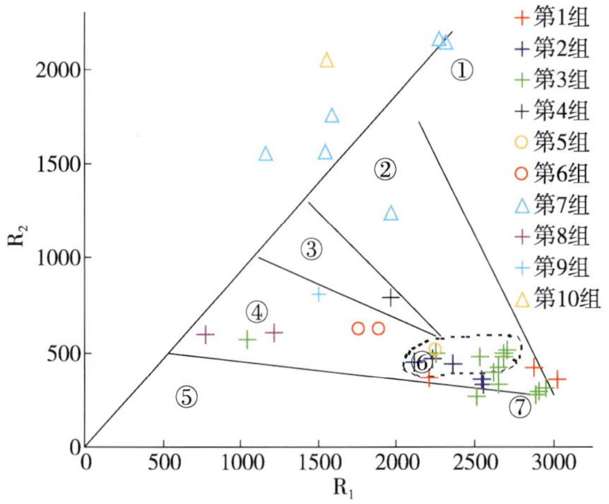

图 4-4-25 侏罗纪侵入岩 R_1-R_2 多阳离子构造环境判别图解

第 1 组马岭正长花岗岩（$\xi\gamma^{ml}J_3$）；第 2 组马鞍岭正长花岗岩（$\xi\gamma^{m}J_3$）；第 3 组三狮岭正长花岗岩（$\xi\gamma^{s}J_3$）；第 4 组架水石英二长岩（$\eta o^{j}J_3$）；第 5 组椰子园二长花岗岩（$\eta\gamma^{y}J_3$）；第 6 组南山岭石英二长岩（$\eta o^{n}J_3$）；第 7 组马翁岭辉长闪长岩（$\nu\delta^{m}J_3$）；第 8 组八宝坡正长岩（$\xi^{b}J_2$）；第 9 组黑栋石英二长岩（$\eta o^{h}J_3$）；第 10 组里茂辉长岩（$\nu^{l}J_2$）

其他图例同图 4-4-1

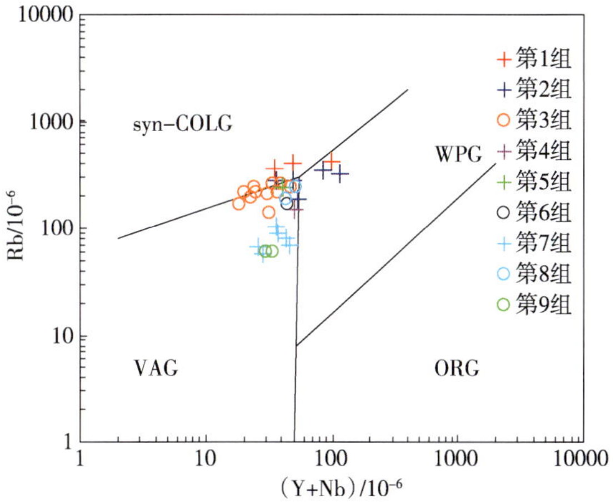

图 4-4-26 侏罗纪侵入岩 Rb-Y+Nb 构造环境判别图解

第 1 组马岭正长花岗岩（$\xi\gamma^{ml}J_3$）；第 2 组马鞍岭正长花岗岩（$\xi\gamma^{m}J_3$）；第 3 组三狮岭正长花岗岩（$\xi\gamma^{s}J_3$）；第 4 组架水石英二长岩（$\eta o^{j}J_3$）；第 5 组椰子园二长花岗岩（$\eta\gamma^{y}J_3$）；第 6 组南山岭石英二长岩（$\eta o^{n}J_3$）；第 7 组马翁岭辉长闪长岩（$\nu\delta^{m}J_3$）；第 8 组八宝坡正长岩（$\xi^{b}J_2$）；第 9 组里茂辉长岩（$\nu^{l}J_2$）

其他图例同图 4-4-2

在 Batchelor 等（1985）的花岗岩类 R_1-R_2 多阳离子构造环境判别图解（图 4-4-28、图 4-4-29）上，早白垩世侵入岩大部分投入同碰撞花岗岩区和破坏性活动板块边缘区。晚白垩世侵入岩大部分投入同碰撞花岗岩区和破坏性活动板块边缘区。而在 Pearce（1984）的 Y+Nb-Rb 构造环境判别图解（图 4-4-30、图 4-4-31）上，早白垩世侵入岩大部分投入火山弧花岗岩区；晚白垩世侵入岩也大部分投入火山弧花岗岩区，个别也越过火山弧花岗岩区，投入板内花岗岩区和同碰撞花岗岩区。在 Y-Nb 构造环境判别图解上（图 4-4-32、图 4-4-33），早白垩世侵入岩基本都投入火山弧花岗岩+同碰撞花岗岩区，晚白垩世侵入岩多数都投入火山弧花岗岩+同碰撞花岗岩区，部分越过该区而落入板内花岗岩区。综合判别图解、区域地质背景、岩石学和岩石地球化学特征，我们认为燕山期花岗岩形成与太平洋洋壳俯冲作用有关。

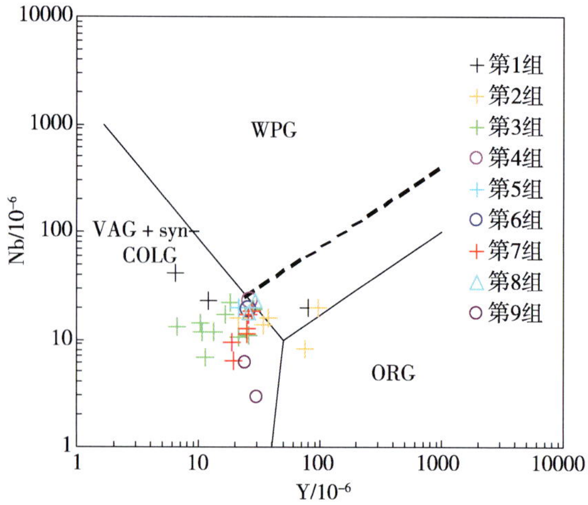

图 4-4-27　侏罗纪侵入岩 Y-Nb 构造环境判别图解

（图例同 4-4-2 图）

分组图例同图 4-4-26

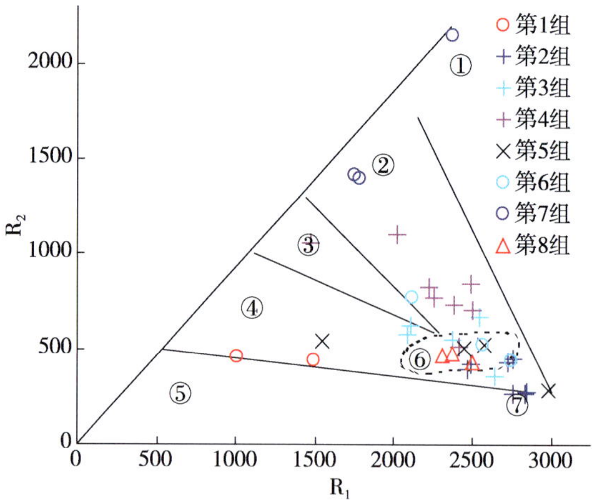

图 4-4-28　早白垩世侵入岩 R_1-R_2 多阳离子构造环境判别图解

第 1 组番通正长岩（$\xi^{p}K_1$）；第 2 组皋石斗二长花岗岩（$\eta\gamma^{f}K_1$）；第 3 组抱跃二长花岗岩（$\eta\gamma^{b}K_1$）；第 4 组锐町花岗闪长岩（$\gamma\delta^{s}K_1$）；第 5 组花岗斑岩（$\gamma\pi K_1$）；第 6 组花岗闪长斑岩（$\gamma\delta\pi K_1$）；第 7 组辉长岩（νK_1）；第 8 组半岛正长花岗岩（$\xi\gamma^{b}K_1$）

其他图例同 4-4-1 图

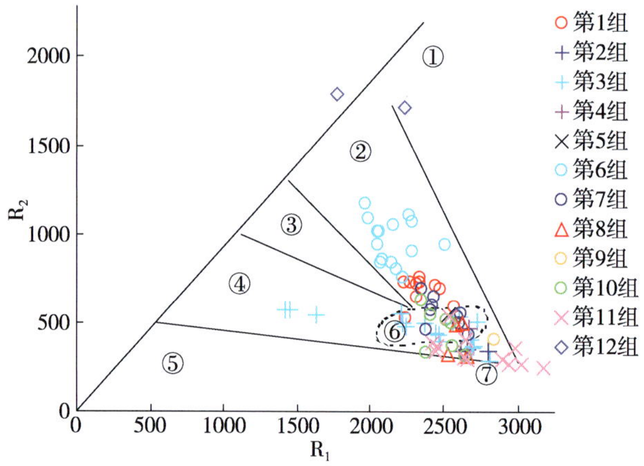

图 4-4-29　晚白垩世侵入岩 R_1-R_2 多阳离子构造环境判别图解

第 1 组保亭二长花岗岩（$\eta\gamma^{bt}K_2$）；第 2 组大小岭正长花岗岩（$\xi\gamma^{dx}K_2$）；第 3 组吊罗山正长花岗岩（$\xi\gamma^{d}K_2$）；第 4 组高通岭正长花岗岩（$\xi\gamma^{g}K_2$）；第 5 组火烧岭二长花岗岩（$\eta\gamma^{h}K_2$）；第 6 组加茂花岗闪长岩（$\gamma\delta^{j}K_2$）；第 7 组六弓二长花岗岩（$\eta\gamma^{lg}K_2$）；第 8 组龙楼正长花岗岩（$\xi\gamma^{l}K_2$）；第 9 组双顶岭正长花岗岩（$\xi\gamma^{s}K_2$）；第 10 组新村二长花岗岩（$\eta\gamma^{x}K_2$）；第 11 组洋淋岭花岗斑岩（$\gamma\pi^{y}K_2$）；第 12 组乌石辉长岩（$\nu^{w}K_2$）

其他图例同 4-4-1 图

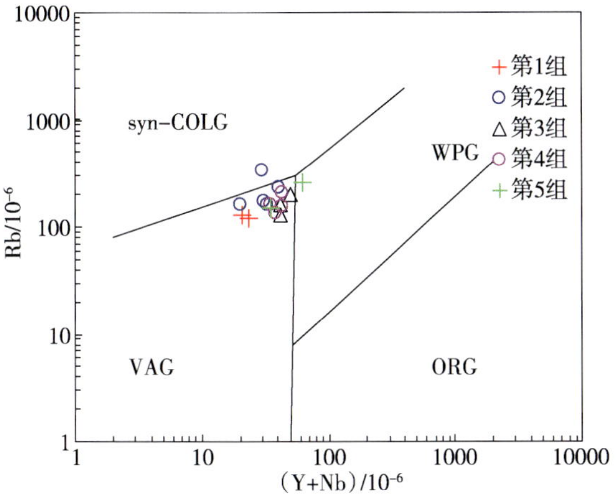

图 4-4-30　早白垩世侵入岩 Rb-Y+Nb 构造环境判别图解
第 1 组番通正长岩（$\xi^{p}K_1$），第 2 组阜石斗二长花岗岩（$\eta\gamma^{f}K_1$），第 3 组抱跃二长花岗岩（$\eta\gamma^{b}K_1$），第 4 组锐町花岗闪长岩（$\gamma\delta^{s}K_1$），第 5 组半岛正长花岗岩（$\xi\gamma bK_1$）
其他图例同图 4-4-2

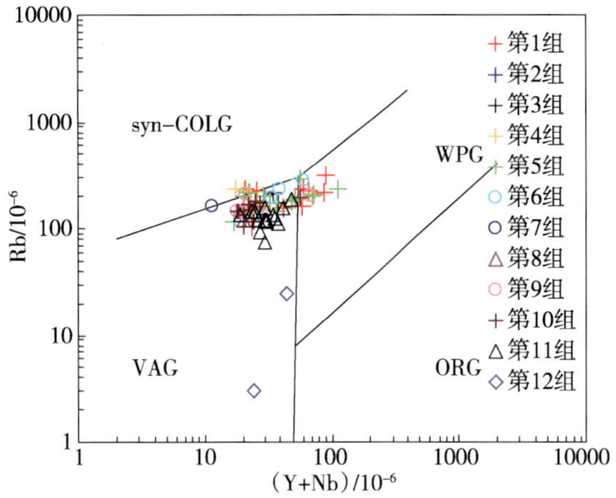

图 4-4-31　晚白垩世花岗岩 Rb-Y+Nb 构造环境判别图解
分组图例同图 4-4-29，其他图例同 4-4-2 图

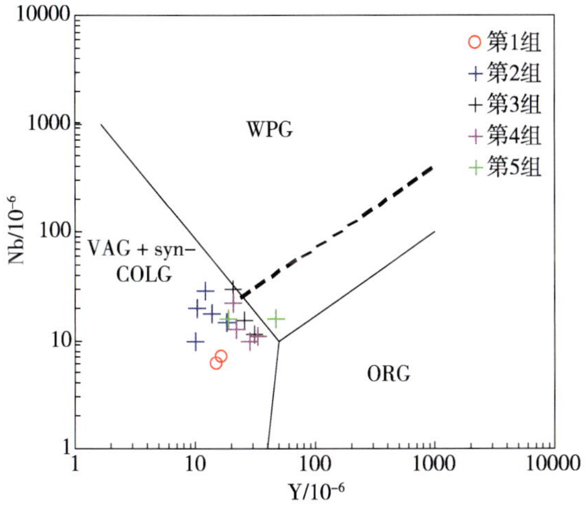

图 4-4-32　早白垩世侵入岩 Nb-Y 构造环境判别图解
分组图例同图 4-4-30，其他图例同图 4-4-2

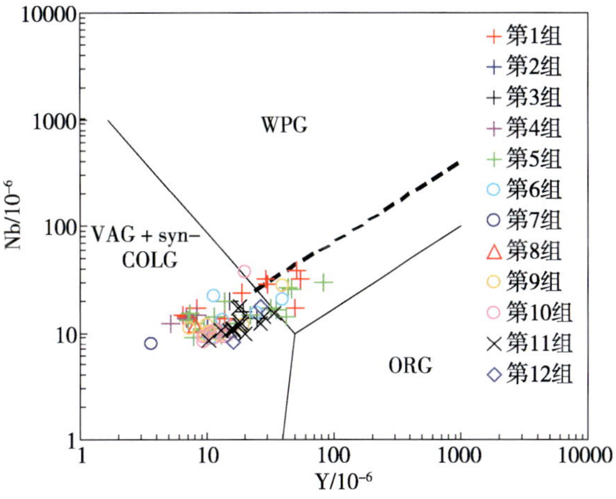

图 4-4-33　晚白垩世侵入岩 Nb-Y 构造环境判别图解
分组图例同图 4-4-29，其他图例同 4-4-2 图

第五节　侵入岩岩石构造组合与成矿

海南岛及近岸岛屿分布有大面积的侵入岩，不同的侵入岩类型常伴有不同的矿产和成矿系列。与侵入岩相关的矿产主要有贵金属矿产金、银，有色金属矿产铅、锌、铜、钨、钼矿，黑色金属矿产铁矿，稀有金属铌钽矿，稀土金属矿，非金属矿产萤石、水晶矿、饰面石材矿等。从分布时代上来看，矿产主要形成于印支期和燕山期，从岩石构造组合类型上看，印支期侵入岩与成矿相关的岩石组合为高钾和钾玄岩质花岗岩-QM-ξo 组合（T_1）、辉长岩组合（T_2）、钾玄质花岗岩组合（T_3），燕山期侵入岩与成矿相关的岩石组合主要为 G_2QM 组合（J_3）、G_1G_2-ν-QM-δ 组合（K_2）。

一、印支期高钾和钾玄岩质花岗岩-QM-ξo 组合（T_1）与成矿

与印支期高钾和钾玄岩质花岗岩-QM-ξo 组合（T_1）有关的矿产主要有钨、钼矿、稀土矿和饰面石材矿等。

1）乐东县红门岭钨钼矿为斑岩型钼钨矿（小型），与成矿相关的岩石建造为尖峰岭正长花岗岩建造和花岗斑岩建造，矿体主要赋存于印支期花岗斑岩体的内外接触带内。

2）海南岛目前已发现了一批离子吸附型稀土矿，如抱汶稀土矿（中型）、坝王岭林场东二、东四稀土矿。稀土矿主要分布于印支期中酸性侵入岩风化壳中，尤其是碱性组分相对较高的正长花岗岩、石英正长岩类风化壳中，如尖峰岭正长花岗岩、番阳峒正长花岗岩、麻山田石英正长岩、金寮正长花岗岩、东四花岗岩等，其稀土含量明显高于一般花岗岩，如尖峰岭正长花岗岩稀土总量最高值约为 558×10^{-6}，麻山田石英正长岩最高值达 3187×10^{-6}。由于强烈的风化作用，这些岩体的风化壳均十分发育，为离子吸附型稀土富集成矿提供了极其有利的条件。目前海南岛稀土调查研究程度还较低，但具有非常广阔的稀土找矿前景。

3）饰面石材矿。部分三叠纪岩体基岩露头面积大，节理裂隙发育程度低，矿物分布较均匀，色斑、色线较少，具有致密坚硬，颜色纯正，花纹和谐、稳定的特点，可作为饰面石材矿开发利用，这些岩体主要有尖峰岭正长花岗岩、东四正长花岗岩等。

二、印支期辉长岩组合（T_2）与成矿

与印支期辉长岩组合（T_2）相关的矿产主要为饰面石材矿，部分三叠纪辉长岩体（如儋州市光头岭辉长岩）可作为饰面石材矿开发。

三、印支期钾玄质花岗岩组合（T_3）与成矿

与印支期钾玄质花岗岩组合（T_3）相关的矿产主要为稀土矿。稀土矿主要分布于稀土元素含量较高的东四正长花岗岩风化壳中，岩石稀土含量明显高于一般花岗岩，岩石中的稀土总量平均值约为 354×10^{-6}，而且岩体的风化壳均十分发育，为离子吸附型稀土富集成矿提供了极其有利的条件。目前发现的坝王岭中型离子吸附型稀土矿及部分矿点均分布在东四正长花岗岩体中。

四、燕山期 G_2QM 组合（J_3）与成矿

与燕山期 G_2QM 组合（J_3）有关的矿产主要为萤石矿，代表性矿床为琼中县什统萤石矿，该矿为与燕山期花岗岩浆活动有关的热液型矿床，主矿体赋存于侏罗世黑云母二长花岗岩的北东向断裂构造中，有萤石-石英脉和石英-萤石脉两种矿石。

五、燕山期 G_1G_2-ν-QM-δ 组合（K_2）与成矿

与燕山期 G_1G_2-ν-QM-δ 组合（K_2）相关的矿产有金、银、钼、铜、铅、锌等金属矿，以及水晶矿、饰面石材矿等非金属矿。

1）富文金银矿为热液充填型，与成矿相关的岩石建造为晚白垩世花岗闪长岩建造和砂砾岩建造，岩浆活动对成矿作用具有控制作用，靠近岩体，矿脉厚度大、品位高；远离矿体，矿脉变薄至尖灭。推测矿液来源于深层岩浆热液。

2）烟塘梅岭铜钼矿（小型）、报告村钼矿（小型）和石门山-看树岭钼多金属矿（中型）均为斑岩型矿床，矿体产于白垩纪花岗斑岩-花岗闪长斑岩中，同时它们也是钼矿的成矿母岩。

3）龙门岭钼矿（中型）、高通岭钼矿（小型）为热液脉型钼矿。龙门岭钼矿体产出于晚白垩

世花岗闪长岩建造和二长花岗岩建造中；与高通岭钼矿成矿相关的岩石建造为晚白垩世细粒黑云母正长花岗岩建造（即高通岭岩体）。

4）后万岭铅锌矿为热液充填型，矿体主要赋存于石英脉中，与成矿相关的岩石建造主要为晚白垩世保亭二长花岗岩建造，它既为铅锌矿的成矿母岩，同时也是主要的赋矿围岩。

5）羊角岭水晶矿为热液石英脉型，区内花岗岩有印支期中粒斑状角闪黑云二长花岗岩和燕山晚期角闪黑云花岗闪长岩及花岗斑岩、伟晶岩等岩脉。与成矿相关的岩石建造为燕山晚期加茂花岗闪长岩建造。

6）饰面石材矿：海南岛燕山期花岗岩类大部分受后期构造破坏作用相对较弱，节理裂隙一般不甚发育程度低，矿物分布较均匀，色斑、色线较少，可作为饰面石材矿开发利用的岩体相对较多，如目前已勘查评价的金波饰面石材矿、小妹水库饰面石材矿、牛鼻岭饰面石材矿、尖咀岭饰面石材矿、踢通岭饰面石材矿等，矿床的成矿母岩均为燕山期岩体。因此，在燕山期花岗岩体中具有较佳的饰面石材矿找矿前景。

第五章　变质岩岩石构造组合

海南岛变质岩按类型划分为区域变质岩、动力变质岩、接触变质岩、气水热液蚀变岩等。按照《成矿地质背景研究技术要求》，本章仅涉及区域变质岩。

第一节　变质岩时空分布及变质单元划分

一、变质岩时空分布

海南岛区域变质岩分布于东西向九所-陵水构造带以北，包括前寒武纪变质岩和加里东期-华力西期变质岩。二叠纪以后，岩石未受到区域变质作用改造。

（一）前寒武纪变质岩

海南岛前寒武纪区域变质岩的原岩时代包括长城纪、青白口纪和震旦纪。受后期岩浆作用和构造作用改造，导致岩石出露不全，呈孤岛状分布，面积约490km^2，占海南岛面积的1.44%（图5-1-1）。

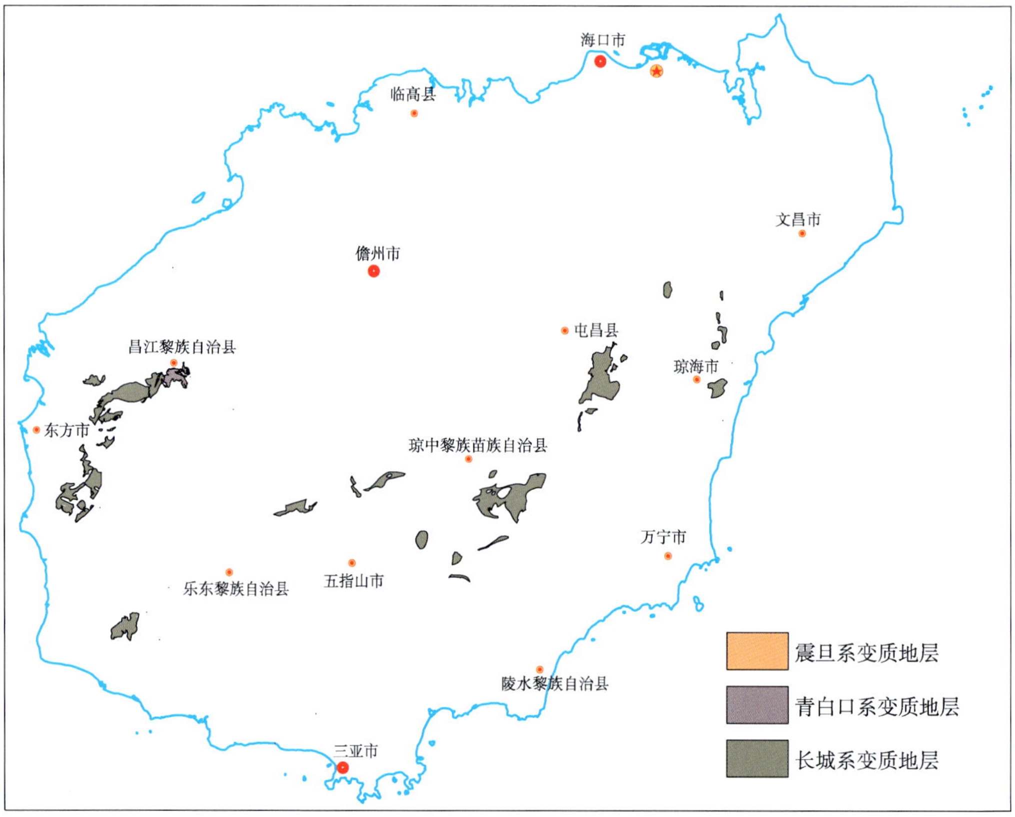

图5-1-1　海南岛前寒武纪变质岩分布示意图

长城纪变质岩见于戈枕村组（Ch*g*）、峨文岭组（Ch*e*）中，分布在琼西大蟹岭、抱板，琼西南冲卒岭，琼中长征，琼东北黄竹岭，琼东烟塘等地区，岩石类型有混合岩、混合片麻岩、片麻岩、片岩、石英岩、变粒岩、麻粒岩等。岩石变质较深，已达低至高角闪岩相，因此，目前缺乏古生物化石资料，其时代主要（或唯一）根据同位素年龄数据确定。叶伯丹等（1990）在抱板地区ZK3601孔178.4m混合岩中获锆石U-Pb一致曲线年龄为1364±25.7Ma；吴学益等（1991）在抱板地区片麻岩中获得1751Ma的Pb-Pb法等时线年龄；马大铨等（1993、1997、1998）在抱板地区混合岩化黑云母斜长片麻岩中获得1824±77Ma的U-Pb一致曲线上交点年龄（代表原岩锆石结晶年龄或火山岩形成年龄），在乐东冲卒岭地区混合岩脉体中获得Rb-Sr等时线年龄为1637±31Ma（代表混合岩化年龄）；胡健民在抱板地区斜长片麻岩中获得锆石SHRIMP年龄为1422±16Ma（内部资料）；2006年~2010年，海南省地质调查院《海南省区域地质志》项目组在抱板地区红林农场19队旁昌化江混合岩化片麻岩中获得其锆石SHRIMP年龄为1437±7Ma，在冲卒岭地区眼球状混合岩中获得锆石SHRIMP U-Pb同位素年龄为1438±5.3Ma。此外，抱板地区广泛分布侵入峨文岭组（Ch*e*）的同造山期的片麻状花岗岩，上述项目组在其中获得锆石SHRIMP U-Pb同位素年龄为1439±7Ma，Li，Z.-X等（2002）在片麻状花岗岩中获得1430 Ma的锆石SHRIMP U-Pb同位素年龄，马大铨等人（1998）获锆石U-Pb一致曲线年龄为1456.8Ma，丁式江等（2005）获锆石蒸发法$^{207}Pb/^{206}Pb$峰值年龄为1407±20 Ma。因此，主张变质岩石形成与花岗岩侵位应属同一期构造热事件的产物，变质时代约为1400 Ma。

青白口纪变质岩有石碌群和公庙斜长角闪（片）岩。石碌群（Qb*ŝ*）仅限分布于昌江县石碌地区，岩石类型有千枚岩、绢云（石英）片岩、石英岩、变质砂岩、二透岩、结晶灰岩等，变质程度低，为绿片岩相。张仁杰等（1990）获得石碌群第六层铁矿主矿层Sm-Nd全岩等时线年龄为841±20Ma，与该层位所含的Chuaria-Tawuia生物群延续时限（9亿~6亿年）吻合；近年来许德如等通过对石碌群第六层中的锆石和独居石进行年龄研究，认为石碌群年龄间于830~1000Ma（Xu et al.，2013）。因此，目前根据石碌群与中元古界存在明显的沉积间断，并与上覆震旦系存在角度不整合接触，把其变质时代厘定为晚晋宁期。公庙斜长角闪（片）岩呈岩脉状分布于琼西戈枕-公爱、冲卒岭一带的中元古界当中，或岩株状分布于琼东中瑞农场一带的中元古界中，经谭忠福、马国干、马大铨等人采用Sm-Nd法进行年代学研究，认为原岩年龄间于955±54~ 975±8.6Ma的年龄（相当于青白口纪），但目前缺乏相应的变质年龄数据，推测其变质年龄同石碌群。

震旦系变质岩仅有石灰顶组（Z*ŝ*），仅限分布于石碌地区。变质程度非常轻微，岩石以石英砂岩、石英岩为主，夹泥岩、硅质岩、赤铁矿粉砂岩。其底部出现含砾或含角砾泥岩，往上为不等粒砂岩，以无层理、分选性差、圆度差和角砾来源于原地为特征，初步认为陆表海环境的产物。

（二）加里东-华力西期变质岩

海南岛加里东-华力西期区域变质岩分布广泛，产出的地层包括寒武系美子林组（€*mz*）、奥陶系南碧沟组（O*n*）和志留系陀烈组（S_1t）、空列村组（S_1k）、大干村组（S_1d）、靠亲山组（S_1kq）、足赛岭组（S_1z），以及石炭系南好组（C_1n）、青天峡组（C_2q）和二叠系峨查组（P_1e）。岩石变质程度低，属于绿片岩相。其中，早古生代变质岩岩石类型有片岩、千枚岩、板岩、石英岩、变质砂岩、大理岩、结晶灰岩等，晚古生代变质岩主要岩石类型包括千枚岩、板岩、变质砂岩等。受后期侵入岩浆作用和构造作用的改造，岩石出露不全，呈孤岛状产出，早、晚古生代变质岩常相伴而生，毗邻分布，主体见于儋州市-乐东县一带，部分出露于保亭南好、万宁山根等地（图5-1-2）。

上述变质岩缺乏变质年代学资料，但我们可以基于以下几点进行变质时代分析，一是海南岛下三叠统没有受到区域变质作用的改造，受到区域变质影响的年代最新地层为二叠系；二是上、下古生界变质面理展布方面基本协调一致，且皆为绿片岩相，变质程度相似；三是加里东运动峰带位置在华南一带，但海南下古生代地层变质程度普遍高于华南。因此，我们认为上、下古生界变质作用产生于同期构造-热事件，即变质时代为华力西期。

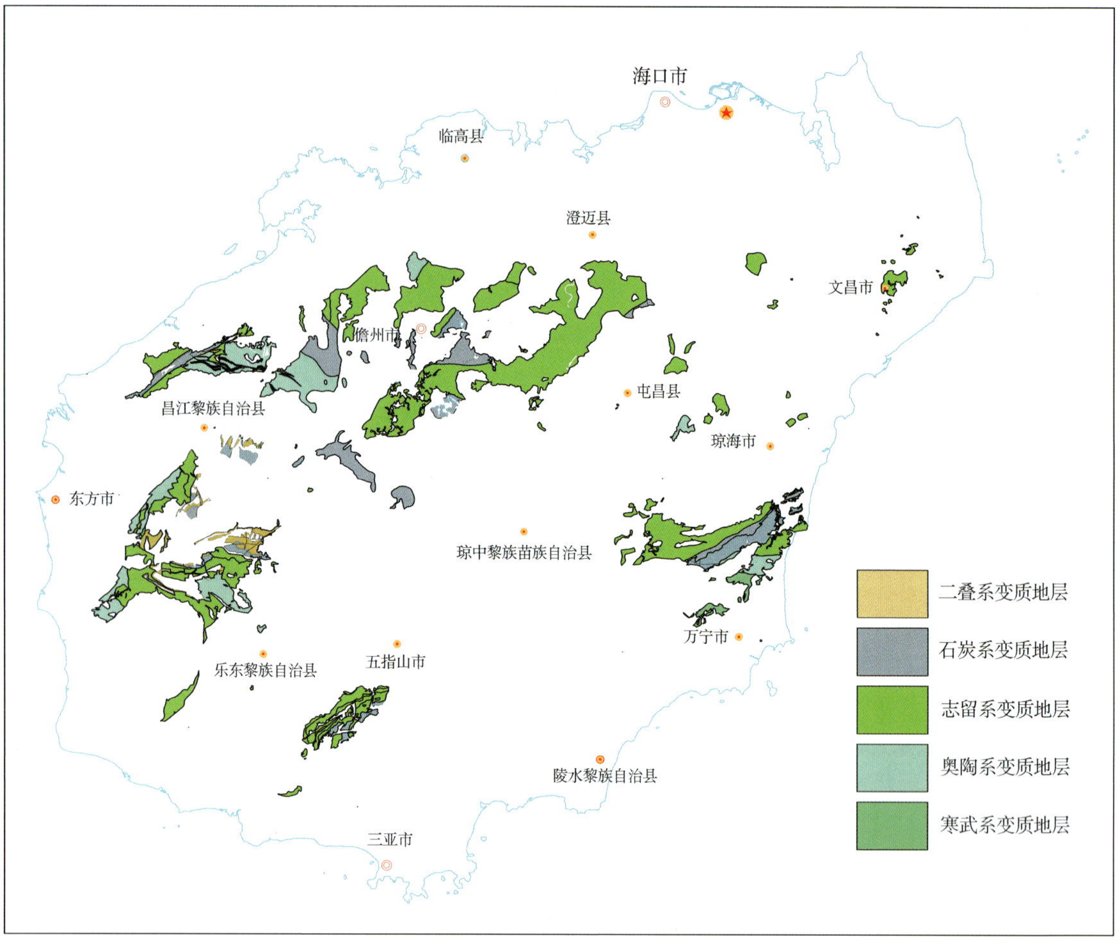

图 5-1-2　海南岛加里东-华力西期变质岩分布示意图

二、变质单元划分

海南岛岩石经历了早晋宁运动以来（1400Ma±）多期次的构造作用改造，遭受多期次的变质与变形，而且受后期构造岩浆作用的强烈改造，早期变质岩石往往呈“混杂”状堆积，给变质地质单元的系统恢复和划分带来了很大的困难。

海南岛最早的变质地层为中元古代长城纪戈枕村组、峨文岭组，由一套角闪岩相（局部为麻粒岩相）变质作用形成的中深变质岩，属于海南岛的结晶基底地层，岩石类型有混合岩、片麻岩、片岩、石英岩、变粒岩、麻粒岩等。任纪舜（1984）报道，西沙群岛永兴岛钻孔中见花岗片麻岩和石英云母片岩，片麻岩的矿物 Rb-Sr 等时线年龄为 1465Ma（广东地矿局，1988），其岩石组合特征和年龄与海南岛中元古代长城系相似，暗示了它们属于同一变质事件的产物，并且前长城纪可能具有相似的构造古地理演化史。

新元古代-古生代时期，海南岛东西向九所-陵水构造带南北两侧变质作用差异性显著，北面分布区域绿片岩相变质形成的片岩、千枚岩、板岩、变质砂岩等岩石，南面岩石几乎未发生区域变质作用。印支-南海一带沉积的寒武系-三叠系岩石也未发生区域变质和变形（刘昭蜀等，2002），由此推断该时期海南岛南部三亚地区和印支-南海一带属于一个相对稳定的陆块区。此外，陈耀钦（1989）、吴浩若（1997，2003）认为海南岛与广东、广西新元古界-三叠系沉积作用、变质作用等方面具有明显的差异性，显示出海南岛与广东、广西应属于不同的变质区。

综上所述，结合本次大地构造分区方案，把海南岛划归为武夷-云开变质域（包含福建、浙江、台湾、江苏、江西、湖南、广东、广西、海南等省）。在此基础上，以东西向九所-陵水构造带为界，划分出南面的三亚变质区（九所-陵水构造带以南及其南海广大区域）和北面的华南变质区（跨广东、广西、海南等省）（表5-1-1）。华南变质区大致以东西向遂溪断裂为界，进一步划分出南面的五指山变质地带（遂溪断裂以南、九所-陵水构造带以北区域）。

表5-1-1　海南岛变质单元划分表

变质域	变质区	变质地带
武夷-云开变质域	华南变质区	五指山变质地带
	三亚变质区	—

第二节　变质岩岩石构造组合划分及其特征

变质岩岩石构造组合是同一时代、同一变质相和特定大地构造环境下形成的一套变质岩建造组合，可以包括多个同类变质岩建造，是最低级别的大地构造“相”，反映了大地构造“亚相”的地质背景。

一、戈枕村组（Ch*g*）

由马大铨等（1993）创名，黄香定等（Huang Xiangding, et al., 1996）介绍，陈哲培等（1997）指定昌江县昌化江剖面为戈枕村组代表性剖面。上部以黑云母斜长片麻岩或混合质黑云母斜长片麻岩为主；下部为混合花岗闪长岩及黑云母斜长混合片麻岩。未见底，厚度大于2381m。与上覆峨文岭组整合接触。主要分布于乐东县峨文岭、东方市抱板、大蟹岭及定安县黄竹岭、琼中县上安乡等地区。整体为一套经过混合岩化作用改造的深变质岩，以混合岩和片麻岩组合为特征，靠近边部并往往出现糜棱岩化现象。混合岩的脉体呈条带状、眼球状，眼球体大小均一、分布均匀、排列方向有序，与所夹的片麻岩呈渐变过渡关系。

海南岛各地出露的戈枕村组岩石构造组合特征基本可以对比，岩性以片麻岩和混合岩为主。但在岩石构造和成分上略有一定的差异性。琼西地区乐东峨文岭剖面，混合岩主要呈眼球状构造，而琼东地区混合岩则多为条带状-条纹状构造；琼东上安-长征一带戈枕村组中局部出现麻粒岩和麻粒岩相岩石（主要还是角闪岩相），变质程度稍高于琼西（仅达到角闪岩相）；琼东地区屯昌中建农场香炉岭剖面片麻岩、混合岩中钾长石含量高，为钾长混合岩或钾长片麻岩，而琼西地区则为斜长片麻岩-二长片麻岩。总结前人资料成果，我们将琼西地区的戈枕村组岩石构造组合厘定为斜长片麻岩-变粒岩-混合岩组合，琼东地区的戈枕村组岩石构造组合为斜长片麻岩-麻粒岩-混合岩组合。

二、峨文村组（Ch*e*）

由马大铨等创名，黄香定等介绍，陈哲培等指定峨文岭剖面为峨文岭组代表性剖面，该组整合于戈枕村组之上，以云母石英片岩、石英云母片岩为主，夹数层长石石英岩及石墨矿层。与上覆奥陶纪南碧沟组呈断层接触。空间分布常与戈枕村组相随，主要见于乐东县峨文岭、东方县大蟹岭、抱板镇和琼中县上安乡、定安县翰林镇等地区。

整体来看，各地出露的峨文岭组岩石组合特征基本可以对比，岩性主要以石英岩和片岩为主。但其岩性空间横向变化明显。琼西峨文岭剖面，在峨文岭组中普遍见长石矿物，并含多层石墨矿，而其余地方基本无石墨矿分布，也几乎未见长石矿物，可能与沉积作用差异性及后期变质温度差异性有关。但琼西地区与琼东地区岩石构造组合差别不大，都以云母石英片岩、石英云母片岩为主。因此，我们将峨文岭组岩石构造组合厘定为石英岩-云母片岩组合。

三、斜长角闪（片）岩（ψPt_3）

该岩石构造组合主要呈岩脉状分布于中元古界戈枕村组和峨文岭组中，在屯昌中建农场一带呈岩株状侵入中元古界。岩石矿物成分主要为斜长石及角闪石，含少量石英、黑云母、钾长石，局部见特征变质矿物石榴石，目前还未积累相应的变质年龄数据，根据前人获得的 Sm-Nd 同位素年龄（代表原岩年龄），以及石碌群与其变质程度的差异（石碌群为绿片岩相，而斜长角闪岩为角闪岩相），推测其变质作用发生于 955~840Ma。

四、石碌群（$Qb\hat{s}$）

石碌群为海南地质大队（1964）所创建的岩石地层单位，命名地点为昌江石碌铁矿区，以金牛岭南坡 375 排土场至北一矿体采坑出露最好，原来划分为七层，时代为寒武纪-奥陶纪，但无任何生物化石依据。之后，地质学者对石碌群提出了各种不同认识和划分方案。其中，中国科学院华南富铁矿科研队地层组（1976）认为石碌群第六层与第七层之间为假整合接触，创建石灰顶组代替原石碌群第七层，修订石碌群含义，将石碌群限定于原剖面的第一层至第六层，修订后的石碌群，内部无重要的沉积间断。张仁杰（1990）将原石碌群第一至第六层划为石碌群，第七层为石灰顶，第六层与第七层之间为不整合面，二者时代分别厘定为青白口纪和震旦纪。陈哲培等（1997）在编撰《海南省岩石地层》一书时采用张仁杰的意见，指定金牛岭剖面拼接北一矿 334 剖面作为代表性剖面，各层岩性如下。

第一层为紫灰色、灰色中层及薄层状绢云母石英千枚岩夹薄层状石英绢云母千枚岩、含红柱石石英绢云母千枚岩、绢云母千枚岩，中上部夹少量电气石化石英片岩。

第二层为灰色厚层状叶蛇纹石化泥粉晶白云岩，原岩为泥晶碳酸盐岩，属岩性均一的非旋回性基本层序。

第三层主体为石英绢云母千枚岩。底部为棕黄色、灰色薄层夹中层状石英绢云母千枚岩，其上为灰色薄层状石英绢云母千枚岩、红柱石石英绢云母千枚岩与薄层状-中层状浅灰色绢云母石英千枚岩及少量薄层状（被顺层剪切变形改造，多呈透镜状）石英片岩。

第四层由灰白色中厚层状粗-细粒石英岩夹少量绢云母石英千枚岩组成，绢云母石英千枚岩夹层具有随机重复出现的特征。

第五层主要为灰色含红柱石石英绢云千枚岩、薄层状石英绢云千枚岩和绢云石英千枚岩及少量透镜状石英片岩、千枚岩化含水云母石英细砂岩互层或互为夹层，频繁重复组成韵律层，下部夹有一层 9.1m 厚、具褶叠层构造片理化细粒石英岩，上部夹有一层 2m 厚的浅灰绿色岩屑凝灰岩层。

第六层主要以白云岩及其接触热变质作用形成的强弱不等的透闪石透辉石化白云岩或二透岩为主。

综上所述，我们将石碌群岩石构造组合厘定为绢云千枚岩-二透岩-石英岩组合。

五、石灰顶组（$Z\hat{s}$）

石灰顶组为中国科学院华南富铁科研队地层组 1976 年创建的岩石地层单位，创建地点为石碌矿区石灰顶隧道北口及三棱山西南坡。后经宜昌地矿所、海南地矿局（1990）修订，代表不整合于石碌群第六层之上、石炭系南好组第五段（原三棱山组）之下的一套陆源碎屑岩夹铁矿层岩系，即海南地质大队 1964 年所划分的石碌群第七层。张仁杰等 1992 年重测了石灰顶组剖面，厘定其时代为震旦纪。陈哲培等（1997）在《海南省岩石地层》中采用张仁杰等人的划分方案，指定石灰顶东坡剖面为代表性剖面，仅出露于琼西石碌铁矿一带，岩石以石英砂岩、石英岩为主，夹泥岩、硅质岩、赤铁矿粉砂岩。石英砂岩中常含赤铁矿，泥岩中含宏观藻化石，与上覆南好组和下伏石碌群不整合接触。

总结前人资料，我们将石灰顶组岩石构造组合厘定为石英砂岩-石英岩组合。

六、美子林组（€*mz*）

美子林组是宜昌地矿所 1991—1995 年在开展 1∶5 万中原市幅、博鳌港幅、和乐幅区调时创建的岩石地层单位，时代为寒武纪。并指定万宁县乐来乡美子林剖面为代表性剖面，乐来乡下田剖面及大茂乡袁水水库剖面为参考性剖面。上部为结晶灰岩、石英透辉石大理岩，产瓶虫类及小壳化石；下部为变质石英砂岩与云母片岩不等厚互层，夹黑云透辉石英角岩、白云母石英片岩等。顶、底界线因覆盖，接触关系不明。

美子林组仅见于琼东万宁地区，是目前海南岛九所-陵水断裂带以北唯一发现寒武系的地区。基岩出露较差，浮土掩盖地段较多，分布面积小，空间延伸差，未见顶、底，与上覆地层及下伏地层接触关系不清。划分为 3 个岩性段，第一段在袁水水库及美子林村一带出露，以袁水水库剖面出露最好，岩性为变质长石石英砂岩、变质细粒石英砂岩、二云石英片岩、黑云石英片岩为主，少量变质石英粉砂岩，局部含酸性凝灰质。未见底，厚度大于 673m。第二段出露于下田地区，岩性主要为黑云透辉石角岩、黑云二透石英角岩，厚度大于 156m。第三段在美子林和下田等地出露，以美子林剖面出露最好，岩性为结晶灰岩、石英透辉石大理岩、二透大理岩夹变质粉砂岩、细砂岩。未见顶，厚度大于 196m。总结前人成果，我们将美子林组的岩石构造组合厘定为大理岩-变石英砂岩-结晶灰岩组合。

七、南碧沟组（O*n*）

南碧沟组由黎明等（1981）创建的南碧沟群转化而来，命名地点在昌江县南碧沟。1988—1991 年广西区调队开展 1∶5 万猴猕岭、坝王岭幅区调联测时，将南碧沟群更名为南碧沟组，其层位相当于原南碧沟群中亚群中下部分。陈哲培等（1997）在《海南省岩石地层》中采用广西区调队命名定义，并指定代表性剖面为岛西南南捉沟-南碧沟剖面。宜昌地矿所、海南省地质调查院在 2000—2002 年联合开展 1∶25 万乐东县幅、陵水县幅区调联测时把该剖面第 1 层至第 19 层进行了重新厘定，归属为奥陶系南碧沟组，代表性剖面厚约 2030m。为一套浅变质碎屑岩夹变质基性火山熔岩、基性火山碎屑岩的岩石组合。岩性以千枚岩、绢云板岩为主，夹变质细砂岩、变质粉砂岩、碳质板岩；中上部夹基性火山熔岩、基性火山碎屑岩。未见底，与上覆志留系陀烈组呈整合接触。

琼西地区奥陶系为厚度 3000 多米的深海相粉砂-泥质沉积，自下而上（由南至北），粒度变细，见变余砂纹层理，晚期以频繁出现复理石韵律为特征，相当于鲍马层序中的 C、D、E 层，B 层少见，A 层不发育，为浊积扇的边缘部分，为一套类复理式-复理式建造夹变质超基性、中基性火山岩及少量变质凝灰岩建造。琼东中原镇盆地奥陶系为厚 2000 多米的浅海-半深海相陆源碎屑沉积，下部为泥质和粉砂质岩，上部为泥质粉-细砂岩，局部为凝灰质砂岩、细粒石英砂岩，岩石分选性差，发育粒序层理，可见鲍马层序中的 A、B 层。琼东定安县翰林镇蒙花岭-礼文岭一带，奥陶系下中部为泥质、粉砂质沉积，岩性为绢云母千枚岩、石英岩、二云母片岩等，局部夹碳质千枚岩，变余水平层理发育，中部并夹多层基性火山岩、火山碎屑岩，自下而上，火山活动由弱到强，呈现安山质沉凝灰岩至酸性流纹岩的演化特征。上部沉积物粒度变粗，出现浊流沉积。总体为浅海

-半深海相碎屑岩建造夹火山岩建造，且从早至晚，其构造环境具逐渐强烈活动的趋势，与之相伴随的火山作用具间歇性的特点。

在区域上，南碧沟组以一套细碎屑岩沉积为主，岩石组合总体具有可对比性，但也具一定的差异性，具体表现为：①琼东地区以砂质沉积为主，而其琼西地区则以泥质沉积占主体，空间相变明显；②琼西地区南捉沟-南碧沟剖面和大溪桥剖面所夹火山岩属于基性、超基性火山熔岩和火山碎屑岩，琼东地区翰林镇蒙花岭剖面火山岩原岩为玄武岩、安山岩和英安岩组合，琼东地区万宁市山根乡坑尾-斗牛村剖面则变为含沉火山碎屑岩。

总结前人资料，我们将琼西地区南碧沟组岩石构造组合厘定为千枚岩-片岩-板岩夹变基性火山岩组合。琼东地区南碧沟组岩石构造组合分为两种，一是变砂岩-板岩夹凝灰质砂岩的岩石构造组合，位于琼东万宁市山根乡坑尾-斗牛村一带；二是片岩-千枚岩夹变中基性火山岩的岩石构造组合，出露于琼东北定安翰林镇蒙花岭一带。

八、下志留统

从下至上，下志留统包括陀烈组（S_1t）、空列村组（S_1k）、大干村组（S_1d）、靠亲山组（S_1kq）、足赛岭组（S_1z），以上5个岩石地层单位都形成于陆缘裂谷环境，并且变质程度相近，岩石组合变化较小，彼此之间又存在连续变化，因此，此次归并为同一个岩石构造组合，具体分析如下。

（1）陀烈组

陈哲培等（1997）在《海南省岩石地层》中指定东方市娜姆河剖面为陀烈组代表性剖面，指整合于南碧沟组之上、空列村组之下的一套浅变质岩，可分为三段。下段为变质细砂岩、绢云母板岩夹灰岩透镜体；中段以碳质绢云母板岩为主，夹绢云母板岩及变质粉砂岩；上段为绢云母板岩夹条带状变质粉砂岩。中下部及中上部产几丁虫及孢粉化石，其中几丁虫具有重要时代意义。底部以变质石英砂岩的出现作为与南碧沟组千枚岩的划分标志，顶部以变质粉砂岩与上覆空列村组石英岩分界。

总体上，该组以粒度较细的泥质粉砂岩、含碳泥质岩相为主体，区域上岩性比较稳定，基本可以相互对比。尤其是中段含碳（质）岩石可作为良好的标志层。该地层在空间上虽总体可对比，但也有一定的差异。一是琼西东方江边-儋州西联农场一线，上、下部常夹灰岩（或大理岩）透镜体，而琼东部南好和九曲江地区则未见灰岩（或大理岩）透镜体分布；二是琼东九曲江地区含多层酸性或中酸性火山碎屑岩（沉凝灰岩或凝灰质砂岩），琼西的南清河地区出现基性或超基性火山熔岩夹层，而其余分布区则没有火山岩出露；三是琼西地区陀烈组下部为成熟度较高的变质石英砂岩，层厚大，上部为成熟度低的变质粉砂岩、变质细砂岩层，琼东陀烈组下部为成熟度低的板岩类等泥质岩沉积，沉积粒度相对变细。

（2）空列村组（S_1k）

大干村剖面为该组的代表性剖面，底部为石英岩，其上为绢云母板岩与绢云石英粉砂岩互层，夹结晶灰岩，产珊瑚、海绵化石。顶部以板岩与上覆大干村组整合接触，底部以石英砂岩、石英岩与下伏陀烈组整合接触。

空列村组分布较广，岩石空间延伸比较稳定，可划分为下、上两段。下段为砂质岩石，由石英岩、变质细粒石英砂岩、变质中粒石英砂岩等组成，岩石质地坚硬，地貌特征明显；上段为砂-泥质沉积，表现为变质粉砂岩与板岩不等厚产出。发育水平层理、微波状层理、低角度交错层理、小型斜层理及透镜状层理等，总体属于水动力较强的滨岸环境退积型沉积。各地的空列村组虽总体可对比，但也存在一定差异：一是上段在三亚大干村代表性剖面中夹结晶灰岩，琼东万宁市斗牛村-黄竹塘高速公路剖面夹酸性沉凝灰岩，其他地区无此特征。二是下段岩石粒度不一，以琼西东方市南捉沟-南碧沟剖面略粗，为中粒石英砂岩。三是尽管受后期改造，部分剖面未见顶或底，但下段沉积厚度变化还是比较明显。其中，琼西昌江戈枕村厚>1396.36m、琼西儋州乐敦岭厚>744.69m，琼西东方市南捉沟-南碧沟厚380.9m，琼东三亚大干村厚232m，琼西乐东后物村厚>148.99m，琼东万宁斗牛村-黄竹塘厚75.83m，呈现南北薄中部厚和东薄西厚的变化趋势。在琼西昌江戈枕村，该组下段为砂泥质沉积，而其余地区为砂质沉积。结合其沉积厚度，认为空列村组下段沉积时，沉积中心和沉降中心位于琼西戈枕村一带，为一个向西张开的喇叭型盆地。

（3）大干村组（S_1d）

陈哲培等（1997）在《海南省岩石地层》中指定大干村剖面为代表性剖面，以青灰色薄层板岩、粉砂质板岩为主；顶部为灰色中厚层结晶灰岩，产珊瑚、海绵化石。底部为灰-灰黄色复成分砾岩，具粒序层理。顶部以灰岩与上覆靠亲山组灰色斑点板岩整合接触，底部以变质复成分砾岩与下伏空列村组板岩整合接触。

仅分布于琼南三亚市雅亮乡大干村和琼西白沙县河叉岭-邦溪农场八队一带，两地岩石大致可以对比，底部为砂质或砾质沉积，往上为泥质沉积，都属于退积型沉积。但两地也存在一定差异，琼南地区大干村代表性剖面底部为变质复成分砾岩，往上依次为板岩、结晶灰岩。而琼西地区白沙县河叉岭-邦溪农场八队剖面岩石总体为石英片岩与石英千枚岩组合，底部为浅变质中细粒石英岩，中上部夹含砾石英片岩、浅变质石英质砾岩。琼西白沙县河叉岭-邦溪农场八队剖面未见碳酸盐岩，且上部夹砂、砾质沉积；而琼东大干村一带未见砂、砾质沉积夹层，但出现厚64m的结晶灰岩。

（4）靠亲山组（S_1kq）

陈哲培等（1997）在《海南省岩石地层》中指定志伦村剖面为代表性剖面。上部为灰黑-深灰色薄至厚层状含生屑结晶灰岩、泥灰岩，产腕足类、珊瑚、三叶虫、腹足类及牙形石；中部浅灰-灰黄色薄层粉砂质板岩、千枚状板岩偶夹粉砂岩，产腕足类、三叶虫及海百合茎化石；下部粉砂质千枚岩、板岩夹灰色厚层石英岩、绢云石英粉砂岩、细砂岩。该组底界以青灰色粉砂质千枚岩的出现作为划分标志，与下伏大干村组呈整合接触。顶部以灰黑色薄-厚层状结晶灰岩结束与上覆足赛岭组呈整合接触。分布范围有限，目前仅出露于琼东地区保亭县毛感乡志伦村一带。

（5）足赛岭组（S_1z）

由陈哲培（1985）创建，创名地是保亭县毛感乡南好村附近的足赛岭。分布范围有限，仅出露于琼东地区保亭县毛感乡南好村附近。共划分为四段：一段岩性以薄层含碳千枚岩、千枚岩为主，二段为灰白色结晶灰岩，三段为千枚岩夹薄层绢云粉砂岩及粉砂质绢云板岩为主，四段为灰黄色薄层粉砂质板岩间夹薄层至中层状中细粒石英砂岩、长石石英砂岩，或呈不等厚互层状产出。

相对于奥陶纪，早志留世早期，琼西地区盆地进一步加深，形成了一套砂质物和泥质物互层的沉积物，已变质为绢云母千枚岩、绢云母板岩、变质绢云母粉砂岩、变质石英砂岩等。普遍见变余水平层理、变余粒序层理，具有半深海-深海相类复理石、复理石建造特征。琼西地区志留世沉积具有对称型层序的特点，从早至晚，沉积物粒度总体呈现粗-细-粗的演变过程，沉积水深经历了浅-深-浅变化过程，构成了一个完整的沉积旋回，形成浅海陆棚-深海相复理石-类复理石建造。下部为成熟度较高的石英砂岩，层厚大，发育微波状层理、水平层理和板状交错层理；中部为成分成熟度低的砂岩、粉砂岩、泥岩互层，发育水平层理、粒序层理、板状层理，发育鲍马层序中的D、E层或C、D、E层，厚约1750m；上部为成熟度低的细砂岩、粉砂岩，夹灰岩、粉砂岩透镜体，相当于鲍马层序的A层或A 、B层。琼东地区，志留系表现为退积型层序，下部为浅海-深海平原相成熟度低的泥质岩-粉砂岩沉积；中部演变为深海平原相，浊流频繁发生，发育粒序层理，见鲍马层序中的D、E层或C、D、E层，厚近3000m；上部为鲍马层序A 、B层沉积，常见细砂质层，也见中粒砂质层，岩层变厚，一般为中厚层状，次为厚层状乃至块状，并普遍见沉凝灰岩或凝灰质砂岩分布，发育粒序层理。整个志留纪盆地，显示了西浅东深的水深格局，与奥陶系盆地西深东浅的格局截然不同。早志留世中期，为相对封闭的滞氧还原环境下的沉积，沉积物粒度变细，以泥质为主，并富含碳质。早志留世晚期，受加里东期运动影响，盆地逐渐收缩、关闭，演变为滨浅海环境，沉积物粒度变粗，以砂质为主。

综上所述，将琼西地区以上5个岩石地层单位的岩石构造组合厘定为千枚岩+板岩+变砂岩+变基性岩组合，而将琼东地区的厘定为板岩+变砂岩+变酸性火山岩组合。

九、石炭系

石炭系包括南好组（C_1n）和青天峡组（C_2q），皆形成于陆缘裂谷环境，岩石组合和变质程度相近，彼此之间岩性又存在连续变化，因此，归并为同一岩石构造组合，具体分析如下。

（1）南好组

代表性剖面为南兵剖面，青天峡剖面为参考性剖面，岩性主要为石英砂岩、砂岩与板岩、粉砂质板岩呈不等厚互层并夹少量粉砂岩，顶部为细砂岩与板岩呈薄层互层，底部为砾岩、含砾不等粒石英砂岩。产腕足类、双壳类、头足类、苔藓虫化石。与下伏足赛岭组不整合接触，与上覆青天峡组整合接触。

控制南好组的剖面除了坡兰沟剖面出露比较完整外，其余剖面或未见底或未见顶。但总体来看，南好组空间延伸上岩石组合特征基本可以对比，下部常以一套底砾岩分别与下古生界不同层位岩石呈不整合接触。

琼东南好地区（公井岭Ⅰ剖面东南段、锌山剖面）下部为变质石英粉砂岩、粉砂质板岩，偶夹中薄层状变质细砂岩；上部为变质长石石英砂岩与粉砂质板岩呈不等厚状；底部以含砾石英砂岩与下伏足赛岭组灰色薄层状粉砂质板岩，呈不整合接触关系。

琼东琼海市（东乐队-江南队剖面、峰膏岭剖面）主体为板岩、含粉砂质板岩与变粉砂岩、变细砂岩不等厚互层。变质较强的地段可形成千枚状板岩、千枚岩，有少量弱变质的酸性沉凝灰岩。其岩石组合特征与南好地区基本类似。

琼西儋州市和庆镇一带（南坟岭剖面）下部为（含碳）绢云母千枚岩、石英千枚岩，底部为变质复成分砾岩，砾石成分复杂，呈次棱-棱角状，且常呈平行状定向排列；上部为（含碳）变质绢云母粉砂岩、绢云母石英岩，夹绢云母千枚岩。往南至兰洋农场（上楼坡-大岭剖面、松坡岭剖面），下部相变为为硅质（砂）砾岩与变质细砂岩不等厚互层夹弱变质碳泥质石英粉砂岩，上部则为中细粒变质石英砂岩、绢云板岩和透辉大理岩。由北至南，具有砂质含量增加、沉积粒度变大的趋势。

琼西白沙县金波农场（如翁-金波剖面），岩石整体为一套变质砂岩（细砂岩、粉砂岩）组合，中部还见（含长石）粉细杂砂岩分布。偶夹粉砂质泥岩和千枚岩。

琼西坡兰沟-河叉岭（坡兰沟剖面）一带，下部为厚层变质砾岩；中部为石英绢云母千枚岩与变质石英粉砂岩不等厚互层；上部为薄层（含砾）绢云母千枚岩。往东至鸿沟岭一带，下部则变为厚层状含砾石英岩（未见底），向上为厚层状石英岩与千枚岩不等厚互层，顶部以石英岩与上覆青天峡组泥晶白云岩整合接触。河叉岭一带，则为变质石英质砾岩、含砾石英片岩、石英片岩、绢云母石英千枚岩等组成曲流河基本层序的沉积。

琼西昌江县石碌镇地区（古弄村遗址剖面、红林农场16队剖面、鸡实村剖面、鸡心村剖面、三棱山剖面），下部由于花岗岩侵蚀，未见底，岩石并发生了接触变质作用，形成角岩-薄层状粉砂岩组合。上部岩石为沉积粒度更细的薄层状粉砂质泥岩、水云母黏土岩、薄层状粉砂岩，夹多层灰岩、砂砾屑硅质岩、粗砂岩。砂砾屑硅质岩多呈透镜状，多具底冲刷现象，砾屑成分为灰岩，为灰岩成岩期硅化的产物。变质程度强部位，出现板岩和千枚岩类岩石。

（2）青天峡组

陈哲培等1997年在清理海南岩石地层单位时，对青天峡组的定义进行修订，将原青天峡组下部属于大塘阶的部分划归南好组，属上石炭统的部分称为青天峡组，是位于早石炭纪南好组之上的一套滨岸至远滨相碎屑岩夹碳酸盐岩，代表早石炭世晚期至晚石炭世沉积。其岩性为板岩、砂质板岩与石英砂岩不等厚互层，底部为细砂岩夹板岩、条带状结晶灰岩。产腕足类、牙形石、双壳类等化石。琼西地区与琼东地区青天峡组总体上可以相互对比，但也有差异。

琼西南地区（青天峡剖面、娜姆河剖面、南界河剖面）岩石层序基本相似，下部为变质砾岩、岩屑砾岩夹含砾砂岩、含泥砾砂砾岩、细砾岩、粉砂质泥岩，上部总体为砂岩与板岩不等厚产出。青天峡剖面下部夹厚28.4m沉凝灰岩、凝灰质砂岩，中部见岩屑长石砂岩、岩屑砂岩和特征变质矿物——硬绿泥石，水平层理发育；上部夹厚1.4m的灰岩透镜体。南界河剖面中部出现细粒石英杂砂岩、岩屑石英砂岩。产腕足类、头足类、苔藓虫、双壳类、苔藓虫、海百合茎等。

琼西华栗山剖面下部为含燧石灰岩，上部为含燧石白云岩。其东面的昌江县红林农场16队剖面，下部为薄层状含水云母细粒石英砂岩，中部为千枚岩夹粉砂岩，上部主体为粉砂质水云母黏土岩与粉砂岩不等厚产出，砂岩局部含长石。

琼西坡兰沟剖面下部为厚层石英岩，变质中细粒石英砂岩，往上为夹灰白色大理岩透镜体的绢云母千枚岩和厚层状透辉石透闪石石英角岩。

琼西儋州上番开村剖面为厚层块状微晶大理岩与角岩不等厚产出。发育潮汐层理、微水平层理。

琼东万宁东乐队-江南队剖面主体为板岩、千枚岩夹片理化粉-细砂岩，底部为变质石英砾岩，上部夹厚约29.5m的片理化沉凝灰岩。

自下而上，青天峡组沉积粒度总体呈由粗至细的变化，砂岩成分成熟度也趋于增高。底部常出现石英细砂岩，区域延伸比较稳定，是良好的标志层。沉积厚度变化明显，江边为101.55m、王下282m，燕窝岭337m，局部超覆南好组，直接叠覆于志留系陀烈组之上。琼西昌江华栗山和儋州上番开村一线出露厚200~300m的局限碳酸盐台地相灰岩或大理岩类岩石，空间相变明显。

综上所述，南好组和青天峡组在琼西地区岩石构造组合被厘定为千枚岩+变砂岩+板岩组合，而琼东的被厘定为板岩+变砂岩+变酸性火山岩组合。

十、峨查组（$\mathbf{P}_1\boldsymbol{e}$）

陈哲培等（1997）沿用广西区调队（1991）的划分方案，以青天峡剖面为代表性剖面，鹅顶西坡剖面为参考性剖面对峨查组进行厘定，系指上覆于上石炭统青天峡组、下伏于下二叠统鹅顶组之间的一个岩石地层单位，岩性以石英砂岩与板岩、砂质板岩呈不等厚互层状为主，底部以硅化生屑灰岩的出现作为峨查组的底界，且与下伏青天峡组呈整合接触。顶部以细砂质板岩的消失与上覆鹅顶组生屑灰岩分界。产蜓类、腕足类、牙形石及海百合茎化石。

峨查组主要分布于琼西江边乡、王下乡、南界河、河叉岭等地。岩石整体自下而上，沉积粒度逐渐变细。但岩石横向上变化较大。北面河叉岭-南界河一带，沉积粒度较粗，由砂岩和板岩、千枚岩或页岩组成两个正层序沉积韵律，偶夹灰岩透镜体；底部以含砾砂岩或石英岩叠覆于青天峡组之上。南面王下一带上部夹含生物屑微晶灰岩透镜体，中厚层状石英砂岩中双向交错层理极为发育，下部夹1~2m厚的层间砾岩，底部为灰白、灰绿色结晶灰岩（层位稳定，厚4~7m）。自王下往北至燕窝岭地区，砂岩增多，粒度变粗，上部出现了逆序沉积韵律；中下部以产海百合茎碎屑为主，夹8m厚富含舌形贝类（*Lingulella*）化石层。北东面南棍园一带，岩性以千枚岩、板岩、变质粉砂岩、变质粉细砂岩夹数层硅质岩、基性岩为主要特征。峨查组与下伏青天峡组在王下一带及以北地区为连续过渡沉积，分界线上下的岩性变化十分明显。下伏青天峡组顶部为灰色板岩夹灰色中厚层状石英砂岩或者互层。上覆峨查组底部为灰、深灰色含生物屑微晶灰岩夹硅质岩（厚2.9m）；往南西到俄乐村一带为含燧石含生物屑微晶灰岩、生物屑灰岩（厚约7m）；至王下明望坡、洪水一带为灰白、灰绿色厚层状具条带状含生物屑结晶灰岩（厚4~7m）。灰岩沿走向断续展布，延绵十几千米，盛产早二叠世牙形石（*Sweetognathus*、*Rabeignathus*）、蜓类（*Parafusulina*）以及海百合茎碎屑等化石。其他地区可见峨查组以较粗的碎屑岩假整合于南好组、青天峡组之上，峨查组底部多为厚度不大的石英质砾岩或含砾石英粉砂岩。

除琼西江边、王下、南界河、河叉岭等地分布有峨查组外，屯昌晨星-儋州兰洋还分布有一套暂归为峨查组的地层，其下段为一套碳质泥砂质板岩、碳质板岩、千枚岩夹粉砂质灰岩透镜体、变基性-超基性火山岩；上段为一套复理石地层，主要岩性为粉细砂岩、粉砂岩、千枚岩及板岩，局部粉砂岩、千枚岩及板岩中含有碳质。海南省地质调查院在开展 1∶25 万琼海县幅区调时，认为这套二叠纪地层与海南岛南部、西南部东方、昌江一带出露的二叠纪地层相比，岩性组合特征、沉积类型、沉积相、生物富集程度和属种组分及所处的地质背景等诸方面均存在显著差异。同时也指出由于所测剖面处（即屯昌县南棍园一带）二叠纪地层暂未建组，岩石地层单位名称暂引用海南岛广泛应用的早二叠纪峨查组（P_1e），待进一步工作补充资料后另创建新的岩石地层单位名称。

综上所述，琼西地区（本书定义为白沙盆地、南棍园复式向斜以西）峨查组可厘定为两种岩石构造组合：①砂岩+板岩组合，分布于海南岛东方、昌江一带；②千枚岩+板岩+变砂岩夹基性岩组合，分布于屯昌晨星-儋州兰洋一带。

第三节　变质相（相系）

变质相是指在一定温度、压力条件下，形成的一组变质矿物组合。而变质岩矿物组合则是在不同温度-压力条件下，岩石组分重组合、重结晶的结果，是确定变质相和划分变质相带的依据。海南岛区域变质岩类型较多，变质矿物组合也不尽相同。因琼东与琼西地区变质岩岩石构造组合存在的一定程度的差异，反应在变质相特征上也有所不同。因此，下文将按琼东及琼西地区分别进行讨论。

一、中元古界

长城系的变质岩由戈枕村组（Chg）和峨文岭组（Che）组成。

戈枕村组在琼西地区的岩石构造组合为斜长片麻岩-变粒岩-混合岩组合。变质矿物组合为角闪石+铁铝榴石+斜长石（中-拉长石）+石英（基性岩）及黑云母+铁铝榴石+斜长石（中长石）+钾长石+石英（中酸性火山岩），相当于矽线石-钾长石带。属于角闪岩相，中压相系。

戈枕村组在琼东地区的岩石构造组合为斜长片麻岩-麻粒岩-混合岩。存在两种变质矿物组合，一是角闪石+铁铝榴石+斜长石（中-拉长石）+石英（基性岩）及黑云母+铁铝榴石+斜长石（中长石）+钾长石+石英（中酸性火山岩），相当于矽线石-钾长石带，属于角闪岩相，属于中压相系。二是黑云母+斜长石（中-拉长石）+紫苏辉石+透辉石+石英（基性岩），相当于二辉石带。变质相属于麻粒岩相，中压相系。

依据峨文岭组自然岩石组合的不同，变质矿物组合分两种情况。其一，以片岩为主，伴有石英岩的岩石组合，变质矿物组合为绿泥石+绢云母+石英、绢云母-白云母+石英±黑云母，属于高绿片岩相，中压相系。其二，以云母石英片岩和石英二云母片岩为主，伴有石英岩、变粒岩等岩石组合。变质矿物组合有白云母+黑云母+十字石+铁铝榴石+斜长石+石英、白云母+黑云母+蓝晶石+斜长石+石英及白云母+黑云母+矽线石+斜长石+石英，分别相当于十字石带、蓝晶石带和矽线石-白云母带，变质相属于低角闪岩相，中压相系矿物组合。

二、新元古界

新元古界的变质岩由青白口系公庙斜长角闪片岩（ψPt_3）、石碌群（Qbŝ）和震旦系石灰顶组（Zŝ）组成。

公庙斜长角闪片岩主要出露于琼东地区，以一套斜长角闪片岩为主。变质矿物组合为斜长石+角闪石+石英+黑云母+石榴石。变质相属于角闪岩相，中压相系。

石碌群为绢云千枚岩-二透岩-石英岩的岩石构造组合，仅出露于琼西石碌地区。是一套区域变质程度较低、构造分异作用不强烈、保存较多变余沉积组构的一套岩石组合。变质矿物有绢云母、白云母、石英，局部见绿泥石等。变质矿物组合为：绿泥石+绢云母+石英、绢云母-白云母+石英±黑云母、透辉石+透闪石+石英（基性岩）。相当于铁铝榴石带，属于低绿片岩相，低压相系矿物组合。

石灰顶组的岩石构造组合为石英砂岩-石英岩，仅出露于琼西石碌地区。为一套含砾石英细砂岩、石英细砂岩、铁质石英细砂岩、石英岩、含黄铁矿石英细砂岩夹含铁矿粉砂岩、砂质泥岩、含铁泥岩及贫铁矿层，岩石发生了较低的变质作用。变质矿物有石英、绢云母、白云母、斜长石等。变质矿物组合为：石英±黑云母+白云母+斜长石。变质相属于低绿片岩相，低压相系矿物组合。

三、古生界

（一）寒武系

九所-陵水断裂带以南，寒武系未发生区域变质，断裂带以北寒武系则发生了区域变质。断裂带以北地区仅出露寒武系美子林组，其变质岩岩石构造组合为大理岩-变石英砂岩-结晶灰岩，分布于琼东万宁大茂-禄马一带。变质矿物组合为：①变石英砂岩类：绢云母-白云母+石英±硬绿泥石、绢云母+钠长石+黝帘石+石英。②碳酸盐岩类：方解石+石英+透闪石。二者皆属于低绿片岩相，低压相系矿物组合。

（二）奥陶系

奥陶系在海南琼西地区仅见南碧沟组（O*n*），出露于东方市公爱农场至儋州市八一农场一带，岩石构造组合为千枚岩-片岩-板岩夹基性火山岩。变质矿物以绢云母、白云母和石英为主，此外还有少量的绿泥石，偶见雏晶状黑云母和特征变质矿物硬绿泥石。变质矿物组合为：绢云母-白云母+石英±绿泥石±黑云母（雏晶状）、硬绿泥石+绿泥石+绢云母+石英。属于低绿片岩相，低-中压相系矿物组合。

奥陶系在海南琼东地区也仅见南碧沟组（O*n*），位于琼东万宁山根-禄马，见两种岩石构造组合：一是变砂岩-板岩夹凝灰质砂岩，变质矿物组合为：绢云母-白云母+石英、绢云母+石英、绿泥石+绢云母+石英，属于低绿片岩相，低-中压相系矿物组合。二是片岩-千枚岩夹变中基性火山岩，变质矿物组合为：硬绿泥石+白云母+石英、绢云母-白云母+石英±绿泥石±黑云母（雏晶状）、斜长石+石英±黑云母，为低绿片岩相，低-中压相系矿物组合。

（三）志留系

海南志留系变质岩岩石构造组合在琼西地区和琼东地区有所不同，琼西地区志留系主要有陀烈组（S_1t）、空列村组（S_1k）、大干村组（S_1d）等3个岩石地层单位；而琼东地区志留系由陀烈组（S_1t）、空列村组（S_1k）、大干村组（S_1d）、靠亲山组（S_1kq）和足赛岭组（S_1z）等5个岩石地层单位组成。

琼西地区志留系陀烈组（S_1t）、空列村组（S_1k）、大干村组（S_1d）的岩石构造组合为：千枚岩-板岩-变砂岩-基性岩。变质矿物有绢云母、白云母、石英、绿泥石、硬绿泥石、黑云母（雏晶状）等。变质矿物组合如下，①变泥质岩类：绢云母-白云母+石英±绿泥石±黑云母（雏晶状）、硬绿泥石+绿泥石+绢云母+石英、硬绿泥石+白云母+石英；②变砂岩类：绢云母-白云母+石英；③变基性岩：白云母+黑云母+石英+斜长石+石榴石。变质相属于低绿片岩相，低-中压相系矿物组合。

琼东地区志留系陀烈组（S_1t）、空列村组（S_1k）、大干村组（S_1d）、靠亲山组（S_1kq）和足赛岭组（S_1z）等5个组的岩石构造组合为：板岩-变砂岩-变酸性火山岩。变质矿物有变质矿物组合如下，①变泥质岩类：绢云母-白云母+石英±绿泥石、硬绿泥石+绿泥石+绢云母+石英、硬绿泥石+白云母+石英。②变砂岩类：绢云母-白云母+石英。皆属于低绿片岩相，低压相系矿物组合。

（四）石炭系

海南石炭系变质岩岩石构造组合在琼西地区和琼东地区有所不同，琼西地区石炭系为：千枚岩-变砂岩-板岩的岩石构造组合，包括南好组（C_1n）和青天峡组（C_2q）；而琼东地区的岩石构造组合为：板岩-变砂岩，也由南好组（C_1n）和青天峡组（C_2q）组成。

琼西地区石炭系岩石构造组合为千枚岩-变砂岩-板岩，变质矿物有绢云母、白云母、石英、绿泥石、硬绿泥石等。变质矿物组合如下，①变泥质岩类：绿泥石+绢云母+石英±硬绿泥石、白云母+石英±硬绿泥石；②变砂岩类：绢云母-白云母+石英、绢云母+石英。变质相属于低绿片岩相，低压相系矿物组合。

琼东地区石炭系岩石构造组合为板岩-变砂岩。变质矿物有绿泥石、绢云母、石英、硬绿泥石、白云母等。变质矿物组合分为两类，①变泥质岩类：绿泥石+绢云母+石英±硬绿泥石；②变砂岩类：绢云母-白云母+石英、绢云母+石英。皆属于低绿片岩相，低压相系矿物组合。

（五）二叠系

二叠系变质岩仅含峨查组（P_1e），峨查组主要分布于琼西地区的东方市、乐东县、白沙县、昌江县、儋州市等地，岩石构造组合为（变）砂岩-板岩组合。原岩主要为滨海-浅海砂泥质夹碳酸盐岩建造。变质矿物有绿泥石、绢云母、石英、硬绿泥石、阳起石、绿帘石、斜长石等。变质矿物组合分为三种类型，①变泥质岩类：绿泥石+绢云母+石英±硬绿泥石、白云母+石英±硬绿泥石；②变砂岩类：绢云母-白云母+石英、绢云母+石英、绢云母-白云母+石英±硬绿泥石；③变基性岩类：阳起石+绿帘石+石英+斜长石。皆属于低绿片岩相，低压相系矿物组合。

除此之外，屯昌晨星-儋州兰洋还分布有一套暂归为峨查组的地层，其岩石构造组合为千枚岩-板岩-变砂岩夹基性岩，原岩主要为一套粉砂质泥岩、泥质粉砂岩、砂岩建造夹基性岩，上部具浊积岩特征，岩石中普遍含碳。变质矿物组合分为三种类型，①变泥质岩类：绢云母-白云母+石英±绿泥石±黑云母（雏晶状）、硬绿泥石+绿泥石+绢云母+石英、硬绿泥石+白云母+石英；②变砂岩类：绢云母-白云母+石英。③变基性岩：阳起石-透闪石-角闪石-透辉石-磁铁矿-钠长石组合。皆属于低绿片岩相，低压相系矿物组合。

第四节　变质作用、构造环境及其演化

研究不同时期不同地区出现的变质作用，对阐明地壳演化史极为重要。研究一定变质时期形成的岩石构造组合，包括原岩及原岩建造、变质相及变质相系、混合岩化及构造特征等，是

确定变质作用类型的主要依据。海南岛自中元古代以来，经历了漫长的地质演化，发生了多期次的构造运动，伴随多期岩浆作用及沉积作用，形成了岛内多期多样的变质作用演化历史，主要可划分为早晋宁期、晚晋宁期、华力西-印支期，变质作用总体上具有由强到弱、变质温度由高到低的演化趋势。变质作用受制于大地构造环境，海南岛的区域变质作用主要与块体碰撞拼贴作用紧密相关。

一、中元古界

海南岛中元古界抱板群由下部的戈枕村组（Ch*g*）和上部的峨文岭组（Ch*e*）组成，发生于约14亿年前的早晋宁运动（可能起因于小洋盆的俯冲消亡，导致华夏地块群之间的碰撞），导致戈枕村组和峨文岭组分别发生了不同程度的高角闪岩相（局部达到了麻粒岩相）和低角闪岩相区域变质作用，前者还伴生混合岩化作用，此次变质作用可划分为区域中高温变质作用、区域动力热流变质作用和区域低温动力变质作用三种类型。经此次构造运动，抱板群成为海南岛最古老的结晶基底，但该基底变质程度不高，克拉通化程度也较低。

戈枕村组（Ch*g*）经历了区域中高温变质作用，其变质相比较简单，以较均匀的中高温高角闪岩相为主，局部达到麻粒岩相，属角闪岩相型区域中高温变质作用，变质作用条件为700～845℃、5.44×10^8～6.35×10^8Pa。区域中高温变质作用是地壳形成和演化早期特有的一种变质作用类型，高的热流值和以热点为中心均匀分布是其主要特点。区域中高温变质作用在构造上表现为穹隆或短轴背斜，穹隆中心（热点）分别位于琼中部长征农场、中建农场，琼西冲卒岭、戈枕和大蟹岭等地。与之相伴的混合岩化作用和原地型花岗岩浆活动较强。中元古代洋壳俯冲、地体碰撞作用可能是地热流上升、具穹隆或短轴背斜分布特点的区域中高温变质作用发生的主导因素。戈枕村组的原岩性质极其复杂，原岩恢复显示，总体以中酸性火山岩为主，局部夹有杂砂岩类以及泥岩等，推测形成于古岛弧环境。

原岩恢复显示，峨文岭组的原岩可能为泥岩、砂质泥岩、砂岩，局部夹有火山岩或钙质岩等，形成于弧间盆地。属中低压相系，包括低角闪岩相和高绿片岩相。峨文岭组（Ch*e*）经历了区域动力热流变质作用。中元古代洋-陆碰撞造山作用形成具线型分布的区域动力热流变质作用带。

二、新元古界

海南岛新元古界变质岩由青白口系公庙村一带斜长角闪片岩（ψPt_3）、石碌群（Qb*ŝ*）和震旦系石灰顶组（Z*ŝ*）组成。

新元古界经历了区域低温动力变质作用，为绿片岩相型单相变质，其原岩主要是滨-浅海相陆源碎屑岩-碳酸岩建造，夹有数层中酸性火山熔岩和火山凝灰岩建造。岩石组合以各类千枚岩、石英岩、石英砂岩为主。区域低温动力变质作用通常发生于中浅地壳，是元古代以来构造活动带的一种主要变质作用类型。由于应力较强，常形成各种劈理化、片理化和条带状构造的岩石，褶皱变形十分强烈；热流变化不显著，变质作用较浅，最高可达绿片岩相，一般无混合岩化和混合花岗岩出现。新元古代的陆弧碰撞造山作用形成具带状分布的区域低温动力变质作用带。

公庙斜长角闪片岩主要出露于琼东北屯昌中建农场一带，琼西一带以岩脉状或岩株状分布于中元古界中，原岩为基性火成岩，来自 $\varepsilon_{Nd}\approx+6$ 的亏损地幔，同时期还侵入有酸性岩脉。根据区域地质背景，我们推测斜长角闪片岩原岩形成于古裂谷相（大陆伸展?）环境，并在830Ma±发生变质。

石碌群的岩石构造组合为绢云千枚岩-二透岩-石英岩，仅出露于琼西地区。是一套区域变质作用较低、构造分异作用不强烈、保存较多的变余沉积结构构造的岩石。石碌群原岩主要有灰岩、泥砂质灰岩、泥砂质白云岩、泥质砂岩、含铁质粉砂质泥岩、含铁质泥岩、泥岩火山岩和火山碎屑岩等。形成于古裂谷边缘环境，据许德如等人研究，石碌群 840 Ma±发生区域变质（未发表），可能是 Rodinia 超大陆形成的响应。

石灰顶组为一套石英砂岩-石英岩的岩石构造组合，仅见于琼西地区。为一套含砾石英细砂岩、石英细砂岩、铁质石英细砂岩、石英岩、含黄铁矿石英细砂岩夹含铁矿粉砂岩、砂质泥岩、含铁泥岩及贫铁矿层。该地层变质程度低，除局部见到黏土矿物变为绢云母外，铁矿层状结构保存较好，泥质岩主要由黏土矿物组成，砂质岩砂状结构可辨。

三、古生界

海南岛古生界经历了区域低温动力变质作用，一般呈面状或带状的单一绿片岩相变质地带，变质作用是发生在地壳浅部，原岩在强区域应力、均匀且较低温条件下，发生重结晶、变质结晶作用及变形作用，主要为低绿片岩相，局部达到高绿片岩相。下古生界发育千枚理、片理、劈理，岩石以千枚岩和变质粉砂岩、变质砂岩、石英岩为主，局部见片状千枚岩（往片岩过渡的岩石类型），寒武系和奥陶见雏晶黑云母。上古生界发育板劈理、千枚理、片理等面理构造，变形较下古生界稍弱，岩石以板岩、千枚岩、变质粉砂岩、变质砂岩为主。古生界区域变质岩形成于华力西-印支期琼西洋洋壳俯冲消亡、地体碰撞环境。

（一）寒武系

在海南岛，发生区域变质的寒武系仅有下寒武统美子林组（ϵmz），其变质岩岩石构造组合为大理岩-变石英砂岩-结晶灰岩，分布于琼东万宁市大茂-禄马一带。美子林组在华力西-印支期遭受了绿片岩相区域低温动力变质作用。变质程度相当于绿片岩相黑云母带。原岩为石英砂岩、碳酸岩等。

美子林组为近岸陆源碎屑沉积占主导的滨-浅海相碎屑岩-碳酸盐岩混合沉积型，属于裂谷边缘环境裂解早期沉积。其下部为长石石英砂岩、石英砂岩、粉砂岩、泥质砂岩，结构成熟度和成分成熟度均较高，局部出现大型低角度的斜层理；上部主要为灰岩、砂质灰岩等，见小型砂纹层理，灰岩中产小壳、瓶虫和海绵骨针类化石，表明裂解早期构造环境相对比较稳定，并呈现出从早-晚（由南至北），岩石粒度逐渐变细，海水逐渐加深，沉积场所逐渐远离滨岸。

（二）奥陶系

发生变质的奥陶系出露于九所-陵水断裂带以北地区，在琼西和琼东皆有分布。奥陶系在琼西地区仅见南碧沟组（On），出露于东方市公爱农场至儋州市八一农场一带，岩石构造组合为千枚岩-片岩-板岩夹基性火山岩组合。在华力西-印支期遭受了绿片岩相区域低温动力变质作用。原岩主要为粉砂岩、泥质岩夹基性火山岩。

奥陶系在海南琼东地区也仅见南碧沟组（On），位于海南岛琼东地区的万宁市山根-禄马，见两种岩石构造组合：①变砂岩-板岩夹凝灰质砂岩的岩石构造组合。②片岩-千枚岩夹变中基性火山岩的岩石构造组合。遭受了绿片岩相区域低温动力变质作用。原岩为泥质粉砂岩、细砂岩、石英细砂岩、酸性火山岩、泥质岩等。片岩、千枚岩、板岩、变砂岩等图解投点投入沉积岩区或碳酸岩区以及这两个区的过渡带。奥陶系中出现绢云母、白云母、雏晶黑云母，局部出现鳞片-细小叶片状黑云母及铁铝榴石特征变质矿物；变火山岩中出现阳起石、绿帘石及铁铝榴石等。变质程度相当于绿片岩相黑云母带，局部出现高绿片岩相铁铝榴石带。岩石中见石香肠构造、杆状构造、矿物拉长线理及小褶皱为代表。

（三）志留系

志留系陀烈组、空列村组、大干村组、靠亲山组和足赛岭组地层遭受低绿片岩相区域低温动力变质作用。其原岩主要为滨海-深海复理石建造。变质后形成的岩石以变质砂岩、千枚岩、板岩为主。变质泥砂质岩经变质，形成以绢云母+绿泥石+石英为特征的矿物共生组合，未见黑云母雏晶。变形程度一般以劈理、千枚理及舒缓褶皱为主，它们往往出现于变质旋回末期，代表该区大陆地壳已趋于稳定，进入结束阶段。变质面理往往取代原生层理，并常与原生层理产状保持一致。

（四）石炭系-下二叠统

海南岛石炭系和下二叠统经变质形成了面状或带状的单一绿片岩相变质地带，是在华力西-印支运动提供的强应力和均匀较低温条件下，发生于地壳浅部，经重结晶和变形的产物。变质期间热流变化不显著，变质作用较浅，仅达到低绿片岩相。根据变质时的地质构造环境，热流变化程度和形成岩石的矿物共生组合特征，认为石炭系和下二叠统遭受了低绿片岩相型区域低温动力变质作用。

第五节　变质岩岩石构造组合与成矿关系

变质岩岩石构造组合是同一时代、同一变质相和特定大地构造环境下形成的一套变质岩建造组合。本节所述变质岩岩石构造组合与成矿包括两种情况：其一，岩石在发生变质作用的过程中，由于温度、压力、溶液成分等因素的变化，使原岩中的有用元素迁移富集成矿，或某原岩中的某些矿物变质形成能被工业利用的矿物而成矿（如石墨矿），这种情况属成矿与变质岩有直接的成因联系；其二，成矿物质并非来自变质岩本身，而是成矿溶液运移到变质岩中，由于变质岩本身的性质而使成矿溶液物理化学性质发生改变，导致矿质沉淀，这种情况属成矿与变质岩岩石之间存在间接的成因联系。海南岛与变质岩岩石组合相关的矿床（点）众多，下文主要从部分典型矿床的分析入手，简述变质岩岩石构造组合与成矿的关系。

一、中元古界变质岩与成矿

海南岛中元古界变质岩有长城系，长城系的岩石构造组合由戈枕村组（Chg）和峨文岭组（Che）组成。

长城系戈枕村组岩石构造组合为斜长片麻岩-变粒岩-混合岩。琼西地区戈枕村组以黑云斜长片麻岩及混合质黑云斜长片麻岩为主。下部为混合花岗闪长岩、混合岩及黑云斜长片麻岩，间夹变粒岩。在琼东地区局部出现紫苏花岗岩。

昌江县叉河镇土外山金矿赋存于戈枕村组中，岩石受区域混合岩化变质作用影响，形成一系列混合岩和混合岩化岩石，随着混合岩化作用的加深，中元古界戈枕村组中金元素发生明显的活化分异，为后期成矿作用提供了重要的基础物质条件。各类混合岩的金元素含量差异明显，混合花岗闪长岩的含金丰度最低，其次是混合岩，金含量最高的是混合质黑云斜长片麻岩。反映区域混合岩化作用愈强，岩石中的含金丰度就越低，金元素在区域混合岩化作用过程中，具有由混合岩化程度高的向混合岩化程度低的方向迁移趋势。

长城系峨文岭组位于戈枕村组之上，为石英岩-云母片岩的岩石构造组合。琼西地区与琼东地区岩石构造组合差别不大，都以云母石英片岩、石英云母片岩为主，次为白云母石英片岩、长石云母石英片岩、二云母石英片岩、石英二云母片岩、白云母石英岩、黑云母石英岩、黑云母长石石英岩等，冲卒岭地区夹数层石墨矿层。

海南岛已知的石墨矿属沉积变质晶质石墨矿床，主要分布琼西南乐东县红五地区，石墨矿的赋存层位主要为峨文岭组（Che），矿体多呈似层状、透镜状或豆荚状。含矿岩性有二云母石英片岩、石英片岩、石墨石英岩、石墨绢云母片岩等，石墨矿化普遍，石墨均为鳞片状晶质石墨。石墨是含碳质岩层中的碳质经区域变质发生重结晶所形成，原岩中的碳质是形成石墨矿床的物质基础，是成矿作用赖以发生的内在因素，而变质作用是石墨矿床形成必不可少的条件。在变质变形作用下，有机碳岩层由于具有很大的塑性，并与围岩间的相对能干性存在差异，因而发生强烈的顺层塑性流动变形，呈拉薄、增厚状，导致有机碳得到进一步的富集。

二、新元古界变质岩与成矿

新元古代变质岩岩石构造组合包括公庙斜长角闪片岩（ψPt_3）、石碌群（Qbŝ）和震旦系石灰顶组（Zŝ）。

公庙村斜长角闪片岩只出露于琼东地区，以一套斜长角闪片岩为主，矿物成分主要为斜长石及角闪石，至今未发现有矿化迹象。

石碌群为绢云千枚岩-二透岩-石英岩的岩石构造组合，只出露于琼西地区，是一套区域变质作用较低、构造分异作用不强烈、保存较多的变余沉积结构构造的岩石，共划分六层。第一层为绢云母石英千枚岩为主夹少量薄层状石英绢云母千枚岩；第二层为灰色厚层状叶蛇纹石化泥粉晶白云岩；第三层主体为石英绢云母千枚岩；第四层为灰白色中厚层状粗-细粒石英岩；第五层为灰色薄层状石英绢云母千枚岩。石碌群第六层为铁矿的含矿层，岩性以白云岩及其接触热变质作用形成的强弱不等的透闪石透辉石化白云岩或二透岩为主，底部为灰色、浅灰色和淡紫色中-厚层状细-粗晶白云岩、二透岩化白云岩、二透岩及二透岩化粉晶白云岩，不含铁矿层，厚57.3m；中下部为含铁岩系，由灰白色、黄色、黄绿色及浅灰色薄层状粉晶白云岩、透闪石钾长石透辉石岩，透闪石岩、二透石化粉晶白云岩及薄层赤铁矿与中-厚层状重晶石化细晶白云岩、石英质细晶赤铁矿岩、二透岩、绿帘石化阳起石矽卡岩及细粒石英岩互层，厚102m；中上部为浅灰-深灰色中-厚层状泥微晶及细晶白云岩、透闪石或二透石化或二透石化微-细晶白云岩夹少量黑色薄层状碳质板岩及深灰色薄层状二透石化微晶白云岩，厚度大于78.5m。

石碌铁矿的矿体呈层状、似层状、透镜状，厚度由数米至数十米，最厚超过400m，与围岩整合接触。富铁矿石（磷、硫等含量低）主要矿物是赤铁矿和少量磁铁矿，脉石矿物为石英和绢云母。以细鳞片状结构为主，次为变余粉砂结构；以片状构造为主，次为块状及条带状。具有绿片岩相矿物组合特征。而贫铁矿石（磷、硫等含量高）中出现透闪石和大量的石榴子石（含量20%～25%）等特征变质矿物组合，属于角岩相变质作用常见的特征矿物组合。

石碌钴铜矿体与铁矿紧密伴生，也主要赋存于石碌群上部第六层下段，同样受向斜构造控制明显，主要产在向斜构造的轴部或槽部向两翼过渡部位，且矿体从北西向南东侧伏，总体倾伏角约20°；石碌钴铜矿矿石矿物主要为黄铜矿、（含钴）黄铁矿、（含钴）磁黄铁矿，少量辉铜矿和斑铜矿；钴铜矿体主要呈层状、似层状、透镜状分布在透辉石化-透闪石化白云岩中，铁矿体多分布在钴铜矿体的上部，整个矿区空间上从下而上呈现Cu、Co、Ni→Fe→Fe、Mn组合。

石碌重晶石矿属于沉积变质型，矿体赋存于石碌群第六层透辉石透闪石灰岩中，铁矿体和重晶石矿体具一定上、下关系，平面上呈长条状、条带状、似椭圆状产出。沉积变质型重晶石矿明显受构造控制，矿体多位于向斜的谷（槽）部或向斜轴部附近的层间剥离带或褶曲发育、形变强烈地段。

石灰顶组岩石构造组合为石英砂岩-石英岩，仅出露于琼西石碌铁矿一带。为一套含砾石英细砂岩、石英细砂岩、铁质石英细砂岩、石英岩、含黄铁矿石英细砂岩夹含铁矿粉砂岩、砂质泥岩、含铁泥岩及贫铁矿层。其中，赤铁矿层赋存于地层底部。石灰顶组变质程度低，仅局部见到黏土矿物变为绢云母，铁矿层状结构保存较好。

三、古生界变质岩与成矿

（一）寒武系美子林组与成矿

寒武系下寒武统美子林组（€mz）岩石构造组合为大理岩-变石英砂岩-结晶灰岩。以片岩、角岩、变质粉（细）砂岩、灰岩为主体。

万宁市立岭及桥头褐铁矿位于立岭西南约2km，褐铁矿赋存于寒武系美子林组的条带状透辉石石英角岩、长英角岩、变质粉砂岩、变质细砂岩等岩石风化残坡积中，属于风化残坡积型，矿石粒状，半圆状，残坡积富集于山坡及山顶上，到山脚或低洼处矿体变薄甚至尖灭。

（二）奥陶系南碧沟组与成矿

奥陶系在海南分布广泛，主体出露于琼西东方市公爱农场至儋州市八一农场一带，为千枚岩-片岩-板岩夹变基性火山岩的岩石构造组合。儋州洛基褐铁矿呈脉状赋存于南碧沟组云母片岩的薄层结晶灰岩夹层中，属于热液充填型矿。矿体产状与片理大体一致，倾向东，倾角30°~50°。矿物组分以褐铁矿为主，少量磁铁矿及次生锰矿。近矿围岩蚀变有褪色化现象及黄铁矿化。

（三）志留系变质岩与成矿

海南志留系变质岩岩石构造组合在琼西地区和琼东地区有所不同，琼西地区志留系岩石构造组合为千枚岩-板岩-变砂岩-基性岩组合，包括陀烈组（S_1t）、空列村组（S_1k）、大干村组（S_1d）3个岩石地层单位；而琼东地区志留系岩石构造组合为板岩-变砂岩-变酸性火山岩组合，包括陀烈组（S_1t）、空列村组（S_1k）、大干村组（S_1d）、靠亲山组（S_1kq）和足赛岭组（S_1z）5个岩石地层单位。

1. 琼西地区志留系岩石构造组合与成矿

琼西地区志留系岩石构造组合为千枚岩-板岩-变砂岩-基性岩组合。

分布于琼西南乐东县抱伦大型金矿的含矿地质体主要为下志留统陀烈组绢云母石英千枚岩、绢云母粉砂岩、含碳浅变质千枚岩，经研究，除三叠纪尖峰岭花岗岩外，陀烈组也是金重要的矿源层，主成矿时代为中三叠世。金矿石类型主要包括含金石英脉型和含金蚀变岩型，其中含金石英脉型金矿是该矿床类型最主要的矿石类型。石英脉型金矿受侵入岩浆活动、褶皱-断裂构造带及地层等因素控制明显，含金石英脉产于陀烈组的构造破碎带中，产出位置受NWW-NNW-NW向和EW向控矿断裂带控制。

琼西地区儋州洛南褐铁矿矿层主要呈脉状赋存于陀烈组的千枚岩中，并受中生代片麻状黑云母花岗岩的侵入和破坏，属于热液充填型矿。

儋州那大钽铌铁矿分布于下志留统陀烈组片岩、千枚岩类与碱长花岗岩的接触带中。

临高和舍白虎岭钨矿赋存于下志留统陀烈组绢云母片岩、石英片岩中。矿床形成机理为三叠纪花岗质岩浆侵入地层，源于岩浆的富含挥发分和成矿金属的热液沿次级断裂上升，并与赋矿地层发生充填、交代作用，形成含钨石英脉、硅化破碎带、蚀变岩石等一系列含矿岩石。地层主要为成矿提供容矿空间。

2. 琼东地区志留系岩石构造组合与成矿

出露于琼东地区志留系岩石构造组合为板岩-变砂岩-变酸性火山岩组合。

三亚红石铁矿的矿体主要沿燕山期中酸性岩浆岩与下志留统足赛岭组碳酸盐岩（厚层状灰岩）的接触交代部位分布，铁矿床是岩浆岩活动、地层、构造诸因素耦合的产物。燕山晚期岩浆岩活动为铁矿床提供了成矿物质来源，下志留统足赛岭组碳酸盐岩作为有利的围岩对矽卡岩型铁矿的成矿起着控制作用。

保亭南好矿区锌山-南后山、三亚红石两处铅锌矿属于接触交代型矿床（点），接触交代型矿床（点）的形成，与发生在花岗（斑）岩浆和古生界下志留统足赛岭组碳酸盐岩（大理岩）之间的矽卡岩化作用有关，生成的铅锌矿体主要赋存于接触带的矽卡岩中。

海南白沙县黑岭褐铁矿赋存于下志留统大干村组的绢云母石英片岩中，矿物组分以褐铁矿为主，含少量散点晶粒状黄铁矿。其结构构造分为：角砾状、多孔状，皮壳状。近矿围岩有黄铁矿化。在黑岭地区大干村组的石英片岩、石英绢云母片岩和石英岩等一套深变质岩系组成单斜构造。

位于昌江县古榕峰铅锌矿赋存于下志留统空列村组泥质板岩中，属于热液脉型铅锌矿。

（四）石炭系变质岩与成矿

海南石炭系变质岩岩石构造组合在琼西地区和琼东地区有所不同，琼西地区石炭系岩石构造组合为千枚岩-变砂岩-板岩组合，包括南好组（C_1n）和青天峡组（C_2q）；而琼东地区石炭系岩石构造组合为板岩-变砂岩-变酸性火山岩组合，同样包括两个岩石地层单位。

1. 琼西石炭系岩石构造组合与成矿

海南昌江县明望铜矿赋存于上石炭统青天峡组的上部粉砂质千枚岩、变石英砂岩、灰岩中。含铜石英脉产于粉砂质千枚岩的层间裂隙或灰岩的破碎带中。金属矿主要有孔雀石、蓝铜矿，其次有辉铜矿，也见极少量自然铜和黄铜矿。海南昌江县五勒铅矿矿化带赋存于上石炭统青天峡组变石英砂岩的断裂带中，断裂其走向近于东西向。金属矿物主要有方铅矿、毒砂等。在上述两个矿产地中，变质岩起到了提供容矿空间的作用。

2. 琼东石炭系岩石构造组合与成矿

保亭县南好矿区情安岭地段铁矿、硫铁矿属于共生矿床，分布于石英闪长岩、花岗斑岩、中粗粒斑状花岗岩与南好组碳酸岩及变石英砂岩接触形成的矽卡岩化角岩和矽卡岩化大理岩中。矽卡岩体主要沿北北东方向分布，形成于矽卡岩体的裂隙发育地段的铁矿、硫铁矿也大致沿北北东向分布。

保亭县振海山-摩天岭黄铜矿属于共生矿床，各类中-酸性岩浆岩如石英闪长岩、花岗斑岩及各类岩脉呈岩株状或脉状沿北东向断裂侵入下石炭统南好组上部（岩性主要为绢云母石英粉砂岩与薄层粉砂质千枚岩不等厚互层状，夹变酸性沉凝灰岩）。沿接触带发生矽卡岩化与角岩化。控矿构造主要为北北东向的断裂。有两类矿体，一种为以黄铁矿为主的矽卡岩体，产于复杂的矽卡岩中，矽卡岩由石榴石、透闪石、绿帘石等矿物组成。另一种为以黄铁矿、黄铜矿、磁黄铁矿及少量方铅矿组成的多金属矿体，沿矽卡岩裂隙充填，呈囊状及不规则状产出。

海南保亭县南好矿区 508 地段铜铁矿同样产于中-酸性岩浆岩脉、岩株与下石炭统南好组的上部（绢云母石英粉砂岩与薄层粉砂质千枚岩不等厚互层状，夹变酸性沉凝灰岩）接触带上，矿体主要赋存于矽卡岩中。

（五）二叠系峨查组与成矿

二叠系峨查组（P_1e）变质岩岩石构造组合分为：①千枚岩-板岩-变砂岩夹基性岩组合，该组合分布于屯昌晨星-儋州蓝洋一带；②砂岩+板岩组合，分布于海南岛琼西地区的东方市、乐东县、白沙县、昌江县等地。

1. 千枚岩-板岩-变砂岩夹基性岩组合与成矿

儋州冰岭小型残坡积型重晶石矿的原生矿主要赋存于下二叠统峨查组的一套深海-半深海相的碎屑岩中（主要岩性为千枚岩、板岩、变质砂岩），岩石中普遍含碳，并夹有硅质岩和铁锰质结核。从其地质特征分析，原生重晶石为喷流沉积成因，喷流受控于北西向的冰岭断裂。重晶石矿一般呈顺层状夹于碳质板岩中，偶见细脉重晶石切层，靠近喷口位置赋矿围岩层理消失或层理产状凌乱，重晶石层产状变陡，厚度增大。重晶石一般呈块状，隐晶质，重晶石矿石中常见近平行分布的透镜状含碳泥质物（长轴数毫米-数厘米）。

儋州番那钨矿赋存于下二叠统峨查组变砂岩、变粉砂岩中，矿石类型为含钨石英脉，成矿物质主要来源于三叠纪花岗岩，地层为成矿提供了容矿空间。

2.（变）砂岩+板岩组合与成矿

昌江县孔汉岭金矿位于王下乡，矿体主要为含金石英脉，含金石英脉内部由十余条含金石英脉呈串珠排列而成。含金石英脉呈透镜状、小脉状顺层充填于下二叠统峨查组粉砂质绢云母板岩的层间破碎裂隙内。

位于王下地区王下断裂带上还有两金矿化点与孔汉岭金矿成矿成因类似，分别是俄贤村金矿点、俄贤岭金矿点。金矿都赋存于石英脉中，前者的赋矿围岩为下二叠统峨查组石英角岩，含金石英脉沿石英角岩层间裂隙充填；后者赋矿围岩为下二叠统峨查组变质石英砂岩夹变质千枚状粉砂岩，含金石英脉呈带状成群分布于砂岩层间裂隙内。

昌江县七差乡保由铅锌矿主要赋存于下二叠统峨查组与下二叠统鹅顶组的接触部位的含矿石英脉中，或是下二叠统鹅顶组中的含矿石英脉中，矿体受北北西向断裂破碎带控制。成因类型为沿裂隙充填的中低温热液型矿床，伴生重晶石石英脉型铅锌矿。

第六章 大型变形构造

第一节 大型变形构造类型的划分

大型变形构造是组成地壳的地质体在地质应力作用下形成的具有区域规模的（延伸长度一般大于100km，展布宽度数千米乃至数十千米，切割深度从壳内到切穿整个岩石圈）的巨型强烈变形构造，是地壳中的主要地质现象。大型变形构造与一般变形构造的主要区别就在于其是同一地质应力作用下形成的具有成因联系的构造组合，因而其延伸和展布宽度规模都比较大。从这个意义上说，一方面是卷入大型变形构造的地质体分布在具有一定宽度和长度的面状区域内；另一方面，大型变形构造的变形规模比较大，卷入变形的地质体在发生结构构造改变的同时，一般都有比较明显乃至大规模的垂向或水平位移，发生叠覆缩短、伸展减薄、水平错移、抬升或深埋，从而使地壳中已有构造格局发生明显改变，乃至形成全新的构造面貌。

根据力学性质和运动学特征把大型变形构造划分为挤压型、剪切型、拉张型、压剪型和张剪型等5大类，每个大类依据变形深度（构造层次或剥蚀程度）和产出构造背景等其他特征，进一步划分不同类型和亚类；据《成矿地质背景研究技术要求》，大型变形构造划分为6个大类17个类型（表6-1-1）。

表6-1-1 大型变形构造类型划分表

大类	挤压型构造				剪切型构造		拉张型构造			压剪型构造		张剪型构造		其他构造			
类型	逆掩推覆构造	逆冲叠瓦构造	逆冲-走滑构造	大型逆冲断裂构造	左行走滑构造	右行走滑构造	大型正滑构造	地堑-地垒构造	拆离构造	左行斜冲构造	右行斜冲构造	左行斜滑构造	右行斜滑构造	撞击构造	穹隆构造		
															地幔柱构造	盐构造	变质/岩浆穹隆构造

海南岛在地质历史发展过程中，主要经历了晋宁、加里东、华力西-印支、燕山和喜马拉雅等构造运动。每一期构造运动都在各构造单元中留下一定的构造形迹。从空间分布上，以各种方向、不同形态和不同性质的构造形迹组合，形成东西向构造带、北东向构造带、北西向构造带等主要构造体系，奠定了本岛的主要构造格局，控制着本岛沉积建造、岩浆活动、动力变质和气液蚀变作用、成矿作用以及近时期的山川地势的展布。课题组按照大型变形构造图件编制技术要求，并在深入分析海南岛地质构造特征基础上，共划分出4条大型变形构造（表6-1-2，图6-1-1）。其划分依据与主要特征密不可分，本节仅对划分大型变形构造的依据作一简介，详细论述见后文“大型变形构造的主要特征”一节。

表 6-1-2　海南岛大型变形构造类型划分表

大型变形构造名称	代号	类型	组合形式	构造层次	运动方式	力学性质	形成时代
王五-文教大型正滑构造带	WWZH	拉张型	平行排列式	超壳	正滑	拉张性	喜马拉雅期
琼西逆冲-走滑构造带	QXNZ	挤压型	平行排列式	超壳	逆冲-走滑	压剪性	华力西期
九所-陵水右行斜冲构造带	JLYX	压剪型	斜列式	超壳	早期右行斜冲，晚期斜冲	压扭性	华力西-印支期
儋州-万宁左行斜冲构造带	DWZX	压剪型	平行斜列式	壳内	早期左行斜冲，晚期右型斜冲	压扭性	燕山期

图 6-1-1　海南岛大型变形构造划分示意图

一、王五-文教大型正滑构造

识别该构造带的依据为：①重力异常显示构造带由一系列呈东西向分布的断裂组成，其断面倾向北，呈阶梯状下降，具有正断层特征。②卷入构造带有多个东西向接受了新生代以来沉积的凹陷盆地。③该构造带分布大面积的玄武岩被，其分布区域严格受该构造带控制。④遥感、重、磁研究结果明显反映它为一条重要的构造带。

二、琼西逆冲-走滑构造

识别该构造带的依据主要有：①卷入该构造带的褶皱形成于二叠纪，如南棍园复式向斜、江边复式向斜、王下复式向斜等，并被华力西-印支期花岗岩所“吞噬”，因此，推测该构造带形成时间为华力西-印支期。②受该构造带影响，带内主要构造形迹在区域上具有“S”形分布形态，并具有走滑特征。③该构造带在华力西-印支期形成了一系列北东向构造，如军营-红岭断裂带、白沙断裂带、戈枕韧性剪切带、洛基韧性剪切带、石碌水库韧性剪切带、不磨-二甲褶皱带、旧村岭褶皱带、南棍园复式向斜。

三、九所-陵水右行斜冲构造

厘定该构造带的依据主要有：①沿构造带分布有大量花岗岩体，形成一条近东西向花岗岩穹隆构造。沿构造带分布有短促、稳定的带状磁异常，异常轴呈东西向，其正异常强度远远大于海南岛中部和北部地区。布格重力异常也呈东西向分布，梯度较陡。②于六弓乡以南芒三水库一带，发现糜棱岩化花岗岩带发育于二叠纪花岗岩中，北东面止于侏罗纪花岗岩，再结合华力西-印支期侵入体卷入构造带，推断该构造带形成于华力西-印支期。③构造带北侧华力西-印支构造旋回形成的岩体时代为早二叠世-晚三叠世，而南侧仅分布有三叠纪岩体。④断裂带北侧古生代地层普遍发生了低绿片岩相变质，而南侧地层基本未发生区域变质，仅局部受岩体侵入影响产生了接触变质和气液蚀变。⑤运动学方面，从长石斑晶旋转和S-C组构判断，九所-陵水韧性剪切带具有向北逆冲（南盘）的运动学矢量，并兼具有右行走滑平面矢量，指示其具有右行斜冲的运动学特征。

四、儋州-万宁左行斜冲构造

识别该构造带的依据：①该构造带内发育一组断续展布、北西向平行状展布的断裂带，如：北西面儋州市兰洋一带的北西向断裂带，中部琼中县腰子镇~加鲜村一带的北西向断裂带，南东面牛仔岭~中平镇一带的北西向断裂带等。②1∶10万侧视雷达航片中为明暗相间出现的线性体，地貌上体现为一系列北西向山脊。

第二节　大型变形构造的主要特征

一、王五-文教大型正滑构造

王五-文教大型正滑构造带位于海南岛北部，是新生代海南隆起与雷琼裂谷的分野性断裂带。该断裂带形成于喜马拉雅构造运动，属于拉张型的正滑断裂。构造带由东西向平行状排列的一系列断裂组成。大致展布在北纬19°45′左右，横跨儋州、澄迈、定安、文昌等地区，东西两端延伸入海，陆上延伸约210km（图6-1-1）。其构造形迹除了在铜鼓岭北面宝陵港见及外，其余地区地表未见出露，呈隐伏状产出。受该构造带影响，构造带两侧分别呈阶梯状下降（图6-2-1），形成多个东西向的新生代盆地，接受了新生代以来的沉积，反映了盆地的形成受它的制约；同时该构造带还控制了琼北新生代火山岩的喷发。据大地水准测量结果，王五-文教正滑构造带以北年均上升1.4mm，断裂带以南上升3.2mm，说明该断裂带目前仍在活动，整个琼北地区仍在上隆。该断裂带也是海南岛地震最活跃的地带，自1463年来，地震超过38次，近年来弱震仍时有发生。

（一）宏观构造形迹

1）该大型变形构造控制了多个近东西向的新生代断陷盆地的生成，自西往东、自南往北，盆地的下拗幅度逐渐增大，如长坡盆地、福山盆地和海口盆地断陷深度分别为300~400 m、2000 m和3000 m，盆地内接受了对应深度的新生界沉积。

2）沿该大型变形构造展布有大面积近东西向展布的玄武岩被，并控制了琼北新生代多期次的基性火山喷发或喷溢作用。

3）在重力异常图中，构造带以北，重力场与北部湾一致，其重力高、低反映了基底起伏以及新近系沉积；构造带以南是重力低异常区，负异常反映的是莫霍面的起伏，地壳增厚，达34~35 km。重力异常显示构造带由一系列呈东西向分布的断裂组成，其断面倾向北，倾角大于60°，呈阶梯状下降，具有正断层特征。

4）航磁 ΔT 平面图中，显示为一个剧烈变化的正异常交接带。在TM及雷达融合遥感影像上，可见该断裂经过区分布近东西向延伸的隐晦与清晰相间的条带，线性影像平直。卫片中表现为一清晰的东西向亮带，为南北两种不同影像的分界线。

5）沿构造带地震活动比较强烈。据1463—1834年间的不完全统计数据，琼山、定安、澄迈、文昌等地发生过37次地震，其中破坏性地震5次，最大的一次地震为发生于1605年的琼山大地震，地震震级为7.5级，导致琼山东寨港一带数十个村庄陷入海底。1970年临高县附近海域发生的1.8级弱震也与该构造带有关。

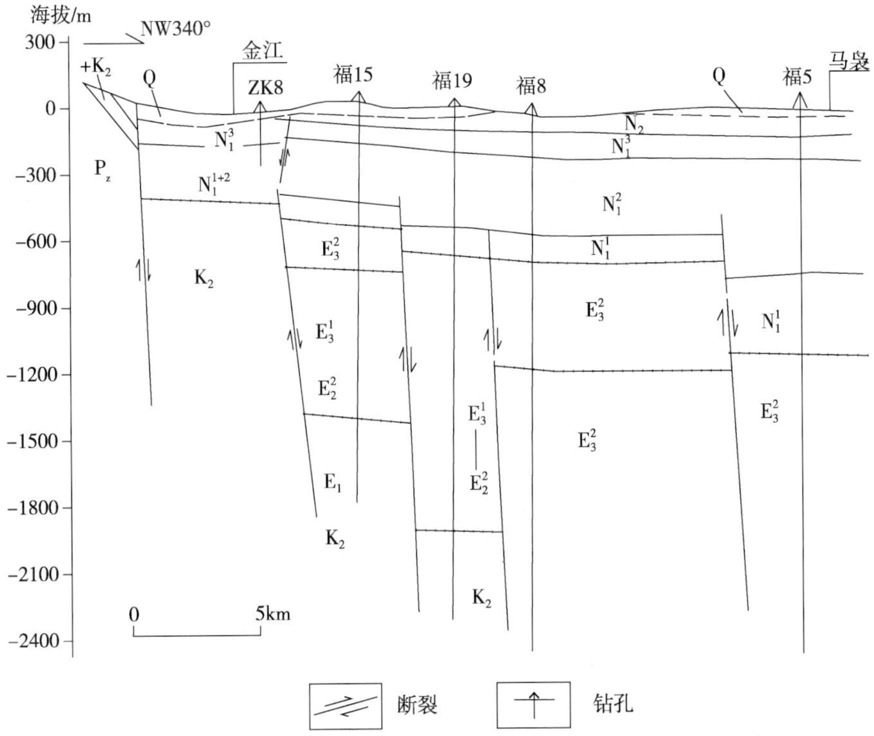

图6-2-1 海南岛北部（金江-马袅）构造剖面图

（据茂名石油公司与海南地质大队资料）

Q—第四系；N_2—上新统；N_1—中新统；E_3—渐新统；E_2—始新统；E_1—古新统；K_2—上白垩统；P_z—古生界

（二）小尺度构造形迹

小尺度上的构造形迹主要体现在节理化带和构造破碎带上。铜鼓岭北面宝陵港三叠纪花岗岩中发育近东西向构造破碎带，由构造角砾岩、糜棱岩化岩石、糜棱岩组成，破碎带宽约10m，倾向南，倾角60°~70°。破碎带南侧围岩中发育一组挤压破碎带形成时派生的劈理，根据围岩中发育的劈理与主断面的关系分析，构造带具有左旋压扭性活动特征。铜鼓岭南面尖岭一带二叠纪花岗岩中，断裂以节理化带显示，节理走向近东西向，节理面平直，倾角近直立，节理密度5~20条/m，属于一组剪性节理。节理切割北东向构造形迹（花岗斑岩脉），并左行切错小石英脉，错距约15cm，表明构造带具有左行剪切性质。

此外，在儋州林场附近发育一断裂，走向近东西向，属于正滑断层，并切错第四系，断距达3.75m。课题组主张王五-文教正滑构造形成于喜马拉雅期。喜马拉雅期，该构造带活动非常强烈，多次活动特征明显，并表现为拉张性特征，控制了新生代盆地的形成和火山喷发、喷溢活动以及地震活动。

二、琼西逆冲-走滑构造

该构造带总体呈北东向，跨澄迈、屯昌、儋州、白沙、东方、乐东等地，在海南延伸长度超过180km（图6-1-1），北东端隐伏于琼北新生代沉积物及玄武岩之下，南西端没入北部湾，该构造带在白沙元门-鹦哥岭-猕猴岭一带被北东向的白垩纪红盆覆盖。其切割深度达到地幔，该构造带中各断裂总体呈叠瓦式排列，形成于华力西-印支期（P-T）琼西洋俯冲消亡，地体（可能为华南板块和印支板块）的碰撞、拼贴环境。

卷入该大型变形构造的地质体主要包括中-新元古界、古生界的构造岩片和华力西-印支期侵入岩组成。中元古界抱板群（含戈枕村组和峨文岭组）、新元古界石碌群（Qbŝ）、石灰顶组（Zŝ）组成的陆壳残片面积较小，呈北东向分布于东方不磨-昌江石碌镇一带。古生界由奥陶纪、志留纪、石炭纪、二叠纪岩片组成，缺失泥盆系，奥陶系、志留系、二叠系中浊积岩建造发育，具典型的复理石特征，岩石组合以千枚岩+板岩+变质砂岩为主。华力西-印支碰撞过程中普遍发生低绿片岩-绿片岩相区域变质作用，并遭受构造变形和错动，显示出局部有序，总体较为凌乱的特征，与斯密斯地层特征不同，应属造山带中的非史密斯地层。前人在白沙邦溪-儋州八一农场一带奥陶系（根据李献华和许德如等对其中所含基性岩的研究，时代可能为C、P）、儋州兰洋油文村-屯昌晨星农场一带二叠系中发现蛇绿岩碎片和灰岩透镜体，其基质主要为一套具浊积岩特征的复理石建造，显示出结合带地层的典型特征。邦溪-晨星一带古生代构造岩片中分布的变基性-超基性岩，后经李献华、唐红峰等人研究，与洋中脊玄武岩类似。它们形成于大洋环境，是地幔橄榄岩部分熔融的产物，与金沙江-双沟-松马蛇绿岩在形成时代上基本一致，代表了东古特提斯洋（即本文所述的琼西洋，可能为东古特提斯洋的分支）的残片。

儋州-澄迈西部一带，卷入该构造带的花岗岩叶理或线理的走向总体呈北东向，包括中兴一带的长塘岭岩体、儋州两院岩体及临高和舍岩体。而昌江-东方一带中二叠世同碰撞型花岗岩（包括石碌、通什、羌园、大坡等岩体）叶理或线理走向则呈北西-北西西定向，可能受到卷入结合带中抱板-石碌陆壳残片的影响。

受琼西逆冲-走滑构造的影响，琼西一带形成一系列褶皱构造，以北东向的南棍园复式向斜、旧村岭褶皱带为典型代表。卷入这些褶皱带的最新地层为二叠系，而褶皱又被华力西-印支期花岗岩所“蚕食”，因此，褶皱形成时间应为华力西-印支期（P-T），这也暗示了琼西逆冲-走滑构造形成的时代。

琼西逆冲-走滑构造内主要分布三条规模较大的北东向构造带，即军营-红岭构造带、戈枕剪切带、白沙断裂带（图6-2-2）。规模稍小的还有北东向的石碌水库韧性剪切带和洛基韧性剪切带。

该大型变形构造内主要的构造形迹在区域上具有“S”形展布的特征（图6-2-2）。具体表现在：南西侧的东方不磨-二甲一带，布磨-二甲褶皱带轴迹呈弧状，北段北西向，南段呈南东向分布；往东至戈枕一带，戈枕韧性剪切带呈北东向分布；再往西至旧村岭一带，旧村岭褶皱带（位于戈枕韧性剪切带南东侧）轴迹北段呈北东向展布，南段则呈南北向，轴迹具有北东向南转折的趋势；到江边乡一带，江边复式向斜、村头岭倒转背斜、陀烈复式背斜等，西段轴迹都是北西向，东段轴迹则呈北东向，由西往东具有北西往北东转折的趋势；而在王下地区，王下复式向斜轴迹呈北东向展布。总体来看，上述构造形迹在区域上的分布呈“S”形，受控于北西-南东向的挤压应力场。

受该构造带控制，变质岩面理方向也具有“S”形分布的特征。譬如：在戈枕一带的戈枕村组变质面理方向在西部为北西向，东部为北东向，整体呈弧状分布；而旧村岭一带，地层变质面理主体方向为北东向；江边乡一带变质面理较复杂，但主体方向为东西向或北东向，与江边地区褶皱轴迹的分布方向相协调；到王下一带地层变质面理方向总体为北东向。同样也受控于北西-南东向的挤压应力场。

琼西逆冲-走滑构造的特征体现在该大型变形构造内的一些主要断裂带和褶皱带之上，下面简要介绍这些断裂带和褶皱带的特征。

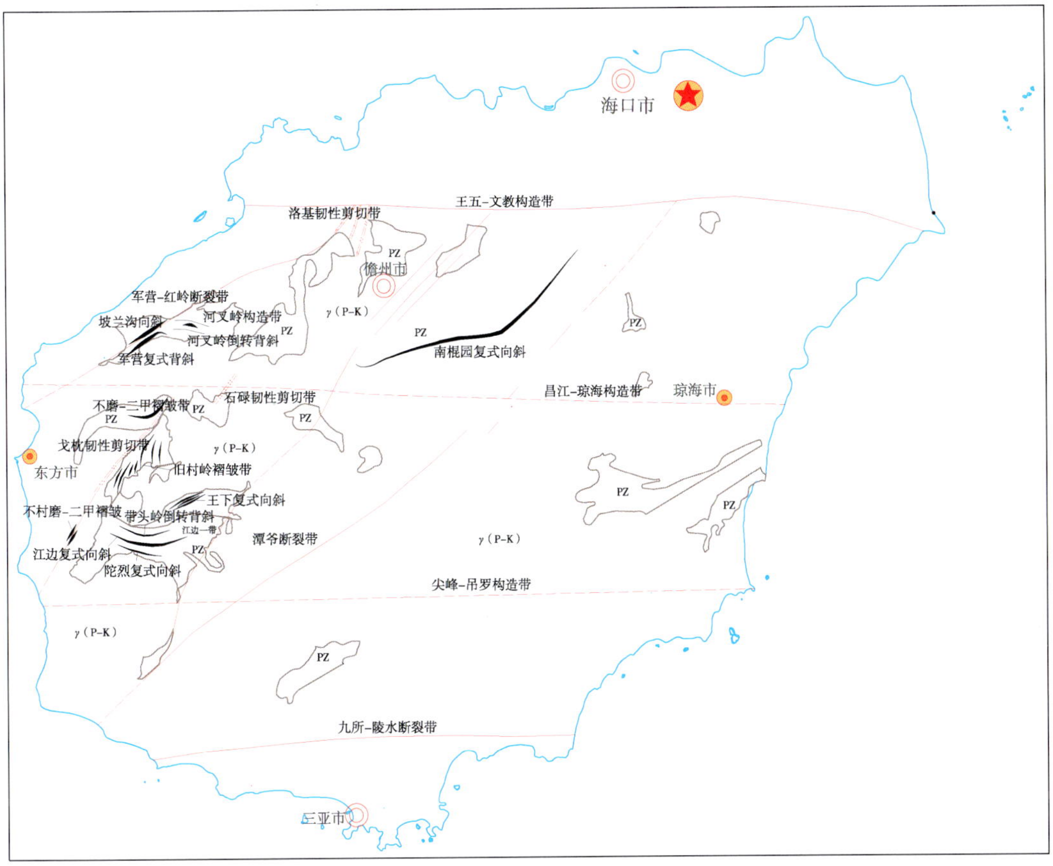

图 6-2-2　海南岛西部一带断裂及褶皱构造分布示意图

（一）军营-红岭构造带

军营-红岭构造带位于琼西北，出露于峨沟岭、南蛇水库、军营老村、洛基一带，出露长度约150km，北东端隐伏于雷琼裂谷新生界之下，南西端隐伏于新街一带第四系之下，并最终延入北部湾。构造带总体走向北东，倾向北西，由多条北东向平行展布的断裂带和褶皱带组成。它们大致呈平行式排列，在遥感图像上，线性影像特征明显，是北东向长条状山体断续排布的反映，并被北西向的线性影像切割。在航磁异常图上，构造带亦有明显反映，红岭到新街长60km地段，分布着宽窄不等的线性异常，前人称红岭-军营异常带，暗示潜伏于基底的北东向断裂的存在。

1. 主要断裂和褶皱构造

军营-红岭构造带由北东向军营复式背斜、坡兰沟向斜和一系列平行状产出的断裂束组成。主要断裂和褶皱特征如下。

鸿沟岭-红岭逆冲断裂：分布于大岭十四队、珠碧江、马岭、红岭九队至红岭一带，走向40°~60°，倾向北西，倾角25°~60°。钻探揭露断面总体呈上陡下缓而呈铲状。断层带由碎裂岩、角砾岩、挤压透镜体、挤压片理化岩石等组成，带宽10~30m，断面发育斜向擦痕，旁侧见牵引构造，指示了上盘（北盘）上升。断层上、下盘倒序现象广泛存在，露头上可见石炭系和二叠系之间逆冲构造现象。

十四队-七队断裂：位于鸿沟岭-红岭断层以南，并与其平行，间距在0.5~1km之间，这条主断层西起高岭南部，经南华坡、红岭十三队、红岭七队至富仍水库，长达16km。单断层带宽5~30m，走向10°~60°，波状弯曲，中段在南华坡一带为北北东-近南北向断层所切，至红岭七队分支成多条向北东-北北东撒开。向南西收敛，呈扫帚状展布。断面倾向北西，倾角上陡下缓。断层带以强烈硅化破碎为特征，发育碎裂岩、角砾岩及挤压透镜体，清楚表现出压扭性力学性质。钻孔揭露该断层带由多条断面构成，切割了陀烈组、白垩系，控制了红岭花岗岩岩枝的发育，并致使陀烈组地层逆冲覆盖于早白垩世鹿母组之上，为一条典型的逆冲断层，由于逆冲作用，在长岭以北在南好组中形成了大型的翻卷褶皱。

峨沟岭-军营村断裂：断裂南西端起自峨沟岭，经南蛇水库向北东端延伸至军营村一带，出露长约27km，宽约70~120m，产状310°∠40°。按内部组构可分为三个带：揉皱千枚岩带、糜棱岩化揉皱千枚岩带、硅化碎裂岩带。其中，揉皱千枚岩中广泛发育各种不对称褶皱，小褶皱轴面的优势产状为295∠21，反映了该断裂曾经历由北西向南东的逆冲。

军营-红岭断裂：断裂南西起自峨沟岭，经南蛇水库、军营老村，向北东延伸至红岭一带，出露长度约27km。该断层切穿二叠纪花岗岩、石炭系青天峡组及志留系陀烈组，平面上呈舒缓波状，总体走向北东，倾向北西，倾角50°~60°，断裂带宽约80~100m。在断层带内千枚岩产状零乱，形成揉皱带、破碎带、劈理化带、石英透镜体带，局部可见糜棱岩化。断裂带内广泛发育不协调褶皱、尖棱褶皱和不对称褶皱，石英、硅质条带被拉长呈透镜体顺千枚理分布。在昌江十月田椰子村一带施工的槽探揭露，断裂带走向北东，由两条近平行分布的断裂组成。断裂带倾向300°~335°，倾角48°~75°，单断裂宽1.5~6m。该断裂带分带明显，自南东往北西，依次分为构造破碎带、灰岩透镜体带、千枚岩揉皱带、石英脉透镜体带、灰岩透镜体带、碎裂岩带。其中，石英脉透镜体带由多条倾向北西、相互平行的石英脉透镜体组成，带内石英脉与千枚岩发生同步变形，呈香肠状、透镜体分布，上、下盘岩石（千枚岩）发育牵引褶皱。综上所述，该断裂具有逆冲性质。

峨沟岭断裂：位于峨沟岭一带，沿峨沟岭山脚呈北东向展布。该断裂发育于二叠纪二长花岗岩中，走向北东，全长约3km，宽约50m，产状为320°∠80°。构造分带明显，从中心向两侧岩性分别为：花岗质碎粉岩、花岗碎斑岩、碎裂花岗岩。其中，花岗质碎粉岩宽约5m，岗碎斑岩宽约5m，碎裂花岗岩宽30m。

军营复式背斜：位于逆冲断裂带的下盘（南东盘），南西起自红田农场石灰厂，经南田水库、红田农场十八队，北东至红田农场二十队。发育于下志留统陀烈组中。轴迹呈蛇形展布，南西段红田农场附近，轴迹近东西向。北西翼倾向320°~330°，倾角缓（30°~50°），核部和南东翼倾角较陡（>50°），为一个轴面总体倾向北西的不对称背斜，显示物质整体具有由NW→SE运移的活动特点，与构造带NW→SE逆冲有关。

坡兰沟向斜：出露在逆冲断裂带中，沿南洞岭-坡木岭-军营岭一带分布，长约15km。发育于上古生界中，核部为上石炭统青天峡组，两翼为下石炭统南好组。轴迹走向北东，北西翼优势产状120°∠57°，南东翼优势产状325°∠50°，β图解显示，其轴面近直立，褶皱轴向北倾伏，倾伏角约21°。属于近对称型倾伏向斜。

2. 变形期次及运动学特征

宏观上看，该断裂带中有早二叠世白石村石英闪长岩、幔源玄武岩浆分异形成的坡兰沟辉长岩（239Ma）沿断裂带呈北东向侵入，暗示断裂已下切到地幔；燕山期有鹅沟岭侵入体、丰猛侵入体和吊罗山花岗岩（昌化大岭侵入体）侵入。断裂又切过了上述时期岩体，表现为强烈的挤压破碎和片理化。断裂带还切过古生代地层，并控制了白垩纪陆内盆地分布，沿断裂有一系列红盆呈串珠状分布，同时又切过了这些盆地中的红层。综上所述，该断裂带具有多次活动特征，在华力西-印支期和燕山期均有强烈活动。

岩石组构特征显示，军营-红岭构造带在早期（华力西-印支期）由北西向南东逆冲，同时显示运动面近直立的左旋剪切运动，反映了构造带的逆冲走滑特征，该时期的活动基本奠定了军营-

红岭断裂带之产状。

在燕山晚期-喜马拉雅期，军营-红岭断裂带叠加了强烈的平移剪切作用。该时期内，整个海南进入大陆边缘活动带发展阶段；地壳进一步抬升，岩浆活动强烈，以脆性变形为特征，且变形主要集中于断裂带内。早阶段，断裂运动主要表现为以逆冲为主的升降运动和以左旋平移剪切为主的水平运动。升降运动使早期形成的深层次至中深层次糜棱岩、碎裂岩及各种类型，金矿床上升与浅层次构造出露于同一水平面上；此次运动也使志留纪地层逆冲至早白垩世红盆相碎屑岩之上；同时也形成了透镜状构造砾岩带，走向北东向，角砾长轴近于直立，扁平面也近于直立。左旋平移剪切形成运动面近直立、运动方向近水平的分层剪切带，构造透镜体长轴近水平，且左行雁列。与此同时，由于左旋平移剪切作用，形成诸多脆性 P、D、R、T 裂隙。晚阶段，北东向挤压高潮结束，断裂作用带有拉张性质，并存在右旋剪切迹象，这时，P、B、R、T 裂隙被硅质热液、岩浆充填，形成北西西、北西、北东向展布的石英脉及花岗岩脉、花岗闪长岩脉等。

（二）白沙断裂带

白沙断裂带展布于澄迈、儋州、琼中、白沙、乐东一带，北东端隐伏于雷琼裂谷新生界之下，南西端延入北部湾，总体方向为北东 25°~30°延伸，陆上长约 220km（图 6-2-2）。由白沙盆地的东、西两侧的断裂带及夹于其中的白垩纪白沙盆地、南门营盆地、黎母山盆地组成。从侵入岩、变质岩、沉积岩、构造等方面综合分析，该断裂带生成于华力西-印支期，为琼西逆冲-走滑构造的一部分，切割深度可能达到了地幔（新兴一带沿断裂带分布有华力西-印支期辉长岩）。燕山期再次活动，具有右行斜冲的运动学特征。该断裂带控制的白垩纪盆地中沉积了厚达 2500 多米的红色粗碎屑岩建造，并且其东界断裂带控制了一系列的萤石矿床（点）的成矿。

1. 西侧断裂带

分布于澄迈县中兴镇-乐东县抱界一带，即白沙-和庆断裂带，由多条断续分布的平行断裂组成。断裂带表现为硅化破碎带、挤压破碎带或密集节理带，带内岩石普遍发生碎裂化和糜棱岩化，形成一套以碎裂岩化花岗岩、碎裂岩、碎斑岩、构造角砾岩、糜棱岩等为主的韧脆性变形岩石。

儋州市和庆-澄迈中兴一带发育一组平行展布的北东向断裂，单断裂长 8~34km，宽 0.5~25m，走向北东，倾向南东，倾角 40°~80°，主要表现为糜棱岩带和硅化石英脉带。断裂中岩石发育的主次节理关系表明断裂具有右旋压扭性的运动学特征。

白沙-南丰一带发育挤压破碎带，断裂倾向南东，倾角约 45°，构造带内岩石主要有硅化角砾岩、压碎岩和糜棱岩等。南丰镇东侧古生界中发育宽达 100~200m 的挤压片理化带，片理与主断面呈锐角相交，指示断裂具有右旋活动特征。

白沙县打雅儒一带断裂带宽达 200m，见硅化角砾岩、挤压断层角砾岩及糜棱岩等，并见大量石英脉充填，断裂倾向南东，倾角达 60°以上。断裂带控制了白沙红盆西界，并在盆地边缘形成北东向挤压破碎带。

2. 东侧断裂带

分布于屯昌县西昌-乐东县千家一带，即西昌-乐东断裂带，由多条断续分布的平行断裂组成，单断裂长 3~25km，宽 1~20m，局部可达上百米，走向北东，倾向北西，倾角 40°~80°，沿断裂见构造破碎带或糜棱岩化带。

鸡口岭-横岭一带，构造破碎带倾向南东或北西，断面呈舒缓波状、刀切状，上窄下宽，破碎带内分布碎裂花岗岩、硅化岩、构造角砾岩、糜棱岩化碎粒岩、糜棱岩、绢云母化超糜棱岩等，并见后期花岗斑岩脉、石英细脉、闪长岩脉充填。脉体后期破碎明显，并发育指示右行剪切运动的摩擦镜面和擦痕。断裂带内局部岩石呈现出分带现象，中心一般为碎粒岩、糜棱岩，两侧为花岗质碎裂岩、碎裂花岗岩。糜棱岩中，石英矿物具带状消光，形态为浑圆状、眼球状、透镜状，有的眼球呈“S”型旋转变形和雁列式排列；可见S-C面理，两者呈20°锐角相交，C面理还右行切错与其近直交的早期细小石英脉。

鹦哥岭-马定岭一带，断裂带断面倾向北西，岩石发生碎裂化、糜棱岩化，形成宽达数千米的碎裂花岗岩、碎裂岩、碎斑岩、碎粒岩和糜棱岩化碎裂花岗岩等韧脆性变形岩石，并控制了白垩纪白沙盆地东界。沿断裂带见晚侏罗世和早白垩世花岗岩体呈北东向展布，明显与该断裂带相关，并控制了白垩纪红盆的形成，根据中三叠世花岗岩中破碎带的主剪节理（产状296°∠74°）与其派生的一组张性密集节理（产状225°∠59°）的关系，推断该期活动具有左旋压扭性特征。晚期活动导致早期沿断裂充填的脉体发生破碎，并切割晚侏罗世和早白垩世花岗岩体，表明断裂带晚期活动时代为燕山晚期。

（三）戈枕剪切带

戈枕剪切带一般倾向北西，局部（红甫门岭）倾向南东，倾角34°～70°，该剪切带北东段石碌-二甲一带，主要由韧性剪切断裂组成（下称戈枕韧性剪切带），南西段二甲-不磨一带，主要由脆性断裂组成。由于前者研究程度较高，下面主要介绍前者。

戈枕韧性剪切带岩石侧向分带性明显，从中心往边部依次出现超糜棱岩、糜棱岩、初糜棱岩、糜棱岩化带、碎斑岩、碎裂岩、角砾岩等，各带之间为渐变过渡关系，宽度几十米至一千米。构造岩石有超糜棱岩、糜棱岩、初糜棱岩、千糜岩和糜棱片岩、糜棱岩化混合岩，以糜棱岩带出露最宽。叶伯丹（1990）、陈新跃（2006）等人先后在糜棱岩中分别获得绢云母$^{39}Ar-^{40}Ar$年龄为228Ma、227Ma，时代为印支期。

1. 变形构造类型

（1）线理构造

剪切带中常见拉伸线理和交面线理两种线理类型。拉伸线理构成云母石英质超糜棱岩中的最主要构造型式，由石英、云母拉伸显示的平行线状体在露头上易于辨识，线理产状与剪切带总体方向具较大的交角；花岗质糜棱岩面理上的拉伸线理露头表现不太明显，仅由拉伸矿物或矿物集合总体展布方向而定。交面线理在高应变的具S-C组构的花岗质糜棱岩中最为发育，表现为由递进剪切过程中产生的Sm面理和Sc面理的交线。

（2）韧性剪切带中刚性体的变形

同周围花岗岩相比，花岗质糜棱岩中的暗色角闪质包体具有较刚性的物理性状，在高应变域中常被改造成石香肠状、透镜状，局部因塑性和剪切强度等差异而形成的蝌蚪状；而在极高应变带中，卷入超糜棱岩带中的早期斜长角闪岩脉因剪切形成透入性的剪切面理，甚至进一步形成露头可见的褶皱构造。

（3）褶皱构造

剪切带中褶皱构造相对不太发育，剪切褶皱形态复杂，两翼极不对称，翼间角紧闭，其规模一般较小，大者仅数十厘米，小者在显微镜下才能见到。按露头褶皱几何特征和运动方式划为a型褶皱、b型褶皱和膝折构造等三种基本类型。

2. 运动方向和剪切带类型的确定

依据露头和镜下的拉伸线理、b型褶皱、剖面S-C组构、旋转残斑等指向构造综合分析，认为戈枕韧性剪切带具有剖面逆冲兼平面右行走滑的运动学特点。

岩组学研究表明，该带的多期变形组构较清楚。基质岩组图呈三斜对称，由两个大圆环带组成，环带轴极点近于S面，以北西-南东向挤压最为强烈；残斑石英的岩组图也主要表现出由北西向南东挤压的特点。综上所述，可以判定戈枕构造带早期活动具有剖面逆冲兼具平面右行走滑逆冲的特点。

继印支期戈枕韧性剪切带形成后，燕山期又在其东部边界部位叠加了一次较强的浅层次逆冲推覆构造事件，形成了碎裂岩系列岩石，叠加于早期的糜棱岩系列岩石中，构造岩石有碎裂岩、构造角砾岩。肖志峰（1989）在抱板蚀变碎裂岩中获得 Pb-Pb 等时线年龄为 170~130Ma，涂绍雄（1993）也在含金糜棱岩获得绢云母 K-Ar 年龄为 197Ma，时代都为燕山期。该推覆构造主要表现为中元古代花岗岩和抱板群逆冲于新元古代石碌群、奥陶纪南碧沟组和志留纪空列村组之上。推覆构造属前展式，推覆距离在数千米以上。

（四）洛基韧性剪切带

洛基韧性剪切带位于琼西逆冲-走滑构造带的北东部，呈北东向发育于儋州市洛基镇西面一带的早三叠世花岗岩中，韧性剪切带分东西两条，分列于白垩纪洛基火山-碎屑岩盆地的东西两侧，并控制了该盆地生成。剪切带内见碎裂花岗岩、糜棱岩化花岗岩、初糜棱岩和糜棱岩，在横、纵向中其变形强弱有别，自北西向→南东向，岩石变形逐渐减弱，总体呈现出由糜棱岩往初糜棱岩、糜棱岩化花岗岩、碎裂花岗岩过渡。糜棱面理倾向北西或南东，自北西→南东，剖面上构成一个背形和一个向形构造。碎裂花岗岩中局部尚保留倾向北西的原生花岗岩面理构造。

晚期叠加发育脆性变形，走向北东，倾向北西或南东，表现为岩石的碎裂化以及岩脉充填，并常常导致早期糜棱面理形成牵引褶皱，反映断裂有下滑的运动学特征。在南西端先锋农场南东侧，晚期石英脉右行切错早期石英脉，表明晚期下滑的同时，兼具平面右行走滑的运动学特征。根据共轭关系分析，该时期的应力方向为近垂直挤压（拉张应力近水平）。可能与后期地体隆升，深部岩浆上涌过程中，对围岩造成的挤压有关。

1. 变形构造类型

（1）面理构造

面理构造主要有剪切面理构造和糜棱面理构造。剪切面理构造微观尺度上表现为一组平行分布的剪切面，面理被新生的细小绢云母充填，原生石英、长石等粒状矿物沿剪切面发生破碎而呈细小的碎粒状。糜棱面理构造为矿物或矿物集合体的长轴优选方位所显示的不连续面状构造，表现为拉长的石英或其集合体以及长石定向排列。剪切面理与糜棱面理基本上一致，局部呈大角度相交，形成大角度边界。

（2）线理构造

线理构造发育在强应变的岩石中，由石英矿物或其集合体以及暗色的铁质矿物呈拉长状沿剪切面定向排列而体现。

（3）褶皱构造

因风化覆盖，变形带内的小尺度褶皱未见及。宏观尺度中，褶皱走向北东，由一个背斜和一个向斜组成。背斜位于变形带的北西段，北西翼倾向 280°~340°，倾角在 50°~65°间，南东翼倾向 100°~160°，倾角 45°~65°，由翼部往核部，面理倾角逐渐变陡，与后期地壳隆升有关。该背斜属近对称背斜。向斜分布于变形带的南东段，南东翼倾向 290°，倾角为 33°，与背斜中的南东翼组成一个不对称向斜。

2. 运动学特征分析

岩石沿倾向方向变形比较强烈，指向性组构较常见，如石英集合体肠状褶曲，旋转残斑和剪切阶步等，结合岩组分析结果，认为变形带具有由北西向南东的逆冲运动特征。而平行走向的切片中，岩石变形相对较弱，指向性构造不甚发育。反映了变形带以挤压逆冲为主，平行走向的走滑运动分量较小，表明变形岩石主要是挤压变形的产物。

（五）石碌水库韧性剪切带

该剪切带由 3 条北东向的强变形带组成，主要发育于石碌矿区东北部的中二叠世石碌岩体中，南端卷入了部分石碌群地层，并以脆性断层与石碌群、石灰顶组等接触，向北被马鞍岭岩体吞没，其北盘的华力西期花岗岩体中发育同向脆性断层和岩脉；东翼发育一条数十米的“杂乱岩”带，与二叠系主体呈断层接触。

1. 变形构造特征

（1）面理构造

花岗质糜棱岩化岩石和花岗质糜棱岩中的糜棱面理为主要的面理构造，并与剪切面组成了Ⅰ型S-C组构；而石碌群千枚岩（千枚状片岩）叠加剪切变形的产物—强直片岩，主要发育了剪切面理构造，表现为强烈剪切的条带状构造。

（2）褶皱构造和拉伸线理

卷入剪切带中的石碌群地层，褶皱现象十分丰富，众多褶皱面上的拉伸线理与其枢纽的平行关系，揭示了褶皱的剪切成因。强烈褶皱部位一般常伴生由石英等矿物拉长构成的拉伸线理，拉伸线理总是大致平行于褶皱枢纽，并随枢纽产状的变化而变化。多期叠加褶皱发育，早期褶皱的踪迹或呈钩状包容于a型褶皱中，或以重褶形式表现出叠加褶皱形态，还可以以多级褶皱组合出现，该类褶皱可进一步发育于鞘褶皱，但较为罕见。

（3）较刚性矿物或岩石的变形

在花岗质糜棱岩中，长石相对于石英、云母矿物而言显示了较大的刚性，露头上广泛发育旋转构造，同时这些被韧性物质包裹的斜长石残斑中，普遍出现一组仅限于晶体内的脆性裂隙面，表明了长石类矿物变形发生于脆性构造域中。花岗岩中的斜长角闪岩刚性包体随变形的不断加强，形态上由棱角状、不规则状→椭球状→扁豆状。早期的花岗岩脉因卷入剪切带被强烈拉薄，而在弱变形域内则保持原始产状和位态。

2. 运动方向和剪切带类型的确定

根据S-C组构、拉伸线理、a型褶皱和鞘褶皱、显微旋转组构、岩组学等研究结果综合分析，推断剪切带具有平面右行、剖面逆冲的运动学特征，逆冲方向为自南东向北西。

（六）不磨-二甲褶皱带

该褶皱带分布于东方市不磨-二甲村一带，发育于中元古代戈枕村组和峨文岭组中，由多个不规则状背、向斜组成。由于受到后期花岗岩的“蚕食”，褶皱出露不完整。褶皱长约45km，影响宽度约达20km，走向北西-北东向，沿走向呈“S”形弯曲，可能属于与戈枕韧性剪切带伴生的剪切褶皱带。

褶皱南西段的不磨一带峨文岭中，褶皱走向北东，自北西往南东，发育一个向斜和一个背斜，褶皱两翼倾向相反，属于不对称向、背斜。其中，向斜一翼倾角为34°~37°，另一翼为35°~50°；背斜一翼倾角为35°~50°，另一翼为56°，可见褶皱具有由北西往南东运动的特点。公爱一带，褶皱发生扭曲变形，走向转为北西向和南北向，可能与戈枕韧性剪切带剪切活动有关。

褶皱北东段二甲一带，褶皱走向北东或北西，结合中元古代花岗岩片麻理中的向形和背形构造分析，推测属于一个弧状褶皱。褶皱两翼倾向相反，倾角基本一致，一般为40°~70°，在靠近戈枕剪切带时，倾角具有变陡的趋势。

（七）旧村岭褶皱带

发育于戈枕断裂带南东盘下古生界奥陶系南碧沟组和志留系陀烈组中，北东始于峨理赛，经旧州岭，南西至马岭一带。走向北东，略显“S”形弯曲，影响长度约22km，宽4~8km。核部为南碧沟组，两翼为陀烈组。北西翼倾角一般34°~63°，并发育“Z”形次级褶皱，次级褶皱由2个紧闭不协调向斜和1个紧闭不协调背斜组成；南东翼倾角略陡，为40°~75°。属于一个轴面倾向北西的不对称复式背斜。

该复式背斜属于戈枕韧性剪切带配套的褶皱构造。略显“S”形弯曲的平面走向，指示物质具有右行的运移特点，与戈枕韧性剪切带的右旋活动性相协调。褶皱具有由北西往南东运移的运动学特征，与戈枕韧性剪切带由北西往南东逆冲的运动方向也一致。在靠近戈枕韧性剪切带部位，背斜北西翼发育次级紧闭不协调向斜，也侧面反映戈枕韧性剪切带下盘（南东盘）具有下滑、而上盘（北西盘）逆冲的特点。

（八）南棍园复式向斜

向斜核部为二叠纪峨查组，两翼为石炭纪青天峡组，向斜北东端被第四系掩盖，南西端延伸至白沙盆地西界，北西、南东两翼被花岗岩侵蚀。长约60km，宽40余千米，轴迹走向北东，略呈“S”形弯曲。加月村–黑墨岭段，两翼地层倾向相反，倾角近一致，为40°～60°，为对称向斜。黑墨岭–王帝殿段，被白垩系掩盖和花岗岩侵蚀，核部未出露。王帝殿–细水一带，两翼地层倾角不一，北西翼略陡，为35°～55°，南东翼较缓，为20°～35°，属不对称向斜。

复式向斜局部发育从属小褶皱。小褶皱形态规则、简单，褶皱过程中，岩层的铅直厚度基本保持不变，属弯滑作用形成。向斜翼部为不对称的“S”形或“Z”形，而转折端为近对称的“M”形，具有指向性意义。

综上所述，琼西逆冲走滑构造带形成于华力西–印支期，总体上具有从北西往南东逆冲、同时兼具右行或左行走滑的运动学特征；叠加活动主要发生于燕山期，但活动特征较为复杂，不同部位表现出不同的运动学特征。比如：白沙断裂带东侧具有为右旋压扭性特征，军营–红岭构造带表现为右行斜滑，戈枕剪切带具逆冲推覆特征，布磨–二甲褶皱带及旧村岭褶皱带是与戈枕韧性剪切带相伴而生成的剪切褶皱带，也表现出逆冲推覆特征，洛基构造带表现为右行斜滑特征。

三、九所–陵水右行斜冲构造

九所–陵水右行斜冲构造带位于北纬18°25′～18°35′左右，近北东东向横贯乐东、保亭、三亚、陵水，东西两端均没入南海，在陆地上长100多千米（图6–1–1）。前人认为它是海南岛北部块体与南部块体的分界线，晚二叠世时拼贴在一起，但其拼贴的方式存在两种不同看法，其中一种看法认为北部块体与三亚块体通过碰撞的方式拼贴在一起（但此次认为二者缺乏碰撞拼贴的证据），另一种看法认为它们大致是在二叠纪末通过后碰撞阶段早期的走滑运动移置连接在一起的（谢才富等，2002）。在此次编写过程中我们基本倾向于后一种看法。该构造带切割深度可能达到地幔，具有多期活动特征，形成于华力西–印支期，具有右行–斜冲特征，燕山期叠加有强烈的压扭性活动。该构造带还对海南岛南部的钼、铅、锌、铜等矿产有重要控制作用。

该大型变形构造厘定的依据主要有：重磁异常、燕山期岩浆岩带、古地磁、断裂带两侧地层变质变形强度及古生物面貌差异、地层时代差异、近东西向的构造形迹，以及构造带南部无二叠纪花岗岩出露，而北部却广泛分布，至早三叠世南北两侧的岩浆作用才逐渐趋同。该大型变形构造特征如下。

（一）宏观构造形迹

1）沿构造带分布有大量燕山期花岗岩体，形成一条东西向花岗岩穹隆构造。另外，燕山晚期形成同安岭、牛腊岭火山岩盆地，呈现出近东西向分布的火山岩带。

2）沿断裂带分布有短促、稳定的带状磁异常，异常轴向呈东西向，其正异常强度远远大于海南岛中部和北部地区。有的异常比较平缓圆滑，有的梯度则变化很大。异常带内中基性岩脉和燕山期侵入岩较发育。带内的侵入岩与喷发岩的磁场混在一起，在空间分布上又与东西向断裂带联系在一起，因此，它们同受九所–陵水构造带控制。沿构造带呈东西向带状分布的特殊磁异常应是各种地质体组成的巨大花岗岩穹窿构造带的综合反映。

3）沿断裂带布格重力异常也呈东西向分布，梯度较陡。莫霍面的变化形态也和布格重力异常有着明显的对应关系。在莫霍面等深度图上表现为幔坡区与幔凹区的过渡带，北面为幔凹区，南面为幔坡区。重力异常在此带上，表现为梯度变化带与重力低的过渡带，深部构造的这些特点反映了隐伏断裂带的存在。且断裂带北侧莫霍面埋深较深，而南侧埋深较浅，北侧属于大陆型地壳，南侧属于过渡型地壳，由此推断构造带两侧的基底是不同的。

（二）小尺度构造形迹

小尺度上的构造形迹主要表现为构造带展布区内断裂带、挤压破碎带十分发育，并常切割白垩纪地质体，属于燕山期形成的压扭性东西向构造形迹。主要有马岭断裂、大安断裂等，还见芒三水库韧性剪切带及其他零星的构造形迹。

马岭断裂：分布于南山、红塘岭和马岭一带，全长24km，走向80°~90°，总体往南倾，局部反倾，倾角78°，断裂大部分被第四系所覆盖，仅见一些零星露头，破碎带宽约10~20m，局部可达50m。主要由挤压破碎带、糜棱岩带、碎裂岩带组成，沿断裂走向发现有压碎岩、碎裂岩、糜棱岩等构造岩滚石分布。地貌特征明显，呈现出近东西向狭长负地形。在露头点，可见断裂分带现象，一般可分为三带：断层泥砾岩带、片理化带和碎裂岩带。其中，断层泥砾岩带由磨砾岩、碎粒等混杂在一起，砾石大小混杂，略呈定向排列，其方向与断裂走向一致。上述特征表明该断裂具有压扭性特征。

大安断裂：断裂南西起自长岭，往北东经宝翠山、大安水库至南木水库逐渐消失，长约37km，走向40°~50°。沿走向呈缓波状，倾向320°，局部反倾，倾角55°~75°，航片上具明显的断续线性影像，地貌上形成一系列北东向负地形。切割了北西向和近南北向断裂，使其左行平移约5~6m，也切割了二叠纪和晚白垩世侵入岩。断层面破碎带宽约4~10m，主要由构造角砾岩、碎裂岩、碎粒岩、糜棱岩化花岗岩及糜棱岩组成，并有硅化脉、花岗斑岩脉充填。在断裂南段和北段，以脆性变形为主，中段则以韧脆性变形为特色，常见有糜棱岩系列岩石分布。在大安水库坝头附近见破碎带宽约10m，其构造岩具明显分带性，自南东往北西，依次发育构造角砾岩→碎粒岩→糜棱岩化碎裂花岗岩。断裂具两期活动特征，早期活动主要形成碎粒岩，碎粒成分为长石、石英，石英颗粒略呈反“S”形扭曲变形，碎基为长英质，局部呈定向排列，显示压性特征；晚期活动形成构造角砾岩、糜棱岩等，具压扭性特征。

芒三水库韧性剪切带：位于六弓乡以南芒三水库一带，剪切带由糜棱岩化花岗岩带组成，该带长大于1.5km，影响宽度约1km，倾向120°，倾角68°。韧性变形发育于中二叠世花岗岩中，北东面止于侏罗纪花岗岩，指示九所-陵水构造可能形成于华力西-印支期（P_3-T_1）。糜棱岩化花岗岩具糜棱结构，弱定向构造。碎斑和基质的含量分别约占60%和40%，石英和云母类等弱能干性矿物普遍经受韧性变形的改造，其中石英的拉伸比一般在4∶1以上，可出现多晶条带构造，黑云母可见云母鱼变形组构；斜长石等能干性矿物除发生旋转变形外，主要发育了剪切阶步和晶内裂隙等脆性变形现象，变质程度相当于绿片岩相-低角闪岩相。

其他零星的构造形迹简述如下。在三亚大茅附近，见东西向破碎带切过寒武系和奥陶系，并有岩脉充填其中；在田独村尾岭见宽达12m的挤压破碎带，其中构造透镜体、角砾岩等十分发育，显示断裂具有压扭性特征；在大曾岭白垩纪花岗斑岩中，见有15m宽的断层破碎带，断面走向东西，向南倾斜，倾角60°，具有亚扭性特征；在陵水英州坡附近，见几十米宽的东西向挤压破碎带，带中构造透镜体片理化十分发育，显示了压性断裂带的特征，并有石英脉充填和铅锌矿化；陵水香水湾高速公路入口处见三叠纪花岗岩发生糜棱岩化，构造带宽达几十米。上述现象表明该断裂在燕山期表现为压性特征。

（三）断裂带两侧地层分布差异

断裂带北侧分布的古生代地层包括寒武系、奥陶系、志留系、石炭系、二叠系，而南侧仅寒武系和奥陶系分布，而且南北两侧寒武系和奥陶系岩性、岩相等特征无法进行对比。

（四）变质变形及古生物差异

断裂带北侧古生界普遍发生了低绿片岩相变质，而南侧被卷入该构造的地层基本未发生区域变质，仅局部受岩体侵入影响发生了接触变质和气液变质等。两侧寒武系、奥陶系古生物面貌也有明显差异，结合两侧沉积特征的巨大差异，推测两侧地体分属不同的构造古地理区。

（五）岩体分布差异

该大型变形构造带北侧从早二叠世-晚三叠世的侵入岩体均有分布，而南侧除燕山期岩体外，仅分布有早-中三叠世岩体，可见大致在 P_3-T_1 两侧的岩浆活动才基本趋于一致，这也大致限定了该大型变形构造形成的时代。

（六）运动学特征

从长石碎斑的旋转和S-C组构判断，九所-陵水构造带具有向北逆冲（南盘）的运动学矢量。前人在开展1∶25万乐东县幅、陵水幅区调时，在该构造的剪切部位采集了2个糜棱岩化花岗岩的石英岩组样（图6-2-3），鉴定结果表明2个样品的组构图均为近似单斜对称，并受到了压应力兼扭动作用力的影响。从其中一个样品岩组图极密中可得出，主压应力方向为北东10°±，两组剪切面分别为北西320°和北东东50°，运动方向为平面右行，剖面由南东东向北西西逆冲；另两个样品的主压应力方向为北东30°，各自发育的两组剪切面走向大约应在北西340°和近南北的方位上。从野外调查看，带内发育有北东和北西向两组糜棱面理，构成一网脉状，但韧性变形带延伸方向为北东东向。局部还见剪切褶皱，指示斜冲并兼平面右行走滑的运动学特征。

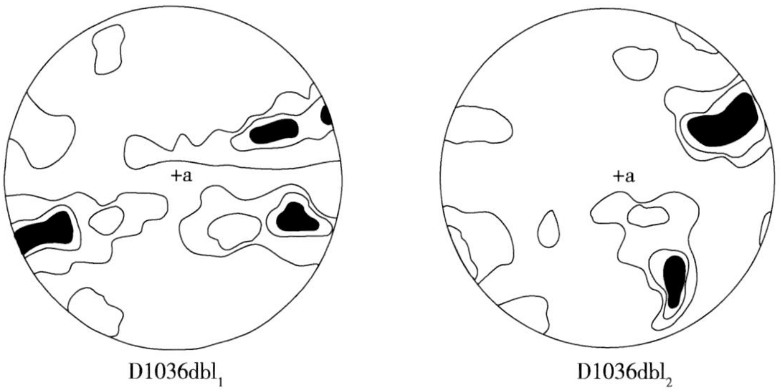

图6-2-3 九所-陵水构造带糜棱岩中石英岩组图

黑色为一级极密；灰色为二级极密；无色为三级极密

综上所述，我们认为该大型变形构造形成于华力西-印支期，具有右行斜冲的运动学特征；在燕山期有过强烈的叠加活动，表现为压扭性特征。

四、儋州-万宁左行斜冲构造

分布于儋州市-万宁市一带，呈北西向经三更罗、湾岭、黎母山镇、兰洋，终于儋州和庆镇一带（图6-1-1），由一组断续展布的平行斜列式断裂组成，长约110km，切割深度限于壳内。构造带内断裂呈平行斜列式排列，生成于印支期，具有压扭性的力学性质。断裂带走向292°~345°，倾向 22°~55°，倾角 40°~75°，单断裂长 5~30km，宽一般 10m，局部可达上百米。断裂带主要发育于古生界、华力西-印支期和燕山期岩体中，局部控制了白垩纪红盆的边界。该构造带在黎母山镇-儋州一带为北东向的白沙构造带所切，发生了右行错动。1∶10 万侧视雷达航片中为明暗相间出现的线性体，地貌上表现为北西向的山脊。

北西面儋州市兰洋一带，主要在古生界中形成宽窄变化很大的破碎带和角砾岩带，并发育石英脉带和花岗斑岩脉带组成。角砾岩带受后期构造活动影响再次发生破碎，形成断裂，致使一组石英脉沿着北西向断裂带充填，并左行切错北东向石英脉，错距近百米。

中部琼中县腰子镇-加鲜村一带，构造破碎带由构造角砾岩、碎斑岩、碎粒岩、糜棱岩化花岗岩、硅化岩等组成，左行切错近南北向断裂。南东端加鲜村以花岗斑岩脉、石英脉充填而体现。北西端腰子镇附近，断裂出露较完整，断面较平直，略呈弧弯曲，断裂破碎带分带明显，中心为断层泥、碎粒岩，两侧依次为碎斑岩、花岗质碎裂岩、碎裂花岗岩，见硅化脉充填。

南东面牛仔岭-中平镇一带，岩石主要为构造角砾岩、碎裂花岗岩、硅化碎裂岩、硅化碎粒岩、糜棱岩化碎裂花岗岩、硅化岩、构造片岩、糜棱岩等，并被花岗斑岩脉、石英脉、闪长岩脉充填。笔架岭旁侧，岩石具一定的分带，自北东至南西，依次为构造角砾岩→糜棱岩化碎裂岩→硅化岩。其中，碎裂花岗岩受断裂控制，派生一组产状为 140°∠70°的压性节理，反映了该断裂在逆冲活动的同时具有右行平移活动特征。

岩石蚀变有绢云母化、硅化、钠黝帘石化、绿泥石化、白云母化、高岭土化等，局部地段并见黄铁矿化现象，尤以腰子市旁侧为甚。且伴随变形作用的加强，绢云母矿物含量增高，蚀变作用加深。

上述特征表明断裂带具有至少三期（次）活动，第一期活动在华力西期，但不是该断裂带活动最强烈的时期，此期活动断层主要发育于古生界中，表现为张性正断层，但拉张过程中是否发生左型扭动或右型扭动目前不得而知。从大型变形构造分类方案表可知（表 6-1-1），由于未知水平扭动方向，无法根据此期活动特征将该大型变形构造划归为哪类大型变形构造。第二期为左旋压扭性特征，为该大构造活动最强的时期，并据此期活动特征，将其划归为左行斜冲大型构造，此期活动断裂主要发育于华力西-印支期和燕山期岩体中，局部控制了白垩纪红盆的边界，因此，此期活动应发生在燕山期。第三期为挽近时期，该构造具有右旋压扭性运动学特征（右行斜冲），控制了兰洋一带温泉的出露，水温高达 90℃，沿断裂延续延伸几千米。

第三节　大型变形构造与成矿关系

一、王五-文教大型正滑构造与成矿关系

王五-文教大型正滑构造带位于海南岛北部，是雷琼裂谷南部的边界构造。沿构造带发育多个东西向的新生代凹陷盆地。该构造还控制了琼北新生代多期次的玄武质火山岩的喷发或喷溢作用，形成大面积近东西向展布的玄武岩被。

位于王五-文教大型正滑构造北侧的儋州市长坡盆地产褐煤（小型）和油页岩（大型），矿体围岩为新近系长坡组，岩性以黏土岩、粉砂岩为主，夹褐煤层和油页岩，底部为砂砾岩、粗砂岩等，为一套陆相沉积物。褐煤共有 35 层，其中可采煤层 6 层，可采煤层分布面积约 24km，属亮煤类，探明储量 8931. 8 万吨；油页岩共 3 层，由有机质、钙质和泥质组成，与褐煤互层产出，探明储量约 24. 5 亿吨。

该大型变形构造控制了雷琼裂谷盆地的生成，其中，福山盆地为其中的次级盆地，该盆地位于

琼北澄迈县北部福山镇一带，盆地内分布的古近纪流沙港组（E_2l）、涠洲组（E_3w）、新近系下洋组（N_1x）是石油和天然气的生油（气）和储油（气）层位，目前已发现有花场中型油气田、金凤小型油气田等油气矿产地。

王五-文教构造带的活动还导致新近纪-第四纪玄武岩大面积溢流，玄武岩经强烈的化学风化和物理风化，形成以三水铝石为主的铝土矿、含钴硬锰矿（钴土矿），以及褐铁矿、蓝宝石矿、膨润土、沸石矿等矿产。现已发现文昌蓬莱大型蓝宝石矿床、文昌蓬莱大型三水型铝土矿床、琼山县大坡白石溪小型褐铁矿、海口市金牛岭中型沸石矿床和大型膨润土矿。

二、琼西逆冲-走滑构造与成矿关系

该构造带总体呈北东向，跨越澄迈、屯昌、儋州、白沙、东方、乐东等市县，在海南延伸长度超过180km，最北端隐伏于琼北新生代沉积物及玄武岩之下。其切割深度达到地幔。该构造带在元门、鹦哥岭、猕猴岭、雷鸣一带被北东向的白垩纪红盆覆盖。与该构造直接或间接相关的矿产类型多样，包括金、铁、铅锌、钨、稀土、萤石等，但以金矿和萤石矿与该构造的关系最为直接和典型。下面以部分重要金矿、萤石矿为例，简述琼西逆冲-走滑构造与成矿的关系。

（一）抱伦金矿

抱伦金矿位于乐东县抱伦农场附近，通过近年来的勘探，确定其为一大型金矿，其中毫岗岭背斜和豪岗岭断裂为该金矿的控矿构造。毫岗岭背斜出露于乐东抱伦农场毫岗岭一带，位于琼西逆冲-走滑构造南东边缘，是与豪岗岭断裂（白沙断裂带西侧断裂带的组成部分）相伴生的褶皱构造，控制了金矿脉的产出。该背斜总体长约1.5km，宽约0.8km，轴迹NNW向。核部为陀烈组下段绢云母石英千枚岩，两翼为陀烈组中段含碳千枚岩，东翼因断层切割而未出露。东翼地层产状：61°~88°∠58°~88°；西翼地层产状：230°~245°∠60°~80°，向南倾伏，倾伏角48°~60°，为一紧闭倾伏背斜。伴随背斜的形成，在背斜转折端形成构造裂隙，变质分异热液沿裂隙贯入，形成贫金石英脉。其后印支期尖峰岩体的侵入，进一步改造豪岗岭背斜，使背斜更加紧闭，区域应力场由挤压环境突变为引张环境，岩浆期后含矿热液充填于构造破碎带，为本区的主成矿期。燕山晚期，伴随着构造作用，早期形成的含金石英脉再次破碎，构造分异热液及岩浆期后热液再次充填，金矿进一步叠加、富集。

（二）戈枕剪切带金矿

戈枕剪切构造带属于琼西逆冲-走滑构造的组成部分，北起于土外山，往西南经二甲红甫门岭至打磨金矿一带，长约50km，宽度10~15km，总体呈北东-南西向。沿该断裂带发育了数条几十米到1000多米宽的糜棱岩带和碎裂岩带，从断裂带中心至边部，其构造岩有由超糜棱岩-千糜岩-糜棱岩-碎裂岩的总体分带规律。带内分布有一系列的中、小型的金矿，包括土外山金矿（中型）、抱板金矿（小型）、红泉金矿（小型）、二甲红甫门岭金矿（中型）、不磨金矿（中型）等，因此，该构造带是海南岛最重要的金矿集区，金矿的形成、分布与剪切构造带有着密切关系。

在戈枕断裂韧性剪切带上，从北东至西南分布有土外山、抱板、二甲北牛、风水山、二甲红甫门岭、那都、不磨等金矿床，金矿往往就位于剪切带与其派生断裂的交汇部位，矿床在空间展布上沿着戈枕韧性剪切带呈5~10km等距分布，剪切带及其旁侧次生的北西-北西西向破碎带控制了金矿体的分布。金矿类型则沿戈枕韧性剪切带自中心带至边缘带具侧向变化规律：在韧性剪切带的中心部位因构造应力强烈，处在韧性的构造环境，形成与韧性变形有关的土外山、抱板、二甲红甫门岭蚀变糜棱岩型金矿；在韧性剪切带的边缘部位，由于构造应力变弱，从韧性向脆性发展，主要处在韧-脆性的构造环境，形成以韧-脆性变形为主的二甲北牛等蚀变碎裂岩型金矿；在剪切带边缘部位的更旁侧呈脆性变形，形成那都、不磨等含金石英脉型金矿。

（三）王下金矿

王下复向斜是琼西逆冲-走滑构造带的组成部分（位于该构造带东段），分布于昌江县坝王岭王下一带，控制着王下金矿的产出。受华力西-印支运动影响，石炭系和二叠系褶皱形成王下复向斜，地层发生区域变质，在褶皱的转折端形成构造裂隙，以及在不同岩性接触部位形成滑脱破碎带，变质分异热液沿裂隙及滑脱破碎带部位贯入，形成贫金石英脉。印支期坝王岭花岗岩的侵入改造王下复向斜，使向斜更加紧闭，也导致构造裂隙和滑脱破碎带受到叠加改造，其岩浆期后热液充填于各种形式的构造破碎带中，为金矿主成矿期。另一方面，岩浆热液向上迁移，在近地表与大气降水相混合，因物理化学条件的急剧变化，导致金矿化作用产生。

（四）白沙断裂带萤石矿

白沙断裂带处于琼西逆冲走滑构造带的西部边缘，控制了白垩纪白沙盆地、雷鸣盆地等红盆的形成演化，沿断裂带见晚侏罗世和早白垩世花岗岩体呈北东向展布，可能是岩浆沿断裂侵入的结果。白沙断裂带又分东、西侧断裂带，东侧断裂带称乐东-西昌断裂带、西侧断裂带称白沙-和庆断裂带。乐东-西昌断裂带是萤石矿的重要控矿构造，分布有一系列的热液型萤石矿，包括什统萤石矿（中型）、布伦萤石矿（小型）、道柴林萤石矿（小型）、坡拉村萤石矿（小型）、志爱山萤石矿（小型）、孔南坡萤石矿（小型）等。下文以什统萤石矿为例，进行简要介绍。

什统萤石矿位于五指山市毛阳镇附近，受北东向的番阳断裂控制（乐东-西昌断裂带的一部分），为萤石矿的导矿和容矿构造。该断裂南西起自家民、往北东经布隆村、三南、延安道班、什桥至道苗，全长35km，断裂走向50°，往南东倾，局部反倾，倾角在65°~70°，局部达83°，断裂切割了三叠纪侵入岩和燕山期花岗岩。矿区内萤石矿多为脉状、似脉状，个别矿体可见尖灭现象，赋存于晚侏罗世三狮岭花岗岩和峨文岭组（?）结晶灰岩的接触带附近。矿区内共圈出8个矿体，其中V_1、V_{1-1}、V_2、V_3、V_4号矿体分布在矿区中部至南东部，产于三狮岭花岗岩的断裂破碎带中；V_5、V_6、V_7、号矿体分布在矿区西北部，产于结晶灰岩的断裂破碎带中。该矿床形成机理大致如下：燕山晚期构造运动和岩浆活动强烈，岩浆在侵位过程中与灰岩发生同化混染，Ca质与岩浆期后富F的挥发份结合，在合适的构造部位沉淀成矿。

三、九所-陵水右行斜冲构造与成矿关系

该构造控制了白垩纪酸性岩浆的侵入和喷溢，形成了近东西向的花岗岩穹窿带和火山岩带，伴随这期岩浆活动，形成了钼、铅、锌、铜、金、铁等一系列矿产，这些矿产与该构造存在间接的成因关联。主要矿床类型有：①产于火山盆地内缘火山岩中的中温热液型金、铜多金属矿点，含矿围岩为第Ⅱ旋回的含砾凝灰岩、熔结凝灰岩（碎斑熔岩）和第Ⅱ旋回的沉火山岩，多以脉状充填产出，这类矿点有雄岭、富田、落马昨、南改等金矿点。②产于火山盆地外缘燕山晚期黑云母正长花岗岩与火山岩接触带的矽卡岩型金、银、多金属矿点，主要有六罗金矿点。③产于同安岭火山盆地中，就位于早白垩世破火山口处，成矿与早白垩世火山岩同源的侵入岩体（侵入相的斑岩体、次火山岩）密切相关，产于斑岩体与火山岩接触带处的陆相火山岩型钼矿，典型矿产地为罗葵洞大型钼矿、新村小型钼矿；④与侵入岩浆期后热液有关的矿床，这类矿床以龙门岭中型钼矿为代表。

除与构造带间接有关的矿产外，热矿水则是断裂带活动直接相关的矿产资源，受该构造带控制，黄流、崖城、藤桥、英州一带分布有一系列温泉，水温一般40~45℃，流量0.24L/s，部分温泉已作旅游资源开发利用。

四、儋州-万宁左行斜冲构造与成矿关系

该构造带内断裂呈平行斜列式排列，生成于燕山期，具有压扭性的力学性质。断裂带主要发育在华力西-印支期和燕山期岩体中，沿断裂带有温泉、金矿产出。

位于琼中县乌石镇北处的乌石金矿，主要受儋州-万宁构造带内的北西向断裂组、北北东向的星山岭-崩岭断裂、北东向的鸡口-塔择断裂的控制。北西向断裂组长 5~10km，宽 1~2m，局部达一百多米，走向 325°，倾向 55°，倾角 40°~75°，断裂破碎带中见糜棱岩、硅化碎斑岩、构造角砾岩、碎裂花岗岩等，硅化、绿泥石化蚀变常见，局部见黄铁矿化。星山岭-崩岭断裂长 4km，宽 0.5~6m，走向 5°，倾向 275°，倾角 64°，构造岩由碎裂花岗岩、糜棱岩化碎裂岩、碎斑岩组成。局部见硅化、黄铁矿化蚀变。鸡口-塔择断裂长约 15.8km，宽 3~10m，走向 30°~55°，倾向 300°~325°，倾角 60°~70°，断裂由糜棱岩、构造片岩、碎斑岩、碎裂岩等构成，且分带明显，具强烈硅化、绿泥石化、绿帘石化、黄铁矿化等。金矿体呈透镜状产于晚侏罗世三狮岭中粒含斑黑云正长花岗岩中，严格受北西向断裂以及星山岭-崩岭断裂、鸡口-塔择断裂控制，金在断裂构造作用下活化、迁移、富集成矿。

兰洋温泉位于儋州市兰洋农场场部，距儋州市 16km。温泉出露于三叠纪二长花岗岩及石炭系灰岩和砂岩中，沿北西向断裂，在 4km 距离内有 3 处泉眼出露。热矿水 B+C 级储量 7000 m^3/d，水温 40~83℃以上，流量 3.92 L/s，有气泡连续冒出。热水无色透明，有 H_2S 气味，矿化度 0.32 g/L、SiO_2 含量 0.095g/L、氟含量 12mg/L、pH 值 7.7，属 HCO_3-Na 型热水，现已开发为旅游度假疗养胜地。

第七章　大地构造相与大地构造分区

第一节　大地构造相类型划分

2010 年 8 月全国项目组在北京举办了大地构造相图编制技术要求培训班，并下发了大地构造相体系划分指导方案（表 7-1-1）。

表 7-1-1　大地构造相体系划分方案

相系	大相	相	亚相
造山系相系	结合带大相	1）蛇绿混杂岩相	（1）蛇绿岩亚相 （2）远洋沉积亚相 （3）洋内弧亚相 （4）洋岛-海山亚相
		2）陆壳残片相	（5）基底残块亚相 （6）外来岩块亚相
		3）俯冲增生杂岩相	（7）无蛇绿岩碎片浊积岩亚相 （8）含有蛇绿岩碎片的浊积岩亚相
		4）残余盆地相	
		5）高压-超高压变质相	（9）高压变质亚相 （10）超高压变质亚相
	弧盆系大相	6）弧前盆地相 （forearc basin）	（11）弧前陆坡盆地亚相 （12）弧前构造高地亚相 （13）弧前增生楔亚相
		7）岩浆弧（岛弧、陆缘弧、洋内弧）相	（14）火山弧亚相 （15）弧间裂谷盆地亚相 （16）弧背盆地亚相 （17）俯冲期岩浆杂岩亚相 （18）同碰撞岩浆杂岩亚相 （19）后碰撞岩浆杂岩亚相
		8）弧后盆地相	
		9）弧后前陆盆地相	（20）楔顶盆地亚相 （21）前渊盆地亚相 （22）前陆隆起亚相 （23）隆后盆地亚相
		10）弧-弧或弧-陆碰撞带相	亚相划分参照结合带划分
		11）碰撞后裂谷相	
	地块大相	相与亚相划分 参照陆块划分	

续表

相系	大相	相	亚相
陆块区相系	陆块大相	12）变质基底杂岩相	（24）古太古代陆核亚相；中太古代陆核亚相；太古宙（未分）陆核亚相 （25）元古宙中深变质杂岩亚相 （26）高级变质杂岩亚相 （27）中低级变质杂岩亚相
		13）古弧盆系相	（28）古岩浆弧亚相 （29）古岛弧亚相 （30）古弧后盆地亚相 （31）古弧间盆地亚相
		14）古裂谷相	
		15）被动陆缘相	（32）陆棚碎屑岩亚相 （33）外陆棚亚相 （34）陆缘斜坡亚相
		16）陆表海盆地相	（35）碳酸盐岩陆表海亚相 （36）碎屑岩陆表海亚相 （37）海陆交互陆表海亚相
		17）碳酸盐岩台地相	（38）台地亚相 （39）台地斜坡亚相 （40）台盆亚相
		18）周缘前陆盆地相	（细分的亚相同弧后前陆盆地相）
		19）裂谷相	（41）陆内裂谷（初始裂谷）亚相 （42）陆缘裂谷亚相 （43）夭折裂谷（拗拉谷）亚相
		20）陆内盆地相	（44）压陷盆地亚相 （45）断陷盆地亚相 （46）拗陷（凹陷）盆地亚相 （47）走滑（拉分）盆地亚相
		21）后造山岩浆杂岩相	

按照编图技术要求，课题组拼接了 1∶25 万建造构造图，并缩编为 1∶50 万图件，在此基础上提取“沉积岩、侵入岩、火山岩、变质岩、大型变形构造”五要素，编制了海南省大地构造图专题工作底图（沉积岩）、海南省大地构造图专题工作底图（火山岩）、海南省大地构造图专题工作底图（侵入岩）、海南省大地构造图专题工作底图（变质岩）、海南省大地构造图专题工作底图（大型变形构造），简称“五要素图”，然后按专题对地质体进行大地构造相分析研究，划分地质体的大地构造相类型，再将各专题图件内容整合为一张图，并对各地质体大地构造相进行综合研究和判别，以优势相“统领”非优势相作为基本方法和原则，划分大地构造相单元类型，最终完成全岛大地构造相图编制。海南岛大地构造相单元划分见表 7-1-2 、图 7-1-1，该成果于 2012 年 7 月通过了全国项目办组织的专家验收。

表 7-1-2　海南岛大地构造相单元划分表

相系	大相	相	亚相
V 武夷—云开造山系相系	V-2 东南沿海弧盆系大相	V-2-3 雷琼裂谷相（CZ）	V-2-3-1 徐闻-海口陆缘裂谷亚相（CZ）
	V-4 琼东弧盆系大相	V-4-1 五指山岩浆弧相（P_1-T_2，J_2-K_2）	V-4-1 琼中同碰撞岩浆杂岩亚相（P_1-P_2）
			V-4-2 志仲-万宁同-后碰撞岩浆杂岩亚相（P_1-T_2）
			V-4-3 琼东南后碰撞岩浆杂岩亚相（P_3-T_2）
			V-4-1-4 吊罗山俯冲岩浆杂岩亚相（J_2-K_2）
		V-4-2 三亚被动陆缘相（Є-O）	V-4-2-1 安游陆棚碎屑岩盆地亚相（Є-O）
	V-5 琼西结合带大相	V-5-1 儋州-昌江俯冲增生杂岩相（C-P_1）	V-5-1-1 江边-邦溪含蛇绿岩碎片的浊积岩亚相（C-P_1）
		V-5-2 那大-尖峰增生岩浆弧相（P_1-T_3）	/
		V-5-3　石碌-抱板陆壳残片相（Pt_2-Pt_3）	V-5-3-1 戈枕基底残块亚相（Pt_2-Pt_3）
		V-5-4 王下-江边残余盆地相（P_2-P_3）	/
		V-5-5 白沙陆内盆地相（K）	V-5-5-1 猴猕岭-鹦哥岭拉分盆地亚相（K）

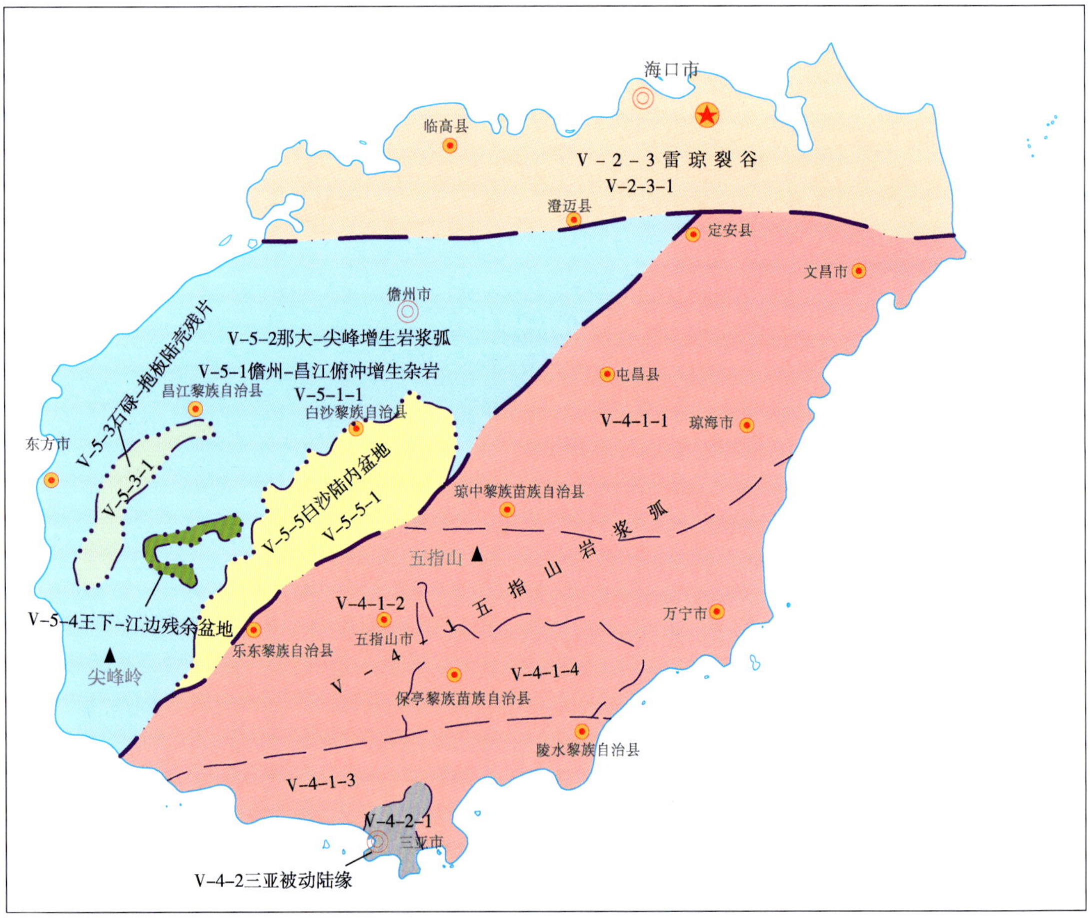

图 7-1-1　海南岛大地构造相单元划分示意图

琼西结合带大相主要划分依据。其一，经李献华研究，海南岛中北部邦溪-晨星一带古生界中分布的变基性岩-超基性岩 Sm-Nd 等时线年龄为 333±12Ma，代表了变质基性岩的形成年龄，并认为这些变质基性岩高度亏损 Th、Nb、Ta 和轻稀土元素，$\varepsilon_{Nd}(t) \approx +7$，与洋中脊玄武岩类似，形成于大洋环境，是地幔橄榄岩部分熔融的产物，与金沙江-双沟-松马蛇绿岩在形成时代上基本一致，代表了东古特提斯洋的残片。其二，2010 年底，矿产资源潜力评价项目肖庆辉、潘桂棠等一批全国项目办专家到屯昌晨星、白沙邦溪两地实地考察上述基性岩-超基性岩，一致认为它们为洋壳残片，赞同李献华等的观点。其三，2011 年 11 月南宁会议时，在全国项目办地质背景课题组专家的指导下，利用邓晋福和冯艳芳等推荐的 TTG 识别方法（首先，将无水的岩石化学数据用 Geokit 软件计算 C. I. P. W. Norm 含量；然后，将无水的岩石化学数据投影在 TAS 图中，在图中选出位于花岗岩类区域的样品；最后，将这些样品的 C. I. P. W. Norm%投影于 O'cconer 图解，识别 TTG，将分布于琼西昌江-尖峰一带以及邻近白沙断裂带之琼东一带的早二叠世白石村岩体、保山村岩体、石岭岩体厘定为 TTG 组合。TTG 组合是形成于俯冲带外带，或俯冲早期的一套岩石构造组合，它的出现暗示了俯冲作用和结合带的存在。其四，乐东江边一带分布的古生界，普遍发生低绿片岩相变质，这些地层局部有序，总体无序，与稳定区的史密斯地层特征明显不同，应属于造山带环境的非史密斯地层，因此，推断琼西一带分布有俯冲增生混杂岩，即此次工作命名的儋州-昌江俯冲增生杂岩相（C-P_1）。综上所述，我们主张白沙断裂带以西的琼西地区为华力西-印支期形成的俯冲结合带。在碰撞过程中，琼西一带 P_1-T_3 岩浆作用十分发育，叠加了那大-尖峰增生岩浆弧相（P_1-T_3）。由于该岩浆弧相的同碰撞岩浆杂岩亚相、后碰撞岩浆杂岩亚相及俯冲岩浆杂岩亚相相互交织，无明显界线，因此，未在那大-尖峰增生岩浆弧相中划分亚相。石碌-抱板陆壳残片相（Pt_2-Pt_3）内主要分布长城系片麻岩-混合片麻岩-混合岩-片岩组成的高绿片岩-角闪岩相岩石组合、长城纪片麻状花岗岩、青白口系石碌群千枚岩-大理岩-板岩组成的低绿片岩相岩石组合。该相平面上呈豆荚状，西侧与 P-T 侵入岩邻接，东侧以戈枕剪切带与古生界相隔，石碌-抱板陆壳残片相为碰撞过程中卷入琼西结合带的陆壳残片（2012 年贵阳大地构造图评审会议上，潘桂棠意见）。从早二叠世已出现同碰撞花岗岩来看，此时块体间至少局部已碰撞和拼贴，导致琼东地区隆升成陆，缺失二叠系，琼西地区不但发育下二叠统，而且部分区域还接受了 P_2-P_3 沉积，表明此时琼西地区尚存残余盆地。为了凸显该地质历史发展阶段，划分出王下-江边残余盆地相（P_2-P_3）。在燕山期晚期，太平洋板块俯冲背景下，华力西-印支期生成的北东向断裂复活，产生右旋压扭性活动，形成了上叠于结合带上的白沙陆内盆地相（K）。需说明的是：大地构造相单元以优势相进行命名，优势相单元中可包含若干与之在大地构造相划分体系表中无逻辑关系的次一级的相单元，这是以优势相进行大地构造相单元划分和命名的必然结果，也是其特色所在（关于该问题，下文不再赘述）。因此，我们将 V-5-5 白沙陆内盆地相（K）纳入 V-5 琼西结合带大相。

V-4 琼东弧盆系大相主要划分依据。V-4 琼东弧盆系大相是在地体拼贴碰撞过程中形成的与琼西结合带大相相对应的二级相单元，分布于白沙断裂带东南，王五-文教断裂以南，包括从定安-琼中-三亚的琼东和琼南地区，进一步划分为 V-4-1 五指山岩浆弧相（P_1-T_2，J_2-K_2）和 V-4-2 三亚被动陆缘相（Є-O）两个三级相单元。前者为俯冲与碰撞作用生成的岩浆弧，该区域内华力西-印支期（P-T）同碰撞-后碰撞侵入岩最为发育，还分布有少量俯冲期侵入岩。在燕山期太平洋板块俯冲背景下叠加了 J_2-K_2 侵入岩和 K_1 火山岩（中酸性为主）。其中，屯昌-琼中一带以 P_1-P_2 同碰撞侵入杂岩分布最广，岩石普遍具同造山片麻理和叶理构造，走向一般北东-北东东，根据以优势命名的原则，将其厘定为琼中同碰撞岩浆杂岩亚相（P_1-P_2）；九所-陵水断裂带以北的志仲-万宁（除吊罗山一带）一带同碰撞和后碰撞侵入杂岩都较发育，同碰撞侵入岩的特征类似琼中同碰撞岩浆杂岩亚相，后碰撞岩浆杂岩一般为块状构造，因此，该带被命名为 V-4-2 志仲-万宁同-后碰撞岩浆杂岩亚相（P_1-T_2）；九所-陵水以南的三亚地区，P_3-T_2 后碰撞侵入杂岩分布较广，至今未发现 P_1-P_2 同碰撞侵入岩，因此，被划分为 V-4-3 琼东南后碰撞岩浆杂岩亚相（P_3-T_2）；陵水县城-吊罗山一带，在燕山期太平洋板块俯冲作用下，J_2-K_2 侵入杂岩大量分布，因此，被厘定为 V-4-1-4 吊罗山俯冲岩浆杂岩亚相（J_2-K_2）。三亚田独-安游一带，集中分布下-中寒武统和奥陶系，为被动陆缘相碎屑岩和碳酸盐建造，并以碎屑岩建造为主，其岩石特征、古生物特征、变质程度皆迥异于九所-陵水断裂带以北地区同时期地层，一直以来皆被当作三亚地区与北部五指山地区具有不同地质发展史的有力证据，并且寒武纪大茅组是磷锰矿的赋矿地层。因此，虽然下-中寒武统和奥陶系分布面积不大，且四周为侵入岩所包围，但是鉴于上述原因，应当凸显该构造相单元，于是划分出 V-4-2 三亚被动陆缘相（Є-O），并将其置于 V-4 琼东弧盆系大相之下。

V-2-3 雷琼裂谷（CZ）主要划分依据。新生代，雷琼地区地幔上隆，地壳拉张，产生阶梯式断陷，接受了数百米至数千米的碎屑岩建造，并伴有强烈的玄武岩喷发，可见在新生代雷琼地区具有陆缘裂谷特征。结合 2010 年全国项目组提供的中国大地构造单元划分参考方案综合考虑，我们将其置于 V-2 东南沿海弧盆系之下。

本节仅对各相单元的划分依据作简要论述，详细论述见后文“大地构造相单元特征”一节。

第二节　大地构造分区

海南岛大地构造单元是在大地构造相单元划分的基础上确定的，二者的划分方案一致，从前者到后者，相当于将相单元名称转换为大地构造单元名称。海南岛大地构造单元划分方案见表 7-2-1。海南岛大地构造相划分出 1 个Ⅰ级单元、3 个Ⅱ级单元、8 个Ⅲ级单元、9 个Ⅳ级单元（表 7-2-1）。

表 7-2-1　海南岛大地构造单元划分表

Ⅰ级	Ⅱ级	Ⅲ级	Ⅳ级
V 武夷-云开造山系	V-2 东南沿海弧盆系	V-2-3 雷琼裂谷（CZ）	V-2-3-1 徐闻-海口陆缘裂谷（CZ）
	V-4 琼东弧盆系	V-4-1 五指山岩浆弧（P_1-T_2，J_2-K_2）	V-4-1-1 琼中同碰撞岩浆杂岩（P_1-P_2）
			V-4-1-2 志仲-万宁同-后碰撞岩浆杂岩（P_1-T_2）
			V-4-1-3 琼东南后碰撞岩浆杂岩（P_3-T_2）
			V-4-1-4 吊罗山俯冲岩浆杂岩（J_2-K_2）
		V-4-2 三亚被动陆缘（Є-O）	V-4-2-1 安游陆棚碎屑岩盆地（Є-O）
	V-5 琼西结合带	V-5-1 儋州-昌江俯冲增生杂岩（C-P_1）	V-5-1-1 江边-邦溪含蛇绿岩碎片的浊积岩（C- P_1）
		V-5-2 那大-尖峰增生岩浆弧（P_1-T_3）	/
		V-5-3 石碌-抱板陆壳残片（Pt_2-Pt_3）	V-5-3-1 戈枕基底残块（Pt_2-Pt_3）
		V-5-4 王下-江边残余盆地（P_2-P_3）	/
		V-5-5 白沙陆内盆地（K）	V-5-5-1 猴猕岭-鹦哥岭拉分盆地（K）

第三节　大地构造相特征

在本节中将以表 7-2-1 中划分的优势相为主线，对各相单元特征一一进行论述。而非优势相能够反映优势相单元的基底或（和）上叠地质体特征，我们将在包含它的上一级优势相中简述。

武夷-云开造山系相系分布于江山-绍兴-防城港断裂带东南，不仅包括东南沿海地区，还包括部分沉入东海和南海的陆块。海南岛位于武夷-云开造山系的南端，在海南岛范围内，划分出Ⅴ-2东南沿海弧盆系大相、Ⅴ-4琼东弧盆系、Ⅴ-5琼西结合带3个大相，在大相之下划分出若干相和亚相，下面逐一介绍。

一、Ⅴ-2东南沿海弧盆系

Ⅴ-2东南沿海弧盆系展布于广东沿海至琼北一带，在海南岛范围内，仅划分出Ⅴ-2-3雷琼裂谷相（CZ）1个三级相单元。该三级相单元位于雷州半岛和琼北一带，仅包括Ⅴ-2-3-1徐闻-海口陆缘裂谷亚相（CZ）一个Ⅳ级相单元。该亚相在空间上被南北两大东西向断裂带所限定，即南部的王五-文教断裂带，北部的遂溪断裂带之间，前者多隐伏于海南岛北部儋州王五至文昌文教等地，后者发育于雷州半岛遂溪等地。徐闻-海口陆缘裂谷亚相形成于新生代，是在中生代俯冲型岩浆岩弧（陆缘弧）的基础上发展起来的，新生代时期该相范围内经历了多期玄武岩喷发，并接受了古近纪-第四纪各时期沉积，古新统-中新统皆隐伏于第四纪玄武岩或松散-半固结沉积物之下。该亚相的主体为新生代玄武岩建造和碎屑岩建造，从零星出露的前新生代地质体来看，其基底为中元古代戈枕村组片麻岩、二叠纪花岗岩、白垩纪花岗岩和陆相红盆碎屑岩。

喜马拉雅运动期间，断裂活动以及基性岩浆的喷溢在华南板块内部一般规模不大，唯有雷琼区域玄武岩可厚达数百米，构造最为强烈。进入新生代，地壳运动在本区主要表现为多期次基性玄武岩喷发，琼北地区自始新世出现基性火山活动。在中更新世，火山活动进入鼎盛时期。在全新世，雷琼地区仍有火山活动，但相对于更新世喷发强烈明显减弱。新生代多期次的玄武岩喷发造成亚相范围内基性火山岩大面积分布，约占地表总面积的50%，王五-文教断裂带以北以第四纪的基性火山岩分布最广（中新世晚期-上新世基性的火山岩主要产于紧邻王五-文教断裂带以南的三门坡、蓬莱、黄竹镇等地），而始新世-上新世基性火山岩喷发较弱，仅在地层中以夹层的形式出现，夹有基性火山岩的地层包括流沙港组（E_2l）、涠洲组（E_3w）、下洋组（N_1x）、角尾组（N_1j）、灯楼角组（N_1d）、海口组（N_2h）、秀英组（Qp^1x）。该相内火山岩岩石地层包括多文组（Qp^2d）、道堂组（Qp^3d）、石山组（$Qh^1\hat{s}$），其中道堂组为海相火山岩，其余二者为陆相火山岩，火山岩岩石构造组合以大陆裂谷拉斑玄武岩-碱性玄武岩为主，岩石类型主要有（橄榄辉石）玄武岩、气孔状玄武岩、粗玄岩、沉玄武质凝灰岩、沉玄武质火山碎屑岩，少量橄榄霞石岩和玻基橄辉岩。

除火山作用外，该亚相范围内沉积作用也十分发育。白垩纪末-古近纪初，南海北部陆缘由长期的北西-南东向挤压状态转变为北西-南东向拉张状态，由此导致陆缘解体形成一系列盆地，雷琼一带主要由于受控于东西向断裂的活动，南北两侧分别呈阶梯状下降，形成近东西向大陆裂谷沉积环境。古近纪时琼州海峡-北部湾一带接受了一套河湖相红色碎屑建造夹可燃性有机岩、膏岩夹火山岩沉积，新近纪形成滨浅海相碎屑建造和火山建造，第四纪形成滨浅海相碎屑建造、河流相-三角洲相碎屑建造、火山建造。沉积厚度总体东薄西厚，东部海域厚1000~2000m，西部海域厚2000~3000m，局部区域有4000~6000m的沉积中心。琼北的沉积中心分布于福山-北部湾一带，钻孔揭示古近系厚度可达4000余米，新近系厚度可达2000余米。雷琼半岛、琼州海峡和琼北其他区域新生代沉积物一般厚约500~3000m。雷琼裂谷具有典型大陆裂谷的垒堑相间特征，如海南岛北部的福山凹陷东西两侧分为云龙凸起和临高凸起，北部湾内迈陈凹陷东西两侧分为临高凸起和流沙凸起，垒堑之间一般为高角度的正断层所隔，凸起区一般沉积厚度较小。琼东北的云龙凸起是个例外，凸起区基底几乎出露地表，无新生代沉积，仅被少量的风化层覆盖，凸起周边为近东西向的马袅-铺前、王五-文教断裂和北西向的铺前-清澜、长流-仙沟断裂。琼北地区古近纪主要为陆相沉积环境，形成了长流组（$E_1\hat{c}$）、流沙港组（E_2l）和涠洲组（E_3w），岩石构造组合分别为洪冲积扇砾岩-砂岩-泥岩（E_1）、湖泊泥岩-砂岩（E_2）、湖泊泥岩-砂岩-砾岩（E_3）。新近纪总体转变为海相沉积环境，沉积了有长坡组（$N_1\hat{c}$）、下洋组（N_1x）、角尾组（N_1j）、灯楼角组（N_1d）和海口组（N_2h），沉积建造组合分别为湖相含煤-油页岩碎屑岩（N_1）、滨海砂岩-砾岩-泥岩（N_1）、潟湖相砂岩-泥岩-砾岩（N_1）、潟湖砂岩-粉砂岩-泥岩-砾岩（N_2）、滨海黏土-砂岩-砾岩（N_2）。上新世为海进的鼎盛时期，琼北地区几乎为海相环境，使得海口组（N_2h）也成为古近纪-新近纪琼北分布最广的一套地层。第四纪发生海退，琼北地区总体朝陆相环境演变，沉积了秀英组（Qp^1x）、北海组（Qp^2b）等陆相碎屑地层。

以上为该亚相内的优势亚相火山作用和沉积作用特征，而非优势亚相则能反映其基底特征及其演化。非优势亚相包括古岛弧亚相（Ch）、古弧间盆地亚相（Ch）、同碰撞岩浆杂岩亚相（P_1-P_2）、俯冲岩浆杂岩亚相（K_2）、拉分盆地相（K_1），构造组合分别为片麻岩-变粒岩-混合岩组合、云母片岩-石英岩组合、高钾钙碱性花岗岩-QM-δ组合、G_1G_2-ν-QM-δ组合、冲积扇-河-湖砾岩-砂岩-泥岩，其中前二者仅在云龙凸起的钻孔中见及。

新生代以来，由于双俯冲作用影响（印度板块和太平洋板块分别从西南和东南两个方向往亚欧板块下俯冲），琼北地区上地幔隆起，地壳发生拉张，先期断裂复活，以近东西向断裂的强烈活动为主，整体地貌呈阶梯状向北下降，形成近东西向裂谷盆地。盆地内部由于断裂的切割，形成垒堑相间的条块构造。新近纪末，盆地上升，伴随有多次火山喷发。第四纪以来地壳以断块差异升降活动为主，继承性断裂活动，伴随有大量火山喷发和多次地震活动。现今地壳运动仍然以近东西向和北西向的差异升降运动为主，据广东地震大队1970—1974年的大地水准测量数据，整个琼北地区仍在隆升，王五-文教断裂带以北每年上升1.4mm，以南每年上升3.2mm，差异升降量达1.8mm/年。

二、V-4 琼东弧盆系

琼东弧盆系位于白沙断裂带以东，王五-文教断裂带以南，跨三亚、乐东、万宁、五指山、琼中、琼海、屯昌等地。琼东弧盆系划分为V-4-1五指山岩浆弧相（P_1-T_2，J_2-K_2）、V-4-2三亚被动陆缘相（Є-O），其特征如下。

（一）V-4-1 五指山岩浆弧相（P_1-T_2，J_2-K_2）

位于白沙断裂带以东的琼东地区，下辖4个亚相，即：琼中同碰撞岩浆杂岩亚相（P_1-P_2）、志仲-万宁同-后碰撞岩浆杂岩亚相（P_1-T_2）、琼东南后碰撞岩浆杂岩亚相（P_3-T_2）、吊罗山俯冲岩浆杂岩亚相（J_2-K_2）。

1. V-4-1-1 琼中同碰撞岩浆杂岩亚相（P_{1-2}）

该亚相西以白沙断裂带为界，东至文昌及琼海一带沿海，大致分布于琼中县、屯昌县、琼海市、文昌市等地，平面上大致呈平行四边状。

该亚相的主体为同碰撞岩浆杂岩，广泛分布P_1-P_2同碰撞侵入岩，主要建造有山牛塘细粒闪长岩-辉长闪长岩（$\delta^{sh}P_2$）、通什细中粒-中粗粒（巨）斑状角闪黑云二长花岗岩-花岗闪长岩（$\eta\gamma^{t}P_2$）、长塘岭中细粒斑状黑云母二长花岗岩（$\eta\gamma^{ch}P_2$）、黄山水库细粒-细中粒黑云母正长花岗岩（$\xi\gamma^{h}P_2$）等，其中通什岩体和长塘岭岩体分布最广。该亚相涵盖的岩石构造组合包括闪长岩组合、高钾钙碱性花岗岩-QM-δ组合。这些组合普遍发育叶理构造，叶理一般倾角一般大于50°，斑晶和基质矿物呈北东向定向排列，局部强烈定向呈片麻状构造，岩石中普遍含镁铁质包体，包体一般呈椭圆状-梭状，长轴方向与叶理走向及斑晶定向一致，表明岩石具同构造特征，为壳幔混合成因。

该亚相上叠有以下非优势亚相：后碰撞岩浆杂岩亚相（T_{1-2}）、俯冲岩浆杂岩亚相（J_2-K_2）、压陷盆地亚相（T_1）、拉分盆地亚相（K_{1-2}）、断陷盆地亚相（E_{1-2}）、大陆裂谷亚相（CZ）。各亚相包含的岩石构造组合分别为：后碰撞岩浆杂岩亚相（T_{1-2}）包括高钾钙碱性花岗岩组合（T_1）、强过铝花岗岩组合（T_2）、高钾钙碱性花岗岩组合（T_3）；俯冲岩浆杂岩亚相（J_2-K_2）包括钾玄质中性岩组合（J_3）、G_2QM 组合（J_3）、G_1G_2-ν-QM-δ 组合（K_2）；压陷盆地亚相（T_1）包括湖泊三角洲砂砾岩组合（T_1l^1）、湖泊泥岩-粉砂岩组合（T_1l^2）；拉分盆地亚相（K_{1-2}）包括湖泊砾岩-粉砂岩-泥岩夹火山岩组合（K_1l）、冲积扇-河湖相砾岩-砂岩-泥岩组合（K_2b）；断陷盆地亚相（E_{1-2}）包括湖泊泥岩-粉砂岩-油页岩-砾岩组合（E_1ct）、湖泊页岩-油页岩-砂岩-砾岩-粉砂岩含煤碎屑组合（E_2c）、湖泊砂岩-泥岩-砾岩组合（E_2w）；大陆裂谷亚相（CZ）包括大陆裂谷拉斑玄武岩+碱性橄榄玄武岩组合（N_{1-2}）。

该亚相的基底为：古岛弧亚相（Ch）、古弧间盆地亚相（Ch）、古裂谷相（Pt_3）、陆缘裂谷亚相（O）、陆缘裂谷亚相（S）、俯冲岩浆期岩浆杂岩亚相（Pt_1）。其包含的岩石构造组合分别为：古岛弧亚相（Ch）为片麻岩-麻粒岩-混合岩组合（Ch）、古弧间盆地亚相（Ch）为石英岩-云母片岩组合（Ch）、古裂谷相（Pt_3）为斜长角闪（片）岩组合（Pt_3）、陆缘裂谷亚相（O）为片岩+千枚岩夹变中基性火山岩组合（O）、陆缘裂谷亚相（S）为板岩+变砂岩+变酸性火山岩组合（S）、俯冲岩浆期岩浆杂岩亚相（P_1）为中基性岩组合（P_1）及 TTG-QM 组合（P_1）。

2. V-4-1-2 志仲-万宁同-后碰撞岩浆杂岩亚相（P_1- T_2）

分布于乐东尖峰镇、五指山、陵水县、万宁县一带，大致呈东西向展布。该亚相主体为早-中二叠世同碰撞侵入岩和晚二叠世-中三叠世后碰撞侵入岩。

P_1- P_2 同碰撞侵入岩所包含的岩石构造组合有：高钾钙碱性花岗岩组合（P_1）、强过铝花岗岩组合（P_1）、闪长岩组合（P_2）、高钾钙碱性花岗岩-δ-QM 组合（P_2）。所含的主要建造为二长花岗岩、正长花岗岩建造，其次为碱长花岗岩、花岗闪长岩、闪长岩、辉长闪长岩、石英二长岩建造；涵盖的岩体有抱郎中粒斑状角闪黑云二长花岗岩（$\eta\gamma^bP_1$）、志仲中粒巨斑状黑云母二长花岗岩（$\eta\gamma^zP_1$）、乘顺细粒含斑黑云（二云）二长花岗岩（$\eta\gamma^{ch}P_1$）、顺作细中粒含斑石榴黑云（二云）正长-碱长花岗岩（γ^sP_1）、新风岭中细粒含电气石黑云正长花岗岩（$\xi\gamma^xP_2$）、便文村中细粒（含斑）黑云（二云）二长花岗岩（$\eta\gamma^bP_2$）、山牛塘细粒闪长岩-辉长闪长岩（$\delta^{sh}P_2$）、通什细中粒-中粗粒巨斑状角闪黑云二长花岗岩-花岗闪长岩（$\eta\gamma^tP_2$）、长塘岭中细粒斑状黑云二长花岗岩（$\eta\gamma^{ch}P_2$），黄山水库细-中细粒黑云母正长花岗岩（$\xi\gamma^hP_2$）。

P_3-T_2 后碰撞侵入岩所包含的岩石构造组合有高钾钙碱性花岗岩-QM 组合（P_3）、高钾和钾玄岩质花岗岩-QM-ξo 组合（T_1）、高钾钙碱性花岗岩组合（T_2）、强过铝花岗岩组合（T_2）、拉斑玄武质 ν-$\delta\eta$ 组合（T_2）。后碰撞侵入岩中所含的主要建造有二长花岗岩、正长花岗岩、花岗闪长岩、石英正长岩建造，其次为石英二长岩、花斑岩、辉长岩、二长闪长岩建造，岩石一般呈块状构造，局部见弱的线理构造。

同碰撞侵入岩中除强过铝花岗岩组合（P_1）外，其余组合普遍含角闪石和微粒镁铁质包体，岩石学和岩石地球化学等特征表明其属于壳幔混合成因。强过铝花岗岩组合（P_1）在该亚相内分布较广，岩石常含白云母、电气石、石榴子石等指示强过铝性质的特征矿物，岩石中一般无镁铁质包体，该组合中顺作岩体（γ^SP_1）较为典型，其结构、构造及矿物含量变化较大，岩性从英云闪长岩变化于碱长花岗岩，但以二长花岗岩和正长花岗岩为主，尤其是后者最为常见，岩石常见麻粒岩、片麻岩、片岩、变质砂岩等残留体和捕虏体，残留体和捕虏体多少与岩石所含石榴石呈正相关，该岩体具有部分埃达克岩特征，表明地壳增厚；强过铝花岗岩组合（P_1）中除乘顺岭岩体为 I 型花岗岩外，其余都为 S 型花岗岩。同碰撞侵入岩普遍具有同侵位韧性变形和叶理构造，斑晶和基质矿物定向方向与区域性华力西期变形构造线方向一致，皆为北东-北东东向，叶理倾角一般大于 50°，岩石中普遍见有同构造花岗岩的标型结构-微粒交生体。上述特征都指示它们形成于碰撞挤压环境，在 R_1-R_2 多阳离子构造环境判别图解上，除山牛塘岩体、通什岩体、长塘岭岩体、黄山水库岩体因混入较多的幔源物质而部分落入破坏性板块边缘区外，其余大多数投入同碰撞花岗岩区。诸多证据表明，区内 P_1 中晚期至 P_2 的侵入岩形成于同碰撞构造环境，其形成的热动力机制可能是：①洋壳的继生性俯冲引起地幔楔的熔融；②碰撞挤压使岩石圈加厚引起富集岩石圈地幔的熔融；③幔源岩浆底侵和地壳挤压增厚导致地壳大规模重熔。

随着侵位时代变年轻，后碰撞侵入岩体由局部发育韧性变形构造（或定向构造）转变为块状构造，岩石成因较为复杂，I 型、S 型、M 型侵入岩皆有，前者分布最广，其次为 S 型、再次为 M 型。其中，M 型侵入岩不发育，属于拉斑玄武质 $\nu-\delta\eta$ 组合（T_2）。后碰撞早期（约 250~260Ma），上地壳处于挤压后的松弛和应力释放阶段，走滑剪切作用发育，形成的岩体线理构造发育，而叶理构造不太发育。后碰撞晚期（三叠纪）岩体如尖峰岭岩体、黑岭岩体、瘦岭岩体、番阳峒岩体、麻山田岩体、金寮岩体、六连岭岩体等 A 型花岗岩以块状构造为主，岩体形态与围岩构造不谐和，多形成“不整合”岩体。后碰撞侵入岩所含的高钾和钾玄岩质花岗岩-QM-ξo 组合（T_1）为地壳增厚，并发生部分熔融而形成的典型岩石构造组合。其中的麻山田石英正长岩（局部为石英二长岩）、番阳峒正长花岗岩（局部为石英二长岩）、金寮正长花岗岩为钾玄岩系列，该组合稀土含量普遍较高，为海南岛离子风化壳型稀土矿的成矿母岩。拉斑玄武质 $\nu-\delta\eta$ 组合（T_2）分布于兴隆、长安、长征一带，微量元素特征反映它与板内玄武岩不同，源岩遭受过流体交代或岩浆受到了地壳物质混染，岩石初始锶比值为0.70846~0.71042（平均0.70968），$\varepsilon_{Nd}(t)$ 值为-6.65~-8.28（平均-7.22），T_{2DM} 值为 1686~1554Ma（平均 1600Ma），反映其来源于 EM2 型富集岩石圈地幔。

志仲-万宁同-后碰撞岩浆杂岩亚相的基底为：a. 古岛弧亚相（Ch）；b. 古弧间盆地亚相（Ch）；c. 陆缘裂谷亚相（∈）；d. 陆缘裂谷亚相（O）；e. 陆缘裂谷亚相（S）；f. 陆缘裂谷亚相（C）；g. 俯冲岩浆杂岩亚相（P_1）。各自包含的岩石构造组合分别为：a 包括斜长片麻岩-麻粒岩-混合岩组合（Ch）、b 包括石英岩-云母片岩组合（Ch）、c 包括大理岩+变石英砂岩+结晶灰岩组合（∈）、d 包括变砂岩+板岩夹凝灰质砂岩（O）、e 包括板岩+变砂岩+变酸性火山岩组合（S）、f 包括板岩+变砂岩+变酸性火山岩组合（C）、g 包括 TTG 组合（P_1）和钾玄质 ηo-δη-η 组合（P_1）。其中，TTG 组合分布于白沙断裂带附近的番阳镇、千家镇、尖峰镇一带，再往东至今没发现 TTG 组合分布。钾玄质 ηo-δη-η 组合（P_1）分布于琼中上安乡一带，地球化学特征表明岩浆来源于加厚的 EM2 型富集岩石圈地幔，是其经较低程度部分熔融的产物。

该亚相上叠有：a. 俯冲岩浆杂岩亚相（J_2-K_2）、b. 火山弧亚相（K_1）。其中 a 包含拉斑玄武质辉长岩组合（J_2）、钾玄质中性岩组合（J_3）、G_2QM 组合（J_3）、G_1G_2-ν-δ-ζ-QM 组合（K_1）、G_1G_2-ν-QM-δ 组合（K_2）。b 包含的岩石构造组合为火山弧流纹岩-英安岩-安山岩-玄武岩组合，分布于南部的同安岭-牛腊岭火山岩盆地和中部的五指山。

3. V-4-1-3 琼东南后碰撞岩浆杂岩亚相（P_3-T_2）

分布于琼东南的三亚、陵水、保亭一带，北以九所-陵水断裂带为界与志仲-万宁同-后碰撞岩浆杂岩亚相（P_1-T_2）相邻，东、西、南三面濒临南海。

该亚相主体为后碰撞岩浆杂岩亚相（P_3-T_2），包含的岩石构造组合有：高钾钙碱性花岗岩组合（P_3）、碱性岩正长岩（T_1）、钾玄质花岗岩-ξo-QM 组合（T_1）、强过铝花岗岩组合（T_2）、高钾钙碱性花岗岩组合（T_2）、强过铝花岗岩组合（T_2）。其中，后者属于地壳重熔成因（S 型），其余岩石构造组合所含岩体属于壳幔混合成因（I 型）。该亚相中侵入岩一般呈块状构造，I 型侵入岩常见浑圆状闪长质包体，表明当时地壳处于碰撞后的松弛状态。该亚相所包含的建造主要为正长花岗岩建造，其次为二长花岗岩建造，少量碱性正长岩、石英二长岩、花岗闪长岩建造，以 T_2 的侵入岩建造分布最广。石龟岭岩体为 T_2 时期一个较为典型和特殊的岩体，该岩体属于碱性岩系列，含碱性岩的特征指示矿物霓辉石，该类型的岩体的出现暗示地壳处于应力松弛状态。钾玄质花岗岩-ξo-QM 组合（T_1）包含番阳峒正长花岗岩（局部为石英二长岩）和麻山田岩体石英正长岩（局部为石英二长岩），稀土元素含量较高，轻重稀土分异较明显，岩石学和地球化学特征表明它们为增厚地壳部分熔融的产物。

琼东南后碰撞岩浆杂岩亚相的基底为早古生代的被动陆缘相（∈-O），由于花岗岩的“蚕食”，仅出露陆棚碎屑岩亚相（$∈_{1-2}$），其岩石建造组合为台地陆源碎屑岩-磷锰质岩-碳酸盐岩组合。

该亚相主要上叠有：a. 俯冲岩浆杂岩亚相（J_2-K_2）、b. 火山弧亚相（K_1）、c. 拉分盆地亚相（K_1）。其中，a 包含 G_2QM 组合（J_3）、G_1G_2-ν-δ-ζ-QM 组合（K_1）、G_1G_2-ν-QM-δ 组合（K_2）；b 包含的岩石构造组合为火山弧流纹岩-英安岩-安山岩-玄武岩组合（K_1）；c 包含湖泊砾岩-粉砂岩-泥岩夹火山岩组合（K_1）。

4. V-4-1-4 吊罗山俯冲期岩浆杂岩亚相（J_2-K_2）

该亚相分布于琼东南保亭、陵水、万宁交界的吊罗山一带，夹持于志仲-万宁同-后碰撞岩浆杂岩亚相（P_1-T_2）与琼东南后碰撞岩浆杂岩（P_3-T_2）之间，奠基于 P-T 岩浆弧之上。该亚相由钾玄质中性岩组合（J_{2-3}）、G_1G_2-ν-δ-ξ-QM 组合（K_1）、G_1G_2-ν-QM-δ 组合（K_2）组成，其中后者为该亚相主体。

钾玄质中性岩组合（J_{2-3}）：分布于五指山市南圣镇以东，在区域上该组合由八宝坡巨粒角闪正长岩-石英二长岩（$\xi^b J_2$），马翁岭细中粒辉长闪长岩、二长闪长岩（$\nu\delta^m J_3$），黑栋中细粒石英二长岩（$\eta o^h J_3$）组成，但在该亚相内仅出露黑栋岩体，岩石呈块状构造，在硅-碱图中落入碱性岩系列范围，该岩体稀土配分模式为较平滑的右倾曲线，具有较明显的 Sr 正异常，P、Ti 负异常不明显，Nb、Ta 负异常较明显，可能是岩浆遭受了富集地幔或地壳物质混染的结果。

G_1G_2-ν-δ-ξ-QM 组合（K_1）：分布于该亚相南部廖次岭一带，在区域上该组合主要由二长花岗岩和花岗闪长岩建造组成，少量辉长岩、闪长岩、正长岩、石英二长岩建造。但在该亚相内仅见二长花岗岩建造，即廖次岭岩体。前人在廖次岭侵入体中获得约 150Ma 的 SHRIMP 锆石 U-Pb 同位素年龄。廖次岭花岗岩呈块状构造，属高钾钙碱性系列，为 S 型花岗岩，稀土配分模式为向右倾斜的平滑曲线，具中等偏强负铕异常，在原始地幔微量元素标准化蛛网图上，显示出较明显的 Ba、Ta、Nb、Sr、P、Eu、Ti 负异常和 Rb、Th、U、K、Pb 正异常。

G_1G_2-ν-QM-δ 组合（K_2）：分布在保亭什玲镇、吊罗山、陵水本号镇、万宁南桥镇一带，在区域上该组合主要由二长花岗岩、正长花岗岩、花岗闪长岩建造组成，少量辉长岩、石英二长岩、闪长岩建造。但在该亚相内主要见加茂岩体（角闪黑云花岗闪长岩为主，少量石英闪长岩）、保亭岩体（细中粒斑状（少斑）角闪黑云二长花岗岩-花岗闪长岩）、六弓岩体（中粒斑状（角闪）黑云二长花岗岩）、吊罗山岩体（粗中粒（含斑）黑云母正长花岗岩、局部二长岩）、新村岩体（细中粒少斑-斑状（角闪）黑云二长花岗岩，局部花岗闪长岩）、乌石岩体（细粒辉长岩）、大小岭岩体（中细粒黑云母正长花岗岩）。上述岩体主要呈块状构造，属于高钾钙碱性系列，常见微粒镁铁质包体，除乌石岩体为 M 型（岩浆主要来自地幔）外，其余都为 I 型花岗岩。

该亚相的基底为 P-T 岩浆弧，出露的基底岩石组合主要有：高钾钙碱性花岗岩组合（T_2）、高钾和钾玄岩质花岗岩-QM-ξo 组合（T_1）。

（二）V-4-2 三亚被动陆缘（∈-O）

该相位于海南岛最南端的三亚市田独镇-安游镇一带，与 V-4-1 五指山岩浆弧相（P_1-T_2，J_2-K_2）之间以地质界线分隔。此相下辖一个亚相——V-4-2-1 安游陆棚碎屑岩盆地（∈-O）。该亚相大致呈北东走向，南西端濒临南海，其余三面被 V-4-1-3 琼东南后碰撞岩浆杂岩（P_3-T_2）包围。

该亚相的主体为陆棚碎屑岩盆地亚相（∈-O），沉积厚度达数千米，主要为一套砂-粉砂-泥-碳酸盐岩建造，含丰富的生物化石，未发现火山岩夹层，暗示其为一套稳定型的被动陆缘沉积。岩性组合特征反映其为一套浅海-滨海相沉积，但海平面几经波动，至奥陶纪末，海水退出，上升为陆，接受剥蚀。该亚相内北东向断裂和褶皱发育，构成狗岭逆冲推覆构造带，推覆构造带内寒武系和奥陶系支离破碎，形成一系列岩片相互叠置。陆棚碎屑岩盆地亚相（∈-O）包含的沉积建造组合有：远滨泥岩-粉砂岩夹砂岩组合（$∈_1m$）、陆源碎屑-磷锰质岩-碳酸盐岩组合（$∈_{1-2}d$）、台地陆源碎屑-碳酸盐岩组合（O_1d）、台地陆源碎屑-磷块岩-碳酸盐岩组合（O_2y）、台地（笔石）页岩-灰岩组合（$O_{2-3}s$）、海陆交互砂泥岩-夹砾岩组合（O_3yh）、远滨泥岩-粉砂岩组合（O_3j）、海岸沙丘-后滨砂岩组合（O_3g）。

该亚相上叠有：a. 俯冲岩浆杂岩亚相（J_2-K_2）、b. 拉分盆地亚相（K_1）。其中 a 包含 G_1G_2-ν-QM-δ 组合（K_2）；b 包含湖泊砾岩-粉砂岩-泥岩夹火山岩组合（K_1）。

该亚相基底的研究程度很低，几乎没有资料涉及，因此，其基底的特征不明。

三、V-5 琼西结合带

位于海南岛西部儋州、昌江、白沙、东方、乐东一带，呈北东向展布。东侧以北东向白沙断裂带为界与琼东弧盆系相接、北部以王五-文教断裂带为界与雷琼裂谷相邻，西邻北部湾。该大相内划分出 5 个相，即 V-5-1 儋州-昌江俯冲增生杂岩相（C-P_1）、V-5-2 那大-尖峰增生岩浆弧相（P_1-T_3）、V-5-3 石碌-抱板陆壳残片相（Pt_{2-3}）、V-5-4 王下-江边残余盆地相（P_2-P_3）、V-5-5 白沙陆内盆地相（K）。在该相内，构造发育，断裂以北东向、近南北向和近东西向为主，其中前者尤为发育，规模较大的北东向断裂有戈枕断裂带（长约 50km，北段具韧性剪切特征，南部具脆性特征）、军营-红岭断裂带、中兴-蓝洋断裂带。褶皱以北东向的南棍园复式向斜、北西西向的江边复式向斜、近北西向的石碌复式向斜、北东向的旧村岭褶皱带为主，上述褶皱和断裂一同构成了北东向的琼西逆冲-走滑构造带。二叠纪洋壳向南东方向俯冲，洋盆逐渐收缩，最终导致地体拼贴，形成琼西结合带。

（一）V-5-1 儋州-昌江俯冲增生杂岩相（C-P_1）

该相总体呈北东向，分布于澄迈、屯昌、儋州、白沙等地，与 V-5-2 那大-尖峰增生岩浆弧（P_1-T_3）交织分布，二者无截然界线，并且难于确定二者孰占优势。该相北以王五-文教断裂带为界与雷琼裂谷相（CZ）相邻，东部与白沙陆内盆地相接，西南分别与 V-5-4 王下-江边残余盆地（P_2-P_3）和 V-5-3 石碌-抱板陆壳残片（Pt_{2-3}）毗邻。该相仅包含一个亚相——V-5-1-1 江边-邦溪含蛇绿岩碎片的浊积岩亚相（C-P_1）。此亚相范围内构造复杂，地（岩）层变形强烈，显示出局部有序、总体无序特点，并含有基性-超基性岩的块体，符合非史密斯地层的特征，推测为二叠纪琼西洋向南东俯冲、地体碰撞过程中堆叠而成的构造岩片。该亚相的主体为石炭纪-二叠纪构造岩片（块），岩石构造组合为千枚岩+板岩+变砂岩夹基性岩组合（C-P_1），为一套含具复理石韵律的浊积岩建造，其中可见灰岩透镜体，原生沉积面理已基本被后生的片理、千枚理、板劈理置换，致使原生沉积层理不易分辨。

千枚岩+板岩+变砂岩夹基性岩组合（C-P_1）主要分布于屯昌南棍园-儋州兰洋一带和白沙邦溪-儋州八一农场一带。前者为一套二叠纪地层，呈北东走向，其中发育有南棍园复式向斜，前人将其分为上下两段，上段为一套泥砂质板岩、板岩、千枚岩夹粉砂质灰岩透镜体和变基性-超基性火山岩，地层水平纹层十分发育，常在手标本上即可见明显的粗细相间韵律层（细-粉砂纹层与泥质、含炭质纹层互层为主）。上部主要岩性为粉细砂岩、粉砂岩、千枚岩及板岩，普遍含有碳质，岩石中还夹数层硅质板岩、基性火山岩，硅质岩中含放射虫化石，岩性横向上变化不大，发育水平纹理及细粒序层理，部分粉砂岩中见底模构造，具典型浊积岩特征，在冰岭重晶石矿区还见这套地层中含锰质结核。以上特征反映该套地层为深水缺氧环境的产物。海南地质调查院在开展 1∶25 万琼海县幅区调时，根据该套地层的古生物组合特征，特别是硅质岩中所含放射虫化石，主张该套地层时代为早二叠世；同时也认为该套地层与海南岛西部东方市、昌江县一带出露的峨查组（P_1e）相比，岩性组合特征、沉积类型、沉积相、生物富集程度和属种组分及所处的地质背景等诸方面均存在显著差异。由于所测剖面处（即屯昌县南棍园一带）二叠纪地层暂未建组，岩石地层单位名称暂引用海南岛广泛应用的早二叠纪峨查组（P_1e），待进一步工作补充完善资料后，另创建新的岩石地层单位名称，本次研究沿用此方案。白沙邦溪-儋州八一农场一带的该套岩石构造组合，下部由石英片岩、黑云母片岩、矽线石英片岩等组成；上部为石英千枚岩、绢云母千枚岩、石英片岩、变质粉砂岩、白云母片岩、含红柱石白云母片岩，夹多层变质基性火山岩，并见具底冲刷构造和粒序层理的细砂岩，地层中迄今未发现大化石，仅发现一些微古化石。20世纪90年代初，宜昌地质矿产研究所在开展1：5万邦溪幅、昌江县幅区调联测时，以Sm-Nd法测得邦溪一带变基性火山岩夹层的年龄为458±36.8Ma，代表变基性岩的原岩年龄，因此，把这套地层时代定为奥陶纪。需要说明的是：近年来，李献华等在邦溪-屯昌一带用Sm-Nd法测得地层中火山岩的形成年龄为333±12Ma（李献华等，2000），许德如等人在邦溪一带变基性火山岩中也获得了269±4Ma（许德如等，2007），唐作友等坚持认为，在开展上述区调工作时，所获得的孢粉化石表明该套地层时代为早二叠世的结论是可信的。那么邦溪一带的"南碧沟组"是否是在俯冲增生过程中堆叠一起，并包括奥陶纪至二叠纪各个时代的岩片呢？这个问题值得进一步研究，这也是今后工作中需重点关注的问题（与潘桂棠老师交流）。考虑到近20年来测试方法不断改进，李献华和许德如等人的所获得火山岩年龄为新近分测试析的结果，因此，课题组认为李氏和许氏获得的火山岩年龄对确定地层时代更具参考价值。

千枚岩+板岩+变砂岩夹基性岩组合（$C-P_1$）中的变基性-超基性火山岩，呈东西向分布于海南岛中北部，从东至西的典型出露点包括屯昌县南棍园、儋州市兰洋油文村、儋州八一农场、白沙县邦溪农场。以邦溪-八一农场一带的层数最多，延续性最好，火山岩分布于东西长约40km，南北宽约5~10km的范围内，原岩为超基性、中基性火山岩，经区域变质形成斜长阳起石片岩、阳起石斜长片岩、绿泥石阳起石片岩等岩石，火山岩层厚度不一，薄者0.6~0.8m，厚者4~6m。分布于屯昌县晨星一带的变基性-超基性火山岩产于半深海-深海相的（碳质）泥砂质板岩、（碳质）变质砂岩、（碳质）千枚岩夹粉砂质灰岩透镜体构成的一套岩石组合中（原岩为一套浊积岩），该变基性-超基性岩在平面上呈北东向带状展布，分布在长约2km、最宽约400m的范围内，下部发育典型的枕状构造（图7-3-1），上部发育气孔、杏仁状构造（唐红峰，1999），局部见流变褶皱极其发育，显示其遭受过强韧性剪切变形（图7-3-2）。在该变基性-超基性岩中见沉积夹层与围岩产状不一致，其南东与北西两侧与围岩呈断层接触，并发现北西侧围岩发育塑性变形组构和构造置换，经历了糜棱岩化动力变质作用（唐红峰，1999）。出露于儋州市南丰镇油文村附近的变中基性-基性火山岩，空间上呈脉状、薄层状或透镜状赋存于二叠纪构造岩片中，局部产状与围岩有一定交角。火山岩已变质或蚀变为强蛇纹石化透闪石岩及斜长阳起石岩，变火山岩稀土元素总量$111.85\times10^{-6}\sim205.24\times10^{-6}$，其配分模式为呈右倾的轻稀土富集型，与洋岛玄武岩（OIB）的配分模式类似，微量元素分析结果符合洋岛玄武岩特征（1：5万南丰幅、仁兴幅区域地质报告，1991）。李献华对邦溪和晨星两地的基性岩进行了研究，测得$\varepsilon_{Nd}(t)\approx+7$，并获得Sm-Nd 333±12Ma的年龄，并指出，该年龄代表其原岩结晶形成年龄，变基性岩具有高Mg、亏损Th、Nb、Ta和轻稀土特征，是地幔橄榄岩部分熔融的产物，具有洋中脊玄武岩岩石地球化学特征，并与金沙江-双沟-松马蛇绿岩在形成时代上基本一致，代表了东古特提斯洋的残片。许德如提出，邦溪一带变基性岩具有洋壳特征，为弧后扩张的小洋盆的产物，形成于270±Ma。综上所述，我们认为，屯昌南棍园、儋州兰洋油文村、白沙邦溪农场-儋州八一农场一带变基性-超基性岩形成于石炭纪—早二叠世，为俯冲增生带中保留的洋壳残片。

V-5-1儋州-昌江俯冲增生杂岩相（$C-P_1$）中还卷入有一系列的陆壳残片相（构造岩片/岩块），包括基底残块亚相（Ch）、后碰撞岩浆杂岩亚相（Pt_2）、基底残块亚相（Qb）、基底残块亚相（Z）、陆壳残片相（O-S）、后碰撞岩浆杂岩亚相（D_3）、陆壳残片相（C-P_1）。鉴于前四者对戈枕-抱板一带金矿、石碌大型富铁矿具有重要控制作用，已把三者集中分布区域单独划分为石碌-抱板陆壳残片相（将在后面的章节详细论述），以凸显其对成矿的重要作用，而把零星分布的基底残块亚相（Ch）作为非优势亚相来处理。除此之外，本相的非优势相还包括后碰撞岩浆杂岩亚相（D_3）、陆壳残片相（O-S），陆壳残片相（C-P_1）。下面将对上述非优势相作一简单介绍。

图 7-3-1　屯昌南棍园具枕状构造的变基性火山岩（据许德如）

图 7-3-2　屯昌晨星层状变基性-超基性岩中的塑性流变褶皱

基底残块亚相（Ch）：分布于昌江县叉河-东方四更镇、乐东峨文岭一带，由中元古代斜长片麻岩-混合岩-变粒岩组合（Ch）及片岩-石英岩组合（Ch）组成，前者即戈枕村组（Ch*g*）、后者即峨文岭组（Ch*e*），二者为海南岛已知的最老地层。

陆壳残片相（O-S）：由千枚岩+片岩+板岩夹基性火山岩组合（O）和千枚岩+板岩+变砂岩+变基性火山岩组合（S_1）组成。前者即南碧沟组（O*n*），分布于东方市-昌江县交界一带的南捉沟-南碧沟、东河镇南清河、东方市江边乡冲俄村、儋州市洛基大岭等地，在东方市南捉沟-昌江县南碧沟一带的正层型剖面上厚约 2032.40m。南碧沟组的岩性主要为千枚岩、绢云板岩，夹变质粉砂岩、细砂岩、碳质板岩。东方市江边乡冲俄村见该组中上部夹中-基性火山熔岩、基性火山碎屑岩，每一层火山岩具有明显的沉积韵律，往往形成多个由熔岩-凝灰岩-绢云板岩或变质粉砂岩组成的韵律，熔岩、凝灰岩单层厚一般 10~30cm，最薄为数厘米，有时可见变基性火山熔岩呈舌状体产于绢云板岩中，在熔岩中常见由石英和阳起石等矿物充填的浅色杏仁体。综上所述，我们主张该组合形成于陆缘裂谷环境，在石炭纪-二叠纪作为陆壳残片被卷入结合带。千枚岩+板岩+变砂岩+变基性岩组合（S_1）主要分布于儋州市军营-红岭、东方市陀烈水库、东方市南清河、东方市南捉沟-昌江县南碧沟、昌江县猴猕岭及乐东县抱伦金矿等地。该组合在琼西一带从老到新包括陀烈组（S_1t）、空列村组（S_1k）、大干村组（S_1d），并以前者分布最广。总体上，该组合沉积物粒度从下到上有从细变粗的趋势。陀烈组原始沉积物主要为一套半深海-深海相的具复理式韵律特征的细粉砂、泥质沉积物，岩石中常含碳质，水平层理发育，已变质成一套千枚岩、板岩、变质砂岩，常夹结晶灰岩或大理岩透镜体（图 7-3-3），在南清河一带夹两层变基性火山岩（角闪片岩）。在空列村组和大干村组沉积时期，沉积环境已过渡为滨浅海相，空列村组主要由石英岩、变质石英砂岩、板岩与变质粉砂岩组成，常见碳酸盐透镜体，发育水平层理、微波状层理、低角度交错层理、小型斜层理及透镜状层理等沉积构造；大干村组总体为石英片岩与石英千枚岩组合，底部为浅变质中细粒石英岩，中上部夹含砾石英片岩、浅变质石英质砾岩。千枚岩+板岩+变砂岩+变基性岩组合（S_1）形成于陆缘裂谷环境，于石炭纪-二叠纪被卷入俯冲结合带。

后碰撞岩浆杂岩亚相（D_3）：分布于昌江县城-白沙邦溪镇一带，由高钾钙碱性花岗岩组合（D_3）构成，即保梅岭岩体（$\zeta\gamma^{b}D_3$），主要岩石类型为正长花岗岩建造，前人在岩体中获得了

369±2.9Ma 锆石 Pb-Pb 同位素年龄，将其作为加里东期侵入体。但近年来越来越多的学者对其年龄提出质疑，认为其属于三叠纪的岩体，但未公开发表的年龄数据。因此，本项目仍采用 369±2.9Ma 的同位素年龄。

图 7-3-3　儋州牙拉河谷中大理岩发生韧性变形

陆壳残片相（C-P_1）：由千枚岩+（变质）砂岩+板岩组合（C）、砂岩+板岩组合（P_1）组成。前者分布于儋州市的兰洋镇-和庆镇、军营-红岭、雅星镇、昌江七叉镇-石碌镇、东方市江边乡-昌江王下乡等地，对应南好组（C_1n）和青天峡组（C_2q），主要为一套滨-浅海相的砂泥质沉积物夹碳酸盐岩透镜体，儋州兰洋一带和昌江石碌华栗山一带在青天峡组中见大套碳酸盐岩，由于后期花岗岩的“吞噬”，致使地层支离破碎，残缺不全。砂岩+板岩组合（P_1）主要分布于琼西江边乡、王下、南界河、河叉岭等地，该组合对应峨查组（P_1e），其主要岩性为薄层石英砂岩与薄层粉砂质板岩呈不等厚互层，底部以薄层石英细砂岩夹粉砂质、炭质板岩为主，局部夹砾岩，部分地区夹生物屑灰岩，灰岩中产早二叠世牙形石、蜓类以及海百合茎碎屑等滨浅海相生物化石。上述两个岩石构造组合是陆缘裂谷环境的产物，是华力西-印支期（P_1-T）被卷入琼西结合带的陆壳残片。

江边-邦溪含蛇绿岩碎片的浊积岩亚相上叠残余盆地相（P_{2-3}）、俯冲岩浆杂岩亚相（P_1）、同碰撞-后碰撞岩浆杂岩亚相（P_2-T_3）、俯冲岩浆杂岩亚相（J_2-K_2）、火山弧亚相（K_1）、拉分盆地亚相（K）。需要说明的是：在大地构造相划分时，虽然已将那大-尖峰增生岩浆弧（P_1-T_3）与儋州-昌江俯冲增生杂岩相（C-P_1）单独划分开来，以凸显结合带在形成之后叠加有岩浆侵入这一重要地质事件，但由于二者交织分布，难分彼此。因此，仍有必要将前者作为后者的上叠亚相来对待，唯有如此，方能体现江边-邦溪含蛇绿岩碎片的浊积岩亚相完整的演化历史。下面将逐一简述各上叠亚相特征。

残余盆地相（P_{2-3}）：包括二叠纪鹅顶组（P_2ed）和南龙组（$P_{2-3}n$），主要分布于昌江县江边乡-王下乡、七叉镇、石碌镇一带，但两套地层大部分集中分布区域已单独划分江边-王下残余盆地相，零星分布区域则作为上叠亚相处理。鹅顶组（P_2ed）岩性为碳酸盐岩夹少量碎屑岩，南龙组（$P_{2-3}n$）总体为一套海相砂泥质建造。

俯冲岩浆杂岩亚相（P_1）：包括中基性岩组合（P_1）、TTG 组合（P_1）、TTG-QM 组合（P_1）。前者包括辉石闪长岩、辉长岩、闪长岩、二长闪长岩建造，即早二叠世机告村岩体，该岩体呈小岩株状分布于白沙七坊镇、雅星镇一带。TTG 组合（P_1）分布于尖峰-万宁俯冲-碰撞岩浆岩段中，出露于乐东县尖峰岭一带，此组合即白石村岩体（$\delta o^{b}P_1$），包含石英闪长岩和闪长岩建造，但在 O'Conner 岩石化学分类图解上，个别样品为英云闪长岩和花岗闪长岩。TTG-QM 组合位于江边-邦溪俯冲-碰撞岩浆岩段和石碌构造岩浆段内，由白石村岩体（$\delta o^{b}P_1$）、保山村岩体（$\gamma\delta^{b}P_1$）和石岭岩体（$\gamma\delta^{S}P_1$）组成，主要出露于琼西的白沙县七坊镇-邦溪农场、昌江县七叉镇和乐东县江边乡一带，该组合包含石英闪长岩、闪长岩、花岗闪长岩建造，但在 O'Conner 岩石化学分类图解上识别出英云闪长岩、石英二长岩、花岗闪长岩等分子。

同碰撞-后碰撞岩浆杂岩亚相（P_2-T_3）：在琼西一带分布最为广泛，主要由二长花岗岩和正长花岗岩建造组成，此亚相特征将在第八章第二节那大-尖峰增生岩浆弧（P_1-T_3）相与成矿中详述。

俯冲岩浆杂岩亚相（J_2-K_2）：包含晚侏罗世 G_2QM 组合、晚白垩世 G_1G_2-ν-QM-δ 组合、晚侏罗世花岗岩组合、晚白垩世花岗岩组合。在空间位置上，后二者比前二者更偏西，暗示 J-K 时，太平洋板块从南东往北西俯冲。晚侏罗世 G_2QM 组合分布于琼中县黎母山镇一带，邻近琼东弧盆系，岩石属于高钾钙碱性系列。晚白垩世 G_1G_2-ν-QM-δ 组合分布于白沙县青松乡、打安镇、澄迈县加乐镇一线，靠近琼东弧盆系一侧，岩石属高钾钙碱性系列。晚侏罗世花岗岩组合，主要分布于昌江一带，主体为正长花岗岩建造，属高钾钙碱性 S 型花岗岩。晚白垩世花岗岩组合主要分布于昌江昌化镇、儋州海头镇、澄迈中兴镇一带，属高钾钙碱性 I 型花岗岩，即昌化大岭岩体。

火山弧亚相（K_1）：主要分布于琼北澄迈旺商火山岩盆地和琼西北儋州洛基火山岩盆地中，两盆地面积较小，分布六罗村组（K_1ll）火山岩，岩石风化作用较强，研究程度较低，所包含的岩石组合为陆缘弧流纹岩+英安岩+安山岩+玄武岩。

拉分盆地亚相（K）：主要分布于儋州市王五盆地、东方市四更盆地、琼中县黎母山盆地和定安县雷鸣盆地，该亚相由鹿母湾组（K_1l）和报万组（K_2b）组成，前者的沉积建造组合为冲积扇-湖泊-河流相砾岩-粉砂岩-泥岩夹火山岩组合，该组中化石丰富。后者的沉积建造组合为冲积扇-湖泊-河流相砾岩-砂岩-泥岩组合，该组中化石也较丰富，与鹿母湾组的区别在于后者至今未发现火山岩夹层。由于研究程度低，且风化较严重，二者之中冲积扇、湖泊、河流相建造未细分。

（二）V-5-2 那大-尖峰增生岩浆弧相（P_1-T_3）

该相总体呈北东向展布，分布于澄迈、屯昌、儋州、白沙、东方、乐东等地，与 V-5-1 儋州——昌江俯冲增生杂岩相交织分布，因此在 1∶50 万大地构造图中不表达二者界线（2012 年在贵阳进行大地构造图评审时，与全国项目组专家合议）。该相中断裂发育，断裂走向以北东向、东西向和近南北向为主，尤以前者最为发育，规模较大的断裂带有戈枕断裂带、军营-红岭断裂带、中兴-兰洋断裂带。

该相主体为俯冲期岩浆杂岩亚相（P_1）、同碰撞岩浆杂岩亚相（P_1-P_2）和后碰撞岩浆杂岩（P_2-T_3）亚相，但三者交织分布，无明显界线。

俯冲期岩浆杂岩亚相（P_1）：该亚相包括中基性岩组合、TTG 组合、TTG-QM 组合。①中基性岩组合分布于白沙县七坊镇、雅星镇一带，包括辉石闪长岩、辉长岩、闪长岩、二长闪长岩建造，呈小岩株状出露，即机告村岩体，岩石属于中-高钾钙碱性系列，幔源成因，该岩体目前缺乏同位素年龄资料，但该岩体被早二叠世保山村花岗闪长岩（$\gamma\delta^bP_1$）和石岭花岗闪长岩（$\gamma\delta^sP_1$）侵入，因此，前人推测该岩体侵位于早二叠世。②TTG 组合主要分布于尖峰岭一带，此组合由白石村岩体（δo^bP_1）构成，其中包含石英闪长岩和闪长岩建造（岩石定名据区调资料，但未运用求积仪进行矿物含量统计），但在 O'Conner 岩石化学分类图解上，出现英云闪长岩和花岗闪长岩分子。该岩体侵入石炭统青天峡组，并被早二叠世保山村花岗闪长岩、中二叠世邦溪岩体（二长花岗岩）等后期岩体侵入，前人获得了 293Ma（K-Ar 法，934 地质队，1982）、298.6±10.3 Ma（Rb-Sr 等时线法，马大铨等，1991）的同位素年龄，上述年龄值与地质侵入接触关系相符，因此，将侵入时代厘定为早二叠世。白石村岩体属于偏铝质钙碱性系列，壳幔混合成因，球粒陨石标准化配分曲线为向右倾斜的曲线，属轻稀土富集型，岩石的标准化曲线总体向右倾斜，略具负铕异常，微量元素以高 Sr、低 Rb 为主要特征，Rb/Sr 比值均大于 1；具有 Rb、Th、U、K、Pb、Nd、Zr、Hf、Sm 正异常和 Ba、Nb、Ta、P、Ti 的负异常，岩石富集大离子亲石元素，而亏损高场强元素，具有俯冲型岩浆的岩石地球化学特征。③TTG-QM 组合位于江边-邦溪俯冲-碰撞岩浆岩段和石碌构造岩浆段内，由白石村岩体（$\delta o^{b}P_{1}$）、保山村岩体（$\gamma\delta^{b}P_{1}$）和石岭岩体（$\gamma\delta^{S}P_{1}$）组成，主要分布于白沙县七坊镇-邦溪农场、昌江七叉镇和乐东江边乡一带，包含石英闪长岩、闪长岩、花岗闪长岩建造（按照 TAS 图化学分类图解），但在 O'Conner 岩石化学分类图解上，出现英云闪长岩、石英二长岩、花岗闪长岩等分子。白石岭岩体特征以上已述（此处从略）。保山村岩体的同位素年龄为 287.2±10.6Ma（全岩 Rb-Sr 等时线法，广西区调队，1991）、278±1Ma（锆石 U-Pb 法，广西区调队，1991）、270±11Ma（SHRIMP 锆石 U-Pb 法，海南省地质调查院，2007），岩石普遍发育叶理构造，叶理走向近于东西向，南倾为主，倾角 50°~80°。保山村岩体属偏铝质钙碱性系列，壳幔混合成因，球粒陨石标准化配分曲线为向右倾斜的曲线，属轻稀土富集型，略具负铕异常，微量元素以高 Sr、低 Rb 为主要特征，Rb/Sr 比值均大于 1，具 I 型（壳幔混合型）花岗岩特征；岩石微量元素标准化曲线总体右倾，Rb、Th、U、K、Pb、Nd、Zr、Hf、Sm 正异常，Ba、Nb、Ta、P、Ti 负异常，具有俯冲型岩浆的岩石地球化学特征。石岭岩体侵入早二叠世机告村岩体，南部边缘被早二叠世石碌二长花岗岩（同位素年龄 274±6.5Ma）侵入，零星出现少量普通辉石。黑云母属铁质黑云母，角闪石属钙质角闪石类，副矿物中普遍出现榍石，岩石中主要见石英闪长质包体，包体具典型的岩浆结构，包体呈圆状、椭圆状及不规则状。石岭岩体属高钾钙碱性系列，稀土及微量元素特征基本同保山村岩体，但的石岭岩体 Sr、P、Eu、Ti 负异常更为明显，反映存在斜长石、磷灰石和钛铁矿的结晶分异作用。上述 TTG 组合、TTG-QM 组合与分布于琼东弧盆系西部（靠近琼西结合带）的 TTG 和 TTG-QM 组合一同构成了海南岛 TTG 组合带，即 TTG 组合及 TTG-QM 组合仅分布于琼西结合带及五指山岩浆弧西部（图 7-3-4），且主要位于前者之内，向东远离白沙断裂带则主要为花岗岩组合（P_{1}-T_{2}）。这样的侵入岩分布格局反映了二叠纪海南岛岩浆的组成极性，暗示琼西一带为俯冲带岩浆外带，早二叠世洋壳（主洋盆）从北西往南东方向俯冲，而洋盆可能位于现今北部湾

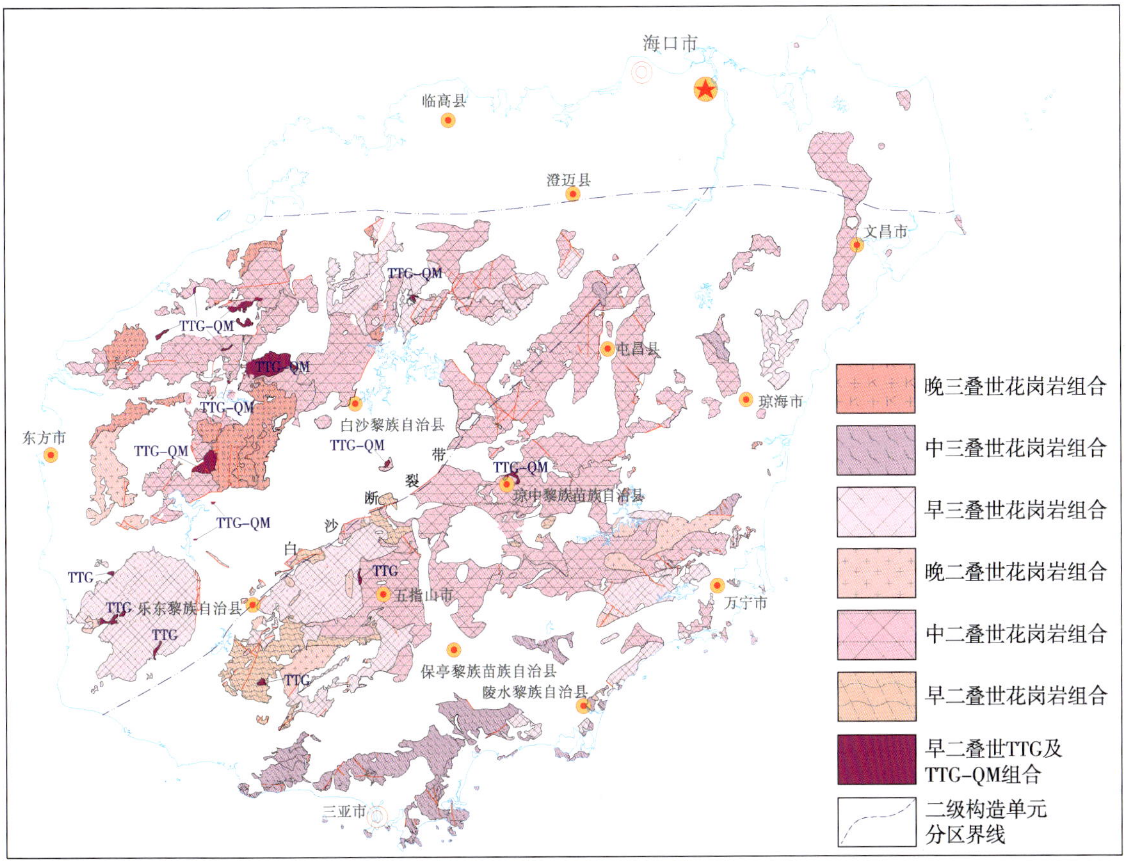

图 7-3-4　海南岛早二叠世 TTG 及 TTG-QM 组合分布示意图

一带。但不排除在屯昌晨星-乐东抱伦一带（即白沙断裂带分布区域）同时还存在另一小洋盆的可能，该小洋盆在石炭纪-二叠纪可能同时朝南东和北西方向发生双向俯冲（2013 年 7 月在北京成果验收评审会上，邓晋福、冯益民、肖庆辉等评审专家面告）。

同碰撞岩浆杂岩亚相（P_1-P_2）：主要分布于昌江县十月田-白沙县七坊镇一线，其次为澄迈县加乐镇一带。该亚相内断裂构造较不发育，局部见东西向、北东向及北西向断裂。主要岩石构造组合包括高钾碱性花岗岩-QM-δ 组合（P_2）、高钾碱性花岗岩组合（P_2）。前者位于石碌俯冲-碰撞构造岩浆岩段内，以二长花岗岩建造为主，正长花岗岩建造次之，再次为闪长岩、石英二长岩建造，该组合内的主要岩体有石碌岩体、通什岩体、乌兰盖岩体、大坡岩体、长塘岭岩体，岩石类型以黑云母二长花岗岩和黑云母花岗闪长岩为主，岩石一般具有叶理状构造（局部发育片麻状构造），石碌岩体和大坡岩体中斑晶和叶理走向一般为 280°～300°，该组合中除石碌岩体为 S 型花岗岩以外，其余皆为 I 型花岗岩。高钾碱性花岗岩组合（P_2）位于江边-石碌同碰撞-后碰撞岩浆段内，以二长花岗岩建造为主，正长花岗岩建造次之，该组合内的主要岩体有通什岩体、乌兰盖岩体、大坡岩体、长塘岭岩体、黄山水库岩体，岩石学特征与前一组合中的岩体特征基本一致，本组合属高钾钙碱性系列，岩石为准铝质-弱过铝质，为壳幔混合成因，稀土配分曲线右倾，轻重稀土具有中等-较明显的分异特征，显示中等-强烈的负铕异常，在微量元素蛛网图上显示 Sr、P、Eu、Ti 负异常。通什二长花岗岩初始锶比值为 0.70817，$\varepsilon_{Nd}(t)$ 为-4.07，T_{2DM} 值为 1367Ma，长塘岭二长花岗岩初始锶比值为 0.70852。

后碰撞岩浆杂岩亚相（P_3-T_3）：该亚相中北东向和南北向的构造较发育，前者主要见于儋州兰洋一带，后者多分布于昌江坝王岭一带。本亚相主要包含 7 个组合，即高钾钙碱性花岗岩组合（P_3）、强过铝花岗岩组合（P_3）、高钾和钾玄岩质花岗岩-QM-ξo 组合（T_1）、高钾钙碱性花岗岩组合（T_1）、辉长岩组合（T_2）、钾玄质花岗岩组合（T_3）、高钾钙碱性花岗岩组合（T_3）。①高钾钙碱性花岗岩组合（P_3）即大田岩体，出露于东方市以西的大田一带，该组合由二长花岗岩建造组成，岩石呈块状构造，局部呈线理构造或片麻状构造，σ 值为 2.36～2.68，多属弱过铝质。稀土配分曲线为较陡的右倾曲线，轻重稀土分异较明显，具中等负铕异常。岩石 Rb、Ba、Sr、K 等亲石元素含量较高，微量元素蛛网图显示弱的 Ba 负异常，较强的 Ta、Nb、Sr、P、Eu、Ti 负异常，以及明显的 Rb、Th、U、K、Pb、Nd、Zr、Hf、Sm 正异常。②强过铝花岗岩组合（P_3）分布于乐东县江边乡一带，该组合仅含保斑岩体，由二云母二长花岗岩建造组成，岩体 SHRIMP 锆石 U-Pb 同位素年龄为 250±4Ma，线理构造较为发育，属高钾钙碱性系列；A/CNK 为 1.09～1.33，为强过铝质，有较强的 Eu 负异常，稀土含量较低（85.6×10^{-6}），岩石初始锶比值为 0.70991，$\varepsilon_{Nd}(t)$ 为-6.09，T_{2DM} 值为 1518Ma。③高钾和钾玄岩质花岗岩-QM-ξo 组合（T_1）出露于海南岛西南部尖峰岭一带，处于尖峰-万宁俯冲-碰撞岩浆岩段内。该组合在该亚相内主要为正长花岗岩建造，包含尖峰岭岩体、黑岭岩体、瘦岭岩体，三者在平面上往往呈圆形的杂岩体，构成一个完整的结构演化序列，各岩石单位空间上紧密伴生，岩石呈块状构造，其中，瘦岭岩体局部见晶洞构造。三者皆为 S 型花岗岩，高钾钙碱性-钾玄岩系列，分异程度较高，稀土配分型式为右倾的 V 字形曲线，具中等-极强烈的负铕异常，微量元素 Rb、Th、U、K 含量较高，Sr、Ba 含量较低，在微量元素蛛网图中显示出很强的 Ba、Sr、P 及 Ti 负异常。尖峰岭正长花岗岩初始锶比值较高，岩浆可能源于古老酸性火成岩或沉积岩与酸性火成岩的熔融。④高钾钙碱性花岗岩组合（T_1）分布于儋州市以西王五镇、西培农场一带，由鹅塘村岩体、大岭岩体、两院岩体、高村岩体岩体组成，即前人所称的西庆系列。鹅塘村岩体普遍发育叶理构造，富含暗色闪长质包体，包体长轴优选方向 285°～292°。大岭花岗闪长岩叶理构造不甚发育，含有少量闪长质包体，包体长轴的定向方向显示，走向 30°～65°。两院岩体线理构造发育，局部发育叶理构造，常见闪长质包体。其长轴与长石斑晶均大致呈 60°～85°定向排列。高村岩体发育弱叶理构造，矿物定向不明显，所含暗色包体小而少，岩石属壳幔混合成因，具中等偏强负铕异常。该组合 Ba、Rb、V、Zr 等元素含量较高，具有较强的 Sr、Ba、

Nb、Ta、Ti 负异常和 U、Pb、Nd、Sm、Zr、Hf 正异常。⑤辉长岩组合（T_2）在后碰撞岩浆杂岩亚相（P_3-T_3）内仅见一个侵入体，分布于松涛水库西部，呈黑色块状构造，中粒辉长结构，属拉斑玄武岩系列，岩浆源自地幔。⑥钾玄质花岗岩组合（T_3）位于石碌俯冲-碰撞岩浆岩段内，分布于昌江县坝王岭一带，由晚三叠世苗圃岩体、五里桥岩体、东四岩体组成，包括二长花岗岩和正长花岗岩建造，岩石皆呈块状构造，常见闪长质包体。苗圃岩体、五里桥岩体的稀土配分曲线为较陡的右倾型曲线，具中等铕负异常，Cu、Pb、Ag、Y、Nb 含量偏高，Sr、V、Ni、Co 含量偏低，Rb/Sr 平均比值大于 1，原始地幔标准化蛛网图中显示较明显的 Ba、Th、Sr、P、Ti、Nb 负异常。东四岩体具中等~较强的铕负异常，较强的 Ba、Ti、Nb、Ta、Sr、P、Eu 负异常，较明显的 U、K、Rb、Th、Pb、Nd、Sm、Zr、Hf 正异常。⑦高钾钙碱性花岗岩组合（T_3）位于江边-邦溪俯冲-碰撞岩浆岩段内，即昌江县海尾镇及儋州市洛基一带，涵盖分水岭、白石岭、打显村岩体，由二长花岗岩建造组成，该组合的岩石一般呈块状构造，前人在分水岭岩体中获得 210.8±10（U-Pb）的年龄，在打显村岩体获得了 200Ma（U-Pb）、219.8±11 Ma（U-Pb）的年龄数据，各岩体皆具 I 型花岗岩特征。高钾钙碱性花岗岩组合（T_3）处于石碌俯冲-碰撞岩浆岩段内，囊括南宝岩体、分水岭岩体和黑岭岩体，分布于琼西坝王岭一带，主要岩石建造为二长花岗岩建造，局部为花岗闪长岩建造，岩石呈块状构造，似斑状结构，常见浑圆状-椭圆状闪长质、英云闪长质包体及富云母包体，岩石具 I 型花岗岩特征。

那大-尖峰增生岩浆弧相（P_1-T_3）奠基于基底残块杂岩亚相（Ch）、后碰撞岩浆杂岩亚相（Pt_2）、陆壳残片相（O-S）、后碰撞岩浆杂岩亚相（D_3）、陆壳残片相（C-P_1）、含蛇绿岩碎片的浊积岩亚相（C-P_1）、残余盆地相（P_{2-3}）之上，鉴于基底残块杂岩亚相（Ch）与琼西金矿的密切关系，其集中分布区已单独划分为石碌-抱板陆壳残片相，零星分布区作为那大-尖峰增生岩浆弧相（P_1-T_3）的非优势亚相，以体现那大-尖峰增生岩浆弧相的演化历史。需要说明的是：虽然在大地构造相划分时，已将那大-尖峰增生岩浆弧（P_1-T_3）与儋州-昌江俯冲增生杂岩相（O-S，P_1）单独划分开来，以凸显结合带在后期叠加了岩浆弧这一重要地质事件，但由于二者“你中有我，我中有你”，仍将后者作为前者的基底进行描述，这样方能体现增生岩浆弧相的完整演化历史。基底残块杂岩亚相（Ch）主要分布在东方抱板、公爱、乐东峨文岭等地，由中元古代斜长片麻岩-混合岩-变粒岩组合（Ch）及片岩-石英岩组合（Ch）组成。后碰撞岩浆杂岩亚相（Pt_2）与陆壳残片紧密伴生，由片麻状二长花岗岩和花岗闪长岩组成。陆壳残片相（O-S）包含千枚岩+片岩+板岩夹基性火山岩组合（O）和千枚岩+板岩+变砂岩+变基性火山岩组合（S_1），呈岩片状分布于洛基、军营、乐东江边乡、王下、东河镇等地，两套组合通常相伴而生。高钾钙碱性花岗岩组合（D_3）分布于昌江县城一带，即保梅岭岩体（$\zeta\gamma^{b}D_3$）。含蛇绿岩碎片的浊积岩亚相（C-P_1）在儋州-昌江俯冲增生杂岩相一节中已详述，此处从略。陆壳残片相（C-P_1）主要位于军营、石碌、七叉、王下-江边一带，由千枚岩+（变）砂岩+板岩组合（C）和砂岩+板岩组合（P_1）构成，前者涵盖南好组（C_1n）、青天峡组（C_2q），后者即峨查组（P_1e）（此处所指的峨查组不包含南棍园一带的峨查组，原因在第五章已阐述），三者呈残块状散布于花岗岩中。含蛇绿岩碎片的浊积岩亚相（P_1）呈北东向分布，起自澄迈加乐，经屯昌南棍园，终止于儋州兰洋一带，亚相内发育北东向的南棍园复式向斜，所含岩石组合总体为一套具复理石韵律特征的浊积岩建造，在南棍园一带见强变形的变基性-超基性岩，前人根据其岩石学、地球化学特征及其 Sm-Nd 同位素年龄，推断其为石炭纪洋壳残片。残余盆地相（P_{2-3}）涵盖二叠纪鹅顶组（P_2ed）和南龙组（$P_{2-3}n$），主要分布于江边-王下、七叉镇、石碌镇一带，详细特征见前文（此处从略）。

那大-尖峰增生岩浆弧相（P_1-T_3）的上叠相主要有俯冲岩浆杂岩亚相（J_2-K_2）、火山弧亚相（K_1）、拉分盆地亚相（K）。

（三）V-5-3 石碌-抱板陆壳残片相（Pt_{2-3}）

该相呈北东向分布于昌江县石碌镇、东方县抱板镇一带，呈残块状产于琼西结合带中，下辖

V-5-3-1 戈枕基底残块一个亚相。该亚相东以戈枕断裂带为界同江边-邦溪含蛇绿岩碎片的浊积岩亚相相接，西邻那大-尖峰增生岩浆弧相，平面上近似豆荚状。该亚相主体为斜长片麻岩-混合岩-变粒岩组合（Ch）、片岩-石英岩组合（Ch）、强过铝花岗岩组合（Ch）、绢云千枚岩+二透岩+石英岩组合（Qb），石英砂岩+石英岩组合（Z）。

斜长片麻岩-混合岩-变粒岩组合（Ch）：即戈枕村组（Chg），出露于昌江土外山-东方不磨一带，该组的代表性剖面为昌化江剖面，厚度大于2381m，整体为一套经过混合岩化作用改造的深变质岩，岩性以黑云母斜长片麻岩和混合质黑云母斜长片麻岩为主；下部为混合花岗闪长岩及黑云母斜长混合片麻岩，未见底，与上覆峨文岭组（Che）整合接触。戈枕村组原岩为一套形成于岛弧环境的英安质火山岩建造，变质程度达到了低-高角闪岩相，以深熔作用和流变褶皱为特征。戈枕村组形成年龄为 1800±100~1637±31Ma（马大铨，1993，1997，1998），混合岩化事件发生于约1400Ma 前（海南省地质志，2011）。多数学者主张戈枕村组为琼西一带金矿的主要矿源层和赋矿层位。

片岩-石英岩组合（Ch）：即峨文岭组（Che），呈残片状分布于东方抱板、公爱农场等地，该组整合于戈枕村组之上，与奥陶纪南碧沟组呈断层接触，其层型剖面不在该相以内，而位于乐东县利国镇峨文岭（又名冲卒岭）。原岩可能为一套弧后盆地或弧间盆地的砂泥质建造，经高绿片岩相-低角闪岩相变质，形成了以云母石英片岩、石英云母片岩为主的岩石组合，主导变形机制为塑性压扁和塑性变形造，地层年龄在 1420±36~1637±31Ma（海南省地质调查院，2011）。

强过铝花岗岩组合（Ch）：该组合包括二长花岗岩和花岗闪长岩建造，岩石具中细粒片麻状、糜棱岩化变晶结构，普遍见强韧性流态变形，发育片麻理构造，矿物定向排列，显微镜下可见残留的微粒交生体。北侧片麻理走向为 300°~330°，南侧靠近戈枕断裂带为 45°~60°，即南侧片麻理转变为与戈枕断裂带基本一致的走向，表明花岗岩片麻理受到断裂带的牵引作用。岩体的侵位年龄约1430Ma（SHRIMP 锆石 U-Pb，Li Zhengxiang，2002），具同构造岩体特征，并遭受了后期变质变形作用改造。岩石学和地球化学研究结果表明，岩石属强过铝质钙碱性系列，具壳源造山型花岗岩特征。

绢云千枚岩+二透岩+石英岩组合（Qb）：即石碌群，在海南岛范围内仅出露于昌江石碌铁矿一带，该组合上部以白云岩和二透岩为主，夹赤铁矿层和钾粗安质球粒凝灰岩及钾流纹质凝灰岩；下部总体以千枚岩为主，间夹白云岩、石英岩、钾流纹质和钾质流纹斑岩。石碌群原岩可能主要为一套陆缘裂谷相的砂泥质岩夹碳酸盐建造，产宏观藻化石，与上覆石灰顶组（Zŝ）呈角度不整合接触。地层遭受挤压，形成北西向石碌复向斜，伴生轴面劈理，零星发育膝折构造和间隔劈理。岩石发育顺层剪切片理（S_1）、各种拉伸线理（L_1）和顺层剪切褶皱。石碌群为亚洲第一富铁矿（石碌大型铁矿）的赋矿地层，除铁矿外，还伴生铜、钴、银、重晶石、硫铁矿。

石英砂岩+石英岩组合（Z）：该组合即石灰顶组（Zŝ），仅见于昌江县石碌铁矿一带，岩性以石英砂岩、石英为主，夹泥岩、硅质岩等，石英砂岩中含赤铁矿，产宏观藻化石。岩石变质变形较弱，与下伏石碌群呈角度不整合接触。

戈枕基底残块亚相上叠后碰撞岩浆杂岩亚相（P_3），后者由高钾钙碱性花岗岩组合组成。

该亚相内褶皱和断裂较发育，其中，断裂走向以北东向为主，其次为北西和南北向，其中北东向断裂以戈枕断裂带规模最大，已证实的长度约 50km，该断裂带位于该亚相东部边缘，北西盘（上盘）主要为中元古代的抱板杂岩，南东盘（下盘）主要为下古生界。断裂主要发育于中元古界和中元古代花岗岩中，北段具韧性变形特征，南段在地表显示脆性变形特征，断裂总体倾向北西，早期具有剖面逆冲兼具平面右行走滑特征，燕山期叠加有脆性变形。该相范围内的褶皱主要分布于石碌一带，石碌复式向斜呈北西向分布，并叠加有北东向的褶皱变形，褶皱作用对石碌原生铁矿体产生了强烈改造，使铁矿体往向斜槽部产生塑性流动，导致矿体变厚变富。

（四）V-5-4 王下-江边残余盆地相（P_{2-3}）

主要展布于乐东江边-昌江王下一带，包括二叠系鹅顶组（P_2ed）和南龙组（$P_{2-3}n$）。鹅顶组（P_2ed）主要岩性为生物粉晶灰岩、生物屑灰岩夹含燧石纹层灰岩，盛产蜓类、腕足类、有孔虫、海百合茎化石。南龙组（$P_{2-3}n$）总体为一套海相砂泥质建造，上部为泥质岩与中粒长石石英砂岩互层，夹少量杂砂岩；下部为细砂岩、粉砂岩与泥岩互层，夹杂砂岩，石碌水库一带出现砾屑硅质岩，江边一带见薄的煤线（表明其包含了部分海陆交互相岩石建造），盛产蜓类、腕足类、头足类及植物化石。

在区域上，早二叠世早期仅零星分布俯冲型侵入岩，早二叠世晚期-中二叠世已出现大量同碰撞岩体，表明在早二叠世块体间发生了碰撞或部分碰撞和拼贴事件，导致琼东地区已隆起成陆，缺失二叠系，但琼西的部分区域仍分布有中晚二叠世地层。可能的原因为：碰撞块体的边缘不规则，导致部分地段已碰撞拼贴，但部分地段盆地仍未完全关闭（类似于现今的地中海），继续在残余盆地环境沉积了鹅顶组（P_2ed）和南龙组（$P_{2-3}n$）。至早三叠世海南岛全面隆起，结束了海相沉积，同时形成了一套山前磨拉石建造——岭文组（T_1l），但岭文组分布区域相当局限，仅见于琼东翰林、九曲江一带，表明标志着海南岛华力西-印支造山运动结束的磨拉石建造并不发育，不同于典型造山带。

（五）V-5-5 白沙陆内盆地相（K）

白沙陆内盆地相（K）仅包含一个亚相——猴猕岭-鹦哥岭拉分盆地亚相，状如丝瓜，呈北东向展布，北东始于儋州鹿母湾村一带，经白沙县细水乡、鹦哥岭、东方市猴猕岭，南西止于乐东县抱伦农场一带，即白沙白垩纪红盆分布范围。盆地的西部为白沙-和庆断裂带，东部为乐东-西昌断裂带，两条断裂带为该相的主导构造，控制了白沙盆地的生成和演化，两条断裂总体显示脆性特征，后者局部见韧性变形，在毛阳一带沿断裂带零星见中元古界抱板群出露。该相范围内还零星分布南北向、北西向脆性断裂，后者可能产生于燕山晚期或喜马拉雅期，并切错北东向断裂带。该相以内局部见短轴宽缓褶皱，形成于燕山期或喜马拉雅期。

该盆地是在燕山期晚期太平洋板块朝亚欧板块俯冲大地构造背景下，生成于华力西-印支期的北东向断裂复活，并产生右旋压扭性活动而形成的拉分盆地。

猴猕岭-鹦哥岭拉分盆地亚相包含拉分盆地冲积扇-河湖相砾岩-粉砂岩-泥岩-夹火山岩组合（K_1）、拉分盆地冲积扇-河湖相砾岩-砂岩-泥岩组合（K_2）两个沉积建造组合。前者即鹿母湾组（K_1l），后者即报万组（K_2b），后者主要出露于盆地南西端，分布面积远小于前者。鹿母湾组下部岩性以紫红色砂砾岩、含砾长石粗砂岩为主，夹泥质铁质粉砂岩和泥岩；上部岩性以紫红色长石石英细-粉砂岩夹钙泥质粉砂岩、粉砂质泥岩，上下皆夹多层中酸性火山碎屑岩。报万组岩性为浅紫红色、浅灰白色复成分砾岩、岩屑长石砂岩、泥质粉砂岩、粉砂质泥岩、泥岩互层或互为夹层。白沙盆地早期沉积（鹿母湾组下部）为一套近缘碎屑沉积，粒度总体较上部粗，靠盆地边缘局部地段还发育冲积扇砾岩和巨砾岩，说明沉积时的地形陡峻；中期碎屑沉积物（鹿母湾组上部）粒度总体较上部细，岩性以泥质粉砂岩和粉砂质泥岩为主，说明此时两侧物源区由于风化剥蚀，地形变得相对平缓，但此时火山活动仍较活跃，鹿母湾组上部夹多层中酸性火山碎屑岩；晚期盆地闭合则以发育水平层理、交错层理的砾岩、砂砾岩为特征，可能由于燕山晚期构造脉动，两侧物源区再次隆升。从沉积物厚度、粒度、产状等特征来看，盆地发育多个沉积中心，从早到晚，盆地沉积中心有从南东向北西迁移的趋势。

该亚相的基底为基底残块亚相（Ch）、陆缘裂谷亚相（C_2）、俯冲岩浆杂岩亚相（P_1）、同碰撞岩浆杂岩亚相（P_2）。基底残块亚相（Ch）由石英岩+云母片岩组合组成，即峨文岭组（Che），岩性主要为云母片岩、石英片岩、大理岩，夹石英岩，仅出露于该亚相东部边缘的乐东-西昌断裂带附近，可能是被断裂抬升至地表的盆地基底。陆缘裂谷亚相（C_2）即青天峡组（C_2q），为一套千枚岩+变质砂岩+板岩组合，呈北西向出露于白沙县城-什运镇的公路两侧。俯冲岩浆杂岩亚相（P_1）由 TTG-QM 组合组成，在白沙盆地内仅见石岭花岗闪长岩建造。同碰撞岩浆杂岩亚相（P_2）由高钾钙碱性花岗岩组合（P_2）构成，在盆地内仅出露二长花岗岩建造。

第四节　大地构造演化

海南岛地处特提斯构造域、西太平洋构造域和欧亚大陆板块构造域的交汇部位，具有多阶段、多旋回的发展演化特征。其地质发展历史可追溯至中元古代，在漫长而复杂的地史演化过程中，伴随各时期不同的地质事件，形成了一系列不同类型的沉积建造、岩浆建造、变质建造和构造相等。海南岛的构造演化历程大致可划分 6 个阶段：即长城纪结晶基底形成阶段、新元古代板内裂解与造山作用阶段、早古生代裂解与造山作用阶段、晚古生代裂解与造山作用阶段、中生代-新生代太平洋板块俯冲及陆内裂解阶段。

一、中元古代基底形成阶段

中元古时期海南岛地壳处于激烈活动时期，火山喷发活动比较频繁，伴随地壳的大幅度急剧下降，形成了抱板群（Ch*B*），其下部为戈枕村组（Ch*g*）岛弧或陆缘弧相（不排除是从陆缘弧裂解而来的岛弧）中酸性火山岩建造夹碎屑岩建造，上部为峨文岭组（Ch*e*）陆缘弧间盆地（不排除海沟环境）碎屑岩建造夹火山岩建造（宜昌地质研究所在开展 1∶25 万乐东县幅、陵水县幅区调联测时，主张五指山市毛阳地区峨文岭组上部发育一套大理岩，不同于峨文岭组层型剖面，但大理岩年龄目前缺少化石和同位素年龄证据，我们此次仍采纳宜昌地质研究所的观点），二者呈整合接触，构成了早晋宁沉积旋回。原岩恢复表明，戈枕村组的原岩为岛弧或陆缘弧钙碱性系列中酸性火山岩夹杂砂岩，火山岩主要为英安质和石英安山质的熔岩、凝灰岩类（马大铨等，1998）；峨文岭组原岩为一套夹少量火山岩的泥砂质岩、砂岩和少量富钙岩石等陆缘碎屑沉积岩系，岩石总体成熟度低，具类复理石沉积韵律，局部发育变余水平层理和韵律性粒序层理（马大铨等，1998）。反映了从早至晚，由强烈活动的构造环境向着构造活动性减弱的方向演化。

发生于约 14 亿年的早晋宁运动导致地壳隆升成陆，缺失 14 亿~10 亿年的地质记录，地壳物质局部发生重熔，形成以片麻状二长花岗岩为主的壳源型钙碱性花岗岩体，这次构造运动还同时导致戈枕村组和峨文岭组分别发生高角闪岩相（局部达到了麻粒岩相）和低角闪岩相区域变质作用，前者变质为片麻岩和条带状、眼球状混合岩，后者变质为片岩类、石英岩类，塑造了海南岛双层结构特征的结晶基底。经此次运动，抱板群成为海南岛最古老的结晶基底，但相对于典型克拉通基底，海南岛基底偏年轻，变质程度偏低，花岗岩所占比例也偏低，表明基底的克拉通程度不高，这大概是海南岛显生宙以来一直处于活动环境的重要原因（马大铨等，1998）。此次构造事件后，海南隆升为陆，进入地台剥蚀期，并缺失 14 亿~10 亿年的地质记录。

尽管片麻状花岗岩侵入戈枕村组和峨文岭组，但花岗岩的片麻理总体与戈枕村组和峨文岭组变质面理、线理协调一致，说明它们一同经历了强烈的韧性变形改造。大量研究表明中元古代花岗岩约形成于 1430~1400Ma（马大铨，1998；丁式江，1995；龙文国等，2001；L. Z. X，et. al.，2002；海南省地质调查院，2011），但对戈枕村组产生混合岩化的年龄还存在两种不同看法：①马大铨在乐东县冲卒岭戈枕村组混合岩脉体中获得的 Rb-Sr 等时线年龄为 1637±31Ma（相关系数 0.9994），认为该年龄代表混合岩化年龄；②另一种观点主张戈枕村组混合岩化发生于 1400~1430Ma（海南省地质调查院，2011；高林志，2010）。由于后一种观点所依据的年龄数据较新、测年方法较先进，因此，被本书采信。

综上所述，我们认为，①片麻状花岗岩的侵位与戈枕村组混合岩化变质事件是对同一构造热事件的响应。②混合岩形成于上地壳的下部，混合岩的形成与花岗岩浆侵入上地壳而带来的热量与流体紧密相关。③结合在云开地体天堂山岩群中石榴辉石岩获得1817±36 Ma年龄（覃小锋，2006、2007）、武夷地块基底麻源群中获得的2100～1766Ma同位素年龄（代表地层形成年龄）（许效松，2012）、琼西抱板群具1824±77Ma锆石结晶年龄，暗示长城纪时海南岛属于华夏地体群。

但要指出的是，约1400Ma的花岗岩侵入年龄和深变质年龄既与约1.9Ga哥伦比亚超大陆形成时间不吻合，也与格林维尔运动形成Rodinia超大陆的年龄（约1.0Ga）存在差异，在整个华南，1400Ma的岩浆侵入事件十分罕见（陆松年讲座），可能反映海南岛具有比较独特的地质发展历程。我们主张，海南岛1400Ma±构造热事件年龄为Rodinia超大陆形成的地质记录之一，在全球板块不断汇聚，朝着超大陆演化的大背景下，华夏地体群中某地体（该块体可能由于风化剥蚀已经消失，或者已经沉入南海）与古海南岛碰撞形成了中元古花岗岩，同时导致抱板群发生中深变质作用。该事件相对于形成Rodinia超大陆的高峰期提前了约400Ma（图7-4-1）。Li Z. X等鉴于劳伦大陆南部（北美西部）普遍存在中元古代构造-岩浆活动事件（Nyman et al.，1994）、劳伦大陆中南部和巴西西部存在1.50～1.30 Ga中元古代花岗质岩（Condie et al.，2005），指出海南岛是连接南极洲、澳大利亚东部、劳伦大陆西部的纽带，位于Rodinia超级大陆的核心位置（Li et al.，1995，1999）。本书赞同Li Z. X等的看法。

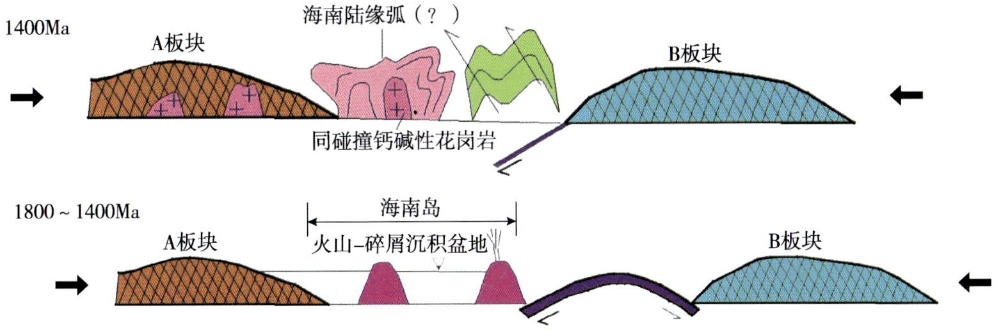

图7-4-1　海南岛中元古代大地构造演化模式图

值得注意的是：①产于琼西冲卒岭、大蟹岭抱板群中的斜长角闪（片麻）岩、片麻岩、变粒岩显示拉斑系列趋势，相对于琼中长征地区的样品，在SiO_2含量相近时，其Na_2O+K_2O含量较低，而MgO、FeO和CaO含量较高，由西往东的这种成分变化可能显示了自削减带向大陆内部的环境转变，即琼西位于大洋侧，而琼东更靠近大陆（1∶25万乐东县幅、陵水县幅区调联测报告，2003）；②前人曾报道在抱板群暗色包体中获得了3200～2400Ma同位素年龄值，表明中新太古代随着壳幔物质分异，海南岛已形成陆核（康玉柱，2010）。

该构造阶段形成的主要矿产包括沉积变质型石墨矿和伟晶岩型白云母矿，并完成了抱板群中金的初始富集，为后期琼西戈枕带金矿带的形成奠定了物质基础。

二、新元古代板内裂解与造山作用

前人研究表明峨文岭组所含变粒岩的原岩为酸性浅成侵入岩，并获得了995±20Ma的锆石Pb-Pb年龄，代表酸性侵入岩的原岩年龄（马大铨、黄香定等，1998）。抱板群（Ch*B*）中普遍发育斜长角闪岩，马大铨等人认为斜长角闪岩产状一般平行围岩片理或片麻理，其中部分斜长角闪岩具有侧枝、冷凝边，含围岩的捕虏体，另有部分明显切割片麻理，推断这些斜长角闪岩绝大部分是由基性侵入岩变质而来，谭忠福、马国干等在采自琼西二甲地区和琼中上安地区的斜长角闪岩中获得了975±8.6Ma

的 Sm-Nd 同位素年龄，马大铨等从采自琼西一带的斜长角闪岩中获得 955±54Ma 的 Sm-Nd 等时线年龄，两个年龄在误差范围内一致，代表了原岩的侵入年龄。可见产于抱板群的酸性侵入岩与基性侵入岩侵位时代相当，具有双峰式侵入岩特征。由此我们推测：约 1000~900Ma 海南岛地壳经历了拉张、裂解，导致琼西石碌地区形成陆缘裂谷盆地（图 7-4-2），沉积了一套具类复理石韵律特征的碎屑岩、碳酸盐岩，局部夹有少量的酸性火山岩、含铁硅质岩、铁矿层、重晶石层，即石碌群（Qbŝ）。约 830Ma 的晚晋宁运动使石碌群褶皱隆起，并遭受绿片岩相变质作用，形成海南岛的变质基底（图 7-4-2），此时的海南岛可能与华南大陆处在相同的大地构造背景中，主要依据如下：①上覆石灰顶组（Zŝ）基本没有发生变质作用，并与发生了绿片岩相变质的石碌群呈角度不整合接触；②前人在石碌群第 6 层所含铁矿层中获得 841±20Ma 的 Sm-Nd 同位素年龄（汪啸风，马大铨等），代表铁矿的沉积年龄，这一年龄数据与石碌群中的化石年代基本一致；③古华南洋于 830Ma±俯冲消亡，导致华夏地体与扬子地块碰撞拼贴。这期构造事件是对全球 Rodinia 超大陆形成的响应，其年代已被在华南获得的众多年龄数据所证实。

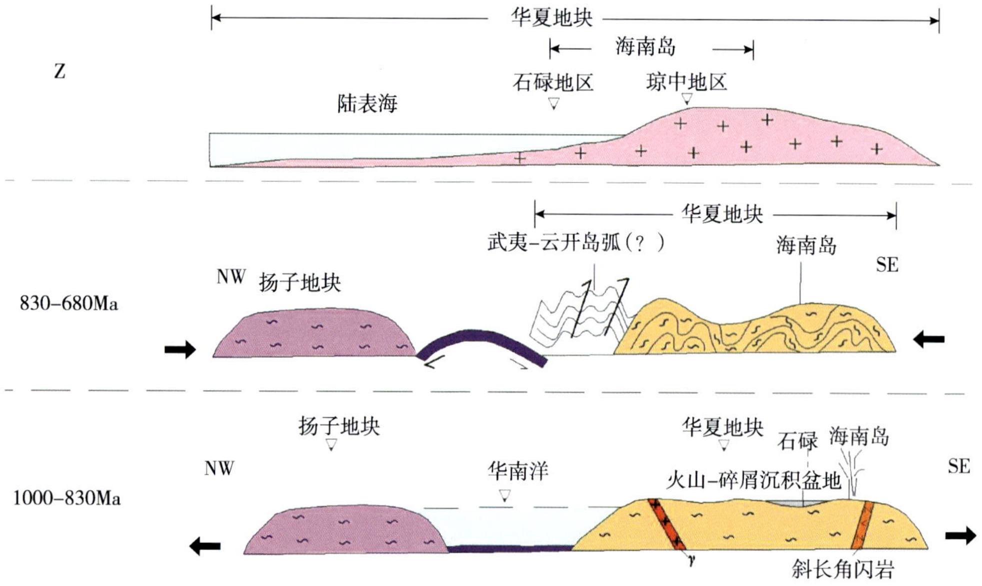

图 7-4-2　新元古代海南岛构造演化模式图

晋宁运动之后海南岛地壳隆升，并趋于稳定，但未发现晚晋宁运动期间产生的岩浆记录，反映地壳的克拉通程度不高、稳定性差，在震旦纪时，石碌地区再次发生裂解，沉积了石灰顶组（Zŝ）的一套陆表海沉积物。

三、早古生代裂解与造山作用

寒武纪时期，海南地壳裂解，九所-陵水断裂带南北两侧岩相古地理环境截然不同，北部五指山地区为陆缘裂谷盆地，南部三亚地区为台地陆棚滨浅海环境，表明二者有一定地理间隔，至晚二叠世或早三叠世二者才再次汇聚。寒武纪时，北部陆缘裂谷沉积记录见于万宁一带，裂解可能为由南至北，美子林组代表了裂解早期相对稳定的沉积，形成了一套滨海-浅海相碎屑岩夹碳酸盐岩建造，从早到晚，伴随地壳持续裂解，海水逐渐加深，沉积场所逐渐远离滨岸，海侵加强（海南省地质矿产勘查开发局，1995）。海南岛南面三亚地区沉积作用始于早寒武世，沉积了一套早-中寒武世的滨-浅海环境含磷锰砂泥质岩-碳酸盐岩建造，加里东运动使地壳发生差异性隆升，缺失上寒武统-顶寒武统沉积记录，导致下奥陶统大葵组（O_1d）与下-中寒武统呈平行不整合接触。

奥陶纪时，海南岛北部（九所-陵水断裂带以北）裂解程度加剧，沉积盆地拓宽，沉积水深加大，形成了近东西向的海盆，盆地具有东高西低，南北浅、中部深的沉积地形格局，接受了奥陶系南碧沟组一套厚达上千米的、具有复理石或类复理石特征的深海-半深海相碎屑岩夹酸性、中基性火山岩建造沉积，火山岩锆石 U-Pb 等时线年龄为 527±48～499±6Ma。但南碧沟组中缺少或少见内源物质的沉积，反映了该时期地壳可能具有快速裂解和上升的运动特点。此时，在海南岛南部（九所-陵水断裂带以南）的三亚地区则沉积了滨-浅海砂泥质岩-碳酸盐岩建造，此后演变为海陆交互相环境，形成了一套复成分砂砾岩、含砾砂岩、含铁黏土岩混杂沉积。晚奥陶世，加里东运动导致三亚地区地壳隆升成陆，由此进入了漫长的风化剥蚀期。

九所-陵水断裂带南北两侧寒武纪-奥陶纪地质演化具有截然不同的特征，主要体现在以下几个方面：①九所-陵水断裂带南北两侧的寒武系和奥陶系属于不同的地层系统；②北部地区寒武系、奥陶系普遍遭受了绿片岩相区域变质作用，南部地层则基本未变质；③前者寒武系和奥陶系的变形程度明显高于后者；④二者寒武纪和奥陶纪古生物面貌截然不同，南部三亚地区滨浅海相的生物丰度较高，而北部地区生物化石稀少。综上所述，寒武纪-奥陶纪，九所-陵水断裂带南北两侧已发生明显的地质演化分异。

地壳在经奥陶纪震荡性隆升后，志留纪沉积仅分布于九所-陵水断裂带以北，从下至上包括下志留统陀烈组、空列村组、靠亲山组、大干村组、足赛岭组。早期为滨海相砂质岩沉积，中期演变为浅海-半深海-深海相砂泥质、泥砂质沉积，晚期形成滨浅海砂质岩、泥砂质岩和碳酸盐岩沉积，构成了一个较完整的沉积旋回。琼西总体形成一套陆棚-大陆斜坡碎屑岩组成的复理石建造，上部发育碳酸盐台地相沉积，岩石中上部发育鲍马序列 A、C、D、E 层，而琼东地区则为深海平原相泥质、粉砂质沉积，形成了深水相复理石-类复理石建造，显示盆地具有东深西浅的沉积格局，与奥陶纪盆地东浅西深的格局截然不同，暗示地壳震荡性隆升作用具有不均衡性。下志留统沉积后，加里东运动导致海南岛中北部地区隆升成陆，缺失中志留世-泥盆纪沉积记录（近年来，也有部分学者主张昌江地区存在晚泥盆世地层）。

加里东运动在海南表现出多幕式和多样性特征（图 7-4-3）。第一幕发生于早寒武世晚期，具有垂直隆升特点，导致海南岛北部奥陶系南碧沟组以平行不整合叠覆于下寒武统美子林组之上。第二幕发生于晚寒武世中-晚期，与第一幕表现形式相似，形成了海南岛南部三亚地区下奥陶统大葵

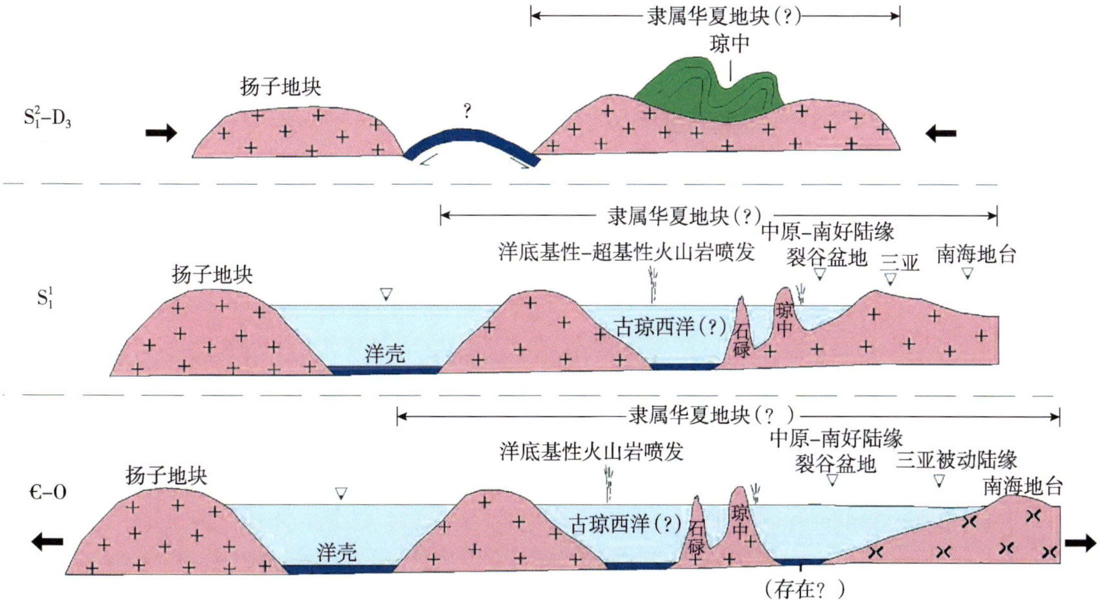

图 7-4-3　海南岛早古生代构造演化模式图

组与下-中寒武统大茅组间的平行不整合面。第三幕发生于上奥陶统晚期，地壳仍具有垂直隆升特征，导致琼南三亚地区隆升为陆，并从此结束了海相沉积历史。此幕活动在海南岛北面的表现是：奥陶系上部为半深海-深海相沉积，但志留纪早期突变为滨海沉积，显示地壳曾发生过大幅的垂直隆升，沉积水深急剧变浅。第四幕发生于早志留世晚期，导致海南北部地区上、下古生界呈角度不整合接触，岩浆记录方面，目前仅报道在昌江地区有晚泥盆世岩浆岩（花岗岩）分布，这与华南地区广泛分布加里东期花岗岩的地质特征迥异，伴随该幕构造运动，海南岛全面隆升为陆，缺失中志留统-泥盆纪沉积记录（不排除存在上泥盆统的可能），反映第四幕运动具有造山性质。

海南岛加里东运动与华南加里东运动在时间上基本同步，但构造运动强度较后者要弱得多，暗示海南岛在早古生代末处于华南加里东造山带的核心部位，而更有可能位于边缘区域。

四、晚古生代—三叠纪裂解与造山作用阶段

经加里东运动后，海南省地壳隆升为陆，至早石炭世地壳发生裂解，进入古特提斯构造域的作用范围，并再次开启海相沉积历史，在334±12Ma琼西一带出现洋壳（李献华、周汉文，2000；唐红峰，1999）。2012年8月在贵阳召开的大地构造（相）图评审会议时，项目组与全国项目组评审专家（潘桂棠、肖庆辉、冯益明等）合议，提出以白沙断裂带为界，划分海南岛的大地构造单元，断裂带南东为华南板块，北西则为琼西结合带，后者为华力西-印支期印支板块与华南板块碰撞拼贴的地质记录，并以含蛇绿岩碎片的俯冲增生杂岩为典型特征，同时主张分布于琼西邦溪一带含变基性岩的原南碧沟组中（O*n*）可能主要为奥陶纪地层，但其中有石炭纪-二叠纪地层未解体。

石炭纪南好组（C_1n）为一套陆缘裂谷相滨浅海碎屑岩。受华力西-印支运动影响，产生绿片岩相变质，底部形成变质石英质砾岩、变质砂砾岩、变质砂岩，其中底部的砾石成分主要有脉石英、石英粉-细砂岩、板岩等，形态为次圆状-圆状，具有底砾岩特征，代表加里东运动后地壳再次下陷，海侵序列的开始，在岛内一般见南好组砾岩和含砾砂岩与下志留统陀烈组或足赛岭组呈角度不整合接触，昌江石碌地区是个例外，南好组呈角度不整合覆于青白口系石碌群和震旦系石灰顶组之上；上部为变质陆源细碎屑岩，总体为板岩、含粉砂质板岩与变质粉砂岩、变质细砂岩不等厚互层，保亭南好乡一带普遍富含长石，代表了近源沉积环境。青天峡组（C_2q）沉积时，沉积环境呈现出一定的差异性，北面石碌镇-澄迈石浮镇一线石炭系为海相碎屑岩和碳酸盐台地相沉积，受华力西-印支运动影响，发生浅变质作用，形成变泥质砂岩夹大理岩岩石组合，具有稳定型滨浅海相单陆屑式建造夹碳酸盐岩建造的特点。海南岛东南部万宁中原镇一带该时期则为海相碎屑岩，缺乏碳酸盐台地相沉积，从早至晚（从南至北）海水逐渐加深，早期为滨浅海相（局部为大陆斜坡相）碎屑岩沉积，中晚期为大陆斜坡相，出现浊流形成的杂砂岩；晚期地壳活动性逐渐加强，上部岩石常见酸性凝灰岩或沉凝灰岩夹层，沉积建造类型由稳定型往次稳定型过渡。

早二叠世，随着洋盆消亡，地体碰撞，海南岛东南部隆升为陆，缺失二叠系，此时期的沉积仅见于海南岛西北的昌江石碌镇-东方市江边一带和屯昌晨星-儋州兰洋一带，主要包括峨查组（P_1e）、鹅顶组（P_2ed）和南龙组（$P_{2\text{-}3}n$）。其中，分布于琼西东方、昌江一带的峨查组（P_1e）与海南岛中北部屯昌一带的峨查组相比，二者在岩性特征上存在较大差异（前文已详述），前者形成于陆缘裂谷环境，主要为一套含滨浅海生物化石的砂泥质沉积，在华力西-印支运动作用下已变质成一套千枚岩、板岩、变质砂岩组合；后者主要为一套形成于半深海-深海平原的普遍含碳的泥质、细粉砂质沉积物，已变质为千枚岩、板岩、变质粉细砂岩，屯昌一带夹有变基性-超基性蛇绿岩片，地层中仅含微古生物化石。此外，需要说明的是：在综合分析前人区调资料，以及李献华和许德如等学者近年来的研究成果基础上，我们认为在琼西北邦溪-八一农场一带还存在一套石炭纪-早二叠世的含蛇绿岩碎片的浊积岩。根据本次在侵入岩方面的研究成果，在早二叠世，白沙断

裂带两侧的华南板块和印支块体可能局部已经碰撞拼贴，导致同碰撞花岗岩侵位，但琼西一带仍出露有中晚二叠世的沉积记录，而且基本没有发生区域变质。因此，我们推测鹅顶组（P_2ed）和南龙组（$P_{2\text{-}3}n$）形成于残余盆地环境，前者主要为一套含生物碎屑的灰岩，部分地区塑性变形强烈；后者仅出露于岛西石碌镇-江边乡一带，主要为一套滨海相泥砂质沉积，局部具海陆交互相沉积特征。其中，石碌地区出现砾屑硅质岩，江边地区见长石岩屑砂岩、长石石英砂岩、杂砂岩沉积等近源活动性沉积。始于早二叠世的华力西-印支造山运动使地壳不断抬升，南龙期后全岛地壳全面隆起，结束海相沉积。随后，在定安翰林、琼海九曲江一带沉积了一套山前磨拉石建造，即岭文组（T_1l），但该套岩石分布十分局限，与典型造山带普遍发育磨拉石建造迥异。晚二叠世海相沉积的结束、后碰撞花岗岩的大量侵入及早三叠世磨拉石建造的出现，暗示晚二叠世洋（海）盆全面关闭，琼西一带成为碰撞结合带，中元古代的基底残块、早晚古生代的陆壳残片和晚古生代含蛇绿岩碎片的俯冲增生杂岩等一同卷入结合带，成为琼西结合带的有机组成部分。

早二叠世，侵入岩浆事件陆续发生于白沙断裂带东西两侧，拉开了华力西-印支期岩浆事件的序幕。紧邻白沙断裂带的东侧分布有俯冲环境的 TTG 组合、钾玄质 ηo-$\delta\eta$-η 组合、TTG-QM 组合，其中 TTG 组合即细-中细粒石英闪长岩（$\delta o^{b}P_1$），出露于番阳、毛阳、志仲一带；钾玄质 ηo-$\delta\eta$-η 组合包括方满片麻状细粒黑云角闪二长闪长岩（$\delta\eta^{f}P_1$）、行干细中粒二长岩（$\eta^{x}P_1$）、什败细中粒含斑角闪黑云石英二长岩（$\eta o^{zb}P_1$），见于琼中上安、五指山市水满乡一带，地球化学特征反映它们来源于加厚的 EM2 型富集岩石圈地幔的低程度部分熔融；TTG-QM 组合分布于白沙断裂带东西两侧，在东侧仅见石岭花岗岩闪长岩（$\gamma\delta^{s}P_1$）出露于琼中县城以北一带。早二叠世，白沙断裂带西侧侵入有俯冲环境的中基性岩组合、TTG-QM 组合、TTG 组合，前者即机告村辉长岩-辉长闪长岩（$\nu^{j}P_1$），具有幔源岩浆特征。随着俯冲型岩浆侵入的结束，早二叠世晚期同碰撞岩浆开始出现，表明大致沿琼西结合带两侧块体已碰撞拼贴，中二叠世以通什岩体（$\eta\gamma^{t}P_2$）为代表的同碰撞岩侵入岩（以花岗岩为主）在海南岛大量出现，侵入岩以普遍发育同构造挤压面理为特征，至晚二叠世海南岛进入后碰撞期，岩浆活动更为强烈，以酸性岩浆为主的侵入岩遍及全岛，直至晚三叠世中晚期该阶段的侵入活动落下帷幕。值得注意的是：早二叠世的 TTG 及 TTG-QM 组合在白沙断裂带以东仅零星出露，并且紧邻白沙断裂带分布，往东朝着远离白沙断裂带的区域，花岗岩组合（P_1-T_2）大面积出露，而琼西一带 TTG-QM 组合较琼东一带 TTG 与 TTG-QM 组合分布广泛得多，这样的侵入岩分布格局反映了二叠纪-三叠纪海南岛岩浆组成的极性，表明早二叠世琼西一带为俯冲带岩浆带的外带，早二叠世洋壳（主洋盆）从北西往南东方向俯冲，而洋盆可能就位于现今北部湾一带。但也不排除在石炭纪-二叠纪时屯昌晨星-乐东抱伦一带（即大致在白沙断裂带分布区域）同时还存在另一小洋盆，小洋盆同时朝南东和北西方向发生双向俯冲（2013 年 7 月北京评审会上，邓晋福、冯益民、肖庆辉等人意见）。另外值得一提是：九所-陵水断裂带以南至早三叠世才拉开岩浆侵入序幕，并与北部岩浆活动趋于一致，从另一个侧面暗示大致在早三叠世三亚块体才与新形成的北部块体通过侵入岩浆作用焊接成一整体。

综上所述，晚古生代-三叠纪海南岛大地构造演化概括如下：早石炭世海南岛发生裂解，重新接受海相沉积，发轫于早二叠世（约 290~270Ma）的华力西-印支运动使地壳再次隆起，并导致华南板块（包含海南岛）与印支地体发生陆陆碰撞，使得中元古代结晶基底、中元古代花岗岩、新元古界、早晚古生代地层卷入琼西结合带，并呈构造岩片状产出，同时也造成海南岛中新元古界发生绿片岩相退变质和叠加变形，古生界产生低绿片岩相变质（中二叠统鹅顶组和中-上二叠统南龙组除外），并形成了区域性褶皱带和断裂带。伴随该构造运动的侵入岩浆活动（以酸性岩为主）强烈而持久，从早二叠世一直持续至晚三叠世，从早至晚，形成了俯冲型、同碰撞型、后碰撞型侵入岩组合，构成了较为完整的造山作用侵入岩浆演化序列，形成了五指山岩浆弧和那大-尖峰增生岩浆弧，岩浆作用导致琼西结合带遭受强烈叠加改造，导致俯冲增生构造岩片多呈孤岛状残留于花岗岩体中。在俯冲、碰撞应力场背景下，P_3-T_1 时南部三亚地体与新形成的北部地体汇聚，伴随强烈的岩浆侵入作用，三亚地体也为成为五指山岩浆弧组成部分。在碰撞挤压隆升后，在东部琼海九曲江、定安翰林一带还堆积了一套山前磨拉石建造（图 7-4-4）。

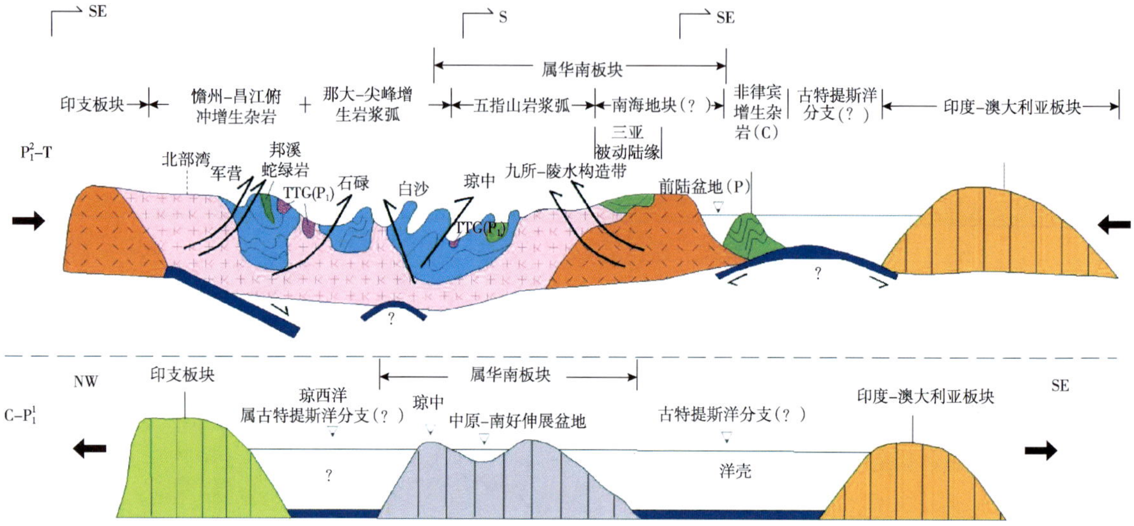

图 7-4-4　海南岛晚古生代—三叠纪大地构造演化模式

五、侏罗纪-第四纪太平洋板块俯冲及陆内裂解阶段

海南岛在经历强烈的华力西-印支期造山作用后，约在 200~175Ma 跨入构造-岩浆平静期：构造活动、岩浆作用微弱，沉积作用缺失。这一时期是本区乃至华南从特提斯构造域向滨太平洋构造域转折时期。早燕山期（175~150 Ma），海南岛进入滨太平洋构造域作用范围，构造-岩浆活动再次活跃。由于太平洋板块俯冲，软流圈地幔上涌，导致岩石圈裂解拉张，形成了一系列幔源和壳幔混合源侵入岩（基性-酸性岩体皆有分布，并以后者为主）。晚燕山期，太平洋板块持续俯冲，岩浆活动变得更加强烈，形成以酸性岩浆为主的陆缘弧俯冲岩浆杂岩亚相。燕山期侵入岩缺乏定向组构，属于伸展环境壳幔岩浆混合的产物，据此可推测燕山期太平洋板块的俯冲角度较大。值得一提的是：从海南岛南东往北西方向，燕山期岩浆作用呈现出总体减弱的趋势，且大致以白沙-和庆断裂带为界，南东侧 G_1G_2 组合分布广泛，而北西侧主要为花岗岩组合，岩浆组成的极性反映了太平洋板块从南东朝北西俯冲。燕山期，海南岛伸展和拉分剪切活动发育，形成一系列上叠于花岗岩和古生代基底的火山-沉积盆地和火山岩盆地，前者如白沙盆地、阳江盆地、王五盆地、雷鸣盆地等，后者主要包括牛腊岭、同安岭、五指山火山岩盆地。火山-沉积盆地沉积了下白垩统鹿母湾组（以湖-河相杂陆屑式建造为主，夹中酸性火山岩建造）和上白垩统报万组（湖-河相杂陆屑式建造为主），火山岩盆地产出下白垩统六罗村组、汤他大岭组、岭壳组中酸性火山岩建造（以流纹岩、英安岩、安山岩为主，底部夹有玄武岩）。燕山运动基本奠定了海南岛现今的大地构造格局，同时还导致部分先成的断裂带复活，如白垩纪晚期军营-红岭断裂带复活，产生由北西往南东的逆冲推覆作用，致使陀烈组逆冲推覆在下白垩纪统鹿母组和下石炭统南好组之上。海南岛 J-K 大地构造演化模式见图 7-4-5。

新生代以来，海南岛地壳总体呈拉张状态，以断块差异升降运动为主。王五-文教断裂带以南，地壳总体处于隆升剥蚀状态。王五-文教断裂带以北，由于太平洋板块向欧亚板块的俯冲（不排除印度板块的俯冲也施加了影响），雷琼地区上地幔隆升，导致地壳拉张，形成雷琼陆缘裂谷，其内部由于北西向和北东向断裂的切割，形成垒堑相间的古地形格局。地壳拉张引起琼北地区先成断裂复活，其中以近东西向断裂活动最为强烈，导致琼北地壳从南至北总体呈阶梯状下降，形成近东西向陆缘裂谷，主导了该地区地质演化，并塑造了沉积盆地格局。古近纪在裂谷内沉积了一套河湖相红色碎屑建造夹可燃性有机岩建造、膏岩建造夹玄武岩建造，新近系沉积了一套滨浅海相碎屑建造和玄武岩建造，新近纪末，发生海退，结束海相沉积，构成了一个完整的海进-海退沉积旋回。古近纪-新近纪沉积厚度总体东薄西厚，琼北地区一般厚约 500~3000m，沉降中心（福山凹陷）的沉积厚度可到 4000~6000 m，局部沉达 9000m。裂谷东部的文昌地区（北西向的清澜-铺前断裂带以东），缺失古近纪-新近纪沉积记录，出露华力西-印支期花岗岩、燕山期花岗岩和古生界。琼北火山活动始于始新世，并渐趋增强，在更新世火山活动达到极盛，即使在全新世时，雷琼地区仍有火山活动，但强度总体衰减。海南岛新生代大地构造演化模式见图 7-4-5。

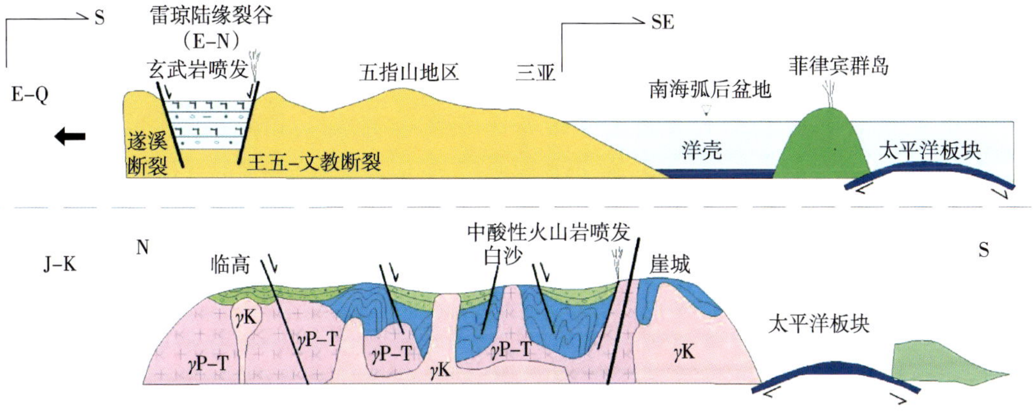

图 7-4-5　J-Q 海南岛构造演化模式图

第八章 大地构造相与成矿

第一节 概 述

海南岛矿产资源较为丰富，已发现矿种89种，矿产地513处（扣减掉共伴生造成的矿产地重复，实际373处）。其中能源矿产9处，黑色金属矿产15处，有色金属矿产122处，贵金属矿产41处，“三稀”矿产82处，非金属矿产164处，水气矿体80处。超大型11处，大型矿床48处，中型矿床121处，小型矿床234处，矿化点60处，未划分规模的矿产地40处。保有资源储量列全国前十位的有锆英石砂矿、石英砂矿、钛铁矿砂矿、油页岩、铝土矿等矿种。

矿产资源是地质作用的产物，成矿作用为地球动力作用的表现形式，大地构造演化控制了区域成矿作用，成矿系统是大地构造相的有机组成部分。如前所述，本次工作将海南岛大地构造相划分为1个相系，3个大相，8个相和9个亚相。下文将以三级或四级大地构造（相）单元为主线，着重阐述大地构造相与全国项目办要求预测的16个矿种（金、银、铜、铁、铅、锌、硫铁矿、钼、铝、煤、磷、锰、钨、稀土、萤石、重晶石）及省级5个矿种（油页岩、锆英石砂矿、钛铁砂矿、石英砂矿、独居石砂矿）成矿的关系。

第二节 大地构造相与成矿

一、雷琼裂谷相与成矿

雷琼裂谷相属于V武夷-云开造山系——V-2东南沿海弧盆系。该相位于雷州半岛和琼北一带，仅包括徐闻-海口陆缘裂谷亚相（优势亚相）一个四级相单元。除此之外，该相内还包括同碰撞岩浆杂岩亚相、拉分盆地亚相和古弧间盆地亚相等非优势亚相，它们为徐闻-海口陆缘裂谷亚相的基底。徐闻-海口陆缘裂谷亚相位于南部的王五-文教构造带和北部的遂溪断裂带之间，主体为新生代玄武岩和碎屑岩建造，基底为中元古戈枕村组片麻岩-混合片麻岩、中元古代峨文岭组片岩-石英岩、二叠纪花岗岩、白垩纪陆相碎屑岩。

在陆缘裂谷环境下，琼北地区沉积作用发育，形成了丰富的沉积矿产，主要包括煤、油页岩、锆钛砂矿、石英砂矿、石油、天然气、黏土等，其中，经济价值较大包括锆钛砂矿、石英砂矿、油页岩、石油、天然气和天然矿泉水。锆钛砂矿、石英砂矿皆分布于该亚相东部文昌市海岸带（海成阶地和滨海），前者赋存于烟墩组（Qh^3y）和八所组（Qp^3bs）海相松散沉积物中，后者主要产于八所组（Qp^3bs），已发现文昌铺前砂钛矿（大型）、鹿马岭-东坡锆英石砂矿（大型）、龙马石英砂矿（大型）等一系列的小型-大型规模的砂矿床。油页岩主要分布于该亚相西部长坡洼陷，赋存于长坡组（$N_1\hat{c}$）湖相含煤-油页岩碎屑岩组合，产出有长坡大型油页岩。因环保因素，该油页岩尚未开采。石油和天然气主要产于该相中部福山凹陷（盆地）流沙港组（E_2l）湖泊泥岩-砂岩组合、涠洲组（E_3w）湖泊泥岩-砂岩-砾岩组合、下洋组（N_1x）滨海砂岩-砾岩-泥岩组合，其中前者既是生油层位，也是储油层位，后二者为储油层位，在澄迈县福山镇-海口市白莲镇一带分布有花场、金风等中小型油气田。天然矿泉水主要赋存于海口组（N_2h）贝壳碎屑砂砾岩中，该组是徐闻-海口陆缘裂谷亚相内分布最广的地层，隐伏于西部的儋州白马井镇至海口三江镇，个别地段出露地表，驰名中外的椰树矿泉水即主要取自该套地层。

在新生代以来形成的陆缘裂谷环境下，玄武岩断续喷发（其中以中新世-全新世期间火山喷发最为剧烈），导致琼北地区约4000km^{2}被玄武岩覆盖。玄武岩在海南炎热、潮湿和多植被环境下，经强烈风化作用形成铝土矿、钴土矿、褐铁矿等矿产，铝土矿、钴土矿又与红土化作用的时间有关，红土化作用越强烈，越有利于上述风化型矿产的形成。中新世海口组中的玄武岩夹层，因水化作用或火山喷发余热影响，发生脱玻化作用，形成共生的大型沸石和膨润土矿床，前人在海口一带探获这类矿床，但未被开采利用。北西向清澜-铺前断裂带以东的文昌地区，极少接受新生代的沉积，花岗岩经强烈风化，形成多个高岭土矿。

该亚相中研究程度较高的矿种主要有石油、天然气、煤矿、锆钛砂矿和石英砂矿。下面以煤、锆钛砂矿和石英砂矿为例，简述其地质特征及成矿作用。

（一）长昌煤矿

在新生代期间，王五-文教大型正滑构造带强烈活动，琼北至雷州半岛一带地壳呈阶梯状下降，形成雷琼陆内裂谷，在此构造背景下，琼北地区生成了包括长昌盆地在内的一系列断陷盆地。

长昌组（$E_2\hat{c}$）上段为长昌煤田的主要含煤地层，底部与下段杂色岩段整合接触，顶部以褐色油页岩与上覆瓦窑组整合接触。煤田主要产出褐煤，共有煤层22层。与煤矿相关的岩石组合主要由棕灰色、灰黑色的页岩、碳质页岩、油页岩与灰白色的长石石英砂岩、长石石英粉砂岩、褐煤层组成。

长昌煤矿成矿主要经历了盆地形成、煤的形成、煤被剥蚀3个阶段。

盆地形成阶段：古新世时，因地壳拉张下陷，长昌地区由洼地接受沉积向内陆湖相沉积体系转变，形成了东西长、南北窄的断陷盆地基本形态。

煤的形成阶段：古新世后，湖泊由于长期沉积和堆积相对上升，逐渐由浅湖相沉积体系转变为沼泽相沉积体系，被掩埋的动植物经化学作用形成煤，与近源的陆源碎屑岩、页岩等呈互层状产出；始新世沉积后，盆地上升，基本结束了湖泊相、沼泽相沉积。仅在盆地中低洼处接受沉积，部分被掩埋的动植物经生物、化学作用形成薄煤层。

煤层剥蚀阶段：流经盆地中低洼处的小河溪侵蚀先期煤层。

（二）文昌市铺前钛锆砂矿

文昌市铺前钛锆砂矿矿区位于海南岛文昌市铺前镇，矿区广泛出露第四系上更新统八所组和全新世烟墩组，其中，后者为主要含矿层。矿层普遍与下伏中更统的灰或褐黄色黏土呈整合接触；局部与下伏的花岗岩、花岗闪长岩呈沉积接触，或与古生代绢云母石英片岩呈角度不整合接触。据烟墩组的颜色和含矿性的不同，自上而下为：

⑤ 黄色钙质胶结含砾砂岩，零星分布，不含矿，厚0~2m。

④ 橘黄色松散细砂，含矿，厚4.0~8.0m，最厚13.0m。

③ 灰白色细砂，含矿，厚2.0~4.0 m。

② 灰黄色细砂，含矿，厚6.0~8.0 m，最厚16.0m。

① 棕色或烟色有机质胶结细砂，含矿，厚2.0~5.0 m。

钛锆砂矿主要分布于海成阶地中，其成矿矿物主要来源于富含锆英石、钛铁矿的地质体，这些地质体经风化解体、成矿物质被流水搬运、波浪分选富集而成矿。

（三）文昌龙楼石英砂矿

矿区位于海南岛文昌市龙楼镇赤筠村一带，矿区地表广布第四系，包括中更新统北海组、上更新统八所组、全新统烟墩组及现代风积层、冲积层等。经钻孔揭露，其岩性主要为中细粒石英砂、砂质黏土和黏土层。

从本区石英砂矿体赋存地层、地貌特征来看，石英砂矿主要分布在中更新统北海组和上更新统八所组形成的海积阶地中，少量赋存于全新统的风积沙丘、砂垅和洪冲积凹地中。其成矿物质主要来源于富含石英的地质体，经风化崩解、石英被流水搬运、水力筛选而富集成矿。多数矿体属滨海相沉积成因，少数为风积和洪冲积成因。

（四）区域成矿潜力评价

前人于该亚相中发现长昌煤矿、长坡煤矿、铺前钛锆砂矿、翁田-昌洒锆钛砂矿、龙楼石英砂矿、澄迈县花场油气田和金凤油气田、海口市金牛岭沸石膨润土矿等沉积型和风化型矿产。

长昌组第二段和长坡组第四段为煤矿、油页岩矿的主要赋矿层位。长昌组主要分布于该亚相南缘长昌盆地，煤系地层厚度159~196m。长坡组分布在儋州市长坡盆地及临高县加来-南宝盆地一带，该组在长坡盆地中部以灰、蓝灰色黏土岩、粉砂质黏土岩为主，夹油页岩及褐煤，底部为砂岩、砂砾岩，向盆地边缘过渡为杂色砂砾岩、含砾砂岩为主夹炭质泥岩及煤线，煤系地层厚度120~205m。加来-南宝盆地中部岩石组合特征与长坡盆地中部相似，具有一定的找矿潜力。

流沙港组（E_2l）是琼北主要生油（气）层位和储油（气）层位，为泥岩-砂岩夹玄武岩组合，一般厚度700~2200m。涠洲组与下洋组为油气的次要储油和生油层位。其中，涠洲组岩性以棕红、灰绿、灰黑、棕黄、浅灰色泥岩与浅灰色含砾砂岩、砂砾岩不等厚互层，局部夹数层玄武岩，主要为湖相沉积，局部为海相沉积，其间的砂岩是储油层位。涠洲组厚度变化较大，在福山盆地中一般厚540~830m，最厚达1970m，在盆地边缘和次级凸起部位变薄甚至缺失。下洋组为一套粗碎屑岩，属于海相沉积，岩性以灰色、浅灰色砂砾岩、砂岩、粉砂岩为主，厚度50~236m，在福1井厚度236m，黄金海岸花园Zk1井厚度175m，玉沙村Zk18孔厚121.4m。上述3套地层广泛分布于琼北福山凹陷，厚度较大，具有多套烃源岩，其中流沙港组二段烃源岩尤厚，是琼北主要的生油生气层位，砾岩、砂岩、泥岩及页岩构成的建造形成了良好的生储盖组合，有利于油气藏的形成和保存，在琼北地区，现已经发现多个小型和中型油气田，如金凤油气田、花场油气田。综上所述，琼北地区具有一定油气成矿潜力。

海岸带第四系为锆钛砂矿、石英砂矿的主要赋矿层位。其中锆钛砂矿主要赋存于烟墩组和八所组，石英砂矿则主要赋存于八所组中，两套地层围绕海岸带分布。八所组在琼东北厚度5~22m，烟墩组厚度变化较大，海口沿海地带厚3m，文昌一带厚度12.4~18.5m，部分地区可达数十米。古生代和中生代花岗岩为成矿提供了丰富的成矿物质来源，花岗岩经过风化作用，残留的重砂矿物和石英砂经海水及河流冲刷富集形成锆钛砂矿和石英砂矿。烟墩组和八所组分布广，在本相范围内的铺前-昌洒沿海一带均有分布，这一带的锆钛砂矿和石英砂矿的工作程度较高，现已发现一系列的大、中、小型锆钛砂矿和石英砂矿，如铺前钛锆砂矿、翁田-昌洒锆钛砂矿、龙楼石英砂矿等多个矿区。在沿海陆域空白区域，锆钛砂矿还具有一定的找矿潜力。在文昌东部滨浅海地区，水下找矿工作程度相对较低，相对于陆地具有更大的找矿潜力，由于锆钛砂矿多在海岸线附近富集成矿，因此，应特别重视古海岸线附近的找矿工作。另外，值得一提的是，除了锆钛砂矿外，还应注意对独居石砂矿进行综合评价；前人在开展锆钛砂矿调查评价时，并没有评价赋存于锆英石中的铪，因铪与锆一般呈类质同象分布于锆石中，因此，铪矿具有较大成矿和找矿潜力。

二、五指山岩浆弧相与成矿

五指山岩浆弧相（P_1-T_2，J_2-K_2）属于Ⅴ武夷-云开造山系——Ⅴ-4琼东弧盆系，位于白沙断裂带以东，包括乐东、三亚、万宁、五指山、琼中、琼海、屯昌县等市县。该相进一步划分为4个优势亚相，即琼中同碰撞岩浆杂岩亚相（P_1-P_2）、志仲-万宁同-后碰撞岩浆杂岩亚相（P_1-T_2）、琼东南后碰撞岩浆杂岩亚相（P_3-T_2）、吊罗山俯冲岩浆杂岩亚相（J_2-K_2）。除优势亚相外，还包括陆缘裂谷亚相、拉分盆地亚相、陆缘裂谷亚相、古弧间盆地亚相和古岛弧亚相等非优势亚相。下面分别论述各优势亚相与成矿的关系。

（一）琼中同碰撞岩浆杂岩亚相与成矿

琼中同碰撞岩浆杂岩亚相（P_1-P_2）内早-中二叠世的同碰撞侵入岩十分发育，主要岩石构造组合为强过铝花岗岩组合、高钾钙碱性花岗岩组合、高钾钙碱性花岗岩-QM-δ组合和闪长岩组合。在该亚相内已发现的主要矿种有金矿、铜矿、钼矿、铝土矿、宝石矿等，典型矿产地如海南岛富文式脉型金矿、烟塘梅岭园珠顶式斑岩型铜钼矿和高通岭白石嶂式脉型钼矿。其中，富文式脉型金矿成矿作用与晚白垩世花岗闪长岩、早白垩世鹿母湾组砂砾岩关系密切；烟塘梅岭斑岩型铜钼矿与晚白垩世花岗闪长斑岩、爆破角砾岩有关；高通岭白石嶂式脉型钼矿的成矿母岩为晚白垩世高通岭黑云母正长花岗岩。以上矿床与成矿相关的白垩纪岩体皆为G_1G_2-ν-QM-δ组合的成员，该组合属于俯冲岩浆杂岩亚相（K_2），为琼中同碰撞岩浆杂岩亚相中的非优势亚相。该亚相内的新近系碱性玄武岩-拉斑玄武岩组合（含石马村组和石门沟村组）为海南岛海南式红土型铝土（钴土）矿的成矿母岩，典型矿床为蓬莱红土型铝土（钴土）矿，其中铝土矿已达大型规模。该类矿床在更年轻的玄武岩风化壳中较少发现，表明长期的风化作用是成矿的必要条件。在石马村组和石门沟村组风化壳中除了风化型的铝土矿、钴土矿外，近年来还在玄武岩风化壳中发现镓矿。在半导体领域，金属镓的优势远超过硅材料，是第三代半导体制造的重要原材料，在当前国际形势下，无疑具有重要战略意义。在新一轮的找矿突破战略行动中，应高度重视镓矿的找矿评价工作。

1. 海南岛富文脉型金矿

海南岛富文脉型金矿产于定安县雷鸣盆地，区域上受东西向王五-文教深大断裂带与昌江-琼海深大断裂带及次级北东向断裂构造的控制，区域构造发育，岩浆活动频繁，分布有多个金矿产地。

在区域内，出露的地层主要为白垩系鹿母湾组砂岩、含砾砂岩，岩浆岩主要有早白垩世黑云母角闪石花岗闪长岩、晚侏罗世花岗岩及晚三叠世（角闪石）黑云二长花岗岩，其中白垩纪花岗闪长岩、鹿母湾组砂岩及砂砾岩与成矿的关系紧密。

该矿床的形成受以下三个因素控制：①构造：矿区位于东西向与北东-南西向两组区域构造带的交汇部位，断裂构造极其发育，导致花岗闪长岩体侵入，以及北西向、东西向等裂隙的产出。矿体产于北西向鹿母湾组层间破碎带中；②岩浆岩：燕山晚期岩浆活动对成矿有重要控制作用，靠近岩体，矿脉厚度大、品位高；远离矿体，矿脉变薄直至尖灭，推测含矿热液来源于深层岩浆期后热液；③地层：下白垩统鹿母湾组砂岩、含砾砂岩孔隙度大，并夹钙质层，易被矿液充填交代。

成矿作用分为两个阶段。第一阶段为下白垩统鹿母湾组（K_1l）含砾砂岩角度不整合沉积覆盖在下志留统陀烈组绢云母千枚岩之上。第二阶段为早白垩系沉积形成的疏松砂砾岩，由于受燕山运动的影响，一是导致富含金银等元素的燕山晚期的花岗闪长岩侵入，二是地层因挤压形成褶皱，上覆的松散沉积地层发生顺层滑动，形成层间断裂破碎带。富含成矿元素的岩浆热液运移到层间破碎带，遇地表水，物理化学条件发生变化，致使金铅锌银多金属从成矿热液中沉淀，并富集成矿。花岗闪长岩岩体当中及其边部也有少量含金石英脉产出。

2. 烟塘梅岭铜钼矿

烟糖梅岭铜钼矿区位于琼海烟塘一带，矿区地层不甚发育，但大面积分布早三叠世中粒斑状黑云母二长花岗岩（$\eta\gamma^{1}T_{1}$）、晚白垩世中细粒角闪黑云花岗闪长岩（$\gamma\delta^{j}K_{2}$）和花岗闪长斑岩（$\gamma\delta\pi K_{2}$）。与铜钼矿成矿相关的岩石为花岗闪长斑岩、爆破角砾岩。

根据岩性特征及与区内岩体的接触关系将矿区花岗闪长斑岩划分为如下四期。

1）第一期斑岩（$\gamma\delta\pi K_{2}^{1}$）：分布在矿区的东部和西部，呈小岩株状及岩脉状，侵入花岗闪长岩，同时被梅岭岩筒冲断和切割，推测其侵入时间晚于花岗闪长岩，而早于爆破角砾岩筒。

2）第二期斑岩（$\gamma\delta\pi K_{2}^{2}$）：未见实体，但整个岩筒中含有大量的斑岩成分的碎屑，斑岩碎屑中浑圆光洁的长石斑晶有别于第一期斑岩，推测在岩筒形成前夕，尚有另一期斑岩的侵入，岩筒形成时将其全部爆破成角砾或碎粉。

3）第三期斑岩（$\gamma\delta\pi K_{2}^{3}$）：分布于南部和西南部，在岩筒之下（-360m 标高以下）有一含钼矿的隐伏斑岩体，其与岩筒接触界线清楚，系岩筒形成晚期深部岩浆上侵形成。因此，推测其形成时代晚于岩筒。

4）第四期斑岩（$\gamma\delta\pi K_{2}^{4}$）：在岩筒中分布有大量的脉状斑岩（少数在围岩中），它们沿各种方向的裂隙侵入于爆破角砾岩、花岗闪长岩及第一期斑岩。其化学成分和矿化不同于第三期斑岩，但未见它们的直接关系，不能完全排除同次侵入的可能。

铜钼矿化在空间上有一定的分带性，铜多位于岩筒内，而钼仅位于岩筒接触带。总体上，在垂直方向上，铜上钼下；水平方向上，钼内铜外。梅岭角砾岩筒内部多见黑云母化，向外逐渐过渡为黄铁矿化、绢云母化、绿泥石化等中低温蚀变。

烟塘梅岭铜钼矿的成矿作用过程如下：晚白垩世花岗闪长岩侵位后期，在近东西向梅岭-重兴断裂和近南北向蓬莱-烟塘断裂的应力场作用下，深部岩浆携带大量的气液继续上侵，在断裂交汇部位致使围岩爆破形成梅岭爆破角砾岩筒。岩筒内可见浸染状铜钼矿化的花岗闪长岩角砾，表明在此阶段铜、钼已经初步富集；之后的 4 次花岗闪长斑岩的侵入使铜、钼进一步的富集，尤以第三次侵入的隐伏花岗闪长斑岩贡献最大，为梅岭铜钼矿的主成矿期。梅岭铜钼矿的成矿作用主要表现为富含大量铜、钼的成矿热液伴随花岗闪长斑岩（主要为第三期花岗闪长斑岩）侵入梅岭爆破角砾岩筒菱形裂隙带、近东西、近南北、北北西向断裂带，由于物理化学条件的改变，从而沉淀、富集、成矿；断裂带起到了为导矿、容矿作用，花岗闪长岩、花岗闪长斑岩提供了 Mo、Cu 等成矿元素。

3. 高通岭脉型钼矿

高通岭矿区位于乌坡镇北西约 3km。矿区内地层不发育，岩浆岩广泛分布，属燕山期同源岩浆脉动式侵入形成的复式岩体。主要有早白垩世花岗闪长岩（$\gamma\delta^{s}K_{1}$）、晚白垩世花岗闪长岩（$\gamma\delta^{j}K_{2}$）和晚白垩世黑云母正长花岗岩（$\xi\gamma^{g}K_{2}$）。晚白垩世黑云母正长花岗岩与钼矿体关系最为密切，是钼的成矿母岩，也是钼矿体的主要围岩。

通过对海南岩浆弧高通岭白石嶂式脉型钼矿预测工作区的成矿地质背景、成矿作用进行总结和分析，认为高通岭白石嶂式脉型钼矿床的成矿作用过程如下：燕山晚期，整个海南岛进入太平洋构造域作用范围，导致岩浆活动加剧，壳-幔混源型岩浆沿断裂带上侵，岩浆期后富含 Mo、Cu 等金属元素的气水热液沿断裂带迁移，同时与围岩发生强烈的水岩反应，萃取围岩中的 Mo、Cu 等有用组分，并在适合的空间沉淀、富集；主成矿期可能发生了多期次成矿作用，从而叠加形成热液脉型钼矿。成矿晚阶段，可能有天水参与，常发生高岭土化、绿泥石化、绿帘石化等低温蚀变；成矿期由于岩浆热液温度较高，成矿热液多沿断裂带与围岩发生水岩反应。因此，矿区蚀变多为线性，断裂带密集发育地段岩石发生强烈蚀变，蚀变类型主要为绢云母化、硅化、黄铁矿化、钾化等。

4. 海南式红土型铝土（钴土）矿

海南式红土型铝土（钴土）矿典型矿床为海南岛蓬莱铝土（钴土）矿，位于海南岛东北部文昌蓬莱一带，新近系石马村组玻基橄榄岩、橄榄玄武岩及石门沟组的橄榄玄武岩是钴土矿、铝土矿的成矿母岩，矿体主要赋存在二者风化壳中。

该矿床的成矿作用为：玄武岩在风化作用下，经过长期、缓慢的化学作用而形成新生矿物，如玄武岩中长石分解和水解形成三水铝石［$Al(OH)_3$］，进而形成以三水铝石为主的铝土矿；氧化锰从岩石中迁出，在以胶体状态运移时，吸附了从岩石中水解出的 Co、Ni、Cu 等元素，并在玄武岩的节理、气孔中沉淀，形成含钴硬锰矿，即钴土矿［$m(Co, Ni)O \cdot MnO_2 \cdot nH_2O$］，在风化壳中富集形成残坡积铝土矿或钴土矿床。其成矿过程主要可分为三个阶段。

1）成矿母岩形成阶段：新生代雷琼地区发生陆缘裂解，在中新世-上新世期间，地幔基性岩浆沿东西向王五-文教深大断裂带和琼东南北向断裂带的交汇部位喷发，形成基性熔岩及火山碎屑岩。

2）红土层形成阶段（玄武岩脱盐基阶段）：地表的玄武岩处于潜水面以上，遭受物理风化作用，钙、镁、钾、钠等首先溶解迁移，硅少量流失，大部分与铁、铝等残留原地，岩石迅速分解，形成以高岭石为主的红土风化层。

3）铝土矿形成阶段（红土层脱硅富铝阶段）：在地下水活动带，因水中含碱高，导致硅被大量带走，少量在低处沉淀成蛋白石；铁多残留在原地，部分被溶解、迁移至低处形成成褐铁矿；少量的铝与残余的硅进入高岭石晶格，大部分铝形成三水铝石。在地下水活动带的上部，地下水活动性强，故而形成铝矿层；下部活动性较差，铝矿的成矿作用不发育，只形成少量铝矿石，铁质因淋滤下渗，形成褐铁矿。

5. 区域成矿潜力评价

该亚相范围内华力西-印支期岩浆发育，其中，尤以早-中二叠世同碰撞花岗岩分布最广，与华力西-印支期有关的矿产主要为铅锌矿和水晶矿，其余矿产较少产出。燕山期，海南岛位于太平洋构造域，跨入了陆缘弧演化阶段，地壳总体处于伸展拉分状态，形成一系列白垩纪拉分盆地，在红盆中沉积了红盆相碎屑岩，此时，中酸性岩浆活动也十分发育，为形成富文式脉型金矿提供了有利的成矿地质条件。与燕山晚期花岗岩岩浆热液成矿作用有关矿产还包括钼、铜、铅、锌、银、铁、钨、锡、水晶等，例如：晚白垩世岩浆期后热液作用形成的高通岭钼矿床，燕山晚期加茂岩体岩浆热液充填形成的屯昌羊角岭特大型水晶矿。喜马拉雅期，风化作用和沉积作用是主要的成矿作用，中新世-上新世玄武岩风化形成红土型铝（钴）土矿，同时在风化土中形成蓝宝石、红锆石矿。华力西-印支期和燕山期酸性岩体（株）经风化形成高岭土矿。在文昌-琼海的海岸带，由于波浪淘洗、筛选作用，形成了一系列各种规模的锆钛砂矿，而陆域大面积的岩浆岩为这类矿产提供了丰富的成矿物质。

区域成矿异常元素主要有 Ag、Au、Pb、Zn、Mo、W，其他异常元素包括 As、Bi、Ba、Be、Cd、Co、Hg、Sb、Cr、Fe、Mn、Li、Ni、P、Sn、Sr、U、V。区域化探工作共圈定 13 个综合异常区，包括编号为 42、44 的两个甲类综合异常区和编号 43、46、68、69、70、71、75 的 7 个乙类综合异常区。42 号甲类综合异常：主成矿元素为 Zn，共、伴生元素包括 Cu、Mo、W、Bi、Cd 和 Ba 等，异常面积 7.2km^2，异常区分布二叠纪二长花岗岩和古生界石炭系浅变质岩，北西向构造发育，区内已发现银瓶岭热液型锌矿等矿床。44 号甲类综合异常：主成矿元素为 Au，共、伴生元素包括 Pb、Zn、Mo、Cu、As、Sb、Hg、Ag、Bi 和 Cd 等，异常面积 172.7km^2，区内已发现的富文热液型金铅锌银多金属矿位于异常中段，另外两处浓集中心目前尚未发现矿床，具有较好的找矿前景，值得进一步开展工作。异常区内主要分布中生界白垩纪红盆相沉积，以及侵入其中的白垩纪花岗岩，区内发育北西向至近南北向断裂构造，属于顺层滑动的层间构造。43 号乙类综合异常：主成矿元素为 W，共、伴生元素包括 Mo、Bi 和 Ba，异常面积 43.2km^2，异常区主要出露白垩纪花岗闪长岩。46 号乙类综合异常：主成矿元素为 Au，无共、伴生元素，异常面积 26.9km^2，异常区内主要见白垩纪红盆相沉积。68 号乙类综合异常：主成矿元素为 Mo，共、伴生元素包括 W、Pb、Bi 和 Cd，异常面积 44.8km^2，异常区主要见二叠纪二长花岗岩和白垩纪二长花岗岩。69 号乙类综合异常：主成矿元素为 Au，共、伴生元素包括 Ba，异常面积 10.7km^2，异常区主要分布二叠纪二长花岗岩。70 号乙类综合异常：主成矿元素为 Zn，共、伴生元素包括 Cu、Hg、Ag、Sn、Cd、F、Co、Ni，异常面积 34.4km^2，异常区主要见二叠纪二长花岗岩和白垩纪花岗闪长岩。71 号乙类综合异常：主成矿元素为 Zn，共、伴生元素包括 Pb、As、F、Ba、Co、Ni，异常面积 6.5km^2，异常区分布主要为二叠纪二长花岗岩。75 号乙类综合异常：主成矿元素为 Zn，共、伴生元素包括 Pb、As、F、Ba、Co、Ni，异常面积 6.5km^2，异常区主要分布二叠纪二长花岗岩。综上所述，该相范围内构造发育，岩浆作用强烈，分布有多个有找矿意义的化探异常，金、铅、锌和钼具有较大的成矿潜力。

琼北石马村组与石门沟村组玄武岩分布较广，石马村组在定安居丁、文昌蓬莱、新桥、三门坡一带均有分布，厚度较大，蓬莱石马村一带厚 72.5m，居丁厚 412.3m，石门沟村组在海口市大坡、文昌蓬莱、南阳及定安县永丰一带，在石马村一带厚度 127m，加之琼北炎热潮湿气候环境下强烈的风化作用，风化型铝土矿、钴土矿具有优越的成矿地质条件。前人在这一带开展了大量找矿工作，已发现蓬莱大型铝土矿，伴生钴土矿。在文昌和琼海的海岸带，陆域大面积分布的侵入岩在风化后可提供丰富的锆钛砂矿成矿物质，丰沛的降水可将钛铁矿、锆石、金红石、独居石等矿物搬运至海洋，海南岛东海岸具有强烈的波浪淘洗、筛选作用，因此，滨海锆钛砂矿、独居石砂矿具有优越的成矿条件，已发现一系列的锆钛砂矿，但仍具有较大的找矿潜力，尤其是在工作程度较低的滨浅海带。需要指出的是，以往对铪未作评价，在今后的工作中，应注意对铪进行评价。

（二）志仲–万宁同–后碰撞岩浆杂岩亚相与成矿

志仲–万宁同–后碰撞岩浆杂岩亚相（优势亚相）主体为同–后碰撞岩浆杂岩亚相（P_1–T_2），主要出露早–中二叠世同碰撞侵入岩和晚二叠世–中三叠世后碰撞侵入岩。前者包含高钾钙碱性花岗岩组合（P_1）、强过铝花岗岩组合（P_1）、闪长岩组合（P_2）、高钾钙碱性花岗岩–δ–QM 组合（P_2），后者由高钾钙碱性花岗岩–QM 组合（P_3）、高钾和钾玄岩质花岗岩–QM–ξo 组合（T_1）、高钾钙碱性花岗岩组合（T_2）、强过铝花岗岩组合（T_2）、拉斑玄武质 ν–$\delta\eta$ 组合（T_2）组成。除优势亚相外，区内还分布古岛弧亚相和陆缘裂谷亚相、俯冲期岩浆杂岩亚相等非优势亚相。

志仲–万宁同–后碰撞岩浆杂岩亚相内主要产出铜矿、铁矿、钼矿、铅锌矿、稀土矿、萤石矿、硫铁矿、锆钛砂矿和温泉等矿产资源，其中铜矿、铁矿、钼矿、铅锌矿、萤石矿与燕山期叠加的俯冲岩浆杂岩亚相（非优势相）关系密切，稀土矿主要与高钾和钾玄岩质花岗岩–QM–ξo 组合（T_1）相关，稀土矿赋存于该组合的风化壳中。该亚相单元内工作程度较高的矿种有铜、铁、钼、铅、锌，其中与铜矿相关的建造为早白垩世黑云母角闪花岗闪长岩、岭壳村组流纹岩–英安岩，与铁矿相关建造为白垩纪花岗斑岩建造，与钼矿相关的岩石组合为花岗岩–斜长花岗斑岩–花岗斑岩–石英斑岩组合，与铅锌矿相关的岩石组合为角闪石黑云母二长花岗岩–（辉石）黑云母正长花岗岩组合。典型矿床如同安岭–牛腊岭地区陆相火山岩型铜矿、红石矽卡岩型铁矿、石门山斑岩型钼矿、后万岭桃林式脉状铅锌矿等。

1. 同安岭–牛腊岭陆相火山岩型铜矿

同安岭–牛腊岭陆相火山岩型铜矿体产于同安岭陆相火山岩盆地北西部边缘的破火山喷溢相中。

同安岭盆地区域上出露的地层主要有志留系下统空列村组（S_1k）、志留系中统靠亲山组

(S_2kq)、大干村组（S_2d）和足赛岭组（S_2z）；石炭系下统南好组（C_1n）；白垩系下统岭壳村组（K_1lk）、汤他大岭组（K_1t）和六罗村组（K_1ll）。其中，岭壳村组（K_1lk）大面积出露，分布于同安岭、岭壳、新村一带，以流纹质火山熔岩及火山碎屑岩为主，夹数层英安质火山岩，与下伏汤他大岭组呈喷发不整合接触。与紫金山式陆相火山-岩浆热液型铜矿化有关的火山层位主要是岭壳村组火山岩及其同源岩浆分异演化所形成的花岗闪长岩，前者大面积分布于同安岭火山岩盆地中（主要集中于同安岭、岭壳、新村一带），以流纹质火山熔岩及火山碎屑岩为主，夹数层英安质火山岩，与下伏汤他大岭组呈喷发不整合接触。铜矿体赋存于岭壳村组流纹岩、英安岩中。

通过对海南岛同安岭-牛腊岭火山岩盆地铜矿预测工作区的成矿地质背景、成矿作用进行总结和分析，认为海南岛陆相火山岩型铜矿床的成矿作用过程大体如下：

早白垩世，太平洋板块向欧亚板块俯冲，位于海南岛南部九所-陵水断裂带以北的同安岭-牛腊岭盆地发生大规模火山喷溢作用。多期次的火山喷发活动使深源成矿物质在岭壳村组火山岩中得到初步富集；其后，与火山岩母岩浆同源的花岗闪长质岩浆侵入先期火山岩，同时带来新的热液和成矿物质，并使火山岩中初步富集的矿物质活化、迁移，并在有利的构造部位沉淀、富集，形成矿床。成矿受火山机构和断裂构造控制，矿床属陆相火山-岩浆热液型铜银矿床。

2. 红石矽卡岩型铁矿

红石矽卡岩型铁矿区内出露的地层有下白垩统六罗村组（K_1ll）、下石炭统南好组（C_1n）和下志留统足赛岭组（S_1z），狗岭断裂为主要导矿及容矿构造，区内经历了多次构造运动的叠加和岩浆岩侵入活动，构造较为发育。岩浆岩主要分布有华力西期二长花岗岩、印支期正长花岗岩和燕山期花岗闪长岩。此外，矿区内还发育有花岗岩闪长岩脉、花岗斑岩脉、石英斑岩脉、石英脉、煌斑岩脉等。

红石矽卡岩型铁矿成矿机理为：白垩纪花岗斑岩浆沿褶皱构造应力脆弱部位侵入，携带的中酸性气水溶液向围岩渗滤，并与化学性质活泼的碳酸盐围岩发生交代反应，致使矿质沉淀。在早期高温气态阶段（矽卡岩期），气-液与围岩反应形成石榴子石、透辉石、透闪石、绿帘石等矽卡岩矿物，同时形成磁铁矿和白钨矿等矿体，以及少量的黄铜矿、黄铁矿，构成内矽卡岩带；在晚期，随着气水溶液向外围渗透，形成绿泥石、绢云母、黄铜矿、黄铁矿，并在外矽卡岩带形成黄铜矿、方铅矿、闪锌矿等矿体。

3. 石门山斑岩型钼矿

石门山钼矿区位于九所-陵水深大断裂北侧的乐东千家镇，即区域性北东向断裂的次级北北西向断裂的中段，矿区内位于白垩纪千家复式岩体内，出露晚白垩世细中粒斑状（少斑）角闪黑云二长花岗岩（$\eta\gamma^{bt}K_2$）、中细粒黑云母正长花岗岩（$\xi\gamma^{dx}K_2$）、粗中粒（含斑）黑云母二长-正长花岗岩（$\zeta\gamma^{d}K_2$）及斜长花岗斑岩脉、石英斑岩和花岗斑岩等脉岩。与成矿相关的岩石组合为花岗岩-斜长花岗斑岩-花岗斑岩-石英斑岩-云英岩组合。

千家岩体为晚白垩世复式岩体，在其演化后期所形成的斑岩直接控制了钼多金属矿床的形成，分析结果显示斑岩中钼、铜、铅、锌、银的含量较高，为钼多金属矿床的形成提供了丰富的成矿物质。在石门山辉钼矿体中或含辉钼矿云英岩中，普遍见产状基本与矿体一致的斜长花岗斑岩脉，且斜长花岗斑岩脉本身已云英岩化和辉钼矿化，部分钼品位达工业要求。在未出现斜长花岗斑岩的地方，蚀变矿化则很弱，表明斜长花岗斑岩脉与钼多金属矿床有成因上的联系。矿体和云英岩体都有向北西侧伏的趋势，暗示深部有隐伏的花岗斑岩体，而产在矿体和云英岩体中的斜长花岗斑岩脉可能是从隐伏斜长花岗斑岩体伸出的岩脉。

控矿断裂主要为北北西向扭张性断裂及近南北-北北西向压扭性断裂。多条北北西向扭张性断裂在石门岭-石门水库一带呈大致平行展布，该组断裂具多期活动特点，早期活动较弱，局部有早期白色柱粒状石英脉、闪长玢岩或煌斑岩脉侵入。晚期活动强烈，侵入具辉钼矿化的斜长花岗斑岩体、二长花岗斑岩体，以及晚成的花岗斑岩和石英斑岩大岩墙，岩脉在地貌上呈现大致平行的带状山脊。

石门山钼矿区经历了气化高温热液、中温热液、浅成低温热液3个成矿阶段。在气化高温热液阶段，来自斜长花岗斑岩岩浆结晶分异形成的岩浆水与围岩发生强烈的水岩反应，自斑岩脉向外依次为云英岩化带、绢云母化带，蚀变减弱，钼矿体多为此阶段的产物；中温热液阶段，以银的矿化为特征，矿石赋存于绢云母化带中，螺状硫银矿指示成矿温度为中温偏低温，成矿热液主要为混合流体；浅成低温热液阶段以铅锌的矿化为特征，以低温蚀变为主，常见方解石、绿帘石、白云母等，热液是以天水为主的混合流体。矿化呈现明显的垂直分带特征：矿化自深部至浅表依次为Mo、Ag、Pb、Zn；晚白垩世的黑云母正长花岗岩和二长花岗岩可能为成矿母岩，不仅提供成矿物质，同时也提供了赋矿空间。

4. 后万岭脉状铅锌矿

后万岭脉状铅锌矿区主要出露白垩纪晚世保亭岩体（千家复式岩体的组成单元），岩石类型主要为角闪黑云二长花岗岩和（辉石）黑云正长花岗岩。破碎的围岩发生硅化、绢云母化、绿泥石化、黄铁矿化和碳酸盐化等蚀变，以矿化石英脉为中心，往两侧依次出现有绢英岩、绢云母化碎裂岩、硅化、绢云母化二长花岗岩、绢云母化花岗岩。角闪黑云二长花岗岩是主要的赋矿围岩，大面积分布于矿区的北部及东部。北北西向-近南北向断裂由数条规模较大、走向北北西向-近南北向的石英脉绢云母化破碎带组成，为矿区的主要控矿、赋矿构造，具多次继承性活动的特点。

后万岭脉状铅锌矿床成矿机理如下：燕山晚期岩浆活动强烈，岩浆上升多期次侵位，形成的千家复式岩体（±94Ma）；在岩浆活动的晚期阶段，早期侵位的复式岩体主体受到北北西向-近南北向扭张性断裂活动的影响，发生破裂，并形成开放空间。与此同时，深部岩浆房演化至晚期形成的二长-正长花岗质岩浆沿断裂上升、侵位，并分凝出富含金属（Pb、Zn、Cu、Ag）的含矿热液；矿液沿断裂向上运移的过程中，与两侧的花岗岩发生水岩反应，导致石英和矿石矿物的沉淀及围岩的蚀变作用，形成以矿化石英脉为中心、对称分布的中低温热液蚀变（硅化、绢云母化、绿泥石化、黄铁矿化和碳酸盐化）。岩浆热液成矿过程中，尤其是成矿作用的晚期，可能有天水参与。

5. 区域成矿潜力评价

该相范围内主要分布有同安岭-牛腊岭陆相火山岩型铜矿、红石矽卡岩型铁矿、石门山斑岩型钼矿、后万岭脉状铅锌矿、南好锌山-南后山铅锌矿、五零八铁矿和情安岭铁矿，以及一系列的钼、铅锌、铜、金、银、铁、云母、萤石等矿（化）点。

与同安岭-牛腊岭火山岩型铜矿成矿相关的建造为白垩纪早世黑云母角闪花岗闪长岩建造，岭壳村组（K_1lk）流纹岩-英安岩建造，主要分布于琼南同安岭、牛腊岭陆相火山岩盆地中，在盆地已发现多个中温热液型金、铜矿点，分为两种类型，一种类型为产于火山盆地内缘火山岩中温热液型金、铜多金属矿点，含矿围岩为第Ⅱ旋回的含砾凝灰岩、熔结凝灰岩（碎斑熔岩）和第Ⅱ旋回的沉火山岩，矿体多以脉状产出，如雄岭、富田、落马昨、南改等金矿点。另一类型为产于火山盆地外缘，赋存于燕山晚期黑云母正长花岗岩与火山岩接触带的金、银、多金属矿点，如六罗金矿点。

南好矿区锌山-南后山铅锌矿、红石铁矿、红石铅锌矿、五零八铁矿和情安岭铁矿等矿床主要为接触交代型（矽卡岩型）矿床。铁矿体常呈似层状、透镜状、不规则状，主要产于燕山期侵入岩与下志留统足赛岭组中碳酸盐岩的接触带，总体呈北东向展布，受北东向牙日-狗岭-南好断裂控制。成矿分带明显，矽卡岩内带为铁矿，矽卡岩外带为铅锌矿，平面上呈现Fe→Pb、Zn→Cu的分带特征。

尖峰岭-石门山北西向断裂带对区域上成矿作用影响较大，沿断裂带脉岩和破碎带十分发育，构成脉岩-破碎带。破碎带中的花岗斑岩脉、中性岩脉、石英脉和硅化脉成群成带出现，大致平行延伸，分布有辉钼矿、铅锌和铅银矿床，以及金、稀土矿化；该断裂带往北西延伸到冲卒岭，中性岩脉密集成群成带发育于抱板群混合岩中，无岩脉地段则表现为破碎带，控制了伟晶岩脉云母矿床的分布。

琼西南北向断裂带经过该区，在石门山和看树岭一带，断层破碎蚀变硅化带中发生银和铅锌矿化，断层破碎带在石门山切过千家岩体处，发生强烈云英岩化，分布有石门山钼矿床和后万岭铅锌矿床。石门山钼矿与后万岭铅锌矿成矿围岩均为燕山期侵入岩，不同的是钼矿多产出于斑岩中，而铅锌矿则产出于石英脉中。区域上燕山期侵入岩分布面积广泛，构造活动强烈，岩脉发育，金、银、铜、铅、锌、钼矿具有较大的成矿潜力。

区域成矿异常元素主要为Cu，其他异常元素有Mo、Au、W、Sb、Hg、Ag、Bi、Sn、Co。分布1个甲类综合异常，主成矿元素为Cu，共、伴生元素包括Mo、Au、W、Sb、Hg、Ag、Bi、Sn、Co等，异常面积54.9km^2。异常区主要分布白垩纪酸性火山岩和花岗闪长岩，已发现岭曲火山-岩浆热液型铜矿床。

综上所述，该亚相华力西-印支期、燕山期构造发育，侵入岩浆活动剧烈，并经强烈分异演化，发育各类酸性岩脉，有利于热液脉型金、银、铅锌、钼矿的成矿，具有较大的成矿潜力，其中又以燕山期岩体成矿潜力最大。该相范围内部分印支期侵入岩体的轻稀土含量较高，在海南炎热潮湿的气候条件下，风化作用发育，特别有利于离子吸附型稀土矿的成矿。

（三）琼东南后碰撞岩浆杂岩亚相与成矿

琼东南后碰撞岩浆杂岩亚相位于琼东南的三亚、陵水、保亭一带，北以九所-陵水断裂带为界与志仲-万宁同-后碰撞岩浆杂岩亚相（P_1-T_2）相邻，南濒南海并接三亚被动陆缘相。

该亚相主体（优势亚相）为后碰撞岩浆杂岩亚相（P_3-T_2），包含的岩石构造组合有高钾钙碱性花岗岩组合（P_3）、碱性岩正长岩（T_1）、钾玄质花岗岩-ξo-QM组合（T_1）、强过铝花岗岩组合（T_2）、高钾钙碱性花岗岩组合（T_2）、强过铝花岗岩组合（T_2），后者属于地壳重熔成因（S型），其余岩石构造组合所包含的岩体属于壳幔混合成因（I型）。涵盖的岩石建造主要为正长花岗岩建造，其次为二长花岗岩建造，少量碱性正长岩、石英二长岩、花岗闪长岩建造，以T_2的侵入岩建造最为发育。其中二长花岗岩、正长花岗岩是区内滨海锆钛砂矿的主要成矿母岩，早白垩世流纹岩-安山岩-英安岩组合是火山岩型钼矿的赋矿围岩，并与成矿有成因联系。除优势亚相外，区内还分布有早古生代陆棚碎屑岩亚相和白垩纪俯冲期岩浆杂岩亚相等非优势亚相，其中，陆棚碎屑岩亚相由陆源碎屑-磷锰质岩-碳酸盐组合构成，俯冲期岩浆杂岩亚相包含G_1G_2-ν-QM-δ组合和G_1G_2-ν-δ-ξ-QM组合。俯冲期岩浆杂岩亚相G_1G_2-ν-QM-δ组合和G_1G_2-ν-δ-ξ-QM组合与区内白石嶂式脉型钼矿有成因关系。

亚相内分布的矿种主要为钼矿、金矿、铅锌矿、铜矿、稀土矿、锆钛砂矿等。目前工作程度较高的矿种主要为钼矿和滨海型锆钛砂矿，典型矿床如海南岛保亭县罗葵洞火山岩型钼矿、龙门岭白石嶂式脉型钼矿、陵水新村港锆钛砂矿。

1. 罗葵洞火山岩型钼矿

罗葵洞火山岩型钼矿位于保亭县南林乡，矿区出露的地层为下白垩统六罗村组火山岩地层，约占矿区面积的三分之二。区内岩浆岩十分发育，根据其侵位深度不同，可分为喷出岩、侵入岩及脉岩三大类。喷出岩岩石类型主要有流纹质碎斑熔岩、流纹质角砾熔岩、英安质凝灰熔岩等；侵入岩主要有中三叠世中粒斑状黑云母正长花岗岩、早白垩世石英正长岩和花岗闪长岩、晚白垩世似斑状花岗岩，区内出露的脉岩主要为辉绿岩、英安斑岩及石英脉等。赋矿岩石主要为侵入体外带的六罗村组火山岩（流纹质碎斑熔岩、流纹质角砾熔岩、安山岩等），以及内带的似斑状花岗岩及细粒正长花岗岩。

控矿构造为罗葵洞破火山口，该火山口为一个半封闭的小盆地，四周为陡峭山地，中心为相对平缓的丘陵。线性构造主要有北西向、北东向、近东西向及近南北向等四个方向。

罗葵洞火山岩型钼矿的成矿机理。燕山晚期，近东西向九所-陵水深大断裂活跃，同安岭-牛腊岭地区发生大规模的火山喷发，形成同安岭-牛腊岭陆相火山盆地。罗葵洞破火山口便为火山喷溢口之一，火山活动后期，火山口通道相在固结-半固结状态下，深部同源中酸性岩浆沿火山通道上侵，引起爆发，形成破山口。同源中酸性侵入岩携带的大量含 Mo 气液在斑状花岗岩顶界面及其外接触带火山岩的裂隙带和次一级北西向断裂带内对流循环、富集、沉淀，形成产状平缓的大扁豆状、似层状矿体，以及陡直的脉状矿体。火山岩仅作为赋矿岩石，本身 Mo 成矿元素含量较低。因此，同源中酸性侵入岩（斑状花岗岩）为成矿母岩，也是最主要的赋矿岩石。蚀变带呈面型或线性（受断裂带制约），靠近斑状花岗岩顶界面常见钾化、黑云母化等高温蚀变，向浅部或向外侧过渡为绢云母化、绿泥石化、黄铁矿化等中低温蚀变，硅化最为常见，同时与成矿关系也最为密切，Mo 矿化范围与硅钾蚀变带范围基本吻合；线状蚀变严格受断裂带控制，蚀变均发生于断裂带内，以硅化、黄铁矿化、绿泥石化、绿帘石化、钾化为主。

2. 龙门岭脉型钼矿

龙门岭脉型钼矿位于陵水县英州镇，矿区出露的地层为长城系抱板群云母石英片岩及白垩系下统鹿母湾组、第四系。矿区内岩浆岩分布广，根据侵入关系和岩体同位素年龄数据，将其划分为华力西期、印支期、燕山期。华力西期侵入岩有早二叠世黑云母二长花岗岩和晚二叠世黑云母花岗闪长岩，印支期侵入岩有早三叠世石英正长岩和晚三叠世中粗粒花岗岩，燕山期侵入岩出露早白垩世二长花岗岩和晚白垩世花岗闪长岩。

钼矿脉主要赋存于晚白垩世花岗闪长岩、绢英岩以及早白垩世二长花岗岩内，矿体的产状、形态严格受低序次、低级别北东向断裂带控制。断裂带内蚀变强烈，其蚀变程度与矿化程度成正比。矿床属热液脉型，矿石类型以微-细粒稠密浸染型矿石为主。龙门岭钼矿的成矿机理如下：燕山晚期，近东西向九所-陵水深大断裂再度活跃，在区域应力场作用下，在矿区内派生出次一级的北东向断裂带。同时断裂两侧发生大规模的岩浆活动，白垩纪二长花岗岩、花岗闪长岩的侵入带来了 Mo、Au、Pb、Zn、Fe、W 等成矿物质，岩浆演化后期形成的富含成矿元素的热液沿北东向断裂破碎带多期次充填交代，从而富集成矿。成矿晚期有少量天水参与。矿区内北东向断裂带为导矿、容矿构造，围岩蚀变多具线性特征，以绢英岩化、硅化、钾化、黄铁矿化、绢云母化、绿泥石化为主，与成矿关系最为密切的是硅化、绢英岩化、黄铁矿化等。一般绢英岩化越强，Mo 矿化也越好。

3. 新村港锆钛砂矿

新村港钛铁矿、锆英石砂矿区位于海南岛东南部陵水黎族自治县南西新村港一带，矿区大部为第四纪海相沉积物所掩盖，局部见基岩露头，中生代中酸性侵入岩为矿区的基底，第四纪沉积物直接覆盖在基岩之上。侵入岩的岩石类型有三叠纪的石英正长岩-角闪正长岩、黑云母花岗岩-正长花岗岩、中粒石英闪长岩与中细粒浅色花岗岩，每种岩石均含有锆英石和钛铁矿等副矿物，其中，又以石英正长岩和角闪正长岩中的含量最高。这些岩石在风化崩解后，形成的锆石、钛铁矿等矿物被流水搬运至滨海，在波浪的反复淘洗、筛选作用下，富集形成锆钛砂矿。因此，本区砂矿的物质来源，主要来自矿区内的各种花岗岩类岩石。

4. 区域成矿潜力评价

该相范围内主要分布罗葵洞钼矿、龙门岭钼矿、陵水新村港锆钛砂矿和陵水万洲坡锆英石砂矿等矿床。罗葵洞火山岩型钼矿主要产于同安岭火山盆地，受白垩纪破火山口控制，成矿与早白垩世六罗村组、岭壳村组火山岩同源的侵入岩密切相关，矿体产于侵入岩与火山岩接触带，典型矿床包括罗葵洞大型钼矿、新村小型钼矿。近东西向的九所-陵水断裂带控制着燕山晚期牛腊岭-同安岭火山岩带的分布，也控制了与华力西-印支期、燕山期岩浆活动有关的金、银、铜、铅、锌、铁、钼、水晶、萤石矿床的分布。

龙门岭式脉型钼矿主要赋存于晚白垩世花岗岩内，矿体的产状、形态严格受低序次、低级别北东向断裂控制。燕山晚期，受太平洋板块俯冲影响，近东西向九所-陵水深大断裂再度活动，在断裂带及其两侧引发岩浆活动，岩浆期后含矿热液充填断裂破碎带，形成矿床。区内已发现有岩浆热液型钼、金、铜、铅锌、铁等矿（床）点10余处。

陵水新村港式锆钛砂矿成矿物质来自矿区内大面积分布的花岗岩类。该相范围内大面积分布的侵入岩，高温潮湿气候造成的强烈风化作用，以及海南东海岸强烈的波浪作用，为该类矿床的成矿提供了得天独厚的条件。

区域成矿异常元素有Mo、Ag、Au、W，其他异常元素有Bi、Cu、W、Pb、Ba、Mn、Sr、Ti、Zr。区域化探工作共圈定一个甲类综合异常区，该异常位于保亭罗葵洞一带，主成矿元素为Mo，共、伴生元素包括Cu、W、Pb、Bi等，异常面积171.3km^2。异常区分布白垩纪流纹质火山岩夹安山质火山岩和似斑状花岗岩（隐伏体），赋矿构造为古火山口，已发现罗葵洞大型钼矿。

综上所述，该相范围内火山岩型和热液脉型金、银、钼矿及滨海锆钛砂矿具有较大的成矿潜力和良好的找矿前景。

（四）吊罗山俯冲期岩浆杂岩亚相与成矿

该亚相分布于琼东南吊罗山、保亭、陵水万宁一带，夹持于志仲-万宁同-后碰撞岩浆杂岩亚相（P_1-T_2）与琼东南后碰撞岩浆杂岩（P_3-T_2）之间，奠基于二叠纪—三叠纪岩浆弧之上。该亚相包含钾玄质中性岩组合（J_{2-3}）、G_1G_2-ν-δ-ξ-QM组合（K_1）、G_1G_2-ν-QM-δ组合（K_2），其中后者为该亚相主体。

吊罗山俯冲期岩浆杂岩亚相内分布的矿种比较少，现发现的矿产主要为金矿、钼矿、稀土矿及锆钛砂矿，多为矿化规模较小的矿点、矿化点，除钼矿有一定的成矿潜力外，其余矿种成矿潜力不大。

三、三亚被动陆缘相与成矿

三亚被动陆缘相属于V武夷-云开造山系——V-4琼东弧盆系，分布于琼南三亚市田独镇-安游镇一带，与五指山岩浆弧相（P_1-T_2，J_2-K_2）仅以地质界限分隔。此相下辖一个亚相（优势亚相），即安游陆棚碎屑岩盆地（Є-O）。该相还包括俯冲期岩浆杂岩亚相、断陷盆地亚相、后碰撞岩浆杂岩亚相等非优势亚相。

安游陆棚碎屑岩盆地亚相位于三亚市田独-安游一带，大致呈北东走向，北东与琼东南后碰撞岩浆杂岩（P_3-T_2）相邻，南西至南海之滨，其余方向接五指山岩浆弧相（P_1-T_2，J_2-K_2）。该亚相的主体为陆棚碎屑岩盆地亚相（Є-O），沉积厚度达数千米，主要为一套砂-粉砂-泥-碳酸盐岩建造，包含的岩石构造组合有远滨泥岩-粉砂岩夹砂岩组合（$Є_1m$）、陆源碎屑-磷锰质岩-碳酸盐岩组合（$Є_{1-2}d$）、台地陆源碎屑-碳酸盐岩组合（O_1d）、台地陆源碎屑-磷块岩-碳酸盐岩组合（O_2y）、台地（笔石）页岩-灰岩组合（$O_{2-3}s$）、海陆交互砂泥岩-夹砾岩组合（O_3yh）、远滨泥岩-粉砂岩组合（O_3j）、海岸沙丘-后滨砂岩组合（O_3g）。其中，陆源碎屑-磷锰质岩-碳酸盐岩组合中赋存海相沉积岩型磷锰矿。该亚相生物化石丰富，至今未发现火山岩夹层，表明为一套稳定型被动陆缘浅海-滨海相沉积。沉积过程中但海平面也几经波动，奥陶系上部夹多层砾岩、砂砾岩或含砾砂岩。至奥陶纪末，海水退出，至此上升为陆，遭受剥蚀。该亚相内北东向断裂和褶皱发育，构成狗岭逆冲推覆构造带，带内寒武系和奥陶系支离破碎，形成一系列相互叠置的岩片。

该亚相分布的矿产主要有磷矿、锰矿、锡矿、锌矿、石英砂矿等，目前研究程度较高的矿种有磷矿和锰矿，典型矿产地如大茅磷锰矿、荔枝沟锌矿点。

（一）大茅海相沉积岩型磷锰矿

大茅海相沉积岩型磷锰矿位于该相的北东缘，寒武系、奥陶系、白垩系皆被卷入了NE向的晴坡岭复式向斜，组成向斜的地层主要有寒武系孟月岭（$\epsilon_1 m$）、大茅组（$\epsilon_{1-2}d$）、奥陶系大葵组（O_1d）、牙花组（O_2y）、沙塘组（$O_{2-3}s$）、榆红组（O_3yh）、尖岭组（O_3j）、干沟组（O_3g）、白垩系鹿母湾组（K_1l）。向斜 NW 翼紧闭倒转，SE 翼宽缓倾斜，后者中发育数个次级褶皱。寒武系大茅组是主要的含矿层位，主要分布于向斜两翼，大茅磷锰矿产于 SE 翼。

大茅组第三、四段为含磷锰层位，为被动大陆边缘环境形成的碎屑岩-碳酸盐岩-硅质岩混合型沉积，碎屑岩以三角洲前缘相粉砂岩、泥质粉砂岩及前三角洲相泥岩、粉砂质泥岩为主，滨岸中细粒砂岩少见。碳酸盐以浅海陆棚相灰岩为主，潮坪相白云岩、白云质灰岩次之，后者为主要的含磷锰地层。

磷块岩、菱锰矿、软锰矿与硅质岩、硅质泥页岩共生，共生组合呈夹层状产于白云岩、白云质灰岩层中。磷块岩分为碎屑状和隐晶泥状两类，由潮下亚氧化带海底生物化学沉积，以及后期改造的潮下、潮上堆积而成。菱锰矿主要包括块粒状和土状两种类型的矿石，是来自于陆地的锰质，在浅海弱还原环境下沉积的产物，部分矿石由于在近地表遭受氧化，生成软锰矿等次生矿物。

磷锰矿形成于低水位海平面周期性振荡环境。高水位环境下，在潮下亚氧带海底沉积了原生磷锰矿；低水位环境下，水体动荡造成已沉积的碳酸锰被搬运到潮坪环境聚集、沉积形成次生磷锰矿。此后，因海侵和三角洲的侧向迁移，锰矿层得以保存。

大茅磷锰矿的成矿模式如下：大陆风化产生的大量碎屑物质及磷、锰等成矿物质被河流输送到河口海岸带，造成磷、锰在潮下亚氧带发生生物化学沉积，形成原生磷锰矿，后期被碎屑物质埋藏；或者由于海平面降低遭受波浪、潮汐作用破碎，并发生搬运，在潮下沙坝、潮坪堆积，形成矿层，随后被碎屑物质掩埋。含矿的碎屑岩-碳酸盐岩建造在华力西-印支构造运动期间，形成南北向倒转褶皱，并伴随花岗岩体侵入。在白垩纪，由于太平洋板块向华南大陆俯冲挤压，向斜发生 NW 向扭曲，同时伴生一系列横向断裂，致使向斜被切割成数段，并依次发生 NW 向错移。上述两次构造事件造成逆冲断层发育、矿体抬升，为磷锰矿的勘探开发提供了有利条件。

（二）区域成矿潜力评价

本相内矿产以磷、锰矿为主，磷锰矿产于寒武系大茅组中，该组分布面积较广，在大茅峒-红花-安游一带均有出露，沉积厚度大，厚度呈西厚东薄的趋势，大茅地区为 309m，红花地区为 752～794m，区域上分布多个化探异常，主要成矿元素为 P、Mn，其余异常元素有 Pb、Zn、W、Sn、Mo 等。按照目前的工作程度，大茅式磷锰矿和锌矿尚有一定的找矿前景。

四、儋州-昌江俯冲增生杂岩相与成矿

儋州-昌江俯冲增生杂岩相属于 V 武夷-云开造山系——V5 琼西结合带，该相总体呈北东向，分布于澄迈、屯昌、儋州、白沙、东方等地。以王五-文教断裂带为界，北邻雷琼裂谷相，东接白沙陆内盆地相，西南分别与王下-江边残余盆地（P_2-P_3）和石碌-抱板陆壳残片（Pt_{2-3}）毗邻，与那大-尖峰增生岩浆弧（P_1-T_3）交织分布，二者无截然界线。儋州-昌江俯冲增生杂岩相仅包含一个亚相，即江边-邦溪含蛇绿岩碎片的浊积岩（C-P_1）。该亚相的主体为奥陶纪、早志留世、二叠纪的构造岩片，包含的岩石构造组合有：千枚岩+片岩+板岩夹基性火山岩组合（O）、千枚岩+板岩+变砂岩+变基性岩组合（S_1）、千枚岩+板岩+变砂岩夹基性岩组合（P_1），三者皆为具复理石韵律特征的浊积岩建造，其中，千枚岩+板岩+变砂岩+变基性岩组合（S_1）产出金矿、锡铌钽矿、钨矿、铅锌矿、铜矿、褐铁矿等，以抱伦金矿（造山型金矿）为代表性矿产地。

江边-邦溪含蛇绿岩碎片的浊积岩亚相（C-P_1）中产出的矿产资源较为丰富，以金矿、铁矿、钼矿、铅锌矿、锆钛砂矿、石英砂矿为主，其次为银、钨、锡、硫铁矿、钴、重晶石、萤石等矿产。各矿种的成矿不仅与江边-邦溪含蛇绿岩碎片的浊积岩亚相关系密切，而且还与那大-尖峰增

生岩浆弧相叠加的侵入岩浆作用紧密相关。因此，江边-邦溪含蛇绿岩碎片的浊积岩亚相与成矿的关系，将在下面“那大-尖峰增生岩浆弧相与成矿”一节中集中阐述。

五、那大-尖峰增生岩浆弧相与成矿

那大-尖峰增生岩浆弧相为Ⅴ武夷-云开造山系——Ⅴ5琼西结合带所辖三级大地构造相单元，该相总体呈北东向，分布于澄迈、屯昌、儋州、白沙、东方、乐东等地，与儋州-昌江俯冲增生杂岩相交织分布，二者无截然界线。

那大-尖峰增生岩浆弧相中的优势亚相包括俯冲期岩浆杂岩亚相（P_1）、同碰撞岩浆杂岩亚相（P_1-P_2）和后碰撞岩浆杂岩（P_3-T_3）亚相，但三者在空间上相互包含，无截然界线。其中，俯冲期岩浆杂岩亚相由TTG-QM组合（P_1）、中基性岩组合（P_1）、花岗岩组合（J_3-K_2）组成，同碰撞岩浆杂岩亚相包括高钾钙碱性花岗岩组合（P_2）和高钾钙碱性花岗岩-QM-δ组合（P_2），后碰撞岩浆杂岩亚相由强过铝花岗岩组合（P_3）、高钾钙碱性花岗岩组合（P_3）、高钾钙碱性花岗岩组合（T_1）、辉长岩组合（T_2）、高钾钙碱性花岗岩组合（T_3）、钙碱性花岗岩组合（T_3）和钾玄质花岗岩组合（T_3）构成。其中，高钾钙碱性花岗岩组合（T_1）与尖峰红门岭斑岩型钨钼矿成矿作用关系密切，后碰撞岩浆杂岩亚相中的高钾钙碱性花岗岩组合与钾玄质花岗岩组合则是坝王岭离子吸附型稀土矿的成矿母岩。

除优势亚相外，那大-尖峰增生岩浆弧相还包括陆棚碎屑岩亚相、断陷盆地亚相、陆缘裂谷亚相、含有蛇绿岩碎片的浊积岩亚相、蛇绿岩亚相和基底残块亚相等非优势亚相，其中含有蛇绿岩碎片的浊积岩亚相中的千枚岩-板岩-变质砂岩夹基性岩组合与兰洋矽卡岩-云英岩型钨矿成矿紧密相关。

那大-尖峰增生岩浆弧相产出的矿产以锡铌钽矿、铷铯矿、铅锌矿、金矿、银矿、稀土矿、钨矿为主，零星分布有铜矿、铁矿。下文着重阐述钨矿、钼矿及稀土矿的成矿特征，典型矿床有尖峰红门岭斑岩型钨钼矿、坝王岭风化壳离子吸附型稀土矿、兰洋矽卡岩-云英岩型钨矿及抱伦脉型金矿。其中抱伦脉型金矿不仅与江边-邦溪含蛇绿岩碎片的浊积岩亚相中的千枚岩+板岩+变砂岩+变基性岩组合关系密切，而且与本亚相内的高钾和钾玄岩质花岗岩-QM-ξo组合（T_1）也有成因联系，因此，将该矿床的地质特征一同放入本节阐述。

（一）海南岛乐东县红门岭斑岩型钨钼矿

海南岛乐东县红门岭斑岩型钨钼矿区位于海南岛西部乐东黎族自治县抱由镇，矿区内无地层出露，广泛分布中酸性侵入岩，主要有早二叠世细粒-中细粒石英闪长岩-闪长岩、晚二叠世细中粒斑状黑云母二长花岗岩、早三叠世细粒含斑-斑状黑云母正长花岗岩、早三叠世细粒黑云母正长花岗岩、早三叠世中粗粒斑状黑云母正长花岗岩、三叠纪花岗斑岩及白垩纪花岗斑岩。其中，晚二叠世细中粒斑状黑云母二长花岗岩、早三叠世细粒黑云母正长花岗岩及花岗斑岩与尖峰莲花山式红门岭斑岩型钨钼矿成矿作用关系密切。

海南岛乐东县红门岭斑岩型钨钼矿产于与晚三叠世花岗斑岩有关的内、外接触带，受区域东西向尖峰-吊罗断裂带控制。矿脉主要赋存于华力西期二长花岗岩、印支期正长花岗岩和印支期花岗斑岩体中，以及岩体内部的石英脉、蚀变带及绢英岩化带内。

海南岛乐东县红门岭斑岩型钨钼矿成矿作用如下：东西向尖峰-吊罗深断裂在晚古生代和早中生代的强烈活动，导致华力西期二长花岗岩以及印支期正长花岗岩与花岗斑岩沿构造带大规模侵位。早期形成的岩体由于受到区域性NNE扭张性断裂活动的影响，派生出低序次、低级别的近SN、NE、NNW向压扭性断裂。伴随花岗斑岩岩浆的侵位，富含挥发分和矿质的热水溶液沿次级断裂上升，形成含矿石英脉、硅化破碎带、蚀变岩。除岩浆热液外，可能大气降水也参与了成矿，成矿金属主要源于印支期花岗斑岩体。

（二）坝王岭风化壳离子吸附型稀土矿

坝王岭风化壳离子吸附型稀土矿位于海南岛西部昌江县坝王岭一带。矿区岩浆岩发育，主要有早三叠和晚三叠世二长-正长花岗岩，花岗岩风化程度高，风化层厚度可达15m，稀土矿体主要赋存于风化壳中。三叠纪中粗粒角闪石黑云母正长花岗岩为风化壳离子吸附型稀土矿的成矿母岩，在矿区分布面积约占全部岩浆岩总面积的65%。矿区主要发育三组断裂构造，分别为近南北向断裂、北西向断裂和北东向断裂。

坝王岭稀土矿主要以离子相形式被钾长石、黑云母等矿物风化后形成黏土矿物吸附，并赋存于全风化壳中下部和半风化壳上部。

通过对海南岛风化壳离子吸附型稀土矿预测工作区的成矿地质背景、成矿作用进行总结和分析，将风化壳离子吸附型稀土矿的成矿作用过程分为3个阶段：

第一阶段为印支期富含稀土元素的岩体侵入，为风化壳离子吸附型稀土矿的形成奠定物质基础。

第二阶段为风化壳形成阶段：稀土矿的成矿母岩抬升至地表后，经受强烈风化作用，形成了风化壳。据风化程度不同，从上往下，依次划分为全风化层、半风化层、微风化层。

第三阶段为风化壳离子吸附型稀土矿形成阶段：成矿母岩经受风化作用后，且在相对富含CO_2、O_2、硫酸和有机酸的溶液淋溶下，成矿母岩中的稀土矿物被分解，稀土元素以离子状态进入到水溶液中，随着水溶液的下渗，稀土元素则由风化壳上部向下部迁移。含矿溶液在下渗过程中，风化形成的黏土矿物吸附含矿溶液中以离子状态存在的稀土元素，并逐渐富集成矿。

（三）兰洋矽卡岩-云英岩型钨矿

兰洋矽卡岩-云英岩型钨矿位于儋州市兰洋镇一带，矿区内出露的地层以石炭系青天峡组（C_2q）为主，该组为浅海相类复理石夹碳酸盐岩建造，是一套连续沉积的钙质、硅泥质、粉砂质沉积岩，因遭受区域变质和接触变质作用，形成角岩和大理岩。矿区南部广泛分布二叠系峨查组，岩性以粉砂质板岩和绢云千枚岩为主。侵入岩大面积出露于矿区西北部，为华力西-印支期儋县岩体的南缘部位，岩体以平缓角度侵入于石炭系下部层位，其岩性较均匀，主要为中细粒似斑状黑云母二长花岗岩，其次为细粒黑云母二长花岗岩。矿区内构造以北东东—近东西向断裂，以及与之相伴生的近南北向断裂为主，花岗岩体沿两组断裂侵入，控制白钨矿的生成与展布。

按照白钨矿赋存的围岩，将钨矿体划分为矽卡岩型白钨矿体和角岩型白钨矿体两类。角岩型白钨矿体按其产出位置又可分为角岩捕虏体型白钨矿体和外接触带角岩型白钨矿体两个亚类。

兰洋矽卡岩-云英岩型白钨矿的成矿过程简述如下。

1）角岩型矿体形成阶段：华力西-印支期重熔型黑云母二长花岗岩侵入石炭系青天峡组（C_2q）含钙、硅泥质细碎屑，形成广泛接触带和大面积的钙硅角岩，导致地层中的钨活化、聚集，在角岩化晚期晶出白钨矿，并以稀疏浸染状分布于角岩的矿物颗粒间。位于内接触带黑云母二长花岗岩中的角岩捕虏体，因受含矿气液的叠加作用，故而白钨矿化更为强烈，形成颗粒较粗、更富钨的角岩捕虏体型矿体，同时在捕虏体两侧的黑云母二长花岗岩形成矿体。角岩型矿体形成阶段为钨的主成矿期。

2）早期矽卡岩化无矿阶段：含矿气液沿接触带构造有利部位运移集中，在外侧围岩（钙硅角岩）中，选择性顺层交代，形成透镜状、似层状矽卡岩，但未发生矿化。

3）晚期矽卡岩型矿体形成阶段：矽卡岩晚期氧化物形成，先生成阳起石、绿帘石、金云母等含水硅酸盐矿物，而后析出他形粒状白钨矿，矽卡岩型白钨矿主要在这一阶段形成。

4）云英岩型矿体形成阶段：残余高温含矿溶液沿黑云母二长花岗岩裂隙，进行充填交代，形成云英岩脉型白钨矿。

（四）乐东县抱伦脉型金矿

乐东县抱伦脉型金矿位于乐东县城（抱由镇）南西，矿区出露下志留统陀烈组中段、下段，白垩系主要分布在矿区东南角，不整合覆盖于陀烈组之上，但沿 NNE 向的铁湾岭-坝毫山断裂，二者呈断层接触。陀烈组走向 NW-SE，是金矿体的赋矿围岩，北西侧与早三叠世尖峰复式岩体呈侵入接触。陀烈组下段主要为绢云母石英千枚岩、绢云母粉砂岩，厚度大于 560m。陀烈组中段主要为含碳千枚岩，厚度 849m。白垩系从上至上分别为鹿母湾组（K_1l）及报万组（K_2b），前者主要为砾质砂岩、含砾砂岩夹紫灰色厚层状含砾富晶屑凝灰岩及紫红色凝灰岩。报万组主要为砾质砂岩、含砾砂岩。侵入岩方面，矿区内主要出露三叠纪尖峰岭岩体，岩性为中粗粒斑状黑云母正长花岗岩，其次为燕山晚期闪长岩。花岗岩体与下志留统陀烈组呈侵入接触关系，靠近接触带分布 1~5m 宽的细粒黑云母二长花岗岩边缘相，陀烈组岩石揉曲强烈，并形成 5~10m 宽的角岩化带。矿区构造发育，分布有北西向豪岗岭背斜，轴部伴生的纵张裂隙发育，控制了矿体的产出。断裂方面主要发育北北东向的铁湾岭-坝毫山断裂，断裂具有多期活动历史，先期为压扭性特征，后期具有拉张性特征，是白沙白垩纪红盆的控盆断裂之一。

抱伦脉型金矿床的成矿大体可分为 3 个阶段：第一阶段，前印支期构造运动形成豪岗岭背斜，伴随背斜的形成，在背斜转折端形成构造裂隙，变质分异热液沿裂隙贯入，形成贫金石英脉。第二阶段，印支期尖峰岩体的侵入，岩浆期后含矿热液分阶段的充填于 NNW 构造破碎带中，形成金石英脉矿体，该期为矿床的主成矿期。第三阶段，伴随燕山晚期构造作用，早期形成的含金石英脉发生破碎，构造分异热液再次充填破碎的石英脉，导致金再次富集。

（五）区域成矿潜力评价

该相范围内的矿产主要有钼矿、稀土矿、钨矿、金矿，典型矿产地如红门岭钨钼矿、兰洋钨矿、坝王岭稀土矿、抱伦金矿。此外，零星分布有铜、铁、锡铌钽、铷铯矿、铅锌矿等矿产资源。据研究，红门岭钨钼矿、坝王岭稀土矿及抱伦金矿的成矿物质均来自或部分来自三叠纪酸性侵入岩。红门岭钨钼矿为斑岩型，成矿与三叠纪花岗斑岩有关，但在该相范围内华力西-印支期斑岩不甚发育，因此，该类型的钨钼矿成矿潜力有限。坝王岭稀土矿的成因类型为花岗岩风化壳型轻稀土矿，在该相范围内，华力西-印支期岩体分布广，部分岩体的稀土元素含量较高，加之海南风化作用十分发育，因此，离子吸附型轻稀土矿极具成矿潜力。抱伦石英脉型金矿累计查明金金属量 37.6t，矿石平均品位 9.13g/t。目前的勘查深度基本在-250m 标高以上，深部缺乏工程控制，且矿体向南东侧伏，白垩系覆盖层下部的勘查程度低。总体来看，该矿攻深找盲的力度还不够，仍具有较大的成矿和找矿潜力。兰洋钨矿产于三叠纪花岗岩体与石炭纪青天峡组的内、外接触带，为矽卡岩型-云英岩型钨矿床，区域上印支期岩体与青天峡组广泛接触，具有较佳的成矿地质条件，有较大的成矿潜力，应特别注意深部找矿。

区域成矿异常元素有 Ag、Au、Cu、Mo、Nb、Pb、Sn、W、Zn，其他异常元素有 As、B、Ba、Be、Bi、Cd、Hg、Li、Ni、Sb、Sr、Th、U、V。区域化探工作共圈定 15 个综合异常区，其中，甲类综合异常区 6 个，乙类综合异常区 3 个。6 个甲类异常区的面积皆较大，间于 18~57 km^2，主成矿元素多为 Cu、Pb、Au（Ag）、Zn、Au、Zn，异常范围内分布有一系列的岩浆热液型钨矿、钨钼矿、钨锡矿，矽卡岩型兰洋钨锡矿，热液型（银）金矿、热液型铅锌（银）矿和铜矿，离子吸附型轻稀土矿。在 3 个乙类异常区中，2 个异常的主成矿元素为钨，另 1 个的主成矿元素为钼，它们的面积比甲类异常小，为 5.2~14.2km^2。可见该相范围内化探异常发育，反映成矿潜力较大，尤其是 Au、Ag、Mo、Pb、Zn、W。

在该相范围内，已发现的矿种当中，属金矿的规模最大，最具经济价值。其次为铅锌矿，前人在二叠纪花岗岩中，探获中型铅锌（银）矿和众多的小型铅锌矿。钨、钼、锡矿皆与华力西-印支期岩浆岩有紧密的成因联系，但规模较小，多为小型矿床和矿点。铜矿矿产地也相对较少，规模也较小，多为岩浆热液成因。稀土矿则已发现有数个离子吸附型轻稀土矿床，皆为华力西-印支期含稀土元素较高的花岗岩经强烈风化作用而成。

综上所述，那大-尖峰增生岩浆弧内热液脉型铅、锌、钨、锡、金、银矿有较大的成矿潜力，离子吸附型稀土矿则极具成矿和找矿潜力，可作为今后重点突破的矿种。

六、石碌-抱板陆壳残片相与成矿

石碌-抱板陆壳残片相属于Ⅴ武夷-云开造山系——Ⅴ5琼西结合带，呈北东向分布于昌江县石碌镇、东方县抱板镇一带，以残块状分布于琼西结合带中，下辖戈枕基底残块一个亚相（优势亚相），除优势亚相外，石碌-抱板陆壳残片相还包括同碰撞岩浆杂岩亚相和后碰撞岩浆杂岩亚相等非优势亚相，下面重点阐述戈枕基底残块亚相与成矿的关系。

戈枕基底残块亚相东以戈枕断裂带为界，接江边-邦溪含蛇绿岩碎片的浊积，西邻那大-尖峰增生岩浆弧，平面上近似椭圆状。该亚相主体为斜长片麻岩-混合岩-变粒岩组合（Ch）、片岩-石英岩组合（Ch）、强过铝花岗岩组合（Ch）、绢云千枚岩+二透岩+石英岩组合（Qb）及石英砂岩+石英岩组合（Z）。该亚相范围内分布的矿产主要有金矿和铁铜钴多金属矿，典型矿床为东方二甲金矿、石碌铁铜钴多金属矿。其中，金矿成矿与斜长片麻岩-混合岩-变粒岩组合（Ch）、片岩-石英岩组合（Ch）、强过铝花岗岩组合（Ch）有关；石碌铁铜钴多金属矿与绢云千枚岩+二透岩+石英岩组合（Qb）关系紧密。

（一）东方二甲戈枕式破碎-蚀变岩型金矿

东方二甲金矿位于海南岛西部东方市，矿区地层主要有长城系抱板群戈枕村组和峨文岭组（Che），其中，戈枕组岩性以黑云斜长片麻岩或混合质黑云斜长片麻岩为主；峨文岭组岩性以二云（或白云）石英片岩为主，夹石英二云（或白云）片岩及部分变粒岩。矿区侵入岩主要有印支期黑云母混合花岗岩，此外，还分布花岗斑岩、花岗闪长斑岩和辉绿玢岩等。矿区的构造主要为北东向戈枕韧性剪切带及其派生的北东向-东西向韧性-脆性断裂破碎带。戈枕剪切带主断裂和派生构造皆发育于中元古界抱板群戈枕村组和峨文岭组中，戈枕韧性剪切带控制了蚀变糜棱岩型金矿的产出，其派生构造则主要控制了碎裂岩型和含金石英脉型金矿的分布。

受区域变质、动力变质和岩浆热液作用影响，矿区地质体蚀变强烈。金矿类型有蚀变糜棱岩型、蚀变碎裂岩和石英脉型等三种类型。其中，蚀变糜棱岩型金矿体分布及其产状形态均受糜棱岩带控制，矿体数量多，规模较大，是矿区最主要的金矿类型；蚀变碎裂岩型金矿主要受碎裂岩带控制，石英脉型金矿则赋存于张性的次级断裂（破碎带）中。

戈枕式破碎-蚀变岩型金矿床的成矿作用过程大体可分为4个阶段。

第一阶段为元古代矿源层沉积阶段：因大洋板块俯冲作用，形成中元古界一套火山-沉积建造，即抱板群，奠定了金矿的矿源层。

第二阶段为加里东期褶皱和剪切变形阶段：加里东期，地层受构造作用影响发生强烈的褶皱变形，韧性剪切变形也随之孕育，这一阶段可能有金的初始富集成矿。

第三阶段为华力西-印支主成矿阶段：因强烈的韧性剪切变形，构造分异作用及热液活动加剧，加之区域性大规模花岗质岩浆侵入，使抱板群中的金元素活化迁移，在剪切带中富集形成蚀变糜棱岩型金矿；韧性剪切带后期（印支期）以脆性活动为主，继承性构造热液及岩浆热液在韧性剪切带的边缘和旁侧分别形成蚀变碎裂岩型金矿。

第四阶段为燕山晚期叠加成矿阶段：燕山期岩浆热液与先期再循环的含矿热液、大气降水等各种热液混合后，在韧性剪切带边缘和旁侧的脆性断裂构造中充填形成石英脉型金矿，并对蚀变糜棱岩型及蚀变碎裂岩型金矿体进行叠加、改造，金得到进一步富集。

（二）石碌铁铜钴多金属矿

石碌铁铜钴多金属矿位于海南岛昌江县石碌镇，矿区内主要出露中元古代抱板群，新元古界石碌群和震旦系石灰顶组，石炭系南好组、青天峡组。与铁矿关系密切的地层主要为石碌群和石灰顶组。矿区及周边岩浆活动频繁而强烈，侵入岩极为发育，主要形成于二叠纪-三叠纪，次为长城纪、侏罗纪、白垩纪。岩石类型以二长花岗岩和正长花岗岩为主，次为花岗闪长岩，少量英云闪长岩、闪长岩、辉长岩等。

石碌群共划分为六层，第一层主要岩性为薄层-中层状绢云石英千枚岩夹薄层状绢云母千枚岩；第二层为灰色厚层状叶蛇纹石化泥粉晶白云岩；第三层主体为石英绢云千枚岩；第四层主要为灰白色中厚层状石英岩夹少量绢云石英千枚岩；第五层总体为石英绢云千枚岩和绢云石英千枚岩夹透镜状石英片岩、石英细砂岩；第六层主要为白云岩及其接触热变质作用形成的强弱不等的透闪石透辉石化白云岩或二透岩，夹铁矿层，是铁矿主要的赋存层位。石灰顶组岩性主要为含赤铁矿石英砂岩、石英岩、赤铁矿粉砂岩、泥岩，局部还出现条带状薄层铁锰质岩，与上覆石碌群呈角度不整合接触。石灰顶组局部夹1-2层含锰赤铁矿层，是石碌铁矿的次要含矿层位。

石碌矿区褶皱、断裂构造都较为发育。褶皱构造主要由青白口系石碌群、震旦系石灰顶组和下石炭统南好组共同构成的轴向为北西-南东向的复式向斜构造，且复式向斜之上还叠加了北北东至近南北向的次级横跨褶皱。这一特征在北一向斜中表现最为明显，两次褶皱作用，不仅导致复式向斜近东西向次级褶皱发育，且在沿走向方向上，呈波状起伏特征。

该矿床以铁矿为主，伴生铜、钴、镍、银矿。其中铁矿达到超大型规模，铜矿和钴矿中型规模，镍矿为小型规模，银矿规模较小（矿点）。空间上，总体呈现出铁矿产于矿体上部，铜、钴、镍、银矿产于下部的分布格局。矿体产于石碌群第六层和石灰顶组，其中前者为主，具有典型的层控特征。石碌式沉积变质型铁钴铜多金属矿床的成矿作用过程大体可分为三个阶段：第一阶段为喷流沉积阶段：青白口纪海底火山喷发，火山碎屑物搬运到盆地中沉积下来，火山作用还提供了大部分的铁、钴、铜成矿物质。第二阶段为晋宁运动变质期：区域发生褶皱造山运动，致使石碌群发生变形变质作用，并奠定了该区的褶皱构造格局，伴随造山运动，早期形成的矿体进一步发生构造动力分异作用，并在应力梯度支配下朝向斜核部或褶曲等低应力带运移富集。第三阶段为华力西-印支构造运动改造期：海南岛华力西-印支岩浆活动强烈，岩浆作用对前期形成的矿体进行了改造和叠加，矿体进一步变富。

（三）区域成矿潜力评价

该相范围内分布的矿产为金矿、铁铜银钴多金属矿，典型矿产地为红甫门岭金矿和石碌铁铜银钴多金属矿。

区内主要经历了加里东运动、华力西-印支运动、燕山运动，构造形迹穿插交错。其中，断裂构造最为发育，主要分布有东西向、北东向、近南北向断裂，局部发育北西向等断裂。北东向的戈枕韧性剪切带是该相的主导性构造，也是海南岛最重要的金矿控矿构造，金矿体主要赋存于戈枕韧性剪切带及其次生断裂内。戈枕剪切构造带北东起自昌江县土外山，经东方市二甲村，南西至东方市尧文村一带，由于第四系覆盖严重，断裂带再往南西的延伸情况不明，目前已被证实的长度超过50km，断裂带的宽度在数十米至一千米不等。在戈枕断裂韧性剪切带上，从北东至西南分布有土外山、抱板、北牛、风水山、红甫门岭、那都、不磨等一系列大、中、小型金矿床，且显示等距性分布特征。自戈枕韧性剪切带中心带至边缘带，金矿类型呈现一定的规律：在韧性剪切带中心部位，形成与韧性变形有关的土外山、抱板、红甫门岭等蚀变糜棱岩型金矿；在韧性剪切带边缘部位，由于构造应力变弱，形成以韧-脆性变形为主的北牛等蚀变碎裂岩型金矿；在剪切带边缘部位的更旁侧，呈脆性变形，形成那都、不磨等含金石英脉型金矿。据重砂课题组研究成果，该相所在区域是海南岛 Au 元素异常最为发育的区域，重砂异常大多为Ⅰ级或Ⅲ级异常，自然金、钨、锡石异常面积大，含量高，异常区内存在显著的区域响应化探元素异常组合。共圈出 6 处自然重砂综合异常（部分异常区已发现矿产地，但也有部分异常未发现矿产地），相应地圈定了 6 处自然重砂找矿预测区，其中 A 级预测区 3 处，B 级 1 处，C 级 1 处，预测矿种皆为金矿。区内已知矿产地勘查深度普遍较低，仅土外山和抱板金矿勘查深度较大（分别约 730m 和 1120m），其余矿区多在 300 米以浅，已发现的部分矿体往边部和深部仍未圈闭。综上所述，该相所在区域的金矿仍有较大找矿潜力。

石碌铁钴铜多金属矿主要赋存于石碌群第六层，部分铁矿产于震旦系石灰顶组，矿体受石碌复向斜控制，并主要赋存于其轴部。在危机矿山找矿工作中，发现约 1.3×10^8t 的铁矿石，但在矿体的深部和边部仍有一定的找矿潜力，特别是在石灰顶组、石碌矿区东南部（石碌水库以南）石炭系-二叠系之下是否隐伏铁矿体，值得进一步工作。总之，在新一轮的找矿突破工作中，应注意“攻深找盲”。

七、王下-江边残余盆地相与成矿

王下-江边残余盆地相位于江边-王下、七叉镇、石碌镇一带，包括二叠纪鹅顶组（P_2ed）碳酸盐台地灰岩组合、南龙组（$P_{2-3}n$）陆棚碎屑岩盆地泥岩-粉砂岩-砂岩组合。

除王下-江边残余盆地相（优势相）外，区内还包括裂谷相、俯冲增生杂岩相和岩浆弧相等非优势相。其中裂谷相的岩石组合为千枚岩+板岩+变砂岩夹基性岩组合，俯冲增生杂岩相的岩石组合为千枚岩+板岩+变砂岩+基性岩组合和千枚岩+片岩+板岩夹基性火山岩组合，岩浆弧相岩石组合为高钾钙碱性花岗岩-QM-δ 组合。

该项范围内分布的矿种较少，主要有小型金矿及铅、锌、稀土、萤石等矿点、矿化点，其中金矿有一定的成矿潜力。华力西-印支期高钾钙碱性花岗岩-QM-δ 组合与金矿、铅锌矿和稀土矿的成矿作用密切有关，铅锌成矿作用主要与花岗岩浆热液作用有关。

八、白沙陆内盆地相与成矿

白沙陆内盆地相属于Ⅴ武夷-云开造山系——Ⅴ5 琼西结合带，呈北东向分布于白沙细水、南开、鹦哥岭、猴猕岭、千家镇一带，包含一个亚相（优势亚相）即猴猕岭-鹦哥岭拉分盆亚相。除优势亚相外，白沙陆内盆地相还划分出了同碰撞岩浆杂岩亚相、俯冲期岩浆杂岩亚相和陆缘裂谷亚相等非优势亚相。该相内的断裂构造以北东向为主，即分别发育于白沙盆地东西两侧边缘的乐东-西昌断裂带和白沙-和庆断裂带，褶皱构造则为发育于白垩纪红盆中的短轴宽缓褶皱，轴向一般呈北西向。

该亚相由拉分盆地冲积扇-河-湖相砾岩-粉砂岩-泥岩夹火山岩组合（K_1l）、拉分盆地冲积扇-河-湖相砾岩-砂岩-泥岩（K_2b）两个沉积建造组合构成。分布的矿种主要有铅、金、萤石等，主要矿产地有元门砂金矿、道柴林萤石矿等小型矿床，以及数处金、铅矿（化）点。其中，又以萤石矿稍具成矿潜力，它主要与燕山期花岗岩、鹿母湾组（K_1l）、报万组（K_2b）、峨文岭组（Che）存在成因联系，其他矿产潜力较小。

本相范围内的萤石矿属于什统式热液充填型萤石矿，矿床主要受燕山两期构造运动和岩浆活动的影响，该期运动使先期的断裂构造复活（尤其是北东向断裂），岩浆岩热液及热能沿导矿构造上升、运移的过程中同化混染附近地层中 Ca 组分，形成岩浆期后富 F、Ca 热液，并沿断裂构造迁移，当运移至一定的构造部位，含矿热液温度、压力降低或其他物理化学条件发生变化时，F、Ca 结合成萤石，沉淀并富集成矿。海南岛已知的萤石矿床（点）主要集中分布于白沙盆地边缘断裂及其临近的次级断裂，但萤石矿规模不大，均以中小型矿床为主。在元素异常方面，海南岛全岛的

F 含量均低于中国水系沉积物平均值，琼中部地区的 F 元素异常主要分布于白沙盆地两侧的东方-乐东、琼中-五指山等二叠系沉积变质岩和中酸侵入岩地区，业已发现的 8 处萤石矿（包括琼中什统萤石矿）F 元素异常不显著。在重砂异常方面，全岛萤石矿物出现较少，仅检出 8 次，且主要分布在文昌市、昌江石碌和昌江海尾。全岛共圈定 4 处萤石矿物异常，异常主要分布于花岗岩地区，典型矿床琼中什统萤石矿所在地未有萤石矿物异常。综上所述，在该相边缘断裂带分布区域，萤石矿有一定的成矿潜力，但发现大型矿床的概率不大。

第九章　关键地质问题讨论与说明

1. 关于早二叠世 TTG 的厘定

在全国项目组专家的指导下，我们在海南岛中部和西部一带厘定出 TTG 组合及与 TTG-QM 组合，但在“TTG”中除了发现有英云闪长岩和花岗闪长岩的分子外，至今未发现奥长花岗岩分子。针对此问题，项目组多次向专家请教，专家认为存在有两种可能，一是在以往的区调过程中，由于奥长花岗岩中暗色矿物含量低，往往将其误认为正长花岗岩；二是根据熔融实验，玄武岩升温发生熔融时奥长花岗岩与英云闪长岩并不一定都出现，只要出现其中一种，并与花岗闪长岩伴生，就已经具有 TTG 组合的构造含义，可视为 TTG 组合。虽然如此，在今后的区调过程中，应注意识别奥长花岗岩，避免将其误认为正长花岗岩。

2. 关于海南岛大地构造单元划分

前人基于琼南的三亚地体与北部五指山地体地层-岩石系统、地层变质程度、变形作用、生物面貌均存在较大差异，而且侵入岩同位素地球化学特征也不吻合，因此，多主张以九所-陵水断裂带为界，将海南岛划分为北面的琼中微地块和南面的三亚微地块（1∶25 万乐东、陵水幅区域地质调查报告），并据三亚地体基本未见二叠纪侵入岩，五指山地体则二叠纪侵入岩分布广，在三叠纪之后，二者的侵入岩岩性组合、时代基本上趋于一致，推断二者的拼贴时间大致为三叠纪初期。认为二叠纪及其以前，琼中和三亚两区有较大的地理分隔，而自三叠纪始，两区已毗邻而居、构造性质相一致的整体。并指出，它们大致是在二叠纪末通过后碰撞阶段早期的大规模走滑运动移置连接在一起。上述大地构造单元划分方案有其合理性，但采取的是传统的大地构造单元分析方法。此次大地构造（相）单元划分及编图的指导思想和方法为：以现今保留的主要的地质记录厘定大地构造相（即优势相），再在分析大地构造相的基础上进行大地构造单元划分，但编图过程中并没有忽视其余非优势相，在时空结构表中，也表达了按优势大地构造相厘定的大地构造单元的基座、主体和上叠特征，即：非优势相作为某一大地构造单元的基座和盖层发展阶段的产物给予了表达，突出优势相在大地构造单元发展过程中的作用，并以优势相命名各大地构造单元。从以上指导思想和方法入手，我们基于印支期花岗岩为九所-陵水断裂以南的三亚地区的主要物质记录，并且自三叠纪后，三亚地区岩浆作用特征与五指山地区趋于一致。因此，在进行大地构造相划分时，把分布于三亚地区的琼东南后碰撞岩浆杂岩亚相与志仲-万宁同-后碰撞岩浆杂岩和琼中同碰撞岩浆杂岩亚相一同划归五指山岩浆弧相，三亚安游镇六道湾一带的被动陆缘环境下形成的寒武系和奥陶系，被单独划分为三亚被动陆缘相。

3. 关于南棍园一带地层的时代

海南岛中北部屯昌南棍园一带分布有一套呈北东向分布的含炭碎屑岩地层，20 世纪 90 年代由于在这套地层中发现变基性-超基性岩而备受关注，但这套地层时代争议较大，主要有两种观点。其一，海南省地质调查院 2000—2002 年开展 1∶25 万琼海幅区域地质调查，在吸收 1∶5 万古生物成果的基础上，又于该套地层上部硅质岩中采获二叠纪放射虫化石，认为该套地层形成于二叠纪，划归为峨查组（P_1e），但同时也强调这套地层与岛南部、西南部东方、昌江一带出露的二叠纪地层相比，岩性组合特征、沉积类型、沉积相、生物富集程度和属种组分等诸方面均存在显著差异，由于所测剖面处二叠纪地层未建组，岩石地层单位名称暂引用海南岛广泛使用的早二叠纪峨查组

(P_1e)，待进一步工作补充资料后另创建新的岩石地层单位名称。其二，在编制《中国区域地质志·海南志》时，陈哲培等人对化石的年代学意义提出质疑，并认为该套地（岩）层岩性组合特征与陀烈组（S_1t）可以对比，因此，把这套地层划为陀烈组。此次我们综合分析前人资料，考虑到1∶25万区调工作较为系统，尤其是在系统的野外工作基础上作出的认识，因此采信前一种观点。

4. 关于海南岛的泥盆系

海南岛是否存在泥盆系，一直是悬而未决的重大基础地质问题。多年来海南岛缺失泥盆系的认识为绝大多数地质学者所接受，但近年来张仁杰等人在昌江鸡实村一套厚约60m的地层中（原划归为石炭系南好组第四段）发现了法门阶牙形石和珊瑚类化石，提出这是在海南岛首次发现泥盆系（张仁杰等，2001）。由于海南岛其他地区南好组中目前未采获泥盆纪生物化石（也许工作程度不够或露头太差），并且截至地质背景课题成果提交时，仅张氏报道有泥盆系存在，未有其他学者的研究成果可以佐证，因此，本次仍将南好组划归早石炭世，暂未采信张仁杰等人的观点。

5. 关于晚泥盆世花岗岩

分布于昌江一带的保梅岭花岗岩的时代还存在争议，前人在开展1∶5万昌江县幅、邦溪幅联测区调工作时，根据大量的地质接触关系和单锆石熔融蒸发法获得的^{207}Pb-^{206}Pb年龄将保梅岭花岗岩体的侵位时代定为D_3（质宜昌地质矿产研究所、海南地质调查一分队，1995）；海南地质调查院在编制《中国区域地质志·海南志》时，主要根据保梅岭花岗岩与二叠纪邦溪岩体的接触关系、接触边界附近地质特征及利用La-ICPMS法测得的锆石U-Pb年龄，将保梅岭花岗岩侵位时代厘定为T_2。可见两种看法都有一定的依据，孰是孰非难以判断，考虑到本项目从2006年即已启动，而《中国区域地质志·海南志》2011年才通过验收，前期大量图件已采用1∶5万区调的看法，为保持项目各时期文图的一致性，本书沿用保梅岭花岗岩侵位时代为D_3的观点。

6. 关于侵入岩的岩石分类与定名

根据《成矿地质背景研究技术要求》，侵入岩采用双重分类，即矿物分类和化学分类。海南省以往积累的侵入岩岩石分类与定名资料主要根据镜下肉眼目估矿物含量，未使用求积仪，因此，在编制大地构造图侵入岩专题图件时，我们对侵入岩进行分类时主要采用化学分类法，但化学分类法无法分辨正长花岗岩和二长花岗岩，所以在区分上述二者时，采用了镜下鉴定结果。

7. 关于古生界的变质时代

海南岛下古生界是否于加里东期普遍发生了绿片岩相区域变质作用，也是历来争议的话题。其中一种观点主张：加里东运动使海南岛中北部下古生界遭受了强烈的区域变质作用，形成了绿片岩相变质岩，同时指出海南岛五指山地区处于华南加里东褶皱的南缘；华力西运动导致晚古生界发生了强烈的区域变质作用，形成绿片岩相浅-中变质岩（宜昌地质矿产研究所、海南省地质矿产局，1991；宜昌地质矿产研究所、海南省地质调查院，2003）。另一种观点直接对前一种观点提出质疑，认为华力西-印支运动与加里东运动运动造成的后期变质面理产状基本一致，又无同位素变质年龄数据加以佐证，如何确定存在两期变质作用？此次我们收集分析了华南地区下古生界资料相关资料，并与海南进行了对比，认为海南下古生界变质程度普遍高于华南下古生界，与海南地区处于华南加里东褶皱带的南缘相互矛盾；且华南加里东期岩浆活动普遍发育，而海南岛仅昌江地区出露晚泥盆世花岗岩，也表明海南加里东期构造岩浆活动强度明显弱于华南，若海南下古生界是在加里东期发生绿片岩相区域变质，这就与基于海南下古生界变质程度普遍高于华南大陆下古生界，而得出的华南大陆与海南构造强弱结论相矛盾。但若考虑到海南岛华力西-印支期构造活动和岩浆活动普遍强于华南地区，采信古生界在华力西-印支期发生绿片岩相区域变质的观点，则可完满解决上述矛盾。

8. 关于海南岛的结晶基底

海南岛是否存在统一的前寒武纪结晶基底？也是一致争议的问题。马大铨、黄香定等提出分布于海南岛西部抱板、冲卒岭、大蟹岭地区的抱板群与东部长征、黄竹岭、烟塘、云龙等地的深变质岩可以对比，因此，推论海南岛存在统一的前寒武纪结晶基底。但琼东一带的抱板群缺少同位素年代学制约，二者年龄上是否能对比，虽值得商榷，但也无证据可证伪。因此，本次工作我们沿用马大铨、黄香定等人的观点。

9. 关于白沙盆地的性质

白沙盆地是断陷盆地还是拉分盆地？这个问题的认识历来也存在分歧，由于海南岛露头普遍出露不佳，加之白沙盆地研究程度本就较低，因此，两种观点都缺乏足够的证据，但我们考虑到白沙盆地存在的多个沉降中心，并且呈斜列式排列，所以此次采纳白沙盆地为拉分盆地的观点。

第十章　结　　语

自2007年下达任务书以来，在全国项目办的统一安排下、在全国项目组专家的耐心指导下、在海南省国土资源厅（现海南省自然资源和规划厅）、海南省地质局和海南省地质调查院有关领导的关心和协调下、在其他课题组的帮助下，并经过本省地质背景课题组成员5年多的不分昼夜、周末和节假日的辛苦工作，我们圆满完成了各类图件和报告编制，并顺利通过了专家评审和验收，大部分图件和课题研究成果报告都获得优秀级，得了全国项目组地质背景专题组有关专家的赞许，高质量的成果报告为编撰本书打下了扎实基础。

本课题研究任务的顺利完成，得益于中国地质调查局有关领导、陈毓川等院士的总体谋划和高效调度，在此向他们致以崇高的敬意！在工作过程中，课题组得到了邓晋福、潘桂棠、肖庆辉、陆松年、冯益民、张克信、张智勇、李锦轶、郝国杰、王方国、苏尚国、冯艳芳、张进等全国项目办专家和老师的大力帮助。在遇到问题时，我们时常通过Email和电话打扰、请教，由此给他们增添了不少麻烦，对此我们深表歉意，并表示由衷的感谢，致以崇高的敬意！在课题开展过程中，我们也得到了中南地区矿产资源潜力评价项目办、海南省国土资源厅（现海南省自然资源和规划厅）有关领导、海南省政协人口资源环境委员会廖香俊主任（原海南省地质局副局长、研究员）、黄香定研究员（原海南省地质矿产勘查开发局副局长、总工程师）、傅杨荣研究员（海南省地质局副局长）、陈颖民高级工程师（原海南省地质局副巡视员）、余兴邦高级工程师（原海南省地质局副总工程师）、陈沐龙正高级工程师（海南省矿产资源勘查院院长）、何玉生正高级工程师（海南省地质调查院副院长、总工程师）等领导和专家的关心和指导，还得到了海南省地质局其他同事的帮助，在成书过程中，得到了傅杨荣副局长，海南省地质调查院薛桂澄院长、李孙雄书记、何玉生副院长、马波副院长、黄艺平副院长的大力支持，在此向上述人员一并表示衷心的感谢！本书是全课题组成员辛苦耕耘的结果，也是团结智慧和团队协作的结晶。

主要参考文献与资料

广东省地质局，1991. 广东、海南石炭纪沉积相古地理及层控矿产预测［R］.
广东省区测大队，1964. 1：20万海南岛区域地质测量报告［R］.
广东省区域地质测量大队，1964. 海南岛1：20万地质图及说明书［R］.
广东省区域地质测量大队，1964. 海南岛1：20万区域地质测量报告［R］.
广西区域地质调查大队，1991. 1：5万坝王岭、猴猕岭幅区域地质调查报告［R］.
广州地理研究所，1987. 海南岛北部新生代构造特征及其演化发展［R］.
海南地质大队，1962. 海南岛崖县大茅磷矿区地质详查总结报告［R］.
海南地质大队，1976. 海南岛崖县大茅磷矿区地质勘探报告［R］.
海南地质大队，1979. 海南岛崖县红花矿区磷矿普查及外围概查地质报告［R］.
海南地质大队，1981. 海南岛乐东县九所地区石门山-看树岭钼多金属矿区详细普查地质报告［R］.
海南地质大队，1982. 海南岛乐东县九所地区后万岭铅锌矿初步普查地质报告［R］
海南地质大队，1986. 1：5万志仲幅区域地质调查报告［R］.
海南地质大队，1990. 1：5万东方、玉道幅区域地质调查报告［R］.
海南地质大队，1995. 1：5万高峰、崖城、九所幅区域地质调查报告［R］.
海南地质大队，宜昌地质矿产研究所联合区调队，1991. 1：5万南山岭、马岭市、崖县幅区域地质调查报告［R］.
海南地质综合勘察院，1998. 1：20万海南岛区域重力调查测量报告［R］.
海南地质综合勘察院，1998. 1：5万千家、黄流市幅区域地质调查报告［R］.
海南地质综合勘察院第三勘察处，1994. 1：5万九所、崖城、高峰幅区域地质调查报告［R］.
海南省地质调查院，2000. 1：5万黎母岭幅、枫木市幅、琼中县幅、白马岭幅区域地质调查报告［R］.
海南省地质调查院，2004. 1：25万琼海县幅区域地质调查报告［R］.
海南省地质调查院，2007. 1：25万东方县幅区域地质调查报告［R］.
海南省地质调查院，2010. 1：25万海南岛多目标区域地球化学调查报告［R］.
海南省地质调查院，2011. 海南省屯昌县南梱园地区含碳浅变质岩的时代及岩石地层单位探讨［R］.
海南省地质调查院，2017. 中国区域地质志·海南卷［M］. 北京：地质出版社.
海南省地质矿产勘查开发局，1989. 1：5万长流市、海口市、白莲市、灵山市区域地质调查报告［R］.
海南省地质矿产勘查开发局，1994. 海南岛中生代火山机构及其成矿关系的研究［R］.
海南省地质矿产勘查开发局，1996. 1：5万白马井镇、海头市、排浦市、王五市幅区域地质调查报告［R］.
海南省地质矿产勘查开发局，1996. 中国矿床发现史（海南卷）［M］. 北京：地质出版社.
海南省地质矿产勘查开发局，2001. 海南省矿床成矿系列及成矿预测［R］.
海南省地质矿产勘查开发局，1997. 全国地层多重划分对比研究46，海南省岩石地层［M］. 武汉：中国地质大学出版社.
海南省地质矿产勘查开发局海南地质大队，1993. 1：5万昌化大岭、海尾、昌化港、叉河幅区域地质调查报告［R］.
河北区域地质调查大队，海南地质大队，1991. 1：5南丰市、仁兴市幅区域地质调查报告［R］.
江西省地质矿产勘查开发局，1989. 海南岛1：20万地球化学图说明书［M］.
南京地质矿产研究所，海南地矿局海南地质大队，1995. 海南岛暨五指山地区中生代火山地质与成矿关系［R］.
四川省地质矿产勘查开发局攀西地质大队，1991. 1：5万乐东县幅、尖峰岭幅区域地质调查报告［R］.
四川省地质矿产勘查开发局，1991. 1：5万尖峰岭、乐东县幅区域地质调查报告［R］.
宜昌地质矿产研究所，1990. 海南金矿类型、形成条件及矿成预测的研究［R］.

宜昌地质矿产研究所，1994. 1∶5 万昌江县、邦溪幅区域地质调查报告［R］.
宜昌地质矿产研究所，1995. 1∶5 万中原市、和乐、博鳌港幅区域地质调查报告［R］.
宜昌地质矿产研究所，海南地质大队，1991. 1∶5 万南山岭、马岭、崖县幅区域地质调查报告［R］.
宜昌地质矿产研究所，海南地质综合勘察院，1994. 海南戈枕剪切带构造演化及其金矿控矿关系研究［R］.
宜昌地质矿产研究所，海南省地质调查院，2004. 1∶25 万乐东县幅、陵水县幅区域地质调查报告［R］.
中国地震局地质研究所，2009. 琼北火山探查及喷发危险性研究［R］.
中国地质科学院，海南地质综合勘察院，2000. 海南省乐东九所-抱伦地区金、银、钼多金属矿控矿构造及成矿规律研究［R］.
蔡道冠，符国祥，1997. 海南同安岭-牛腊岭火山地层划分与对比［J］. 中国区域地质，16（4）：348-358.
蔡学林，朱介寿，曹学敏，等，2002. 东亚西太平洋巨型裂谷体系岩石圈与软流圈结构及动力学［J］. 中国地质，29（3）：234-245.
陈柏林，丁式江，李中坚，等，2001. 海南抱伦金矿床成矿时代研究［J］. 地球化学，30（6）：525-532.
陈柏林，李中坚，董诚，等，2004. 海南抱伦金矿床控矿构造特征及其对金矿化的控制作用［J］. 中国地质，31（2）：139-146.
陈海泓，孙枢，李继亮，1994. 华南早二叠世的古地磁与大地构造［J］. 地质科学，29（1）：1-9.
陈沐龙，李孙雄，官军，等，2011. 海南岛西部青白口系石碌群褶皱变形特征及其控矿分析［J］. 华南地质与矿产，27（4）：266-272.
陈沐龙，李孙雄，曾雁玲，2009. 海南岛西部燕山期逆冲推覆构造特征［J］. 矿产与地质，23（2）：104-109.
陈新跃，王岳军，范蔚茗，等，2006. 琼西南 NW 向韧性剪切带构造特征及其$^{40}Ar-^{39}Ar$年代学约束［J］. 地球化学，35（5）：479-488
陈耀钦，黄宇辉，陈培权，等，1989. 论海南、广东地体［J］. 岩相古地理，42（4）：13-19.
陈哲培，1987. 海南岛南好地区发现志留纪地层［J］. 地层学杂志，11（3）：230-233.
陈哲培，1998. 海南岛上新世地层特征及岩石地层单位［J］. 中国区域地质，17（4）：423-429.
陈哲培，黄香定，钟盛中，1998. 海南岛蓬莱地区新第三纪火山盆地沉积特征与成矿［J］. 中国区域地质，17（1）：94-101.
陈哲培，钟盛中，1991. 海南省海口地区第四纪火山岩盆地沉积特征［J］. 中国区域地质，（4）：313-322.
陈哲培，钟盛中，何圣华，等，1997. 全国地层多重划分对比研究（46）：海南省岩石地层［M］. 武汉：中国地质大学出版社.
丁式江，1991. 二甲金矿韧性剪切带及金矿化［J］. 矿产与地质，5（5）：357-363.
丁式江，1994. 海南岛中西部金矿集中区断裂构造的分形研究［J］. 地学前缘，11（1）：189-194.
丁式江，1994. 琼西戈枕断裂带构造演化与金矿化系列［J］. 地质找矿论丛，9（3）：1-7.
丁式江，1995. 琼西戈枕侵入体的地质特殊性征及其发现意义［J］. 大地构造与成矿，19（4）：336-343.
丁式江，傅杨荣，杨立强，等，2007. 海南乐东抱伦金矿地质及矿产预测［M］. 北京：地质出版社.
丁式江，黄香定，李中坚，等，2001. 海南抱伦金矿地质特征及其成矿作用［J］. 中国地质，28（5）：18，28-34.
丁式江，彭少梅，董宝林，1994. 琼西王下滑覆构造初探［J］. 华东地质学院学报，17（3）：226-233.
丁式江，周祖翼，许长海，等，2002. 海南屯昌变火山岩构造属性及其年代学研究［J］. 岩石学报，18（1）：83-90.
樊祺城，孙谦，李霓，等，2004. 琼北火山活动分期与全新世岩浆演化［J］. 岩石学报，20（3）：533-544.
傅扬荣，张仁杰，廖卓庭，等，2005. 海南岛含杜内期腕足动物群的发现［J］. 地层学杂志，29（1）：34-38.
葛梅钰，陈旭，韩哲元，等，1983. 海南岛崖县地区寒武纪、奥陶纪地层［J］. 地层学杂志，7（1）：41-49.
郭令智，施央申，马瑞士，1980. 东南大地构造格架和地壳演化. 国际交流地质学术论文集（一）［M］. 北京：地质出版社.
何阳芝，1980. 海南岛崖县地区早古生代地层划分与对比［R］.
胡宁，张仁杰，冯少南，2001. 海南岛泥盆纪地层的发现及泥盆—石炭系界线划分［J］. 湖北地矿，15（4）：2-6.
黄香定，陈哲培，钟盛中，1997. 海南蓬莱地区火山岩地质特征及其与蓝宝石矿床形成的关系［J］. 华南地质与矿产，（3）：39-45.
黄镇国，蔡福祥，韩中元，等，1993. 雷琼第四纪火山［M］. 北京：科学出版社.
嘉世旭，李志雄，徐朝繁，等，2006. 雷琼拗陷地壳结构特征［J］. 地球物理学报，49（5）：1385-1394.
贾精一，贾维民，高德臻，1985. 石碌群的“W”型的叠加褶皱及大型组构解析［J］. 中国区域地质，12：79-90.
黎明，1981. 海南岛陀烈群地层剖析［R］.
李江海，穆剑，1999. 我国境内格林威尔期造山带的存在及其对中元古代末期超大陆再造的制约［J］. 地质科学，（3）：259-272.
李孙雄，陈沐龙，周进波，等，2007. 海南岛中部古生代沉积盆地格局及其演化特征［J］. 华南地质与矿产，（2）：41-46.
李孙雄，莫位明，云平，等，2003. 琼西北洛基韧性剪切带的地球化学特征［J］. 广东地质，18（1）：1-9.
李孙雄，王大英，莫位明，2004. 琼西南红五地区结晶基底褶皱变形分析及其找矿地质意义［J］. 广东地质，19（1）：31-42.
李孙雄，云平，范渊，等，2005. 海南岛琼中地区琼中岩体锆石U-Pb年龄及其地质意义［J］. 大地构造与成矿学，29（2）：227-233.
李献华，周汉文，丁式江，等，2000. 海南岛“邦溪—晨星蛇绿岩片”的时代及其构造意义——Sm-Nd同位素制约［J］. 岩石学报，16（3）：425-432.
李献华，周汉文，等，2000. 海南岛洋中脊型变质基性岩：古特提斯洋壳的残片？［J］. 科学通报，45（1）：84-89.
李志宏，1991. 海南岛青天峡组牙形石研究新进展［J］. 广东地质，6（1）：75-81.
李志宏，谢才富，付太安，等，2000. 海南省南好地区志留纪地层新知［J］. 华南地质与矿产，（4），23-27.
刘宝珺，曾允孚，1985. 岩相古地理基础和工作方法［M］. 北京：地质出版社.
刘若新，1992. 中国新生代火山岩年代学与地球化学［M］. 北京：地震出版社.
龙文国，丁式江，马大铨，等，2005. 海南岛前寒武纪基底组成及演化［J］. 地球科学（中国地质大学学报），30（4）：421-428.
龙文国，黄正壮，王大英，2001. 琼西花岗闪长岩锆石Pb-Pb同位素年龄及地质意义［J］. 广东地质，（2、3）：7-12.
吕古贤，1988. 海南岛石碌铁矿含矿岩系中火山岩类的新发现与研究［J］. 中国区域地质，（1）：54-58.
马大铨，黄香定，陈哲培，等，1993. 海南省东方县二甲-不磨金矿带抱板群时代、层序及含金性研究报告［R］.
马大铨，黄香定，肖志发，等，1998. 海南岛结晶基底-抱板群层序与时代［M］. 武汉：中国地质大学出版社.
马大铨，康先济，赵子杰，等，1991. 海南岛地质（二）岩浆岩［M］. 北京：地质出版社.
任纪舜，姜春发，张正坤，等，1980. 中国大地构造及其演化［M］. 北京：科学出版社.
孙建中，1986. 琼北第四纪地层年代学研究报告［R］.
谭正修，1987. 湖南晚泥盆世和早石炭世地层及古生物群［M］. 北京：地质出版社.
谭忠福，蒋大海，马国干，等，1991. 海南抱板群同位素年龄及其地质意义［J］. 中国区域地质，（3）：241-245.
唐红峰，1999. 海南岛晨星玄武岩地球化学特征及其构造环境含义［J］. 大地构造与成矿学，23（4）：323-327.
唐作友，冯少南，1998. 海南岛大岭地区二叠系的发现及其意义［J］. 地层学杂志，22（3）：232-240.
涂绍雄，1993. 海南抱板群变质原岩建造和地质演化初论［J］. 广东地质，8（3）：17-22.
汪啸风，马大铨，蒋大海，等，1991. 海南岛地质（三）：构造地质［M］. 北京：地质出版社.
汪啸风，马大铨，蒋大海，等，1992. 海南岛地质（一）：地层古生物［M］. 北京：地质出版社.
吴学益，1991. 琼西金矿带蚀变糜棱岩型金矿成矿机理及其模拟试验（研究报告）［R］.
夏邦栋，施光宇，方中，等，1991. 海南岛晚古生代裂谷作用［J］. 地质学报，65（2）：103-115.
肖庆辉，邓晋福，马大铨，等，2002. 花岗岩研究思维与方法［M］. 北京：地质出版社.
谢才富，2002. 同构造花岗岩的一种显微构造标记［J］. 岩石矿物学杂志，21（2）：179-185.
谢才富，张开明，黄照先，等，1990. 琼东乐来地区侵入岩岩石谱系单位的地质特征及同位素年代学研究［J］. 华南地质与矿产，（1）：26-37.

谢才富，朱金初，赵子杰，等，2005. 三亚石榴霓辉石正长岩的锆石 SHRIMP U-Pb 年龄：对海南岛华力西-印支期构造演化的制约［J］. 高校地质学报，11（1）：47-57.
谢窦克，商玉强，1989. 东南大陆岩石圈板块地体构造［J］. 中国地质科学院南京地质矿产研究所所刊，10（4）：1-12.
许汉奎，胡汝士，1977. 海南岛崖县大茅中寒武世腕足类. 中国科学院铁矿地质学术会议论文选集：地层和古生物［M］. 北京：科学出版社，1977.
许汉奎，苏一保，1979. 海南岛南部中奥陶世腕足类［M］. 北京：科学出版社.
杨树锋，虞子治，郭令智，等，1989. 海南岛的地体划分、古地磁研究及其板块构造意义［J］. 南京大学学报（地球科学），1（1-2）：38-46.
姚伯初，1993. 南海北部陆缘新生代构造运动初探［M］. 武汉：中国地质大学出版社.
姚华舟，黄照先，谢才富，等，1999. 海南岛万宁地区寒武纪地层及其沉积特征［J］. 地层学杂志，23（4）：270-276.
叶天竺，张智勇，肖庆辉，等，2010. 成矿地质背景研究技术要求［M］. 北京：地质出版社.
曾庆銮，李志宏，谢才富，等，2004. 海南岛地区早志留世晚期 Xinanospirifer 动物群的发现——兼论南好组［J］. 古生物学报，43（1）：86-93.
曾庆銮，袁春林，郭真民，等，1992. 海南岛三亚地区基础地质研究［M］. 武汉：中国地质大学出版社.
张旗，赵太平，王焰，等，2001. 中国东部燕山期岩浆活动的几个问题［J］. 岩石矿物学杂志，20（3）：273-280.
张仁杰，胡宁，冯少南，2000. 海南岛保亭地区南好组发现志留纪化石［J］. 中国学术期刊文摘（科技快报），6（7）：882-884.
张仁杰，胡宁，姚华舟，等，2002. 海南岛保亭地区南好组的地质时代［J］. 地层学杂志，26（2）：101-130.
张仁杰、蒋志文，1988. 海南岛万宁县早寒武世地层及微体化石［J］. 古生物学报，37（2）：235-244.
张仁杰，马国干，蒋大海，等，1991. 海南岛前寒武纪地质［M］. 武汉：中国地质大学出版社.
张仁杰，王成源，胡宁，等，2001. 海南岛法门期生物地层［J］. 中国科学（D 辑），31（5）：406-412.
张业明，付建明，徐安武，等，1998. 海南岛西部变基性岩的岩石特征及同位素定年［J］. 矿物岩石，18（1）：79-84.
张业明，张仁杰，姚华舟，等，1997. 海南岛前寒武纪地壳构造演化［J］. 地球科学，22（4）：395-400.
张仲英，刘瑞华，1989. 海南岛第四系火山岩的分期［J］. 地质科学，（1）：67-76.
邹和平，黄玉昆，1987. 琼北新生代拗陷构造特征及其演化［J］. 大地构造与成矿学，11（1）：33-54.
Barry J C，1981. Early Ordovician conodonts from the Horn Valley siltstone，central Australia［J］. Palaeontology，24（1）：147-183.
Li Z X，Li X H，Li W X，et al，2008. Was Cathaysia part of Proterozoic Laurentia? - new data from Hainan Island，south China［J］. Terra Nova，20（2）：154-164.
Li Z X，Zhang L，Powell C M，1995. South China in Rodinia：Part of the missing link between Australia-East Antarctica and Laurentia［J］. Geology，23（5）：407-410.
Li Z X，Zhang L，Powell C M，1997. Positions of the East Asian cratons in the Neo- proterozoic supercontinent Rodinia. Australian Journal of Earth Sciences，（43）：593-604.
Metcalfe I，Shergold I H，Li Z X，1993. Gondvana dispersion and Asian accretion：fieldwork on Hainan island［J］.（16）：443-447.
Xu D R，Xia B，Li P C，et al，2007. Protolith natures and U-Pb sensitive high mass-resolution ion microprobe（SHRIMP）zircon ages of the metabasites in Hainan Island，South China：Implications for geodynamic evolution since the late Precambrian. Island Arc，（16）：575-597.